储能科学与技术丛书

超级电容器及其在新一代储能系统中的应用

王　凯　胡　涵　李　强
唐　政　李德志　著

机 械 工 业 出 版 社

本书重点分析了超级电容器及其在新一代储能系统中的应用。全书共分为9章，第1章介绍了超级电容器的研究背景、分类和应用前景。第2章介绍了电极材料的制备和性能研究，主要包括稀释法和模板法。第3章介绍了电极材料的改进及其在超级电容器中的应用，主要包括多孔碳正极材料的应用、基于静电纺丝技术的碳质复合负极的应用和石油沥青基碳纳米纤维材料的应用。第4章介绍了电解质结构与材料，主要包括电解液概述、水电解质、有机电解质、离子液体和固态聚合物电解质。第5章介绍了超级电容器结构设计及其储能特性研究，主要包括堆叠式超级电容器、卷绕式超级电容器和混合型超级电容器。第6章介绍了超级电容器的热行为研究，主要包括堆叠式超级电容器的热行为研究、卷绕式超级电容器的热行为研究和混合型超级电容器的热行为研究。第7章介绍了超级电容器测试系统的研究，主要包括恒流测试和恒压测试。第8章介绍了超级电容器的健康管理，主要包括SOH的预测，分为基于模型法和数据驱动法。第9章介绍了基于数据驱动算法的超级电容器寿命预测，主要包括基于改进的LSTM和TCN模型。

本书可作为储能系统研究人员的参考用书，也可作为电气信息类本科生或者研究生教材。

图书在版编目（CIP）数据

超级电容器及其在新一代储能系统中的应用/王凯等著. —北京：机械工业出版社，2022.12

（储能科学与技术丛书）

ISBN 978-7-111-72167-3

Ⅰ.①超…　Ⅱ.①王…　Ⅲ.①储能电容器　Ⅳ.①TM531

中国版本图书馆CIP数据核字（2022）第231406号

机械工业出版社（北京市百万庄大街22号　邮政编码100037）

策划编辑：罗　莉　　责任编辑：罗　莉　杨　琼

责任校对：郑　婕　梁　静　　封面设计：鞠　杨

责任印制：李　昂

北京中科印刷有限公司印刷

2023年4月第1版第1次印刷

169mm×239mm · 20.5印张 · 422千字

标准书号：ISBN 978-7-111-72167-3

定价：149.00元

电话服务　　网络服务

客服电话：010-88361066　　机　工　官　网：www.cmpbook.com

010-88379833　　机　工　官　博：weibo.com/cmp1952

010-68326294　　金　书　网：www.golden-book.com

封底无防伪标均为盗版　　机工教育服务网：www.cmpedu.com

前　言

超级电容器又称电化学电容器，是非常理想的能源存储设备，超级电容器因具有高功率密度、长循环寿命和宽使用温度范围等显著优势，已成为化学电源产业内新的亮点。作为一种大功率储能器件，超级电容器在轨道交通、现代通信、航空航天、国防等战略性新兴领域具有广泛的应用前景，全球需求量迅速增长。

超级电容器是从20世纪七八十年代发展起来的通过极化电解质来储能的一种电化学元件。超级电容器作为一种十分具有应用前景的新型储能装置，在国外已有相当多的公司和机构从事这方面的研究与创新，有些公司还实现了产品的商业化。目前，日本、美国、俄罗斯等在这方面处于领先地位，几乎占据了整个超级电容器市场。美、欧、日、韩等发达国家和地区对超级电容器的应用进行了卓有成效的研究。这些国家和地区的超级电容器产品在质量、功率、价格等方面有各自的特点和优势。另外，澳大利亚、印度以及欧洲许多国家也在电化学超级电容器的研发和产业化方面展开了大量的工作。

我国超级电容器的研究起步于20世纪80年代，目前国内对使用各种活性炭作为电极材料的超级电容器已经进行了一定的研究，并且有了商品问世。从发展状况来看，我国非常重视超级电容器的发展，在国家高技术研究发展计划（863计划）中的电动汽车重大专项，把超级电容器作为一个重点项目进行研究开发。超级电容器在我国经历了从无到有、从小到大的发展过程，本书对超级电容器及其在新一代储能系统中的应用进行了一次全面的归纳和系统的总结。

本书重点分析了超级电容器及其在新一代储能系统中的应用。全书共分为9章，第1章介绍了超级电容器的研究背景、分类和应用前景。第2章介绍了电极材料的制备和性能研究，主要包括稀释法和模板法。第3章介绍了电极材料的改进及其在超级电容器中的应用，主要包括多孔碳正极材料的应用、基于静电纺丝技术的碳质复合负极的应用和石油沥青基碳纳米纤维材料的应用。第4章介绍了电解质结构与材料，主要包括电解液概述、水电解质、有机电解质、离子液体和固态聚合物电解质。第5章介绍了超级电容器结构设计及其储能特性研究，主要包括堆叠式超级电容器、卷绕式超级电容器和混合型超级电容器。第6章介绍了超级电容器的热行为研究，主要包括堆叠式超级电容器的热行为研究、卷绕式超级电容器的热行为研究和混合型超级电容器的热行为研究；第7章介绍了超级电容器测试系统的研究，主要包括恒流测试和恒压测试。第8章介绍了超级电容器的健康管理，主要包括SOH的预测，分为基于模型法和数据驱动法。第9章介绍了基于数据驱动算法的超级电容器寿命预测，主要包括基于改进的LSTM和TCN模型。

作者在此对书末所列参考文献的作者表示衷心感谢。

作者殷切希望使用本书的教师、同学和专业技术人员，对本书存在的疏漏、错误之处给予批评、指正。

作　者

目　　录

第 1 章 概述

受经济发展和人口增长的影响，一次能源消费量不断增加，随着经济规模的不断增大，能源消费量持续增长。全球变暖和化石燃料的日益枯竭迫使人们大力发展可持续和可再生能源，目前，解决日趋短缺的能源问题，仍是人类面临的巨大挑战之一。因此，学者们纷纷投身新能源领域，在寻找清洁、高效和可再生能源的同时，也积极关注能量存储。太阳能和风能作为最具有发展前景的新能源引起了学者们极大的兴趣，并得到了快速发展，然而这些能源并不稳定，如太阳能在夜晚不能工作，到达地球表面的太阳辐射的总量尽管很大，但是能流密度很低，受到昼夜、季节、地理纬度和海拔等自然条件的限制以及晴、阴、云、雨等随机因素的影响，所以，到达某一地面的太阳辐照度既是间断的，又是极不稳定的，效率低和成本高；风能的提供也存在不确定性，许多地区的风力有间歇性，风速不稳定，产生的能量大小不稳定，风力发电需要大量土地兴建风力发电场，进行风力发电时，风力发电机会发出巨大的噪声，因此需要储能系统对能量进行存储后再加以利用。随着石油资源日趋短缺，以及燃烧石油的内燃机尾气排放对环境的污染越来越严重(尤其是在大、中城市)，人们都在研究替代内燃机的新型能源装置。目前针对混合动力、燃料电池、化学电池产品及应用的研究与开发，已经取得了一定的成效。但是由于它们固有的使用寿命短、温度特性差、化学电池环境污染严重、系统复杂、造价高昂等致命弱点，一直没有很好的解决办法。而超级电容器以其优异的特性扬长避短，可以部分或全部替代传统的化学电池用于车辆的牵引电源和起动能源，并且具有比传统的化学电池更加广泛的用途。近几年，超级电容器作为储能元件扮演越来越重要的角色，随着信息技术、电子产品和车用能源等领域中新技术的迅速发展，人们更加关注超级电容器的研究与开发。正因为如此，世界各国（特别是西方发达国家）都不遗余力地对超级电容器进行研究与开发[1]。

1.1 超级电容器的研究背景

从 19 世纪 70 年代至今，超级电容器的发展历经了很多重要的历程：20 世纪 50 年代末，有科学家提议把由金属片构成的双层电化学电容器替换成由多空碳材料构成的电容器，并得到了实践的证明，换句话说，此时电化学电容器得到了飞速的进步；世界上第一个商用超级电容器于1971年问世，这标志着超级电容器已经开始进入市场化运作阶段；20世纪80年代，由于引入了赝电容电极材料，超级电容器的能量密度得到了大幅度提升，达到了之前从未达到过的法拉级别，至此，所谓的电化学电容器才被冠以真正意义上的超级电容器之名；20世纪90年代，超级电容器的发展前景被西方发达国家看重，他们纷纷提出了与之相关的重大项目。

1879年，Helmholz发现了双层电容性质，提出了双电层的概念，但是双电层超级电容器用于能量存储仅仅是近几十年的事情。1957年，Becker（美国通用公司，General Electric Co.，GE）提出了将接近电池比容的电容器作为储能元件。1968年，Sohio（美国标准石油公司，The Standard Oil Company）利用高比表面积炭材料制作了双电层电容器。1978年，日本大阪公司生产金电容，这种产品是最早商业化和批量生产的碳双电层电容器。1979年，日本电气股份有限公司（Nippon Electric Company，Limited）开始生产超级电容器，并将其用于电动汽车的起动系统。1980年，日本松下公司（Panasonic Corporation）研究了以活性炭为电极材料，以有机溶液为电解质的超级电容器。在此之后，超级电容器开始大规模产业化。1981年，美国得州大学奥斯汀分校（University of Texas at Austin）研制了一种新型超级电容器，可在不到1ms的时间内完成充电。1982年，新加坡国立大学（National University of Singapore，NUS）纳米科技研究所宣称开发出一种能够储能的隔膜，不需要电解液，从而避免超级电容器的漏液损坏，不仅降低了成本，还能够储存更多的能量。1995年，日本日产公司（Nissan Motor Company，ltd.）利用新型超级电容器进一步提升电池充电效率，10min能够将一辆电动汽车的电池充满。超级电容器在国外起步较早，美国、德国、日本和俄罗斯等国凭借多年的研究开发和技术积累，目前在世界上属于前列。美国《探索》杂志曾将超级电容器列为2006年世界七大科技发现之一，并将超级电容器的出现视为能量储存领域中一项革命性的突破。在一些需要高功率和高效率解决方案的设计中，工程师已开始采用超级电容器来取代传统的电池。

我国对超级电容器的研究起始于20世纪80年代初。目前，国内生产厂家大多以生产双电层电容器为主，如锦州凯美能源有限公司（辽宁锦州）、长沙巨力电子科技有限公司（湖南长沙）、集盛星泰新能源科技有限公司（江苏常州），天津力神电池股份有限公司（天津滨海新区）、锦州富辰超级电容器有限责任公司（辽宁锦州）和锦州锦容超级电容器有限责任公司（辽宁锦州）等。这些公司将研究重点主要集中在大功率应用产品的开发，据相关统计，国产超级电容器在我国市场的占有份额已达到60%～70%。我国一些高等学校和科研院所，如香港科技大学、北京理工大学、苏州大学、南京理工大学、同济大学、上海交通大学和大连理工大学等都开展了对超级电容器电极材料、电解液和封装工艺的研究工作。

表1-1是3种常用储能装置的性能比较。由表可知，超级电容器是一种同时具

有蓄电池和静电电容器的诸多优点的储能装置。

表1-1　3种常用储能装置的性能比较

性能参数	静电电容器	超级电容器	蓄电池
放电时间	10^{-6} ~ 10^{-3}s	1 ~ 30s	0.3 ~ 3h
充电时间	10^{-6} ~ 10^{-3}s	1 ~ 30s	1 ~ 5h
能量密度	<0.1W · h/kg	1 ~ 10W · h/kg	20 ~ 180W · h/kg
功率密度	>10000W/kg	1000 ~ 2000W/kg	50 ~ 300W/kg
循环寿命	几乎无限	>100000次	500 ~ 2000次

1. 超级电容器的优点

(1) 电容量高：超级电容器的容量最高可达到数千法拉，比同体积钽电解电容器、铝电解电容器的容量高数千倍。

(2) 循环寿命长：超级电容器充放电过程根据其储能机理分为两种：一种情况是双电层物理过程，即充放电过程只有离子或电荷的转移，没有发生化学或电化学反应而引发电极相变；另外一种情况是电化学反应过程，这种反应过程具有良好的可逆性，不容易出现活性物质的晶型转变、脱落等影响使用寿命的现象。总而言之，无论发生的是上述哪种过程，超级电容器的电容量衰减很少，循环使用次数可达数十万次，是蓄电池循环使用次数的5 ~ 20倍。

(3) 充电时间短：超级电容器采用大电流进行充电，能够在几秒到几分钟的时间内快速充满，而蓄电池即使快速充电也需要几十分钟，并且经常快速充电还会影响使用寿命。

(4) 高功率密度和高能量密度：超级电容器提供1000 ~ 2000W/kg功率密度的同时，还可以输出1 ~ 10W · h/kg的能量密度。由于这个原因，超级电容器适合应用在短时高功率输出的场合。超级电容器与蓄电池系统混合使用能形成一种既具有高功率密度又具有高能量密度的储能系统。

(5) 工作温度范围宽：超级电容器的工作温度范围为 -40 ~ 70℃，而一般电池的工作温度范围在 -10 ~ 50℃之间。

(6) 运行可靠，免维护和环境友好：超级电容器有一定的抗过充能力，短时间内对其工作不会有太大影响，可保证系统运行的可靠性。

2. 超级电容器的缺点

(1) 单体工作电压低：水系电解液超级电容器单体的工作电压一般为0 ~ 1.0V。超级电容器高输出电压是通过多个单体电容器串联实现的，并且要求串联电容器单体具有很好的一致性。非水系电解液超级电容器单体的工作电压可达3.5V，但实际使用过程中最高只有3.0V，同时非水系电解质纯度要求高，需要在无水、真空等装配环境下进行生产。

（2）可能出现泄漏：超级电容器使用的材料虽然安全无害，但是如果安装位置不合理，仍然会出现电解质泄漏问题，影响超级电容器的正常性能。

（3）超级电容器一般应用在直流条件下，不适合应用在交流场合。

（4）价格较高：超级电容器的成本远高于普通电容器。

超级电容器是介于传统电容器和电池之间的一种新型储能装置，其容量可达几百至上千法拉。与传统电容器相比，它具有较大的容量、较高的能量、较宽的工作温度范围和极长的使用寿命；而与蓄电池相比，它又具有较高的功率密度，且对环境无污染。因此，超级电容器是一种高效、实用、环保的能量存储装置。几种能量存储装置的性能比较见表1-2。

表1-2　几种能量存储装置的性能比较

元器件	能量密度/(W·h/kg)	功率密度/(W/kg)	充放电次数/次
普通电容器	<0.2	$10^4 \sim 10^6$	$>10^6$
超级电容器	0.2~20	$10^2 \sim 10^4$	$>10^5$
充电电池	20~200	<500	$<10^4$

目前，对超级电容器性能描述的指标有：

1）额定容量：指按规定的恒定电流（如1000F以上的超级电容器规定的充电电流为100A，200F以下的为3A）充电到额定电压后保持2~3min，在规定的恒定电流放电条件下放电到端电压为零所需的时间与电流的乘积再除以额定电压值，单位为法拉（F）。

2）额定电压：即可以使用的最高安全端电压。击穿电压，其值远高于额定电压，约为额定电压的1.5~3倍，单位为伏特（V）。

3）额定电流：指5s内放电到额定电压一半的电流，单位为安培（A）。

4）最大存储能量：指额定电压下放电到零所释放的能量，单位为焦耳（J）或瓦时（W·h）。

5）能量密度：也称比能量。指单位质量或单位体积的电容器所给出的能量，单位为W·h/kg或W·h/L。

6）功率密度：也称比功率。指单位质量或单位体积的超级电容器在匹配负荷下产生电/热效应各半时的放电功率。它表征超级电容器所能承受电流的能力，单位为kW/kg或kW/L。

7）等效串联电阻（Equivalent Series Resistance，ESR）：其值与超级电容器电解液和电极材料、制备工艺等因素有关。通常交流ESR比直流ESR小，且随温度上升而减小。单位为欧姆（Ω）。

8）漏电流：指超级电容器保持静态储能状态时，内部等效并联阻抗导致的静态损耗，通常为加额定电压72h后测得的电流，单位为安培（A）。

9）使用寿命：是指超级电容器的电容量低于额定容量的20%或ESR增大到额

定值的 1.5 倍时的时间长度。

10）循环寿命：超级电容器经历 1 次充电和放电，称为 1 次循环或叫 1 个周期。超级电容器的循环寿命很长，可达 10 万次以上。

在超级电容器的研制上，目前主要倾向于液体电解质双电层电容器和复合电极材料/导电聚合物电化学超级电容器。国外超级电容器的发展情况见表 1-3。

表 1-3 国外超级电容器的发展情况

公司名称	国家	技术基础	电解质	结 构	规 格
Powerstor	美国	凝胶碳	有机	卷绕式	3~5V，7.5F
Skeleton	美国	纳米碳	有机	预烧结碳-金属复合物	3~5V，250F
Maxwell	美国	复合碳纤维	有机	铝箔、碳布	3V，1000~2700F
Superfarad	瑞典	复合碳纤维	有机	碳布+黏合剂、多单元	40V，250F
Cap-xx	澳大利亚	复合碳颗粒	有机	卷绕式、碳颗粒+黏合剂	3V，120F
ELIT	俄罗斯	复合碳颗粒	硫酸	双极式、多单元	450F，0.5F
NEC	日本	复合碳颗粒	水系	碳布+黏合剂、多单元	5~11V，1~2F
Panasonic	日本	复合碳颗粒	有机	卷绕式、碳颗粒+黏合剂	3V，800~2000F
SAFT	法国	复合碳颗粒	有机	卷绕式、碳颗粒+黏合剂	3V，130F
Los Alamos Lab	美国	导电聚合物薄膜	有机	单一单元、导聚合物薄膜 PFPT+碳纸	2.8V，0.8F
ESMA	俄罗斯	混合材料	氢氧化钾	多单元、碳+氧化镍	1.7V，50000F
Evans	美国	混合材料	硫酸	单一单元、氧化钌+锂箔	28V，0.02F
Pinnacle	美国	混合金属氧化物	硫酸	双极式、多元化、氧化钌+锂箔	15V，125F
US Armv	美国	混合金属氧化物	硫酸	双极式、多元化、含水氧化钌	5V，1F

在超级电容器的产业化上，最早是1980 年 NEC、TOKIN 公司的产品与 1987 年松下、三菱公司。这些电容器的标称电压为 2.3~6V，年产量数百万只。20 世纪 90 年代，俄罗斯 ECOND 公司和 ELIT 生产了 SC 牌电化学电容器，其标称电压为 12~450V，电容从 1 F 至几百 F，适合于需要大功率起动动力的场合。总的来说，当前美国、日本、俄罗斯的产品几乎占据了整个超级电容器市场，实现产业化的超级电容器基本上都是双电层电容器。一些双电层超级电容器产品的部分性能参数列于表 1-4。

表 1-4 双电层超级电容器产品的部分性能参数

公司名称	电极材料	电解液	能量密度 /(W·h/kg)	功率密度 /(W/kg)
FY	碳	H_2SO_4	0.33	—
FE	碳	H_2SO_4	0.01	—
Panasonic	碳	有机溶液	2.2	400
Evans	碳	H_2SO_4	0.2	—

（续）

公司名称	电极材料	电解液	能量密度 /(W·h/kg)	功率密度 /(W/kg)
Maxwell-Aubum	复合碳/金属	KOH	1.2	800
Maxwell-Aubum	复合碳/金属	有机溶液	7	2000
Livemore National Laboratory	碳气凝胶	KOH	1	—
Sandia National Laboratory	碳（合成）	水溶液	1.4	1000

在我国，北京有色金属研究总院、锦州电力电容器有限责任公司、北京科技大学、北京化工大学、北京理工大学、北京金正平科技有限公司、陆军防化学院、哈尔滨巨容新能源有限公司、上海奥威科技开发有限公司等正在开展超级电容器的研究。2005 年，由中国科学院电工所承担的 863 项目“可再生能源发电用超级电容器储能系统关键技术研究”通过专家验收。该项目完成了用于光伏发电系统的 300W·h/kW 超级电容器储能系统的研究开发工作。另外，华北电力大学等有关课题组，正在研究将超级电容器储能系统（Supercapacitor Energy Storge System，SESS）应用到分布式发电系统的配电网。但从整体来看，我国在超级电容器领域的研究与应用水平明显落后于世界先进水平[2]。

在超级电容器的使用中，应注意以下问题：①超级电容器具有固定的极性，在使用前应确认极性；②超级电容器应在标称电压下使用。因为当电容器电压超过标称电压时会导致电解液分解，同时电容器会发热，容量下降，内阻增加，使其寿命缩短；③由于 ESR 的存在，超级电容器不可应用于高频率充放电的电路中；④当对超级电容器进行串联使用时，存在单体间的电压均衡问题，单纯的串联会导致某个或几个单体电容器因过电压而损坏，从而影响其整体性能。

随着电力系统的发展，分布式发电技术越来越受到重视。储能系统作为分布式发电系统必要的能量缓冲环节，因而其作用越来越重要。超级电容器储能系统利用多组超级电容器将能量以电场能的形式储存起来，当能量紧急缺乏或需要时，再将存储的能量通过控制单元释放出来，准确快速地补偿系统所需的有功和无功，从而实现电能的平衡与稳定控制。2005 年，美国加利福尼亚州建造了 1 台 450kW 的超级电容器储能装置，用以减轻 950kW 风力发电机组向电网输送功率的波动。

除此之外，储能系统对电力系统配电网电能质量的提高也可起到重要的作用。通过逆变器控制单元，可以调节超级电容器储能系统向用户及网络提供的无功功率及有功功率，从而达到提高电能质量的目的。

我国 20 世纪 60～80 年代建设的 35kV 变电站及 10kV 开关站，绝大多数高压开关（断路器）的操动机构是电磁操动机构。在变电站或配电站的配电室中均配有相应的直流系统，用作分合闸操作、控制和保护的直流电源。这些直流电源设备，主要是电容储能式硅整流分合闸装置和部分由蓄电池构成的直流屏。电容储能式硅整流分合闸装置由于结构简单、成本低、维护量小而在当时得到广泛应用，但是在实际使用中却存在一个致命缺陷：事故分合闸的可靠性差。其原因是储能用电解电容的容量有限，漏电流较大。由蓄电池构成的直流屏虽然能存储很大的电能，在一些重要的变、配电站中成为必需装置，但由于其运营成本极高、使用寿命不长，因此这些装置只能用于110kV级别的变电站，难以推广使用。

超级电容器以其超长使用寿命、频繁快速的充放电特性、便宜的价格等优点，使解决上述问题成为可能。如用2只0.85F，240/280V的超级电容器并联后就可完全替代笨重的、需要经常维护的、有污染的蓄电池组。由于一次合闸的能耗只相当于超级电容器所储能量（70kJ）的3%，而这一能量在浮充电路中又可很快被补充，因而完全适应连续频繁的操动，且具有极高的可靠性。

尽管许多用户选择不间断电源（Uninterrupted Power Supply，UPS）作为电网断电或电网电压瞬时跌落时设备电源的补救装置，但对于电压瞬时跌落而言，UPS显得有些大材小用。UPS由蓄电池提供电能，工作时间持续较长。但是，由于蓄电池自身的缺点（需定期维护、寿命短），使UPS在运行中需时刻注意蓄电池的状态。而电力系统电压跌落的持续时间往往很短（10ms～60s），因此在这种情况下使用超级电容器的优势比UPS明显：其输出电流可以几乎没有延时地上升到数百安，而且充电速度快，可以在数分钟内实现能量存储，便于下次电源故障时作用。因此尽管超级电容器的储能所能维持的时间很短，但当使用时间在1min左右时，它具有无可比拟的优势——50万次循环、不需护理、经济。在新加坡，ABB公司生产的利用超级电容器储能的动态电压恢复装置（DVR）安装在4MW的半导体工厂，以实现160ms的故障穿越。

静止同步补偿器（STATCOM）是灵活交流输电技术（FACTS）的主要装置之一，代表着现阶段电力系统无功补偿技术新的发展方向。它能够快速连续地提供容性和感性无功功率，实现适当的电压和无功功率控制，保障电力系统稳定、高效、优质地运行。基于双电层电容储能的STATCOM，可用来改善分布式发电系统的电压质量。其在300～500kW功率等级的分布式发电系统中将逐渐替代传统的超导储能。经济性方面，同等容量的双电层电容储能装置的成本同超导储能装置的成本相差无几，但前者几乎不需要运行费用，而后者却需相当多的制冷费用。

对于超级电容器，今后要研究的方向和重点是：利用超级电容器的高比功率特性和快速放电特性，进一步优化超级电容器在电力系统中的应用。此外，在我国大力发展新能源这一政策指导下，在光伏发电领域、风力发电领域，超级电容器以其快充快放等特点为改进和发展关键设备提供了有利条件。

1.2 超级电容器的分类

超级电容器作为一种绿色的新型储能元件，在电动汽车、分布式发电系统等领域具有广阔的应用前景[3]。超级电容器按照储能原理不同可分双电层超级电容器、赝电容和混合型超级电容器3类。

1. 双电层超级电容器

双电层超级电容器是利用电极和电解液之间形成的界面双电层来存储能量。双电层型超级电容器在制造材料上进行了改变，如：活性炭电极材料，结合高比表面积的活性炭材料加工后制成电极；炭气凝胶电极材料，结合前驱材料制备凝胶，再进行碳化活化处理作为电极。当电极和电解液接触时，由于库仑力、分子间力或者原子间力的作用，致使固态和液态界面出现稳定、符号相反的双层电荷，称为界面双电层。

2. 赝电容

赝电容在一般情况下也称作法拉第准电容，是指在电极表面或体相中的二维或准二维空间上，活性物质进行欠电位沉积，发生高度可逆的化学吸附/脱附或者氧化/还原反应，从而产生法拉第电容。赝电容型超级电容器一般采用了金属氧化物电极材料、聚合物电极材料，它可以分为吸附赝电容和氧化还原赝电容。

3. 混合型超级电容器

混合型超级电容器可划分为以下3种类型（依据不同类型的电极材料）：

1）由同时具有双电层电容特征的电极和赝电容特征的电极，或者由两种不同类型赝电容的电极材料组成。

2）由超级电容器电极和电池的电极组成。

3）由电解电容器的阳极和超级电容器的阴极组成。混合型超级电容器的两极一般分别采用具有高能量密度的活性物质“电池型”材料和具有高功率密度的“电容型”材料，因此具有两者的优点。

1.3 超级电容器的应用前景

超级电容器也叫作电化学电容器，它性能稳定，比容量为传统电容器的20～200倍，比功率一般大于1000W/kg。循环寿命和可存储的能量比传统电容要高得多，并且充电快速。由于它们的使用寿命非常长，可被应用于终端产品的整个生命周期。当高能量电池和燃料电池与超级电容器技术相结合时，可实现高功率密度、高能量密度特性和长的工作寿命。近年来，大功率超级电容器在电动车、太阳能装置、重型机械等领域表现出朝阳产业趋势，许多发达国家都已把超级电容器项目作为国家重点研究和开发项目，超级电容器的国内外市场正呈现出前所未有的蓬勃景象。

超级电容器的应用已经日渐成熟，在工业、通信、医疗器械、军事装备和交通等领域得到广泛的应用[4]。从小容量的应急储能到大规模的电力储能，从单独储能到与蓄电池或燃料电池组成混合储能系统，超级电容器均显示出独特的优越性。概括起来，超级电容器的应用方向可分为以下 4 个领域。

1. 小功率电子设备的主电源、替换电源或后备电源

1）主电源：超级电容器适合应用于主电源。典型的应用有电动玩具，其作为主电源的优点是体积小、重量轻、功率密度大和能够迅速地起动。

2）替换电源：超级电容器也适合应用于替换电源。典型的应用有路标灯、太阳能手表、交通信号灯和公共汽车停车站时间表灯等。

3）后备电源：超级电容器广泛应用于后备电源。典型的应用有车载计量器、车载计费器、无线电波接收器和照相机等。

2. 混合电动汽车和电动汽车

超级电容器的寿命是电化学电池（蓄电池和锂离子电池等）的数百倍，并且不需要维护，因此超级电容器应用于电动汽车的总费用远低于一般电化学电池的电动汽车[5]。当前世界各国均在开发电动汽车，其中投入最大的是混合电动汽车（Hybrid Electric Vehicle）。混合电动汽车是应用蓄电池为电动汽车提供正常运行功率，而加速和爬坡时需要瞬时大功率的场合应用超级电容器来补充功率，同时，应用超大容量电容器存储制动时产生的再生能量。所以，电动汽车应用超级电容器后具有起步快、加速快和爬坡能力强等优点。

3. 可再生能源发电系统和分布式电力系统

超级电容器可以充分发挥储能密度高、功率密度大、循环寿命长和无须维护等优点，既可以单独储存能量，又可以与其他储能系统混合储能。超级电容器可以与太阳能电池相结合，应用在路灯、交通警示牌和交通标志灯等，还可以应用于分布式发电系统，比如风力发电站、水力发电站等，通过超级电容器储能可以对系统起到瞬间功率补偿的作用，用来提高供电系统的稳定性和可靠性。这种供电方式能够很好地补偿发电设备的输出功率不稳定和不可预测的特点。

4. 能量缓冲器

能量缓冲器由超级电容器和功率变换器组成，它主要应用于电梯等变频驱动系统。当电梯加速上升时，能量缓冲器向驱动系统中的直流母线供电，提供电动机所需的峰值功率；当电梯减速下降时，能量缓冲器吸收电动机回馈的能量。

超级电容器在便携式仪器仪表中如驱动微电动机、继电器、电磁阀中可以替代电池工作。它可以避免由于瞬间负载变化而产生的误操作。超级电容器还可用于对照相机闪光灯进行供电，可以使闪光灯达到连续使用的性能，从而提高照相机连续拍摄的能力。它应用在可拍照手机上，能使得拍照手机可以使用大功率 LED。超级电容器技术还可应用在移动无线通信设备中。这些设备往往采用脉冲的方式保持

联络，由于超级电容器的瞬时充放电能力强，可以提供的功率大，因此在这一领域的应用非常广阔。在众多大型石化、电子、纺织等企业的重要电力系统特别是在大功率系统上的瞬态稳压稳流，超级电容器几乎是不可替代的元件。另外，芯片企业在选址时考虑电力的波动也是一个非常重要的环节，而超级电容器系统则可以完全解决这个问题。

超级电容器在短时 UPS 系统、电磁操作机构电源、太阳能电源、汽车防盗、汽车音响等系统上也具有不可替代的作用。在风力发电或太阳能发电系统中，由于风力与太阳能的不稳定性，会引起蓄电池反复频繁充电，导致寿命缩短，超级电容器可以吸收或补充电能的波动，从而解决这一问题。超级电容器在电动汽车、混合燃料汽车和特殊载重车辆方面也有着巨大的应用价值和市场潜力。作为电动汽车和混合动力汽车的动力电源，可以单独使用超级电容器或将其与蓄电池联用。这样，超级电容器在用作电动汽车的短时驱动电源时，可以在汽车起动和爬坡时快速提供大电流从而获得功率以提供强大的动力；在正常行驶时由蓄电池快速充电；在制动时快速存储发电机产生的瞬时大电流，从而减少电动汽车对蓄电池大电流放电的限制，延长蓄电池的循环使用寿命，提高电动汽车的实用性超级电容器在电动助力车市场上的应用也正在扩展。电动助力车上的蓄电池由于其充放电电流要求苛刻，能量难以进行瞬时回收，而超级电容器非常容易满足这些要求。超级电容器在电动助力车起动、加速与爬坡时对系统进行能源补充，并在制动时完全回收能量，提高系统性能。

超级电容器作为 21 世纪重点发展的新型储能产品之一，正在被越来越多的国家和企业争相研制和生产，其进步之迅速有目共睹。在 1991 年举办的第 1 届国际双电层电容器与混合能量存储器年会中，最大的单体电容器是由松下公司设计开发的容量为 470F 的电容器，其电压为 2.3V。而今天，松下公司生产的相同尺寸的单体电容器，其容量已经超过了 2000F。同时，不只是松下公司，世界上许多公司都已经开始进入到这个领域中来。这些公司主要从事发展大型制造技术和市场销售，以便使电容器产品能够和市场上的便携式电子设备和脉冲功率用电器配套使用。可以说，如今的超级电容器市场已经进入群雄逐鹿的时代：Maxwell 在 San Diego 的公司是美国最主要的大型电化学电容器的生产厂家；PowerStor 公司是由 Lawrence Livermore 实验室的炭气凝胶技术发展起来的，现在已经颇具规模；韩国的 Ness 公司，一开始就对小型储能器感兴趣，它的产品已经遍及整个市场，从小型的一直到最大型的，都有产品生产，现在已经发展成为一支在电化学电容器脉冲功率性能方面独占鳌头的公司；德国的 Siemens Matsushita 公司的产品也大大超越了其以前所有的产品，它所属 Maxwell 公司旗下，后成为 EPCOS 公司；最近，作为世界电解电容器行业中重要成员之一的日本化学公司，现在也已正式加入到超级电容器行业中——由 Okamura 先生创办的 Power System 公司现在已经拥有了一条大型产品的生产线；俄罗斯的 ECOND 公司、ELIT 公司和 ESMA 公司的某些产品也是超级电容器

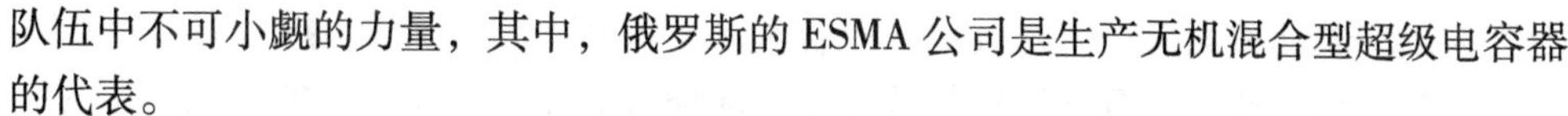

队伍中不可小觑的力量，其中，俄罗斯的 ESMA 公司是生产无机混合型超级电容器的代表。

近年来，我国一些公司也开始积极涉足这一产业，并已经具备了一定的技术实力和产业化能力，重要企业有锦州富公司、北京集星公司、北京合众汇能、上海奥威公司、锦州锦容公司、石家庄高达公司、北京金正平公司、锦州凯美公司、大庆振富科技、哈尔滨巨容公司、南京集华公司、新宙邦公司等。其中新宙邦公司现已成为全球主流的超级电容器制造商，如美国 Maxwell 公司、REDI 公司等上游厂商的合格供应商，并逐步实现批量供货；国内客户主要有北京集星、北京合众汇能、锦州凯美等公司。自 2009 年起，公司客户及订单量不断增加，有望成为世界主流的超级电容器厂商的主要供应商之一。

随着近年来超级电容器在电动汽车上的应用，其市场也变得越来越广阔。目前的汽车动力电池市场主要由以下四部分组成：铅酸电池，目前多用于电动自行车；金属氧化物镍电池，价格昂贵，行驶距离短，在电动汽车上没前景；磷酸铁锂电池，价格较贵，已经在电动汽车上使用，一次充电可行驶 100 ~ 120km，需要起动汽油机的混合动力来延长里程；超级电容动力电池，价格便宜，免维护，拥有 10 万 ~ 50 万次的充放电循环寿命，也许不久就会成为动力电池的主流。由高纯钛酸钡制造的超级电容器和金属氧化物镍电池/磷酸铁锂动力电池相比，具有能量密度高、电能利用率高、安全、价格便宜等优势。美国能源部最早于 20 世纪 90 年代就在《商业日报》上发表声明，强烈建议发展电容器技术，并使这项技术应用于电动汽车上。在当时，加利福尼亚州已经颁布了零排放汽车的近期规划，而这些使用电容器的电动汽车则被普遍认为是正好符合这个标准的汽车。电容器就是实现电动汽车实用化的最具潜力、最有效的一项技术。能源部的声明使得像 Maxwell Technologies 等一些公司开始进入电化学电容器这一技术领域。时间飞逝，技术的进步为电化学电容器在混合动力车中回收可再生制动能量中的应用铺平了道路。现在，这些混合动力车已经在高度动力混合的城市公交车系统中开始应用。

日本富士重工的电动汽车使用日立电机公司制作的锂离子蓄电池和松下电器公司制作的储能电容器的联用装置；日本本田公司更是将超级电容器与汽油机相结合，研制出一种综合电动机助力器系统，大大降低了内燃机的排放，并可回收制动能量，通过安装在小客车上极大地降低汽油机燃油消耗量而使其成为低排放的节能汽车；日本丰田公司研制的混合电动汽车，其排放与传统汽油机车相比：CO_2 下降 50%，CO 和 NO 降低 90%，燃油节省一半。

在我国，随着针对私人购买新能源汽车的财政补贴政策的正式出台，市场人士指出，这将成为超级电容器进一步发展的契机。在新能源汽车领域，通常超级电容器与锂离子电池合并使用，二者完美结合形成了性能稳定、节能环保的动力电源，可用于混合动力汽车及纯电动汽车。锂离子电池解决的是汽车充电储能和为汽车提供持久动力的问题，超级电容器的使命则是为汽车起动、加速时提供大功率辅助动力，在汽车制动或怠速运行时收集并储存能量。在国内涉足新能源汽车的厂商中，已有众多厂商选择了超级电容器与锂离子电池配合的技术路线。例如安凯客车的纯电动客车、海马并联纯电动轿车 MPe 等车型采用锂离子电池/超级电容器动力体系。此外，上海奥威科技开发有限公司研发的将普通活性炭经高技术改性为高纯度活性炭，并制成电储新材料用于超级电容器的技术已实现产业化。他们生产的超级电容器开始用于新能源车。

在不断扩大的市场需求面前，超级电容器行业还处于起步阶段，现有超级电容器产品还存在不完善之处，寻找能够服务现有产品功能不足的新技术方案，提升产品性能，降低产品价格，拓宽产品在新领域的应用，加强其与动力电池的合作才是超级电容器未来的发展趋势和方向，尤其是其在新能源车领域的应用更决定了其战略价值，吸引了全球大量的人力物力来研发[6]。美国、日本等国家的一些公司凭借多年的开发经验和技术积累，目前在超级电容器的产业化方面处于领先地位。随着我国经济结构的深入调整，相信我们终将会发现其价值，并将陆续出台强有力的产业扶持政策以促进该战略性产品上下游产业链的发展。

第2章 电极材料的制备和性能研究

2.1 引言

超级电容器的储能特性是制约其推广应用的关键因素，而电极材料的性能则决定其储能特性。因此，研究性能优良的电极材料对提高超级电容器的储能特性是至关重要的。电极材料的性能与制备方法密切相关，本节首先提出了一种稀释法制备氢氧化镍，并在此基础上进一步制备性能良好的氧化镍；由于镍的化合物电极材料性能不稳定，距离实用化要求还有一段进程，所以从实用化角度出发，利用模板法制备了有序介孔炭，并分析和研究上述材料的微观结构和电化学性能。

2.2 稀释法制备氢氧化镍

二氧化钌是一种理想的电极材料，但是价格过于昂贵，从实用化的角度来看还无法在民用领域推广，当今研究重点是寻求一种可以替代二氧化钌的廉价材料[7]。基于此，氧化锰（MnO_2）、氧化钴（Co_3O_4）、氢氧化镍［$Ni(OH)_2$］和氧化镍（NiO）等过渡金属化合物均成为研究对象，其中氢氧化镍由于廉价、环境友好、理论容量大和在碱性溶液中稳定性好等优点，受到广泛重视[8,9]。为了得到分散性能良好的氢氧化镍沉淀产物，需要使其沉淀析出速度尽量放缓，故提出了一种稀释方法制取纳米氢氧化镍。

2.2.1 氢氧化镍的制备

氢氧化镍的制备采用稀释法。该方法的关键所在是控制氢氧化钠的浓度，首先制备稀释的氢氧化钠溶液，然后使其缓慢地滴入硫酸镍溶液中，由此使氢氧化镍尽可能缓慢地析出。该方法无须分散剂，制备方法简单，原材料价格低廉容易得到。制备装置示意图如图 2-1 所示。

制备原理如下：

1）加热主反应室产生水蒸气。控制主反应室加热温度来控制反应速度，主反

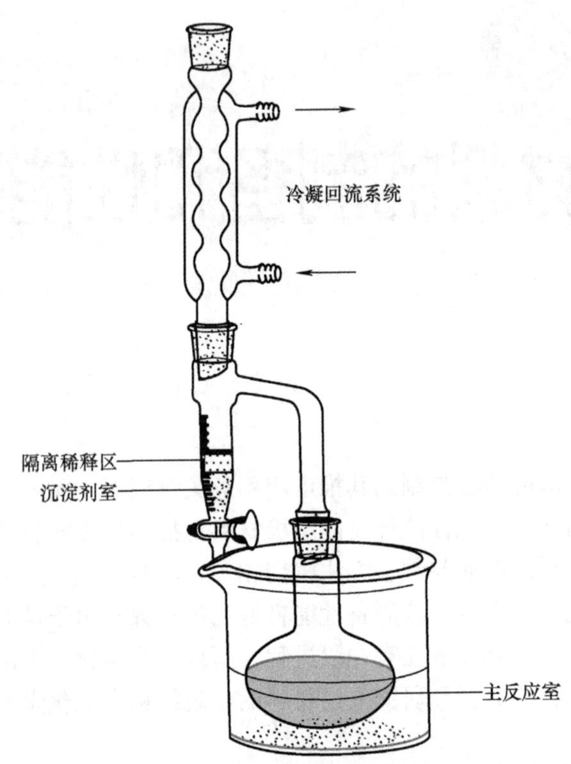

图 2-1　制备装置示意图

应室加热温度为 105～125℃；由于主反应的温度越高，反应越快，水蒸气回流越快，沉淀剂析出越快。

2）水蒸气通过冷凝回流系统进入隔离稀释区，经过隔离稀释区的石英砂得到稀释的沉淀剂溶液。

3）步骤 2）中，稀释液溢流进入主反应室内，使可溶性的镍盐沉淀缓慢析出；沉淀剂室位于隔离稀释区的下方，连接限流阀门。

上述的沉淀剂使用氢氧化钾或氢氧化钠等可溶性的碱，前驱体使用可溶性的镍盐，包括硫酸镍、氯化镍或硝酸镍等。隔离稀释区石英砂的厚度控制在 0.5～3.0cm，石英砂厚度越厚，沉淀剂析出的速度越慢。

通过优化实验使石英砂厚度控制在 2cm，主反应室加热温度控制在 115℃，称取 7.8g 六水合硫酸镍（$NiSO_4 \cdot 6H_2O$，AR）加入 30mL 的去离子水中（预先加入适量聚乙二醇作为分散剂），搅拌均匀后加入主反应室内；在沉淀剂室中加入 2.4g 的氢氧化钠（NaOH，AR），其上层隔离稀释区铺盖一层厚度为 2cm 的石英砂；在 115℃下加热主反应室 8h 停止，待冷却至室温后过滤，再用去离子水反复洗涤 3 次离心过滤，在 80℃下干燥 2h，得到绿色 $Ni(OH)_2$样品，将样品研细待用。

2.2.2 电极制备和性能测试

首先将制备的氢氧化镍样品用玛瑙研钵充分研磨，然后将氢氧化镍和石墨按照9∶1质量比例混合，用研钵研磨30min，使其充分混合，加入无水乙醇调成浆状，用超声波振荡35min使其进一步混合均匀，加入适量的聚四氟乙烯作为黏合剂。用辊轧机压成厚度为0.5mm的薄片，在80℃下烘干至恒重。将电极用12MPa的压力压制到泡沫镍网集流体上，将其切割成1cm×1cm的电极片作为工作电极。电解液选取3mol/L的氢氧化钾溶液（KOH），饱和甘汞电极（Saturated Calomel Electrode，SCE）为参比电极，铂片（Pt）为辅助电极组成三电极体系。

恒流充放电和循环伏安测试采用三电极体系，实验均使用CHI608A型电化学工作站（上海辰华仪器公司）进行测试。

电极材料的X射线衍射（X-Ray Diffraction，XRD）采用日本Mac M18^{ce}型衍射仪表征，测试环境：Cu α 辐射（$\lambda=1.5418$Å），扫描速度为10°/min，扫描范围$2\theta=5°\sim90°$，管电流为100mA，管电压为40kV。微观形貌的表征在扫描电镜（SEM，JEOL JSM－5600LV，工作电压为15kV）上进行。

2.2.3 实验结果与讨论

图2-2所示为氢氧化镍的XRD图谱。XRD图谱表明存在（001），（002），（100），（101），（112），（110）衍射峰。与标准谱图（JCPDS card 22－0752，$a=0.3131$nm，$c=0.6898$nm）相吻合，可确定样品为纯相的$\alpha-Ni(OH)_2$。

图2-3所示为氢氧化镍的扫描电镜图片。由图可知，$Ni(OH)_2$是由薄片堆积而成的鳞片状形貌。此结构能够有利于电极与电解液的接触，提高了电极材料的比表面积，使其能够与电解液充分地浸润。

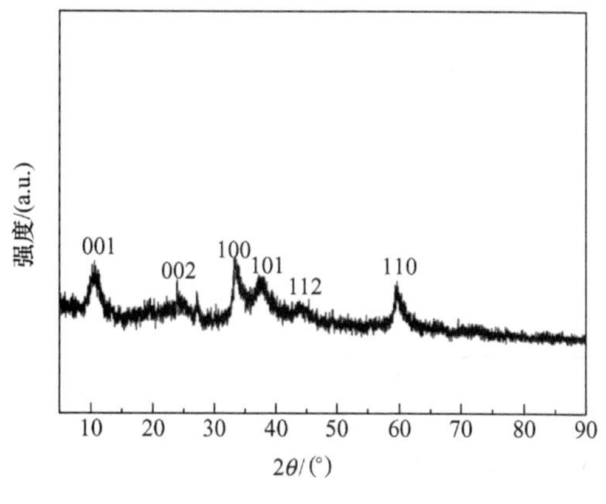

图2-2 氢氧化镍的XRD图谱

图2-3 氢氧化镍的扫描电镜图片

图 2-4 所示为氢氧化镍电极的循环伏安曲线（$a=1\text{mV/s}$；$b=2\text{mV/s}$）。测试条件是将氢氧化镍工作区间设置为 -0.05～0.50V（与 SCE 相比），在 3mol/L 的 KOH 电解液中进行循环伏安测试。由图可知，循环伏安曲线没有呈现规则的矩形特征，存在明显的氧化还原峰，其中氧化峰对应于镍原子由 Ni^{2+} 氧化为 Ni^{3+}，还原峰对应其逆过程。在 0.20V 和 0.42V 左右存在明显的氧化还原峰，表明此电位附近伴随有赝电容产生。经计算可得，在扫描速度为 1mV/s 和 2mV/s 时，最高比容量分别为 1250F/g 和 1100F/g。

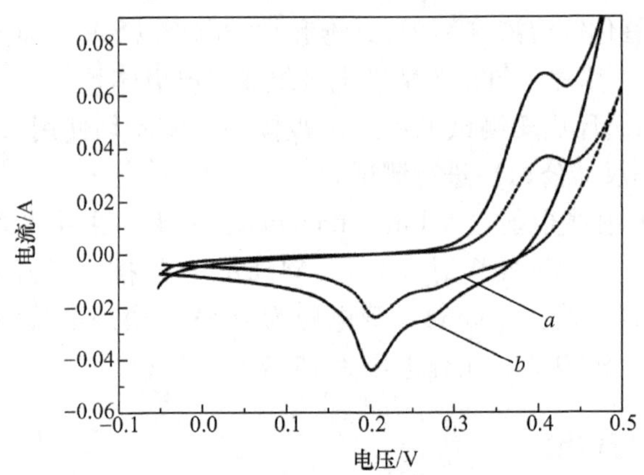

图 2-4　氢氧化镍电极的循环伏安曲线

图 2-5 所示为氢氧化镍电极的恒流放电曲线（$a=2\text{mA}$；$b=5\text{mA}$；$c=10\text{mA}$）。经计算当放电电流为 2mA、5mA 和 10mA 时，比容量分别为 1300F/g、1200F/g 和 1000F/g。由此可得，随着电流的增大，比容量变小。

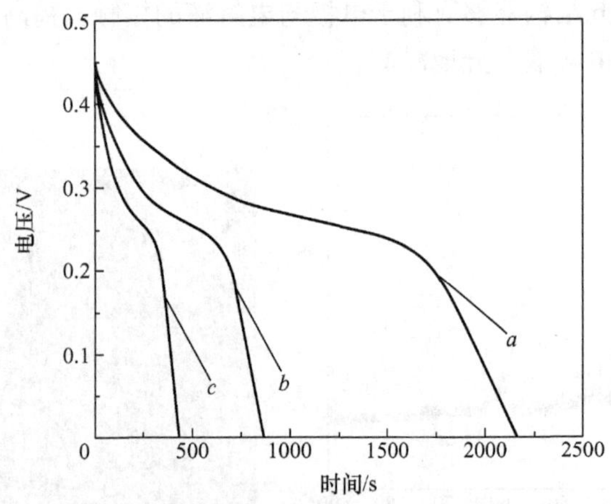

图 2-5　氢氧化镍电极的恒流放电曲线

在 10mA 恒流电流条件下连续循环充放电若干次，氢氧化镍电极的循环性能如图 2-6 所示。由图可知，初次循环比容量高达 1000F/g，达到 200 次循环后比容量

稳定于930F/g（容量保持在93%以上），表明此材料具有良好的容量保持率。由于在充放电过程中电极材料发生了物质之间的传递以及重结晶导致电极材料纳米片的尺寸发生变化，从而增大了纳米片的尺寸以及减小了纳米片之间的间隙。

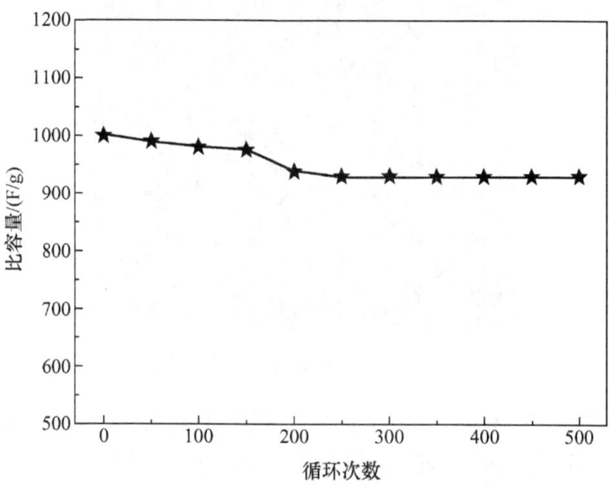

图2-6 氢氧化镍电极的循环性能

2.3 稀释法制备氧化镍

2.3.1 氧化镍的制备

以2.2节所述制备的氢氧化镍样品为基础，用管式炉在氮气（N_2）保护下300℃加热3h，得到氧化镍，然后将样品研细待用。

2.3.2 电极制备和性能测试

将氧化镍和石墨按照9∶1质量比例混合，用玛瑙研钵研磨30min，使其充分混合，加入足够的无水乙醇调成浆状，用超声波振荡30min使其进一步混合均匀，加入适量的聚四氟乙烯作为黏合剂。用辊轧机压成厚度为0.5mm的薄片，在80℃下烘干至恒重。将电极用12MPa的压力压制到泡沫镍网集流体上，然后切割成1cm×1cm的电极片作为工作电极，电解质采用3mol/L的氢氧化钾（KOH）溶液，饱和甘汞电极（SCE）为参比电极，铂片（Pt）为辅助电极（对电极）组成三电极体系，物理和电化学性能测试方法与2.2.2节一致。

2.3.3 实验结果与讨论

图2-7所示为氧化镍的扫描电镜图。由图可知，NiO是由薄片堆积而成的花球

状，直径为500nm左右。这种结构有利于材料与电解液的接触，可提高电极材料的比表面积，使其能够与电解液充分地浸润。

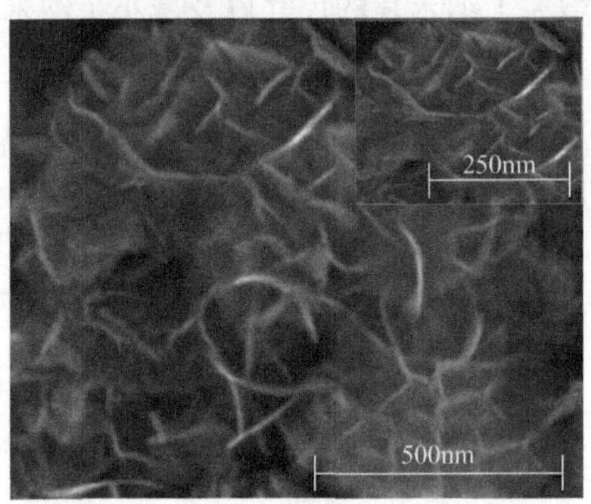

图2-7　氧化镍的扫描电镜图

图2-8所示为氧化镍的XRD图谱，由图可见无杂质峰出现，仅在37.3°、43.3°和62.9°处出现衍射峰［对应（111），（200）和（220）］，而且由62.9°峰较宽和花球状形貌可推测此晶体为44～1159。除了在$2\theta=37.3°$处有一强峰外，其余的衍射峰强度均较小，半峰宽较大，表明晶化程度较小，有研究表明结晶程度小的材料更适用于超级电容器电极材料。

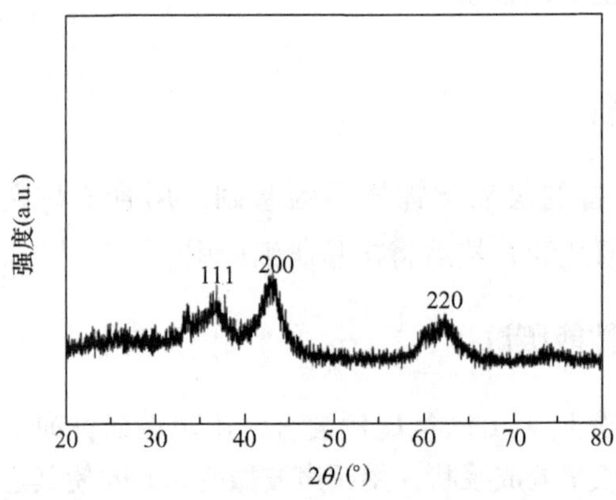

图2-8　氧化镍的XRD图谱

设定工作区间为0～0.45V（与SCE相比），扫描速度分别为1mV/s和2mV/s，将氧化镍在3mol/L的氢氧化钾（KOH）电解液中进行循环伏安测试，循环伏安曲线如图2-9所示。由图可知，循环伏安曲线没有呈现规则的矩形特征，存在明显的氧化还原峰。其中氧化峰相对Ni^{2+}氧化为Ni^{3+}，还原峰对应其可逆过程，在0.22V和0.35V处存在较明显的氧化还原峰，表明此电位附近伴随有赝电容产生。由公式$C_m=I\cdot\Delta t/(\Delta U\cdot m)$可得当扫描速度为1mV/s和2mV/s时，电极材料的最高比容量分别为608F/g和580F/g。

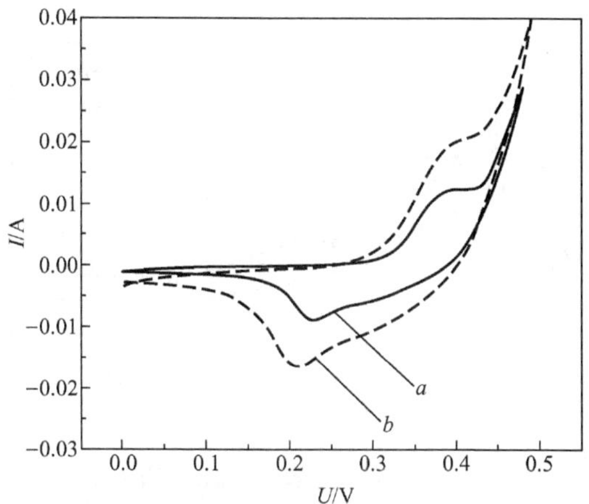

图 2-9　氧化镍电极的循环伏安曲线（$a=1\text{mV/s}$；$b=2\text{mV/s}$）

图 2-10 所示为氧化镍电极的恒流放电曲线，电压范围为 0 ~ 0. 37V。经计算在放电电流为 5mA、10mA 和 20mA 时，电极材料的比容量分别为 405F/g、392F/g 和 300F/g。

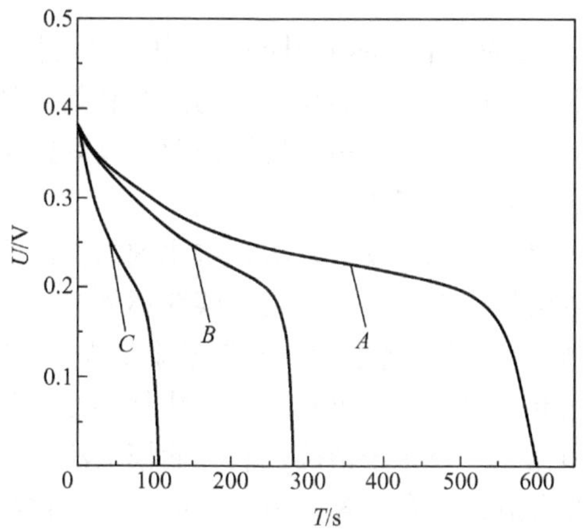

图 2-10　氧化镍电极的恒流放电曲线（$A=5\text{mA}$；$B=10\text{mA}$；$C=20\text{mA}$）

分别在 5mA 和 10mA 的恒定电流下进行连续循环充放电实验，氧化镍电极的循环性能如图 2-11 所示。可知当充放电电流为 5mA 时，初次循环比容量高达 405F/g，达到 200 次循环后比容量稳定于 365F/g（容量保持在 90% 以上）；在充放电电流为 10mA 时，初次循环比容量为 392F/g，达到 200 次循环后比容量稳定于 355F/g（容量保持在 91% 以上）。这可能是在循环初期，电流流动引起球状表面破坏，从而造成了比表面积减小。由此可得，随着电流的增大，比容量有所减小，但容量保持率基本不变。

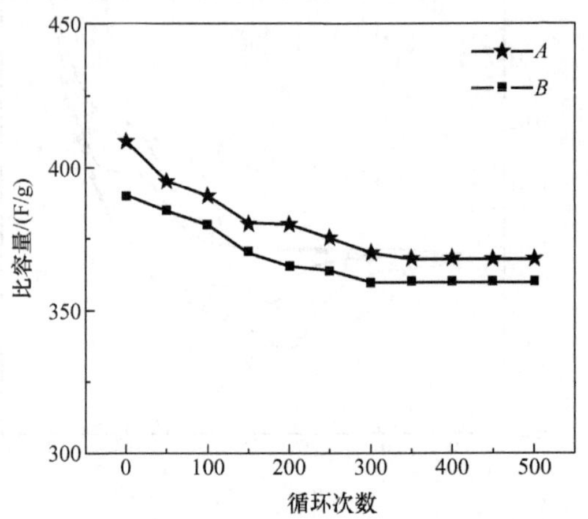

图 2-11　氧化镍电极的循环性能（A = 5mA；B = 10mA）

2.4　模板法制备有序介孔炭

有序介孔炭（Ordered Mesoporous Carbon，OMC）材料由于其结构、形貌、组分上的多样性以及不仅具有高的比表面积、大的孔容和均一的孔径分布特点，还具有很好的热稳定性，良好的导电性，高的机械强度和良好的化学惰性等特点，是有望取代活性炭和碳纤维的超级电容器材料[10,11]。

介孔炭的合成方法包括有机凝胶碳化法、催化剂活化法和模板法。催化剂活化法是指利用金属或者金属化合物对碳物质或者碳前驱体进行催化气化，得到多孔的碳材料[12]。有机凝胶碳化法是指将溶胶—凝胶法制备的有机凝胶进行碳化，从而得到介孔炭材料。催化剂活化法和有机凝胶碳化法都存在共同的缺点，得到的介孔炭的孔道结构、尺寸和孔径分布无法精确控制，而模板法由于能够精确控制孔径尺寸及其分布，并且能够合成出具有规整孔道结构的介孔炭材料，所以近年来被广泛应用于有序介孔炭的制备中。

2.4.1　有序介孔炭的制备

称取 5.0g 的 F127 溶解在 20g 去离子水与 16g 无水乙醇的混合溶液中，在磁力的搅拌下，逐滴缓慢加入 0.4g 盐酸（37wt%）和 3.3g 间苯二酚。室温下搅拌 2h，溶液变成淡黄色，在磁力的搅拌下逐滴缓慢加入 4.9g 甲醛溶液（37wt%），继续搅拌 5h。将溶液在暗室中静置 72h，有明显的分层。上层为无色透明溶液，下层为乳白色黏稠物。倾出上层清液，85℃烘干下层黏稠物，72h 得到淡黄色固体产物。将产物置于管式炉中，在氮气保护下以 1℃/min 的升温速率从室温升至 850℃并保持 3h，然后球磨 10h，得到介孔炭。

2.4.2 电极制备和性能测试

将所制得有序介孔炭去离子水反复冲洗，使用全方位行星式球磨机（QM - QX04，南京大学仪器厂）球磨2h。然后将处理的有序介孔炭和石墨按照9∶1质量比例混合，用玛瑙研钵研磨60min，使其充分混合，加入无水乙醇调成浆，用超声波振荡30min使其进一步混合均匀，加入适量的聚四氟乙烯作为黏合剂。用辊轧机将电极用12MPa的压力压制到泡沫镍网集流体上，然后切割成1cm×1cm的正方形工作电极片，在80℃下烘干至恒重待用。

电极材料XRD图谱采用日本Mac M18^{ce}型衍射仪表征，测试环境：Cu α 辐射（λ =1.5418Å），扫描速度为10°/min，扫描范围 2θ =5°～90°，管电流为100mA，管电压为40kV。微观形貌的表征采用透射电子显微镜（TEM，Philips Tecnai G^{2}20，工作电压为200kV）以及扫描电镜（SEM，JEOL JSM - 5600LV，工作电压为15kV）。恒流充放电、循环伏安和交流阻抗特性测试采用三电极体系，其中电解液选取3mol/L的氢氧化钾（KOH）溶液，饱和甘汞电极（SCE）为参比电极，铂片（Pt）为辅助电极。上述实验均使用CHI608A型电化学工作站（上海辰华仪器公司）进行测试。

2.4.3 实验结果与讨论

图2-12所示为有序介孔炭的XRD图谱。由图可知，在22.62°和42.96°对应于石墨化结构的（002）和（100）晶面的衍射峰，无杂质峰出现。除了在 2θ = 22.62°处有一强峰外，其余的衍射峰强度都较小，半峰宽较大，表明晶化程度较小，研究表明此种材料适合用于超级电容器材料。

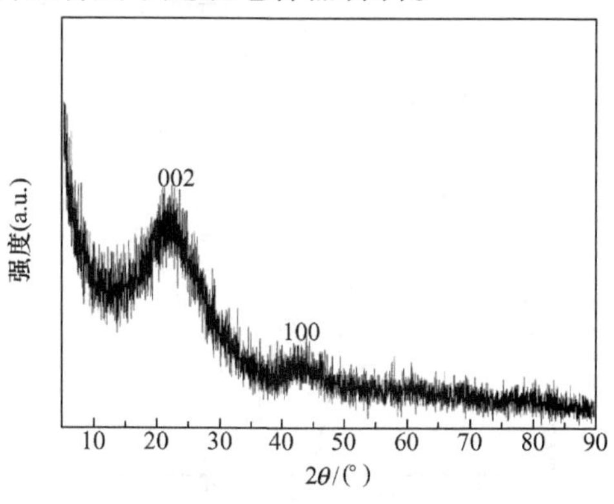

图2-12 有序介孔炭的XRD图谱

图2-13所示为有序介孔炭的SEM图，由图可知，样品为大小基本相同的颗粒结构，粒径大小约为10μm。

图 2-14 所示为有序介孔炭的 TEM 图。TEM 显示碳壁为 10nm，呈现有序孔状的结构。有序介孔炭横截面显示出良好的介孔结构，孔道有序性好。这种有序的介孔结构有利于电解液的扩散，适合于超级电容器电极材料。

图 2-13　有序介孔炭的 SEM 图

在不同电流下进行恒流充放电实验，设定充放电电压范围为 -1.0 ~ 0V，充放电电流分别为 5mA、8mA 和 10mA，充放电曲线如图 2-15 所示。由图可知，单次充电和放电曲线具有良好的可逆性，曲线两边基本对称，时间与电压具有近似线性关系。电极材料在 5mA 下充放电曲线具有良好的线性，自放电电流比较小，且放电初始无明显电压降，说明电极材料内阻小，有理想的电容性能。在电流为 5mA、8mA 和 10mA 时电极材料的比容量分别为 116.5F/g、108.5F/g 和 107.8F/g。

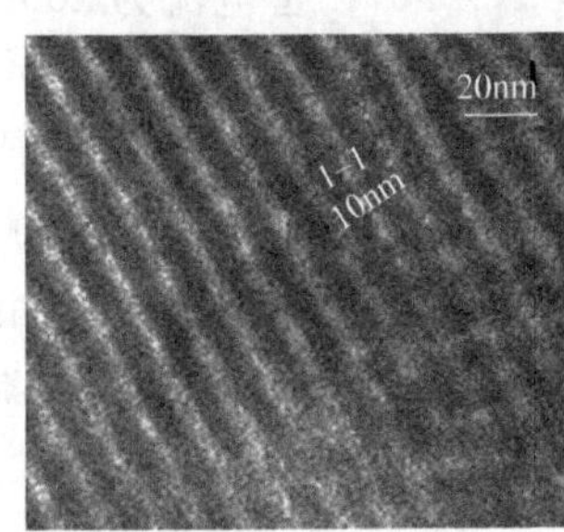

图 2-14　有序介孔炭的 TEM 图

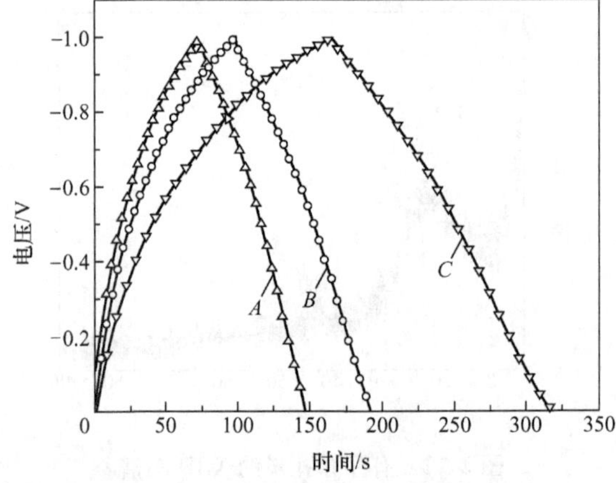

图 2-15　有序介孔炭电极的恒流充放电曲线（$A=5mA$；$B=8mA$；$C=10mA$）

图 2-16 所示为有序介孔炭电极的阻抗特性曲线，测试频率范围为 0.1 ~

100kHz，振幅为5mV，起始电压为0V。由图可知，ESR为0.475Ω，在高频区出现了一个明显的半圆弧，说明存在电荷传递电阻和Warburg阻抗。高频区的半圆弧小，表明电极和电解液界面的电荷转移电阻很小；在中频区为一段接近45°的斜率，这与电荷转移阻抗相关；在低频区近似一条垂直的直线，显示出良好的电容特性。

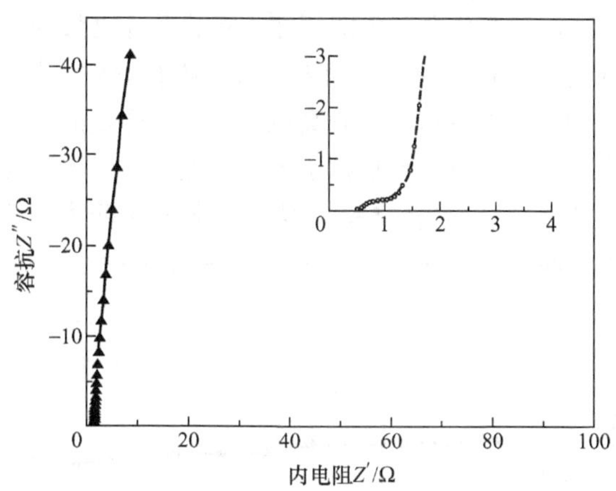

图2-16 有序介孔炭电极的阻抗特性曲线

图2-17所示为有序介孔炭电极的循环伏安曲线，扫描速度分别为2mV/s，5mV/s，8mV/s，10mV/s，20mV/s，电位区间为-1.0~0V（与SCE相比），电解质为3mol/L的氢氧化钾溶液。由图可知，曲线显现出比较典型的电容特征。时间常数（电容和电阻的乘积）决定电位转换时的陡峭程度，当扫描方向改变时电极表现出快速的电流响应，并迅速处于稳定状态，说明其内阻小，*RC*时间常数小，

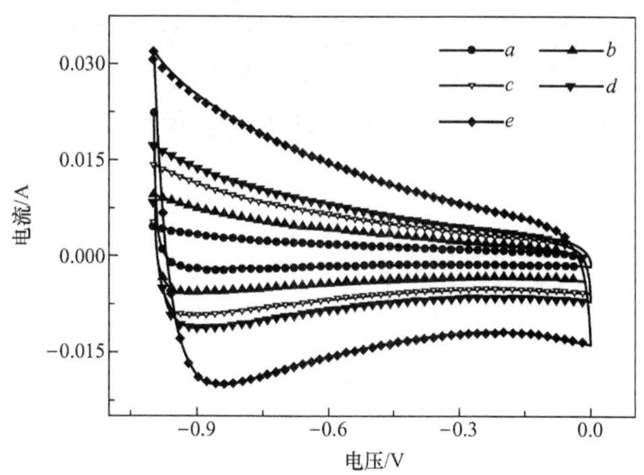

图2-17 有序介孔炭电极的循环伏安曲线

（a=2mV/s；b=5mV/s；c=8mV/s；d=10mV/s；e=20mV/s）

适合大电流工作。这主要是由有序介孔炭材料规则的结构和交错的空间通道所决定的，氢氧化钾溶液中的电解质离子可以在空隙中较为自由地运动，快速形成双电层，减小了超级电容器的内阻。上述扫描速度下对应的比容量分别为160F/g、145F/g、130F/g、120F/g、110F/g。

图2-18所示为有序介孔炭电极的循环性能，测试条件是当电流为10mA时，对样品电极进行500次恒流充放电。由图可知，随着循环次数的增加，电容量有微弱的衰减。因为在循环初期，有序介孔炭的表面官能团会分解，从而消耗部分电容量；其次随着循环次数的增加，电容器温度升高也会引起电容量的减小，引起部分脆弱的孔道破坏，同时温度的增加，进一步加剧了表面官能团的分解。容量保持率可以用来衡量碳材料传输离子的能力，容量保持率越大，则材料传输离子的能力越强。

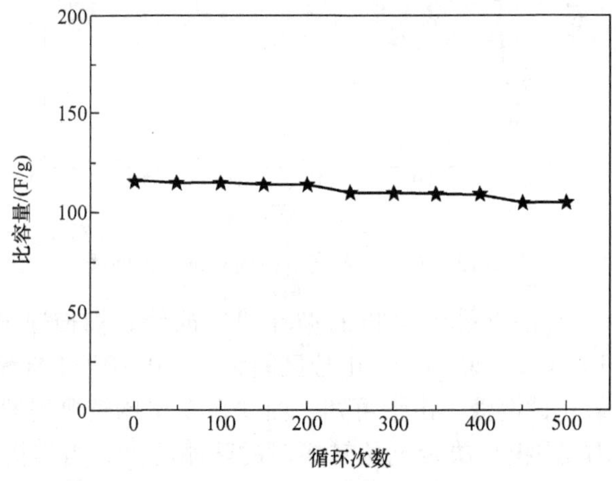

图2-18　有序介孔炭电极的循环性能

经过计算，在电流为10mA时，初次充放电比容量为125F/g，随着循环次数的增加，比容量逐步减小，达到450次循环后容量稳定于113F/g（容量保持在90.5%以上）。有序的孔道使离子传输能力更强，离子传输阻力更小，有利于提高电极材料的性能。

第 3 章 电极材料的改进及其在超级电容器中的应用

3.1 引言

制作超级电容器的电极材料大体上可以分为碳材料、导电聚合物、金属氧化物这三类。因为电极的优劣会直接影响到电容器的性能，它是超级电容器的重要依托，所以，优质又价廉的电极材料一直以来备受人们的追捧。

从超级电容器的电极材料的选取时间来看，碳材料可以说是最早被应用的。因为其价格低廉、性能优异，所以被看重。从碳材料被应用至今，大约历经了六十多年的时间，期间的发展过程，可谓艰辛。碳材料有着巨大的比表面积，意味着具有的电容量也就越大。另外，碳材料表面上的官能团、表面密度等对电容量的影响也非常大。而带的官能团不同，意味着储存电荷的能力也就不同。众所周知，其可以带成千上万种不同类型的官能团。目前，科学家们已经证实了有以下几种碳材料可以应用于超级电容器的电极材料。

活性炭材料作为超级电容器的电极材料，其具有较高的电导率。我们知道，作为活性炭材料，电导率是随着材料的表面积的增加而降低，而活性炭材料虽然有着很高的比表面积，但是其表面积却很低，所以它会有很高的电导率。

由于碳纳米管具有非常好的导电性、结晶度高、比表面积大等优点，因此将碳纳米管作为超级电容器的电极材料是极好的选择。碳纳米管表面有着很大的比表面积以及丰富的官能团，其对于电荷的吸附能力是非常强的，也能形成双电层，不光具有双电层电容器的特效，还有氧化还原的能力，因此吸收电荷的能力也就随之增强。据统计，增加了比表面积的碳纳米管在吸收大量的官能团之后，要比活性炭吸附的电荷量多 30% 左右，并且重复循环次数也会显著提升。

20 世纪 90 年代，科学家们通过大量的实验现象表明，一些金属的氧化物也具有很强的氧化性，可以用来作为超级电容器的电极材料。比如用电化学沉积法制备的 MnO_2 电极材料，比用导电聚合物作为电极材料的电容储备量高出 40% 以上。而且经过充放电 2500 次之后，电容量的衰减不到 7% 。这是金属氧化物作为电极的一个最大的优点，即耗损很少。正如双层电容器的工作原理那样，它的导电原理是通过电极上的导电聚合物的氧化还原来储存能量的。发生氧化还原反应之后，能在聚合物表面上形成大量的 N 型和 P 型掺杂，使其储存了高密度的电荷，所以会产生一定规模的电容。现在的导电聚合物电极材料一般分为三类。其一，两种电极都是 N 型掺杂；其二，两种电极都是 P 型掺杂；其三，一种电极是 N 型掺杂，另一种电极是 P 型掺杂。由于第三类是两种掺杂类型不同的电极，对阴阳离子的吸附能力要强一些，因此第三类混合掺杂型会使得电容器储存电能的能力大大增强。虽然它的储存电能的能力很强，并且温度范围宽，但是其造价成本很高，做成的品种和类型也远不如活性炭材料多。

本章将介绍以有序介孔碳作为碳前驱体，通过一系列后处理分别对介孔碳进行可控氧掺杂、磷掺杂以及氮掺杂，探索不同掺杂的介孔碳作为锂离子电容器正极时的性能，围绕一体化电极和储能装置设计，通过静电纺丝技术制备锂离子电池碳质复合负极、锂离子电容器负极和三明治结构柔性微型超级电容器，为超级电容器的设计和应用提供理论依据。

3.2 多孔碳正极材料的应用

3.2.1 锂离子电容器简介

1. 发展概况

锂离子电池的发展可以追溯到 20 世纪 50 年代，锂金属首次被作为负极材料应用于一次电池体系中，正极材料采用了金、铜等化合物，该电池体系采用了有机电解液。但是锂一次电池耗能巨大且利用率低，为了满足实际应用需要，Whittingham 团队、Armond 团队和 Goodenough 团队等针对发展过程中的各种弊端一直不断革新和发展，直到今天，锂离子电池的发展取得了飞跃式的进步，并广泛应用于我们生活的方方面面。随后，超级电容器的发展也一直和锂离子电池相辅相成，超级电容器根据其储能机理被分为双电层电容器和赝电容器。前者的电容储存主要来自电极/电解液界面上的电荷积累，因此其性能的优劣主要取决于电解质离子所能接触到的电极材料的表面积的大小；后者的电极材料中由于存在电化学活性物质会发生快速且可逆的法拉第反应，从而实现能量存储。超级电容器的电极材料主要为多孔碳材料，通过调节材料的比表面积、孔结构和导电性等性质来提高材料的电化学性能。而活性炭成为目前商用电化学电容器的主要电极材料。虽然超级电容器的发展在很大程度上推动了能源存储设备的进步，但其较低的能量密度不能满足实际应用体系的需要。因此，科研工作者对超级电容器的研究重点开始转移到储能机制的创新和新型器件的设计方面，因而具有新的发展潜力的锂离子电容器应运而生。

2001 年，非对称电容器的概念被首次提出，当时 Amatucci 等人巧妙地选用了钛酸锂（$Li_4Ti_5O_{12}$）为负极材料，被广泛应用的活性炭（AC）为正极材料，组装成了完整的器件。该器件表现出了优异的应用性能，相比于当下的超级电容器，比能量提高了 3～5 倍，其循环寿命与超级电容器相当，而且获得了惊人的高功率密度。2005 年 8 月，锂离子电容器这一概念首次以成文的形式公开使用，与此同时日本富士重工将他们研发的锂离子电容器作为一种新型能源存储器件予以公布。该器件选用了多并苯作为负极材料，并创新性地对其进行了锂源的预掺杂，直接将锂金属薄膜与电极材料相接触，通过内部短路的方式对负极材料预先进行了锂源的补充。同时器件的负极工作电位也因此而降低，扩大了该器件的整体工作电位。与之前的活性炭正极相比，整个器件的容量提升了 2 倍，获得了当时的超级电容器远不能及的能量密度。2007 年，FDK 公司在日本东京电子电机零配件及材料博览会上展示了他们公司研发的锂离子电容器“EneCapTen”，该锂离子电容器选用活性炭为正极，可嵌锂碳为负极，工作电位为 2.2～3.8 V，能量密度约为 14 Wh/kg，并有高温性能出色和自放电小等特点。而后，锂离子电容器因其优异的电化学性能，得到国内外许多研究机构和公司的关注和研发，寻找更高能量密度的材料作为电容器负极、研发可以替代活性炭的正极材料和优化改善以及开发更为有效的预嵌锂技术等，这一步步的改良和完善推动了锂离子电容器的快速发展。

在当下的能源环境需求日益增加的情况下，尤其世界很多国家提出未来要用新能源电动车或混合电动汽车来取代燃油汽车，这必然会使锂离子电容器成为储能器件研发的焦点。众所周知，锂离子电容器通常采用电容型材料作正极，电池型材料作负极。在正极中，电容型材料上发生快速的电荷吸附和脱附行为，与器件的功率密度密切相关；在负极中，锂离子在电池型材料中发生的可逆嵌锂/脱嵌反应，决定着器件能量特性的优劣。因此，锂离子电容器的整体性能与其所选电极材料的特性密不可分，所以选择不同体系及特性的电极材料对锂离子电容器的发展应用有着深远的影响。

2. 工作原理及特点

锂离子电容器的工作机制是将锂离子电池的插层储能机制（负极）和双电层储能机制（正极）融为一体，在电极材料的选择上选用了电容型碳正极材料和电池型碳基负极材料。通过对电极材料的研究，电容型材料主要是通过获得较高的比表面积和合适的孔径分布来提高电化学容量，或者通过引入有利的官能团来提供额外的赝电容；对于电池型材料，容量的获得主要归因于锂离子的嵌入/脱嵌过程，所以主要是通过控制电极形貌、引入碳涂层和掺杂其他元素来提高电导率和循环稳定性以获得稳定且较高的容量，所以说锂离子电容器同时具有多样的能量存储过程。锂离子电容器使用的电解液通常与锂离子电池相同，常见的电解液都是使用 $LiPF_6$、$LiClO_4$ 等电解质为溶质，EC、DMC 等碳酸酯类为溶剂，采取合适的比例配成所需的有机电解液。将正负极材料共同组装在含 Li^+ 的有机电解液中，两个电极在不同的电位窗口中可逆工作，从而达到提高器件性能的目的，两种电极的独特性质导致了不同且改进的电荷存储机制。

锂离子电容器的工作原理示意图如图 3-1 所示。在充电或放电过程中，阴离子和阳离子（Li^+）分别向两个电极移动，Li^+ 的嵌入/脱嵌反应和大部分氧化还原反应发生在电池型负极，而阴离子的吸脱附过程和电荷积累或转移发生在电容型正极。锂离子电容器虽然拥有锂离子电池和超级电容器的优点，但它与这两种器件有着明显的区别。当前电池型电极的电荷存储和转换主要依赖于 Li^+ 的嵌入/脱嵌，在获得更高容量的同时使锂离子电容器的能量密度得以提高，但其受控于 Li^+ 在晶体骨架内的扩散，这明显限制了充放电速率；电容型电极可以获得更高的功率密度，因为它的电荷存储是基于电极材料的表面反应，而不是离子在材料本体内的扩散，但这种工作机制反过来又限制了电极的容量，会在一定程度上降低器件的能量密度，但是这样的正极材料会提供一个快速充放电能力，从而提高了整体的功率密度和循环稳定性。

原则上，在含有 Li^+ 的电解液中电容型电极做正极和电池型电极做负极是锂离子电容器最简单的组装形式，两个电极分别在适当的工作电压下同时工作，该锂离子电容器在获得较高的功率密度的同时具有较好的能量密度，并在循环数多圈之后仍可保持其稳定的性能。

锂离子电容器与其他能源存储器件相比，具有多种优异的特性：1）拥有超高的功率密度，可达 10～50kW/kg；2）较高的能量密度（≥20Wh/kg），远高于超级电容器的能量特性，可以与铅酸电池相媲美，并克服铅酸电池体积大、质量重的不足，有望成为替代超级电容器和铅酸电池的理想器件；3）循环寿命长，锂离子电容器具有良好的电化学循环稳定性，循环次数可大于或等于 50 万次，实际应用的过程中可实现长久的使用寿命；4）锂离子电容器具有良好的高低温工作的特性，工作的温度范围为 -40～70 ℃；5）同锂离子电池相比较，锂离子电容器也拥有较低的自放电，有研究表明，锂离子电容器器件在 4V 的电压下常温静置一个月，电压保持率约为 94%，在 3V 的电压下常温静置 3 个月，电压保持率大于 95%，应用前景广阔。

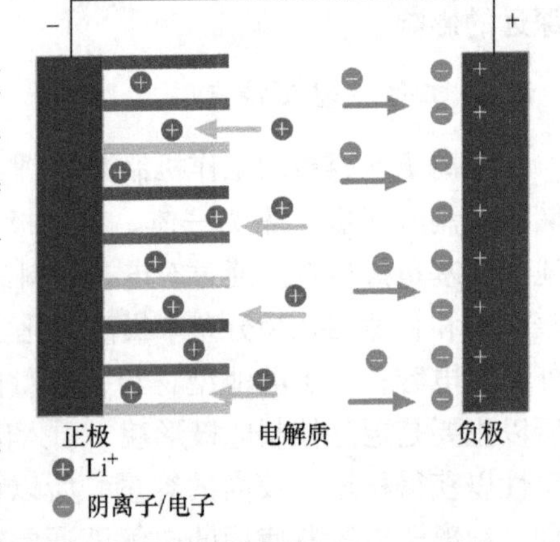

图 3-1　锂离子电容器的工作原理示意图

3. 负极材料

锂离子电容器的负极材料一般采用电池型材料，近年来，为了实现锂离子电容器的高能量密度、高功率密度、良好的循环性能和可靠的安全性能，负极材料得到了广泛的研究。为了保证锂离子电容器的高功率密度和高能量密度，需要负极材料具有较低的工作电位和良好的电导率。锂离子电容器的负极材料上主要发生电解液中 Li^+ 在材料中的嵌入/脱嵌反应，理想的负极材料一般要包含以下几个特点：1）在 Li^+ 的嵌入过程中要有较低的嵌锂电位；2）材料要具有足够的稳定性，在 Li^+ 的嵌入/脱嵌过程中材料具有尽可能小的结构变化，保证反应过程的高度可逆性；3）Li^+ 在电极材料中要有较快的扩散速度；4）具有良好的导电性；5）材料要有稳定的热力学特性，且不会与电解液发生额外的副反应，使锂离子电容器拥有良好的循环特性；6）要有经济适用性，材料资源富足，价格低廉易得且对环境友好。如今，随着科研的不断探索，越来越多的材料被研发作为锂离子电容器的负极材料，其中碳材料因其良好的物理化学特性，成为制作锂离子电容器电极的热门负极材料。

目前，石墨是被人们熟知且应用最广泛的碳材料，典型的层状结构使得材料中的碳原子分层排列，有着结晶度高、导电性和热稳定性好的特点。作为负极材料，它有着较高的理论比容量（372mAh/g），较低的充放电平台（$<0.1V$ vs. Li^+/Li）等特点，因此被广泛应用在锂离子电池中。现如今，石墨被应用于锂离子电容器的研究也越来越多。Vuorilehto 团队选用石墨作为负极，碳化物衍生碳作为正极组装了锂离子电容器，在 2～4V 的电压区间下进行电化学测试，所得能量密度可达 90Wh/kg，远高于同条件下的钛酸锂（LTO）基锂离子电容器（30Wh/kg）。Kim 等人分别选用天然石墨、人造石墨和硬炭用作锂离子电容器的负极材料，选用活性炭做为正极材料，组装了不同的锂离子电容器。分析数据表明，三种锂离子电容器的能量密度均可达到 130Wh/kg，但该器件具有不理想的循环稳定性，在电化学循环 10000 圈后，以天然石墨和人造石墨为负极的锂离子电容器的电容保持率分别为 41% 和 29%。也有研究表明，当正极材料选用具有高比表面积的活性炭（AC）时，可以在一定程度上提高石墨基锂离子电容器的电化学性能。据文献报道，石墨作为负极材料容易造成循环稳定性差的原因主要是它对电解液极其敏感，在放电过程中，由于电解液的化学反应，在负极表面形成 SEI 膜，造成不可逆的容量损失，使器件拥有较低的首次库伦效率；同时由于石墨的层状结构，在 Li^+ 的插层过程中，溶剂也会插入石墨层中并在反应过程中产生气体，导致石墨层的剥落，从而破坏 SEI 膜。此外，Li^+ 的嵌入和脱嵌过程会导致石墨的体积膨胀，结构破坏，甚至会导致石墨的粉化，这也为天然石墨的改性提供了一个针对性的方向，同时，降低石墨化碳的不可逆容量，提高循环寿命仍是重要的研究方向。

锂离子电容器的循环性能在体系的反复充放电过程中易受到体积膨胀的影响，针对这一问题，许多研究人员将焦点转向了非石墨化碳材料，例如硬碳（HC）、软碳等。这些碳材料有着较好的性能，而且在长期的电化学循环后可以获得较高的容量保持率，然而，与石墨化碳相比，非石墨化碳的初始不可逆容量损失更高。Yuan 等[67]人研究了活性炭、石墨和硬碳分别作为锂离子电容器的负极材料，在相同的条件下对其电化学性能进行比较。研究数据显示，活性炭/硬碳组装的锂离子电容器具有更优越的倍率性能和更高的容量。在充放电过程中，与球形硬碳相比，不规则硬碳表现出明显的 Li^+ 的嵌入平台。该锂离子电容器在功率密度为 7.8kW/kg、7.6kW/kg、7.3kW/kg 和 6.2kW/kg 时，分别获得 80.9Wh/kg、85.7Wh/kg、94.6Wh/kg 和 100.5Wh/kg 的高能量密度；同时在 2.0～4.0V 的工作电压范围下，在 2 C 的倍率下循环 5000 圈后获得了 96% 的电容保持率。虽然软碳和硬碳较石墨相比有更高的容量和更好的倍率性能，但它们在实际应用中不可能完全取代石墨材料。除了一些传统的碳材料，研究者以提高其电化学性能为目的，对其进行了一系列改性研究，例如掺杂、将两种或两种以上的材料进行复合等；除此之外，一些新型负极材料，例如过渡金属氧化物材料及其复合材料等，也逐渐被应用于锂离子电容器，以不断满足锂离子电容器高性能的需要。

4. 正极材料

正极材料是锂离子电容器中的重要组成部分，为了保证锂离子电容器的高功率密度和高能量密度，要求材料必须有较高的工作电位和良好的导电性。目前应用于锂离子电容器的正极材料主要是以电导率高、孔径丰富和比表面积大的多孔碳为主。另外多孔碳可以以多维结构存在，孔道可控、能与多种材料复合，原料易得且价格低廉等，众多的优点集一体，具有广阔的应用前景。而用作电容型正极材料的多孔碳一般要有大于 $1000m^2/g$ 的比表面积、优良的电导率以及突出的电解液到碳材料孔内空间的可及性。

活性炭是目前广泛用于商用的电极材料，同时它在含有锂离子的有机电解液中会表现出良好的双电层电容特性，电位可高达 4.6V vs. Li^+/Li，是理想的锂离子电容器的正极材料之选。近几年以商品化的活性炭为正极材料的锂离子电容器的研究越来越多。Li 等[20]人使用玉米芯制备的氮掺杂活性炭具有高达 $2900m^2/g$ 的比表面积，在半电池结构的有机电解液中，在 0.4A/g 时初始比容量可达 129mAh/g（185F/g）。该活性炭作为正极，Si/C 作为负极组装的锂离子电容器在功率密度为 1747～30127W/kg 时表现出 141～230Wh/kg 的高能量密度，在 8000 圈循环后仍有 76.3% 的电容保持率。Cho 等[21]人合成了多结构部分石墨活性炭（PG-AC）并同时组装了具有优异电化学性能的混合超级电容器。PG-AC 与 $Li_4Ti_5O_{12}$ 的复合材料呈现部分石墨化和多孔结构，从而提供了两种不同的电容机制：电双层电容和浅插层，在混合电容器中具有广阔的应用前景。不过，目前商用活性炭的孔径较窄，大多以小于 2nm 的微孔为主，虽然比表面积较大，但这些微孔与大尺寸的电解液离子不相容，尤其是在有机体系中，所以只能提供较低的比容量；而且，离子在微孔孔道里的传输速率也会受到限制，从而影响器件的能量和功率密度，因此，合理的孔径分布和可控的孔道结构也是提高锂离子电容器电化学性能的关键。另一方面，表面功能化修饰是提高碳材料应用特性的另一种可靠方法。例如，含氮基团可以产生或增加材料表面的缺陷度，从而提供离子反应的活性位点，提供亲水基团可以增强材料的润湿性等，这对提高材料的电化学性能均是有利的。Puthusseri 等[22]人采用聚合物为碳前驱体制备了 3D 结构的多孔碳，并以此为正极，采用 LTO 为负极组装了锂离子电容器，在 1.0mol/L $LiPF_6$ 电解液中获得了较好的电化学性能，在循环数千圈之后，保持着优异的循环稳定性；Liu 等[54]人制备了一种具有多级孔结构的网状氮掺杂碳纳米片并同时用作对称锂离子电容器的正负极材料，该对称锂离子电容器拥有一个高的工作电压窗口（0 ~ 4.5V），获得了 281.4Wh/kg 的高能量密度和 22.5kW/kg 的功率密度，并在 10000 次充放电循环后容量保持率高达 84.5%。

石墨烯自发现以来因其独特且优异的物理化学性质受到了广泛关注和应用，它具有独特的二维纳米结构，理论比表面积高达 $2630m^2/g$，同时也因其优异的导电性、电荷迁移率和化学稳定性等被越来越多地应用在锂离子电容器中。Zhang 等[29]人制备了拥有高比表面积（$3355m^2/g$）的 3D 石墨烯作为正极材料，拥有高比容量的 Fe_3O_4/石墨烯（Fe_3O_4/G）复合材料为负极材料。在 0 ~ 2.7V，电流密度为 0.03 ~ 21.0A/g 时，石墨烯的比电容为 148 ~ 187F/g，能量密度可达 37.3 ~ 207.3Wh/kg。该体系组装的锂离子电容器在功率密度为 53 ~ 20600W/kg 时，其能量密度为 165 ~ 203Wh/kg。虽然石墨烯的实验研究取得了较理想的结果，但还没有一种高效的方法来大批量生产高质量的石墨烯，因此石墨烯的广泛应用也受到一定的限制。近年来，对碳气凝胶和碳纳米管的研究也取得了很大的进展，虽然它们具有良好的孔隙结构和电化学性能，但它们复杂的净化工艺和高生产成本阻碍了它们的商业化，且在锂离子电容器中的研究还处在尚未成熟的阶段，因此，对锂离子电容器正极材料的研究任重道远。

目前，在文献已报道的锂离子电容器中，负极材料多采用石墨、硬碳或者金属氧化物（例如，钛酸锂、TiO_2、Nb_2O_5、V_2O_5 等），而正极材料大多使用活性炭。但由于正负两极的储能机理的不同导致其反应动力学相差很大，正负极的比容量匹配不佳，导致组装而成的锂离子电容器在大电流密度下工作时只能输出较低的能量密度，表现出较差的循环寿命，不能满足锂离子电容器在工业上的应用需求。因此，通过调节正负极材料的质量比来实现正负极容量匹配的方法可以在一定程度上解决上述问题。

3.2.2 有序介孔碳材料的研究进展

多孔碳材料因其高的比表面积、良好的导电性和丰富的孔隙结构被广泛应用于多种领域，例如催化剂载体、气体吸附剂和储能材料等。根据国际理论化学与应用化学联合会（IUPAC）对材料孔径的相关规定：当孔径小于 2nm 时被称为微孔，孔径介于 2 ~ 50nm 时被称为介孔，孔径大于 50nm 时被称为大孔；而多孔炭材料又根据自身孔径的大小分为微孔材料、介孔材料、大孔材料和分级多孔材料等。当多孔碳材料被应用于储能领域用作电极材料时，不同的孔径具有不同的应用特性。众多研究表明：大量微孔存在的碳材料有着较大的比表面积，在低电流密度下可以更好地与电解液相接触，一定程度上提升材料的比容量；相较于微孔，介孔材料中离子的扩散限制变小，可以在充放电过程中提供快速的电解质离子的传输通道，加快离子迁移速率；具有开放空间的大孔有利于缩短离子的传输路径，大容量大孔的存在可以作为离子的缓冲储存器，提高材料在大电流密度下的电化学性能。

有序介孔碳材料的孔径可控制在 2～50nm 的范围内，孔道均匀有序，孔径可调，同时也有着高的比表面积和电化学稳定性，成为锂离子电容器电极材料中具有潜力的候选者。最早于 1992 年，Mobil 研发公司通过二氧化硅和阳离子表面活性剂的自组装成功合成了有序介孔二氧化硅（Ordered Mesoporous Silica，OMS），简称 MCM-41，实现了纳米多孔材料领域的真正突破，随后通过改变不同的表面活性剂制备了一系列的有序介孔二氧化硅材料，从此开启了人们对介孔材料研究的大门。随后，在 1998 年，赵东元课题组[25]成功地使用聚合物模板代替了表面活性剂模板，在酸性条件下，以原硅酸四乙酯为无机离子前驱体，制备了孔径均匀的有序六方介孔二氧化硅结构的介孔分子筛（SBA-15）。该分子筛的合成，进一步推动了当时有序介孔材料的发展，为有序介孔碳的发展奠定了基础。1999 年，以蔗糖为碳前驱体，MCM-48 二氧化硅为硬模板，选用合适的无机催化剂，采用液相浸渍法首次合成了有序介孔碳 CMK-1，其比表面积约为 1380m^2/g，后来更换分子筛模板 SBA-15 合成了有序介孔碳 CMK-3。此后，科研工作者对有序介孔碳的研究也越来越广泛。经过 20 多年的不断发展，有序介孔碳材料凭借其自身孔道规整、孔径可调、结构可控、比表面积大等优良的特性被广泛应用于多种领域。

1. 有序介孔碳材料的合成

有序介孔碳主要通过模板法进行合成，利用模板剂自身结构的空间限域作用，可以高效地合成不同孔径的有序介孔碳，也会较好地复制出模板剂高度稳定有序的结构。有序介孔碳早期的合成采用硬模板法，通常要将孔道分布均匀且热稳定性好的刚性材料用作模板，通过液相浸渍等方法将前驱体置于模板中，通过模板的限域作用使得前驱体在模板中反应后完整地复制出其结构。硬模板法的合成方法可简要概括为以下几步：1）制备孔道规整均匀，热稳定性好的硅基分子筛作为硬模板剂；2）选择合适的碳源作为前驱体填充到模板的孔道内形成复合材料；3）将上述复合材料进行高温热解碳化；4）高温碳化后的材料用 HF 或者 NaOH 水溶液进行洗涤，将模板去除。例如，Wang 等[27]人采用褶皱孔氧化硅（WMS）为模板，蔗糖为碳前驱体，首次成功合成了褶皱介孔碳。这种碳材料不仅保持了 WMS 独特的径向褶皱结构，也打开了内部表面，从而增加了比表面积（1344m^2/g），该碳材料将因其独特的径向褶皱孔隙结构在电化学储能和催化剂等领域得到广泛的应用。Wang 等人选用介孔硅基材料（FDU-5）为模板剂，通过浸渍法制备有序 3D 介孔碳，首次探索了其作为锂离子电池负极材料的电化学性能。所制备的 C-FDU－5 孔径均匀，比表面积为 750m^2/g。C-FDU-5 作为一种新型纳米材料，具有比活性炭更优异的容量特性，并可在大电流下稳定地充放电。硬模板法在合成有序介孔碳的过程中需要考虑诸多的因素，例如：模板是否具有良好的热稳定性、前驱体在模板中的浸润效果和在模板孔道中的注入量是否可控等；再者，其合成过程的复杂性使其产率很低，步骤之间的相关联性太强，在实际使用中受到众多限制，也不利于工业上大规模制备。

后来软模板法逐渐发展起来，它的合成过程相对简单，选取合适的模板剂和有机或无机碳前驱体，两者之间要存在适当的相互作用力使得其自组装过程顺利实现以形成具有介孔结构的聚合物，随后通过热处理去除模板剂之后正向复制得到有序介孔碳材料。该方法的合成步骤主要分为三部分：1）前驱体和模板剂形成超分子聚合物；2）通过热处理使得超分子聚合物通过热聚合形成稳定的化合物；3）高温煅烧去除模板的同时，化合物通过碳化得到稳定的目标材料。软模板法合成过程的关键在于碳前驱体和模板剂的优化选择，使得两者的自组装过程可以顺利实现。商用的模板剂主要以嵌段型普朗尼克型表面活性剂最为常见，如三嵌段共聚物 F127。碳前驱体的选择要求碳前躯体可以和模板剂之间存在某种稳定的相互作用力；同时要求碳前驱体在高温碳化过程中具有稳定的结构，防止在高温碳化去模板的过程中介孔结构被破坏。2006 年，一种合成有序介孔碳材料的软模板法被发明，该方法避免了制备硅模板并使用氢氟酸或氢氧化钠危险溶液去除硅模板过程的存在。这一新策略依赖于间苯三酚和三嵌段共聚物 PluronicF127（$EO_{106}PO_{70}EO_{106}$）在含有甲醛的 HCl/乙醇/水溶液中的自组装。该自组装复合材料在高温聚合炭化后获得的碳材料具有有序的介孔。通过改变合成条件，碳前驱体或模板可以制备多种有序介孔碳结构。另外，还可以采用软模板和硬模板相结合的方法以设计多级多孔碳结构。例如，同时使用胶体二氧化硅和三嵌段共聚物 P123 作为模板可以获得双峰分布的介孔孔隙，材料具有高的比表面积和优异的电化学性能。软模板法不需要预先制备硬模板的过程以及在实验过程采用强酸或者强碱溶液刻蚀去除模板的步骤，因此该方法使用起来更加方便，大大缩短了样品制备的时间，而且各部分之间的相关联性较低，拥有更高的制备效率。

2. 有序介孔碳材料的改性

有序介孔碳材料是一种很有前途的储能材料。中孔排列较长，比表面积较大，为电化学双电层的快速形成提供了广阔的通道。事实上，有序介孔碳基超级电容器，特别是基于软模板法合成的有序介孔碳，通常表现出较差的电化学性能。由于其大的孔径尺寸，微孔率高，使得离子扩散受限，进而产生较低的容量。为了提高有序介孔碳基电极的能量存储水平，一种具有低微孔率和丰富电化学活性功能的碳材料是理想的选择。因此，为了促进有序介孔碳材料的广泛应用，通常对材料进行功能化改性。例如杂原子掺杂，通过采用不同的方法在有序介孔碳材料中引入其他功能性元素（N、P、S、Ni、Co、Fe 等），掺杂后均可在介孔碳材料表面引入一些官能团，改变其表面特性，进而提高其应用性能。研究结果表明，杂原子源类型、碳源与外源质量比、反应温度和滞留时间等合成参数与掺杂量和掺杂构型密切相关。更重要的是，比表面积、掺杂量以及掺杂构型对电化学性能有协同作用。例如氮原子掺杂，氮原子与碳原子有着大小相似的原子半径，且氮原子最外层有孤对电子的存在，因此掺入氮原子可以增大材料表面的电荷密度，有利于提高材料的导电性；另外，有序介孔碳材料具有疏水性的表面，当引入含氮官能团后，可增加材料表面的亲水性，提高离子的吸附能力，从而提高其电化学性能。杂原子掺杂的方法主要分为原位掺杂法和后处理法，每种方法的最终目的都是合成结构有序、比表面积高、杂原子掺入均匀和掺杂水平适宜的杂原子掺杂有序介孔碳材料。

原位掺杂法又称直接合成法，通常是在惰性气体的保护下进行热处理，将含有杂原子的前驱体或含有杂原子的化合物和模板一起进行热处理，形成有序的中间相复合材料，随后再置于 500～900℃ 下进行高温碳化。原位合成法的合成过程如图 3-2 所示，原位合成法的特点是同步产生杂原子掺杂和石墨化多孔结构。因此，杂原子更倾向于以结构类型的形式合并在碳骨架内，具有更加稳定的特性；另外，原位合成法有助于将杂原子均匀地嵌入整个碳骨架中。Zhang 等[29]人使用蜂蜜作为碳和氮源，通过原位硬模板法制备氮掺杂有序介孔碳，制备的所有样品的比表面积均超过 $600m^2/g$，层间距扩大为 0.387～0.395nm，孔径分布均一，集中在 4nm 附近，且介孔率高达 93%。随着碳化温度从 700℃ 升高到 900℃，氮含量从 4.32wt% 下降到 1.38wt%。Wei 等[30]人通过实验证明了通过溶胶碳源、F127 模板和双氰胺氮源之间的氢键和静电相互作用，形成了具有不同对称性和高氮含量（13.1wt%）的有序介孔结构。

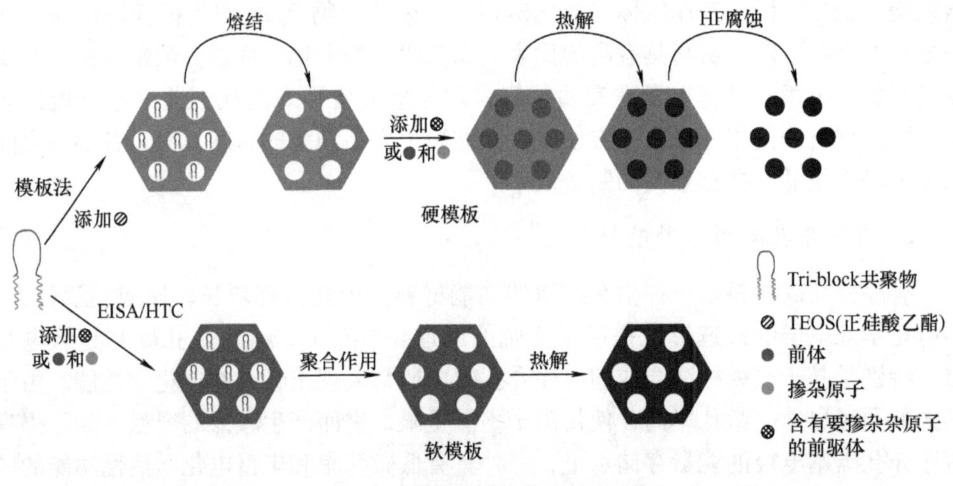

图 3-2　原位合成法的合成过程

后处理法则为对预先准备的介孔碳进行一系列的改性。在后处理法中，杂原子通过氧化反应、热聚合反应或置换反应被掺杂进有序介孔碳中，但如何防止有序介孔碳材料的有序结构在后处理过程中被破坏成为该方法关注的重点；另外，如何将杂原子嵌入材料整体而不只是表面也非常重要。图 3-3 所示为后处理法的合成过程，后处理法可分为干性处理法和湿性处理法，干性处理法是将有序介孔碳置于含有杂原子的惰性气体环境中，在高温下反应掺杂而不使用任何溶剂。一般采用氨气作为氮掺杂气体制备氮掺杂有序介孔碳，例如，Dai 等[31]人在 950 ~ 1050℃ 的 NH_3 气氛下对二维六角结构的有序介孔碳进行热处理合成了氮掺杂有序介孔碳，与传统的微孔碳相比，嵌入在介孔壁上的微孔更容易被气体活化分子获取，从而使掺杂过程更加高效，且官能化位点分布均匀。结果表明，氮对氧的取代和氮基自由基对碳骨架的腐蚀是氮物种形成的主要原因。对于湿性处理法，有序介孔碳通常在含杂原子的溶液中浸渍一段时间，然后进行干燥和高温处理。例如，Wu 等[32]人将有序介孔碳与三聚氰胺以 1∶1.5 的质量比研磨混合后置于 20mL 甲醇溶液中蒸发得到粉末混合物，然后在 500 ~ 900℃ 下进行高温热解，得到 N 掺杂的介孔碳材料。

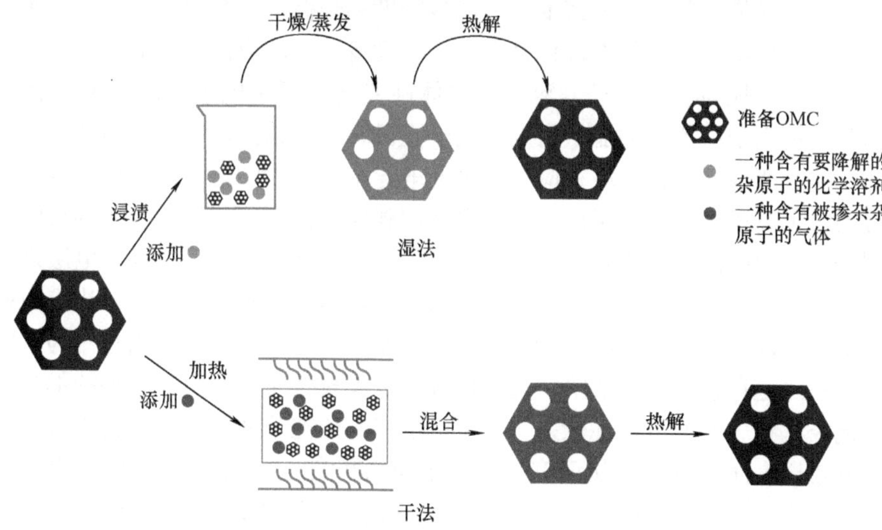

图 3-3 后处理法的合成过程

3. 有序介孔碳材料的应用

近年来，在可扩展的大批量生产过程中合成绿色环保的氮掺杂有序介孔碳是一个很有前途的研究领域。Fan 等[48]人在没有聚合和化学活化的情况下制备了明胶基氮掺杂有序介孔碳。在电流密度为 0.2A/g 的条件下，电极的电容为 252F/g，在循环 10000 圈之后，电容保持率为 99.1%。有序介孔碳与硫的结合可以提高电子/离子的电导率，降低离子输运阻力，减轻硫化物的穿梭效应，因此通过热处理的方法进行硫原子掺杂的有序介孔碳材料被广泛用于锂离子电池。在 Nazar 等[33]人的研究中，对掺入硫前后的孔隙结构进行了比较，发现约有 9% 的孔体积被保留下来，为 Li^{+} 提供了有效的容纳空间；另外，掺杂 S 的有序介孔碳材料的电导率与未掺杂的电导率保持一致（0.21S/cm），表明电子传递途径没有被掺入 S 原子所阻断，得到的电极可逆容量为 1400mAh/g，循环过程中保持了 20% 的低容量衰减。除此之外，将一种氮掺杂非晶态有序介孔碳（NMC）作为高性能钾离子电池的负极材料，该氮掺杂介孔碳通过后处理法在 20% 的 NH_3 中 700℃下热处理 5h 制得，具有较大的比表面积、合适的多孔结构和丰富的缺陷。该材料在 50mA/g 的电流密度下具有 336.1mAh/g 的较高的初始可逆容量；此外，N 的引入增加了 K^{+} 存储的活性位点，有利于长期循环稳定性。

3.2.3 氧官能化有序介孔碳的制备及其在锂离子电容器正极中的应用

1. 引言

锂离子电容器经过近几年的快速发展，已经成为可再生能源系统发展中非常重要的一部分，凭借着其高功率密度、高能量密度和长循环寿命等优点，被认为是最有前途的储能系统之一。随着现代社会大功率设备的广泛应用，人们对锂离子电容器的要求也大大提高。锂离子电容器的整体性能与其所选电极材料的特性密不可分。通常，锂离子电容器的能量密度取决于正极材料的选择。所以，为了提高器件的整体性能，所选择的正极材料应具有高的电导率、较大的比表面积等特性。

目前，锂离子电容器的正极材料主要选用碳材料，而由正极所发生的双电层储能机理分析，碳电极材料主要通过在电极材料与电解液的接触面形成双电层来进行离子的吸脱附反应以储存能量，因此，孔隙分布均匀、微孔率低且有效比表面积高的碳材料具有理想的电容性能。例如，对于商业化的活性炭来说，当它作为电容器的正极材料时也存在一定的缺陷，孔结构分布范围较宽时，在孔径较小的部分，电解液到电极材料表面的可及性较差，导致电解液不能充分地与电极材料接触，使得材料的有效比表面积减小，从而产生较差的电容性能；另外，活性炭的稳定性较差，易被氧化，在制备电极材料时还需额外添加导电剂来满足它对导电性的需求，所以寻求新的碳材料来满足电容器商业发展的需要已成为科研工作者关注的焦点。而有序介孔碳材料有着规整均一的孔道结构、较大的比表面积和优异的导电性等优点，越来越成为锂离子电容器正极材料的最佳选择。而且该材料的孔径在中孔范围内分布较窄且孔道连通，可以有效地促进电解液离子的吸脱附和电解质的渗透，因此其电化学性能理论上会高于活性炭材料。许多前人的研究表明，纯有序介孔碳作为电极材料的应用存在一定的局限性，如亲水性差、活性位点少等，所以越来越多的研究都致力于对有序介孔碳的改性以获得更优的电化学性能。通过氧官能化对碳材料进行氧原子掺杂是一种常用的材料改性的方法。氧为实验室中最为常见的元素，无论是在有机材料还是无机材料中均广泛存在，选择合适的氧源对材料进行改性相对简单。更重要的是，某些含氧基团是具有高活性的，可以通过羰基和烯丙基的转化获得额外的容量，而含氧官能团大部分都是亲水性基团，可以有效地改善有序介孔碳材料的表面特性（酸碱性、亲水性等），并且可以为碳材料提供更多的储锂活性位点。

本节主要制备有序介孔碳材料 CMK-3，并以此为研究材料，使用不同浓度的 H_2O_2 溶液对 CMK-3 进行氧官能化处理从而实现额外的氧原子掺杂，并将其应用于锂离子电容器的正极材料。探究氧原子掺杂后有序介孔碳材料含氧官能团的变化及其对电化学性能的影响。实验表明，通过氧原子的引入产生的活性含氧基团可以提高有序介孔碳材料的电化学性能。

2. 实验部分

（1）SBA-15 模板的制备

首先，配置 1.6mol/L 的盐酸水溶液备用。称取 4g 三嵌段共聚物 P123 加入 150mL 1.6mol/L 的盐酸溶液中，在 25～30℃的水浴中搅拌成均匀无色透明的溶液；随后升温至 38～40℃，加入 9.4mL 正硅酸四乙酯（TEOS），在恒定温度下继续快速搅拌 24h。然后将得到的产物转移到水热釜中，烘箱设定温度 130℃晶化 24h。将水热得到的白色固体产物过滤、洗涤，在 60℃下干燥过夜。最后将干燥后的产品在 550℃的空气中煅烧 5h 得到 SBA-15 的白色粉末。

（2）有序介孔碳 CMK-3 的制备

称取 1gSBA-15 粉末，用含有 1.25g 蔗糖、0.14g 浓硫酸和 5mL H_2O 的溶液浸渍，然后混合物先在 100℃的鼓风烘箱内处理 6h，随后升温至 160℃继续处理 6h。重复上述步骤，将上述产物继续置于含有 0.8g 蔗糖、0.09g 浓硫酸和 5mL H_2O 的溶液中浸渍，随后在鼓风烘箱中按上述温度继续处理。接着将烘箱处理后的产物于 900℃下氮气气氛中煅烧 2h，升温速率为 2℃/min。煅烧后的产品用 4mol/L 的 NaOH 水溶液碱洗过夜以去除 SBA-15 模板，碱洗温度为 115℃。最终将获得的无模板的 CMK-3 过滤，用去离子水和乙醇洗涤多次，并置于 60℃的烘箱中干燥过夜。

（3）氧掺杂有序介孔碳（OC-X）的制备

使用不同浓度的过氧化氢溶液对 CMK-3 进行氧化处理。称取 0.5gCMK-3 粉末分别溶于 H_2O_2 所占体积比为 25%、50%、75%、100% 的水溶液中。并将混合溶液置于 60℃的水浴中，恒温搅拌处理 4h，冷却后将其抽滤，多次洗涤，最后在 60℃的真空烘箱中干燥过夜。所得材料命名为 OC-X（X 代表 H_2O_2 所占体积比）。

3. 实验结果与讨论

（1）形貌结构表征

SBA-15 模板材料的结构有序性可以利用小角 XRD 进行表征，如图 3-4a 所示，小角 XRD 图谱中可以观察到三个明显的特征峰，分别对应着二维六角结构的（100）、（110）、（200）衍射面，充分表明了其有序六角结构的存在；图 3-4b 的

SEM 图也很明显地表明了六方介孔二氧化硅 SBA-15 模板材料的成功合成，与小角 XRD 结果相一致。图 3-4c、d 分别为 SBA-15 模板材料的 N_2 吸脱附测试结果，其吸脱附等温线属于第Ⅳ型等温线，吸脱附曲线形成了明显的回滞环，表明 SBA-15 模板材料拥有丰富的介孔结构，样品的比表面积达到 577.99m^2/g。由该材料的孔径分布曲线可知，材料的孔径分布较窄，主要集中在 10nm 附近，孔道结构均匀单一，说明该材料为典型的介孔材料，可作为有序介孔碳的良好模板。

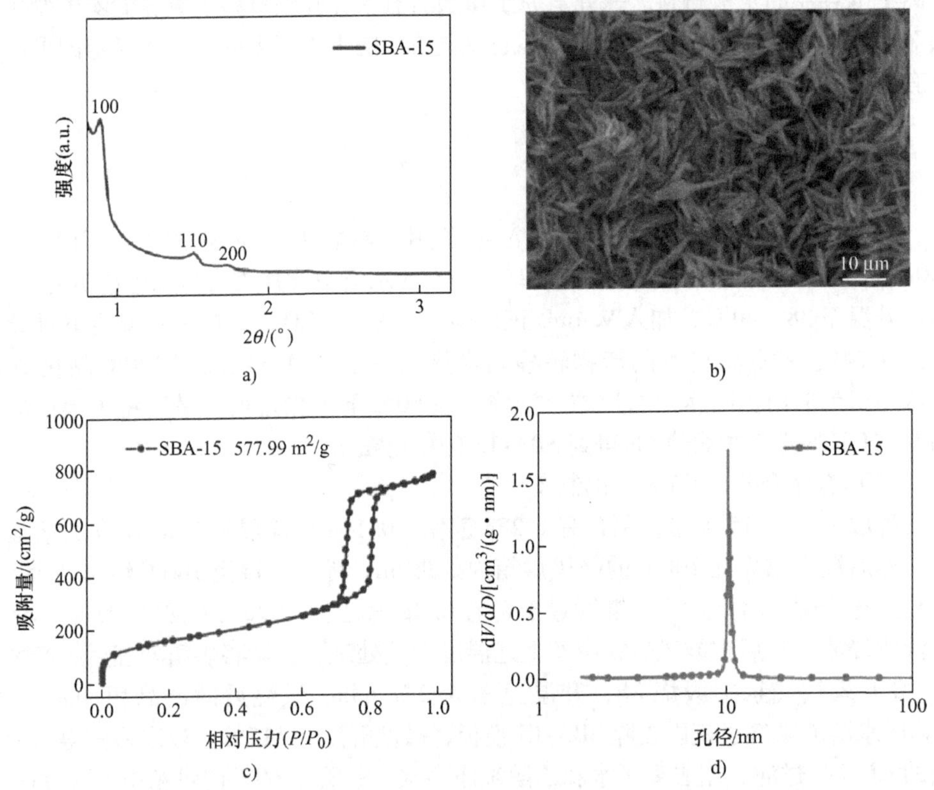

图 3-4 a）SBA-15 的小角 XRD 图谱；b）SBA-15 的 SEM 图；c）SBA-15 的氮气吸脱附曲线；d）SBA-15 的孔径分布图

图 3-5a 所示为所制备的所有样品进行的 XRD 的表征结果，通过图谱可以明显地观察到两个特征衍射峰，在 23.4°和 43.4°分别对应碳材料的（002）和（100）晶面。对比不同样品的图谱，氧官能化的有序介孔碳材料 OC-X 与 CMK-3 相比，它们的衍射峰的峰位置发生明显的左移，说明 CMK-3 经过氧化处理之后层间距有变大的趋势，层间距的增大理论上可以促进离子在碳层中的传输，增大离子的反应动力学；同时增大的层间距可以缓解材料在电化学反应过程的体积变化。由图 3-5b 所示的小角 XRD 图谱观察可见，不同浓度的 H_2O_2 溶液氧化后的碳材料均在 1°附近出现了一个明显的衍射峰，该峰对应着二维六角结构的（100）衍射面，

但与 SBA-15 模板相比，二维六角结构（110）、（200）衍射面所对应的衍射峰并不明显甚至消失，说明该材料经过氧官能化处理之后，OC-X 材料仅保持了模板的部分介孔孔道结构，而且有序度降低。虽然材料并未完美地保持 SBA-15 模板的孔道结构；但通过将图 3-5a 和图 3-5b 对比可见，OC-X 材料的（100）衍射面的特征峰的峰位置明显向右偏移，说明 OC-X 材料与 SBA-15 模板相比有着更厚的孔壁和更小的孔径，可以在一定程度上增大材料的比表面积。

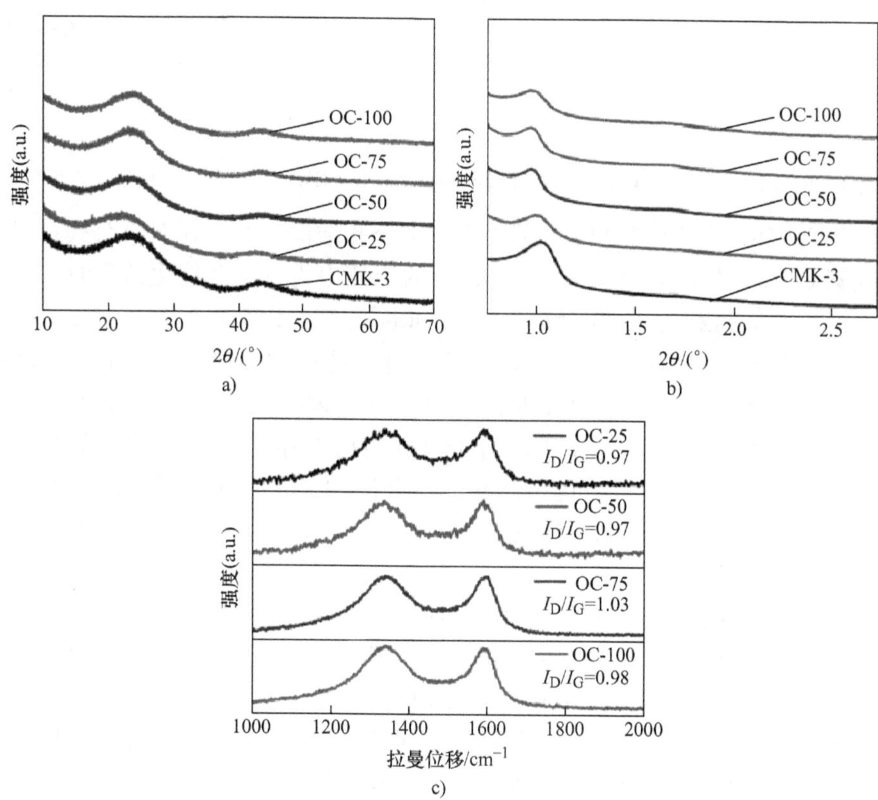

图 3-5　所制备的 CMK-3 和 OC-X 的 a）XRD 图谱和 b）小角 XRD 图谱；c）制备的 OC-X 的拉曼图谱

拉曼图谱测试通常被用来表征材料的无定形程度，图 3-5c 为 OC-X 材料的拉曼测试结果，明显地观察到材料的 D 峰（$\sim 1353cm^{-1}$）和 G 峰（$\sim 1590cm^{-1}$）的存在，D 峰一般反映材料的缺陷程度，G 峰则反映材料的石墨化程度。人们通常采用 I_D/I_G 的强度比值来表征被测样品中的缺陷度的大小。通过计算后，OC-75 的 I_D/I_G 的值为 1.03，与其他材料相比缺陷度更高，理论上可以为材料的储锂过程提供更多的活性位点。

图 3-6 所示为对样品进行的比表面积和孔径分布的表征结果。由图 3-6a 可知，所测样品的氮气吸脱附等温线均为Ⅳ型等温线，且相对压力在 0.6 附近形成了明显

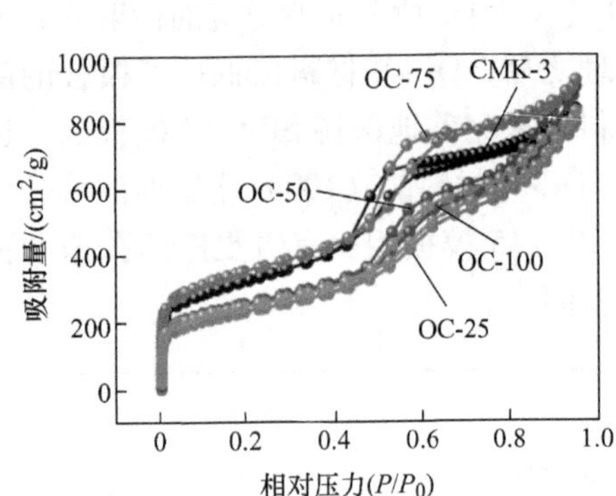

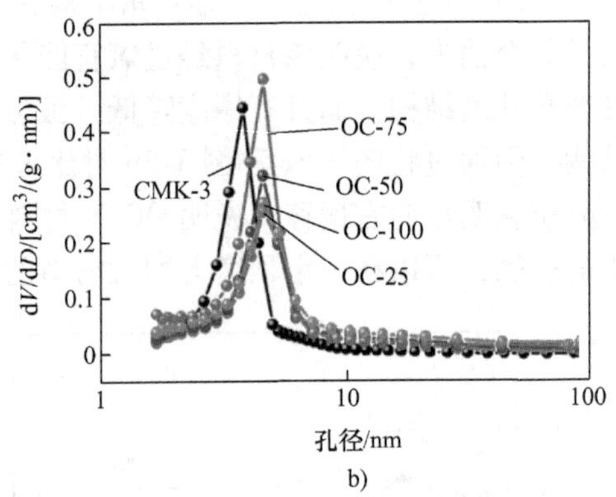

图 3-6　a）CMK-3 和 OC-X 的氮气吸脱附曲线；b）CMK-3 和 OC-X 的孔径分布图

的 H4 型回滞环，表明所测样品均具有丰富的介孔结构。由 BET 计算公式可得当有序介孔碳 CMK-3 在 H_2O_2 体积浓度为 75% 的溶液中进行氧官能化处理时，得到的样品 OC-75 有着最高的比表面积，可达 1240m^2/g，平均孔径约为 4.7nm，介孔孔容为 1.31cm^3/g，占材料总孔容的 89%。与有序介孔碳 CMK-3 的比表面积 1208m^2/g 相比，当 H_2O_2 体积浓度大于 75% 时，OC-100 的比表面积减少至 842m^2/g，表明过高的氧化浓度在一定程度上会破坏有序介孔碳的孔道结构，使相邻的孔道发生联通现象，所以其孔径增大，孔容也相对减小。图 3-6b 的孔径分布曲线表明所测材料的孔径分布集中，孔道均匀，平均孔径主要在 3～50nm 之间，进一步证明了稳定介孔结构的存在。

扫描电子显微镜（SEM）图像和透射电子显微镜（TEM）图像可用来分析材料的微观形貌，图 3-7a、b 分别为 CMK-3 和 OC-75 的低分辨 SEM 图，CMK-3 材料在经过体积比为 75% 的 H_2O_2 溶液氧化处理之后，OC-75 材料仍保留着 CMK-3 完整的短棒状的形貌；由图 3-7c、d TEM 图像可知，两种材料均有着整齐有序的介孔孔道，说明氧官能化对有序介孔碳形貌和其孔道的影响不大，从而证明了有序介孔碳材料具有良好的结构稳定性，可以作为极好的电极材料。

为了进一步研究所制备样品的元素组成及表面官能团种类对材料性能的影响，我们对所有样品进行了 XPS 分析。可以看到图 3-8a 的谱图中存在两个明显的信号峰，分别为 284.6eV 处的 C1s 和 532.6eV 处的 O1s，且 O1s 峰相对较弱，表明了样品中含有相对较低的氧含量；而且在谱图中未发现其他峰的存在，说明氧官能化过程中没有引入其他的原子。OC-X 样品的 XPS O1s 谱图主要拟合为四个峰，分别对应的是 C=O（～531.9eV）、C-OH/O-C-O（～533.0eV）、O=C-OH（～533.9eV）以及材料表面的化学吸附氧（～536eV）。通过表 3-1 可以看到 OC-X 材料的元素组成，当 H_2O_2 的体积比为 75% 时，OC-75 有着最高的氧含量为 9.96at%，表明在该体积浓度下处理具有最好的氧掺杂效果。而通过对 O1s 高分辨图谱以及表 3-1 中

图 3-7 a）CMK-3 的 SEM 图；b）OC-75 的 SEM 图；
c）CMK-3 的 TEM 图；d）OC-75 的 TEM 图

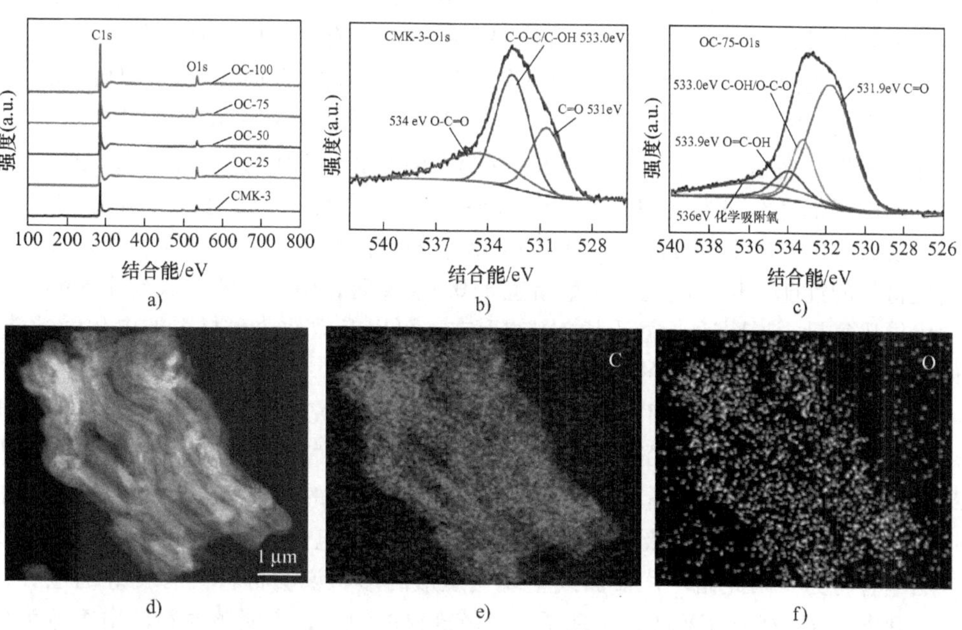

图 3-8 a）CMK-3 和 OC-X 的 XPS 全谱；b）CMK-3 和
c）OC-75 的 O1s 的高分辨 XPS 谱图；d）～f）C、O 的高清图谱

不同含氧官能团数据的分析，材料 OC-75 中 C = O 基团含量大大提升，有研究表明，基于氧化还原反应：$C=O+Li^{+}+e^{-}\leftrightarrow -C-O-Li$，C = O 基团在锂离子的电化学反应中有着重要的作用，C = O 基团的增加可以在有序介孔碳表面提供额外的储锂位点，有利于促进材料电化学反应的发生，进而提高其吸附容量。另一方面，含氧官能团的引入可以增加电极材料的浸润性，有利于电极材料与电解液的接触，减小其接触电阻，促进离子在材料表面双电层电容行为的发生。图 3-8d ~ f 是元素 C、O 的 X 射线能谱映射图，可以看出 C、O 两种元素在材料中的均匀分布。

表 3-1 OC-X 材料的碳氧元素含量

样品	C1s（%）	O1s（%）	O1s			
			C = O（%）	C-OH/O-C-O（%）	O = C-OH（%）	CO（%）
OC-25	94.60	5.54	3.08	2.48	1.73	1.02
OC-50	91.72	8.28	2.10	1.66	0.99	0.65
OC-75	90.04	9.96	5.41	1.86	1.15	1.54
OC-100	91.70	8.30	3.04	2.43	1.54	0.90

（2）电化学性能测试

为研究所制备的样品在锂离子电容器正极材料中的应用，将制备的 CMK-3 和 OC-X 材料作为正极材料组装成 CR2032 型的半电池进行电化学性能测试。为探究不同体积浓度的 H_2O_2 溶液处理后对材料电化学性能的影响，首先对材料组装的锂离子电容器进行恒流充放电测试。图 3-9a 所示为所有样品的循环性能测试图，在 1A/g 的电流密度，2 ~ 4.5V vs. Li^{+}/Li 的电压区间下充放电循环 3000 圈后，OC-75 材料表现出 70mAh/g 的稳定比容量，与 CMK-3 表现出的 40mAh/g 的比容量相比，储锂性能提升高达 75%，另外，与初始的 CMK-3 相比，其他经过氧官能化的OC-X 样品的性能都有不同程度的提升。由图 3-9c 可以发现，与其他材料相比，OC-75 同样也有着优异的倍率性能。在 0.1 ~ 10A/g 的电流密度下，OC-75 都保持着高于其他材料的性能，且当电流密度重新置于 0.1A/g 时，OC-75 依旧表现出 86mAh/g 的优异比容量。说明适当含氧官能团的存在，可以有效地改善材料的电化学性能，使得 OC-75 表现出了最佳的容量特性。

继续对材料进行了循环伏安测试，以便进一步探究其电化学性能，图 3-9b 所示为不同的材料在 2mV/s 的扫速下所测得的循环伏安特性曲线，被测电压区间为 2 ~ 4.5V vs. Li^{+}/Li。可以看出，所有的曲线在 2mV/s 的扫速下均呈现接近矩形的形状。由锂离子电容器正极的反应机理可知，正极在电化学反应过程中发生的是双电层电容行为，因此循环伏安曲线呈现类矩形的形状说明材料具有良好的电容特性。其中，OC-75 的 CV 曲线呈现了一个较规整的矩形，说明该材料的电容行为更为优异。众所周知，CV 图形的面积在一定程度上反映了比容量的大小，将不同材料的曲线进行对比发现 OC-75 的图形面积最大，说明在相同的扫描速率下，OC-75

拥有更大的比容量，这与恒流充放电的结果相对应。图 3-9d 所示为材料的电化学交流阻抗测试图。简单说来，阻抗图主要分为两部分，一部分是位于中 - 高频区的半圆形区域用来表示电极之间的电子转移，另一部分为位于低频区的斜线用来表示锂离子的扩散阻抗。从图中可以看出 OC-75 电极材料与其他电极材料相比有着最小的电荷转移电阻，并且在低频区也都表现出了较好的扩散能力，因此 OC-75 有着更优的电化学性能，这与上述测试结果是一致的。

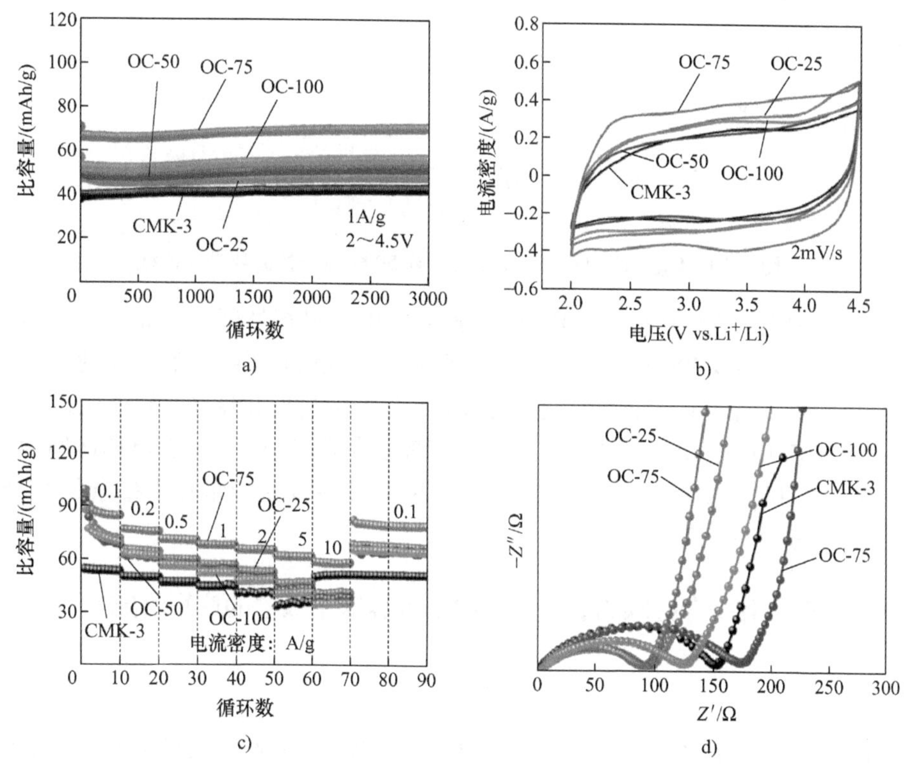

图 3-9 a）CMK-3 和 OC－X 在 1A/g 电流密度下的循环特性曲线；
b）CMK-3 和 OC-X 在 2mV/s 的扫描速率下的循环伏安测试曲线；
c）CMK-3 和 OC-X 在不同电流密度下的倍率性能曲线；d）CMK-3 和 OC-X 的交流阻抗图

图 3-10 所示为 OC-75 作为锂离子电容器正极材料在 2A/g 时循环 5000 圈的长循环性能曲线。可以看到，OC-75 在大电流下仍表现出优异稳定的循环性能，说明适当且有效含氧官能团是稳定存在于 CMK-3 碳骨架中的，并对材料储锂性能的改善产生积极的影响。

（3）小结

1）以有序介孔碳 CMK-3 为碳前驱体，使用不同浓度的 H_2O_2 溶液对 CMK-3 进行氧化处理实现了不同程度的氧原子掺杂，在没有其他杂原子引入，无明显缺陷存在的情况下，探究了将 OC-X 作为锂离子电容器正极时的电化学性能。

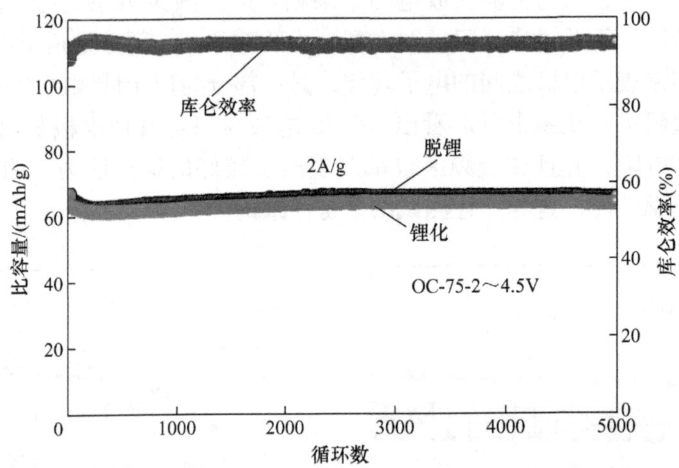

图 3-10　OC－75 电极在 2A/g 时循环 5000 圈的长循环性能曲线

2）当使用体积比为 75% 的 H_2O_2 溶液对 CMK-3 进行处理时，得到的 OC-75 具有最高的氧含量为 9.96at%，而且通过氧官能化进行氧原子掺杂后形成的 C＝O 官能团可以提供丰富的储锂活性位点，同时具有稳定的构型和良好的导电性，因而具有较强的锂离子吸附能力。将 OC-75 用于锂离子电容器的正极，在电压区间为 2～4.5V vs. Li^+/Li 且 1A/g 的电流密度下循环 3000 圈后其比容量较未掺杂的 CMK-3 性能提升了近 75%。

3.2.4　磷掺杂有序介孔碳的制备及锂离子电容器正极中的应用研究

1. 引言

随着人们对能源消费需求的不断增加，对兼具高功率和高能量密度的储能设备的需求也越来越高。在各种解决方案中，新型储能器件锂离子电容器兼具了高功率和高能量密度、长循环性能和安全运行等特点而被认为是理想的储能候选方案。研发高性能的电极材料是锂离子电容器自发展以来科研工作者普遍关注的焦点。锂离子电容器的电极材料一般选用电容型材料做正极，采用电池型材料做负极，但两者的储能机理的不同使电极材料的发展受到很大的阻碍。电池型负极在充放电过程中，通过锂离子的嵌入和脱嵌过程进行储能，该过程反应动力学较慢，比容量较高；而电容型正极材料通过离子在电极材料表面的吸脱附来进行储能，该过程动力学反应速度较快，但是比容量很低，因此正负极动力学速度不匹配和容量不平衡问题严重制约着锂离子电容器的发展。提高正极材料的比容量则是解决上述问题的一个行之有效的方法。

有序介孔碳材料近几年来被广泛应用于电极材料，而针对提高正极材料比容量这一目的，可以对有序介孔碳材料进行功能化修饰。就我们所知，在碳基体中掺杂氧、氮、硼、硫、磷等杂原子是控制碳材料表面化学性质，特别是电子给体或电子受体性质最有效的方法。许多研究集中于将不同功能性官能团接枝到碳材料上，以达到预期的性能。另外，部分杂原子中会存在孤对电子，当其与碳材料的化学键产生共轭后会进一步扭曲碳的结构，产生缺陷和可用的活性位点，从而提高材料的电化学性能。其中，磷原子与氮原子具有相同的价电子，但具有更高的原子半径和供电子特性，因此磷掺杂是提高有序介孔碳电化学性能的一种可靠的选择。首先，掺杂的磷原子以 P-C 键的形式嵌入碳骨架中。由于磷原子与周围碳原子的相互作用，碳层的电荷密度和自旋密度发生了重新分布，此外，磷原子的 3p 轨道上的有效电子对也会增强相邻碳原子的不对称自旋密度，而且磷原子具有良好的供电子特性，增加了电子离域，从而为电化学储能提供了更多的活性位点。还有研究表明，磷元素也可以以 P-O 键的形式掺杂到碳层中，掺杂后会使有序介孔碳材料的碳石墨层间距增大，这将产生更多的空位或缺陷，而实际上，在扩大的碳层空间中电子可以实现更快的转移，这将大大增加材料的电化学性能。

Bi 等[34]人根据热还原氧化石墨烯具有丰富的残余氧功能，通过 H_3PO_4 活化实现磷杂原子掺杂并结合第一性原理计算，系统地研究了热处理过程中碳晶格中磷的结构演变。$C_3-P=O$ 构型具有类金刚石的三角锥体结构，这种结构可以有效增加层间距，减少石墨烯片的堆叠，同时该构型在材料的稳定性中扮演着重要的作用。该研究使得基于磷掺杂石墨烯的电极在水溶液电解质中表现出扩大的电位窗口（1.5V），显著提高了循环稳定性，并具有超低的泄漏电流。Li 等[35]人通过对超纯无烟煤进行 KOH 预活化和 H_3PO_4 活化，制备了高比表面磷掺杂多孔碳。并证明磷作为一种氧化保护剂，掺杂在碳支架中可以有效抑制亲电氧的形成，有助于提高电容器的循环稳定性、容量保留率和工作电压窗口。当在 1M Et_4NBF_4/PC 电解液中作为电极时，材料在 30A/g 时表现出 75% 的优异容量保持率，在 20000 圈循环后表现出 90% 容量保持率和小于 1.2mA 的低泄漏电流，该研究表明 H_3PO_4 活化碳材料在高级电化学储能的工业应用中具有重要的意义。

本节内容借鉴以上的描述，通过磷酸活化法来处理有序介孔碳材料从而实现磷掺杂，并将其用作锂离子电容器的正极材料，系统地探究了磷原子掺杂后有序介孔碳材料的结构形貌及含磷官能团对材料优异电化学性能的贡献。实验结果表明，磷原子引入后，有序介孔碳保持了良好的介孔结构和形貌特征，增加了材料的比表面积和缺陷度，含磷官能团的存在使碳材料保持了稳定的介孔结构，使有序材料的电化学性能得到提升。

2. 实验部分

1）SBA-15 模板和有序介孔碳 CMK-3 的制备详见 3.2.2 节。

2）磷掺杂有序介孔碳（PC-X）的制备：将有序介孔碳 CMK-3 与磷酸分别以

1∶1、1∶3、1∶6 的质量比进行混合，首先密封后超声 3h，为了实现充分浸渍，将其置于真空条件下静置 6h，然后将混合物在 100℃下干燥 24h。获得的样品进一步在 800℃的氮气气氛中碳化 1h，升温速率为 5℃/min，最后样品用蒸馏水洗涤并在 100℃下真空烘干。所得材料命名为 PC-X（X 代表磷酸与 CMK-3 的质量比）。

3. 结果与讨论

本节采用了磷酸活化法制备了磷原子掺杂的有序介孔碳（PC-X），旨在通过掺杂 P 来改变有序介孔碳材料表面特性以满足其作为锂离子电容器正极材料的要求。图 3-11 所示为所制备样品的 XRD 图，由图 3-11a 可以在 23.4°和 43.4°的位置看到两个清晰的特征峰位，分别对应的是石墨碳的（002）和（101）晶面，样品皆表现出无定形碳的结构。而且仔细观察发现，磷酸活化后的材料 PC-X 的衍射峰位置较 CMK-3 相比，发生了向低衍射角度偏移的现象，说明材料在进行磷原子掺杂后碳层间距有增加的趋势，这对锂离子的扩散具有促进作用；图 3-11b 所示为所有样品的小角 XRD 的测试谱图，与图 3-4a 中模板 SBA-15 的衍射峰相比，PC-X 在 1°附近有明显的峰，对应二维六方结构的（100）衍射面，（110）和（200）衍射峰逐渐减弱并消失。说明样品在磷酸活化后保留了部分介孔碳的长程有序的介孔结构，但材料与模板相比具有更厚的孔壁，从而使 PC-X 的介孔结构具有更加优异的稳定性。

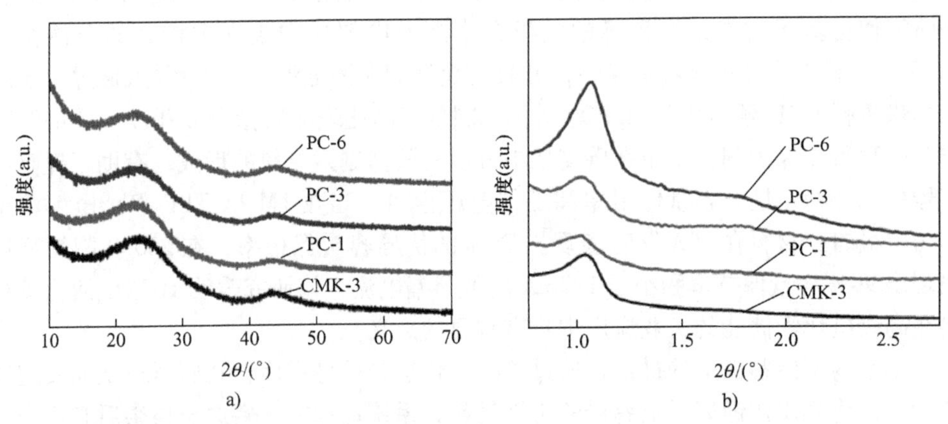

图 3-11 所制备的 CMK-3 和 PC-X 的 a）XRD 图谱和 b）小角 XRD 图谱

图 3-12a ~ c 所示为使用不同质量比的磷酸进行磷原子掺杂后材料的 SEM 图像，与图 3-4a 中未掺杂前 CMK-3 的形貌相比，PC-X 依旧完整地保持着其短棒状形态，具有均一的尺寸和结构，呈短程有序性。图 3-12d ~ f 所示为 PC-X 材料的 TEM 图像，材料具有稳定的内部结构，所有样品均显示出均一的条纹，平行排列程度好，说明其具有整齐有序的介孔孔道，在磷酸活化处理后仍然维持着材料完整的介孔结构。图 3-12g ~ j 所示为 PC-3 的高清图谱，可以发现碳、氧和磷元素均匀

有序地分布在有序介孔碳骨架中；磷酸活化过程也成功地实现了磷原子的掺杂。

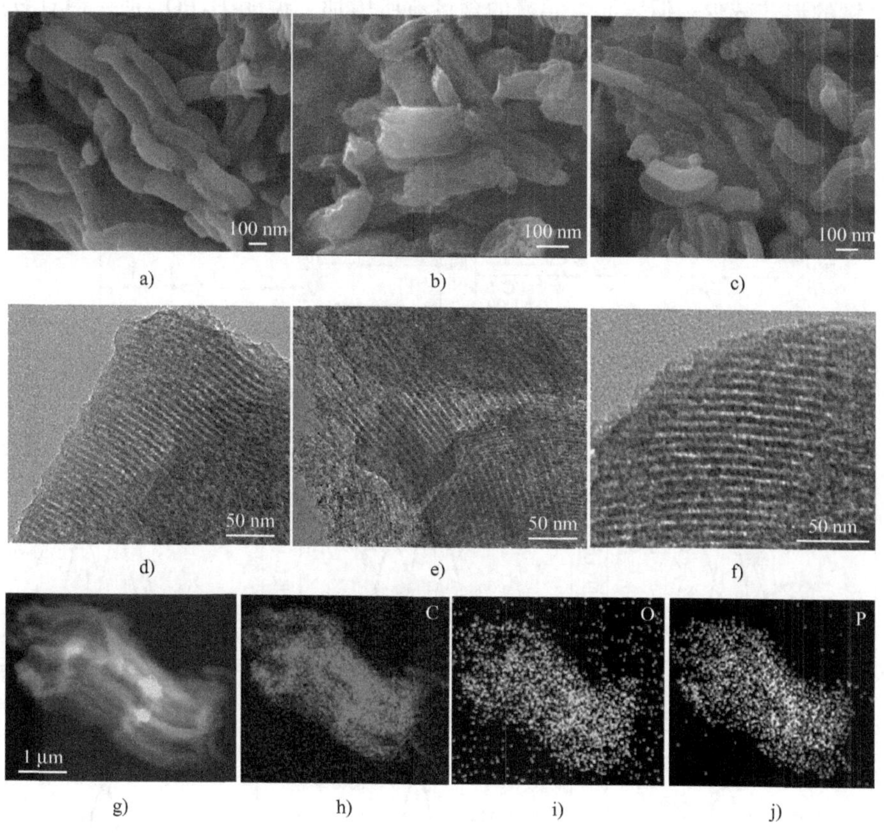

图 3-12　a）PC-1，b）PC-3 和 c）PC-6 的 SEM 图；d）PC-1，e）PC-3 和 f）PC-6 的高分辨 TEM 图；g）～j）C、O、P 的高清图谱

参考文献［36］表明，磷原子掺杂在碳材料中会引起局部缺陷，同时由于 C 和 P 原子键合长度和键合角度的不同而增加材料的活性位点，从而提升材料的电化学性能。图 3-13a 使用拉曼测试来表征材料无定形程度，在 $1355cm^{-1}$ 和 $1586cm^{-1}$ 处可以观察到明显存在的 D 峰和 G 峰。峰强度比 I_D/I_G 常被用来表示材料的缺陷程度，当磷酸与 CMK-3 的质量比为 3 时，PC-3 获得了最高的 I_D/I_G 值，说明在该比例下，磷原子的掺杂效果较好，使碳材料出现了更多的缺陷结构，可为材料表面提供更多的活性位点。对材料进行了 XPS 测试，分析其元素含量和其表面的化学键状态。由图 3-13b 可知，在所有的样品中都出现了 284.6eV（C1s）和 532.8eV（O1s）两个明显的元素峰位，而在 134.3eV（P2p）的峰只出现在磷酸活化后的材料中，这进一步说明，磷原子成功地掺杂到活化后的材料中。具体的元素含量总结见表 3-2，PC-3 材料中具有最高的磷原子的掺杂量为 3.37at%。材料经过不同程度的活化之后，碳元素的含量趋于下降，这一结果可能是由于材料缺陷或边

缘的不稳定性，此处的碳很容易被氧或磷取代，该部分碳主要是通过生成 C = O 或 P = O 键的形式减少；但表面氧元素的含量有所增加，说明 H_3PO_4 是一种有效的活化剂，可以促进碳氧结构（C-O）的形成。

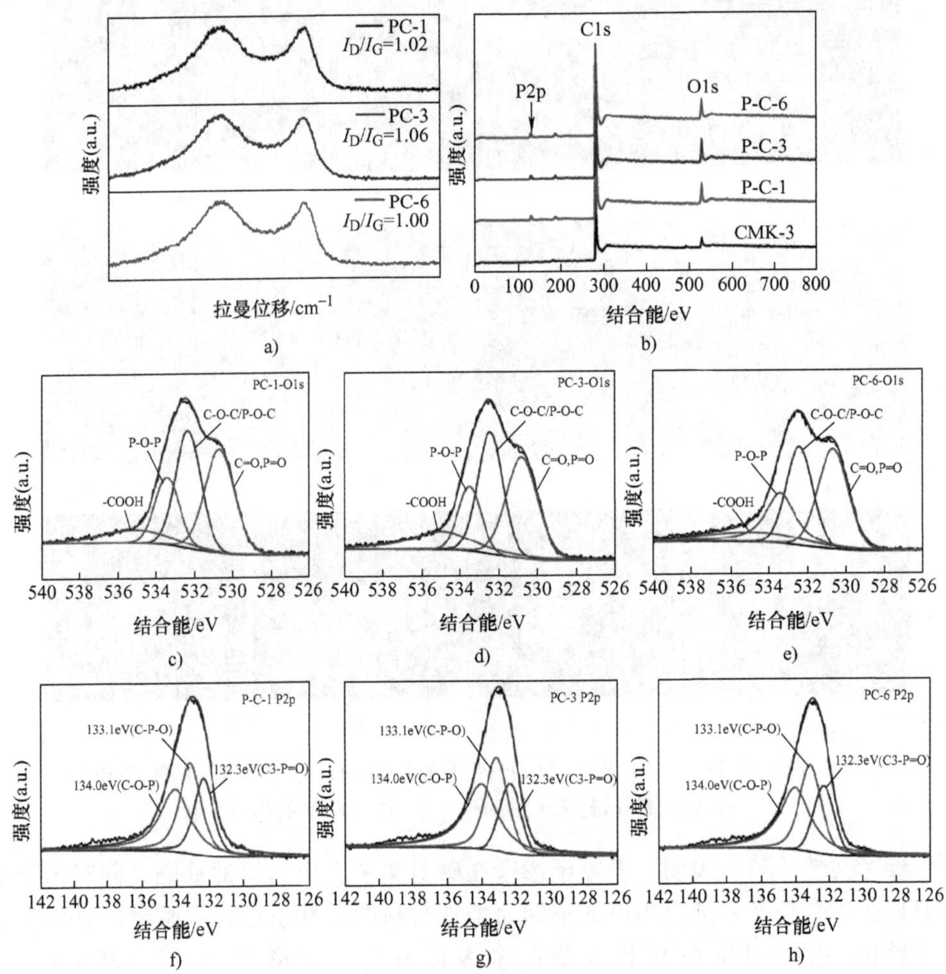

图 3-13 a）所制备的 PC-X 的拉曼图谱；b）CMK-3 和 PC-X 的 XPS 全谱；c）～e）PC-X 中 O1s 的高分辨 XPS 图谱；f）～h）PC-X 中 P2p 的高分辨 XPS 图谱

表 3-2 PC-X 材料的碳氧磷元素含量

样品	C1s（%）	P2p（%）	O1s（%）	P2p		
				C_3-P = O（%）	C-O-P（%）	C-P-O（%）
PC-1	87.24	3.22	9.54	0.83	1.15	1.24
PC-3	87	3.37	9.63	0.72	1.17	1.48
PC-6	85.78	3.24	10.98	0.72	1.12	1.40

图 3-13f ~ h 所示为 PC-X 中 P2p 的高分辨 XPS 图谱，图中出现了三个主要的峰，分别为 132.3eV（C_3-P = O），133.1eV（C-P-O）和 134.0eV（C-O-P），在不同磷酸比例的活化下，这三种基团均保持着相对稳定的特性，说明 P 原子在稳定 C 和 O 之间的键合方面扮演着重要的角色。更有文献表明，C_3-P = O 的存在可以增强材料表面的润湿性，这对提高电容器的电化学性能起着关键作用。图 3-13c ~ eO1s 的高分辨图谱中被拟合成四个主要的特征峰，分别为 C = O，P = O（531.5 ± 0.3eV），C-O-C，P-O-C（532.5 ± 0.3eV），P-O-P（533.8 ± 0.3eV）和 - COOH（534.9 ± 0.3eV），其中 C = O 和 P = O 键的大量存在证明了碳元素被取代后主要以生成 C = O 或 P = O 键的形式减少。

为了分析磷酸活化前后材料的孔隙率、孔径和比表面积的大小，对材料进行氮气物理吸脱附测试，四种材料的测试结果如图 3-14 和表 3-3 所示。图 3-14a 中所有的曲线都展现出了典型的Ⅳ型曲线，且具有明显的 H4 型回滞环，表明四种材料都具有大量的介孔结构，而且由图 3-14b 的孔径分布图可以看到，材料的介孔分布集中，平均孔径为 3 ~ 15nm，介孔孔隙率约为 88%，从而避免了复杂孔隙率及脱溶剂效应对材料性能的影响，单一均匀的介孔结构可以有效地缩短离子的传输路径，提高材料的倍率性能。

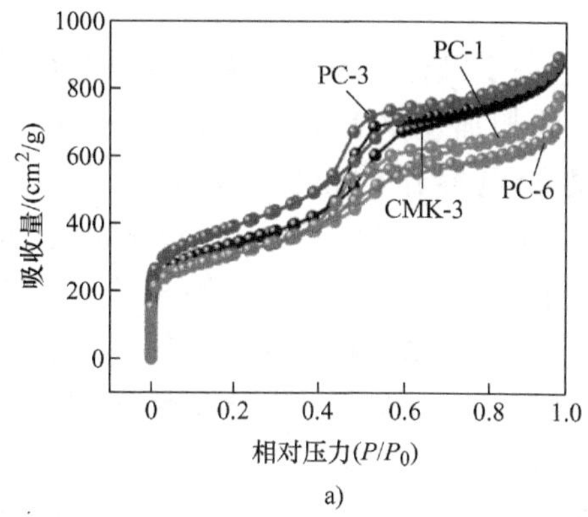

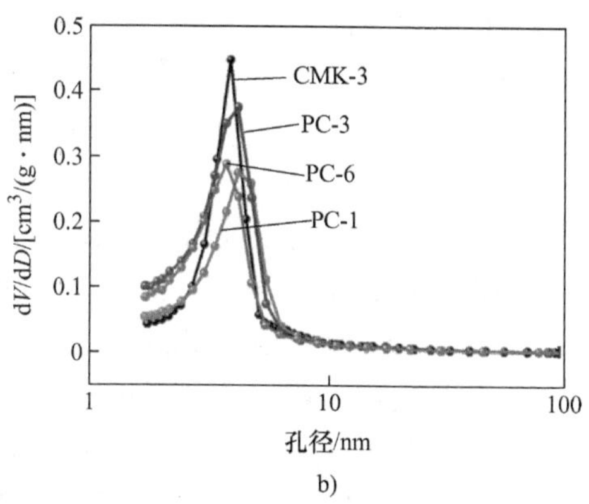

图 3-14 a）CMK-3 和 PC-X 的氮气吸脱附曲线；b）CMK-3 和 PC-X 的孔径分布图

表 3-3 PC-X 的孔结构参数

样品	D_{ap}/nm	S_{BET}/（m^2/g）	S_{mes}/（m^2/g）	V_t/（cm^3/g）	V_{mes}/（cm^3/g）	V_{mes}/V_t（%）
PC-1	4.47	1075	869	1.20	1.06	88
PC-3	4.2	1371	1166	1.38	1.23	89
PC-6	4.3	1071	916	1.06	0.93	88

4. 电化学性能测试

为了探究 PC-X 正极材料应用于锂离子电容器时的电化学性能，将锂金属片作为负极和 PC-X 组装成扣式电池对其进行电化学测试。首先在 1A/g，2～4.5V vs. Li^+/Li 的电压区间下进行电化学测试。如图 3-15a 所示，在充放电循环 2000 圈以后，所测材料均保持稳定的容量特性，说明材料磷酸活化后成功实现磷原子掺杂的同时，依旧保持着有序介孔碳材料良好的介孔结构，从而继承了其稳定的性能；但在磷原子掺杂之后，较未掺杂的有序介孔碳 CMK-3 的容量特性相比，容量都有不同程度的提升，当磷酸活化比例为 3 时，得到的 PC-3 材料的容量提升了近 70%。PC-X 的容量的相对提升可以归因于材料中稳定的含磷官能团的存在，C_3-P=O 和 C-P-O 键上的磷原子位于 C 和 O 的中间，阻止了活性氧化位点的反应，这不仅抑制了亲电氧的形成，而且极大地稳定了碳材料电极的电化学界面性质。图 3-15c 所示为所有材料分别在 0.1A/g、0.2A/g、0.5A/g、1A/g、2A/g 和 5A/g 的电流密度下的倍率性能图，可以看到材料分别在上述电流密度下循环数圈后，PC-3 材料依旧保持着最优的倍率性能，当电流重新回到 0.1A/g 时，材料恢复到循环开始时 80mAh/g 比容量。将磷酸活化的比例继续增加到 6 时，PC-6 材料并没有获得更优的电化学性能，是因为磷掺杂浓度过高会导致相应碳材料的结构性能较差，介孔可能会遭到不明显的破坏，孔道发生相互交联的现象，同时也会使材料的孔容降低，不利于离子的吸脱附过程的发生，因此适宜的磷化浓度是实现磷原子有效掺杂的必要条件。

随后对材料进行循环伏安曲线的测试，进一步研究磷原子掺杂对材料电容行为的影响。如图 3-15b 所示，材料在 1mV/s 的扫描速率下均展现出良好的准矩形的形状，说明所制备的样品被用作锂离子电容器的正极材料时，在 2～4.5V vs. Li^+/Li 的电压区间下有着良好的双电层电容行为，而且 PC-3 材料有着最大矩形面积，所以 PC-3 具有最高的电容特性，与恒电流充放电测试结果保持一致。图 3-15d 是对所有材料进行的电化学阻抗的测试，该结果可以很好地解释材料电化学反应过程中的离子扩散及电阻的情况。众所周知，位于高频区的半圆代表着电荷转移电阻（R_{ct}），低频区直线与离子扩散电阻（R_d）相关。由图可以看出 PC-3 不管在高频区还是低频区都有着最小的电阻，说明该材料具有较高的离子传输能力和电子迁移效率，这对电化学性能的提升是非常有利的。

图 3-16 对 PC-3 材料具有最优的电化学性能进行了进一步验证，图 3-16a 所示为 PC-3 作为锂离子电容器正极材料在电流密度为 2A/g 下循环 5000 圈的长循环性能图，即使在大电流下进行长循环测试，材料依旧保持较高的电容保持率，具有优异的稳定性，进一步证明含磷官能团在碳材料的晶格中具有稳定的结构，同时在稳定电极和电解质之间的电化学界面方面起着关键作用。而在图 3-16b 中，随着扫描速率的增加，材料的循环伏安曲线都仍然保持着矩形形状，进一步证明了材料具有稳定的双电层电容行为，优异的电化学稳定性使材料拥有广阔的应用前景。

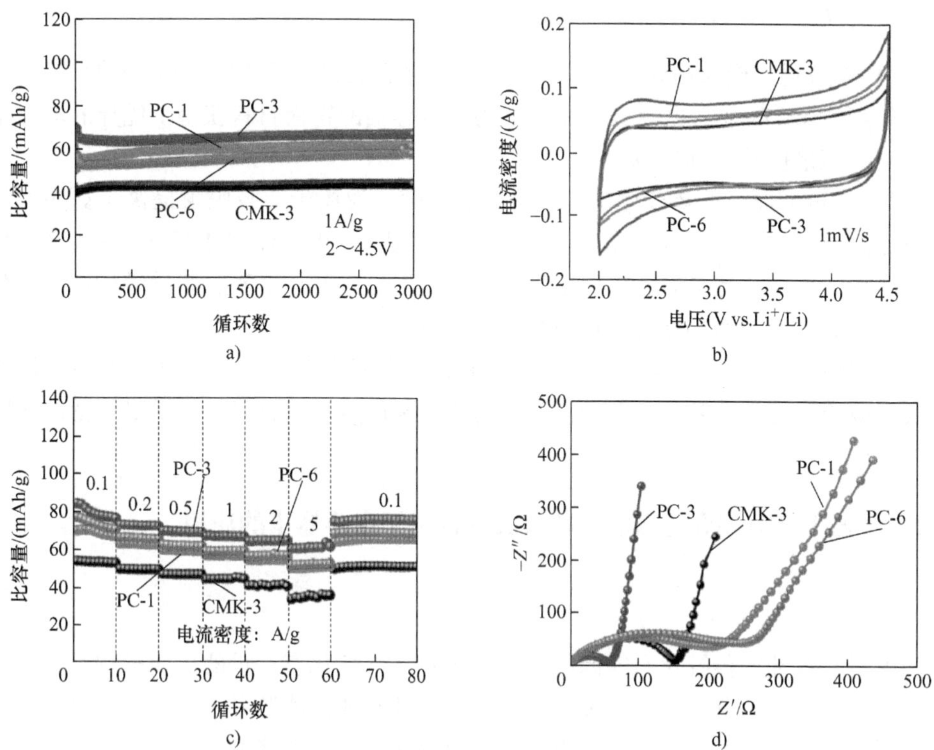

图3-15 a）CMK-3和PC-X在1A/g电流密度下的循环特性曲线；b）CMK-3和PC-X在1mV/s的扫描速率下的循环伏安曲线；c）CMK-3和PC-X在不同电流密度下的倍率性能曲线；d）CMK-3和PC-X交流阻抗图

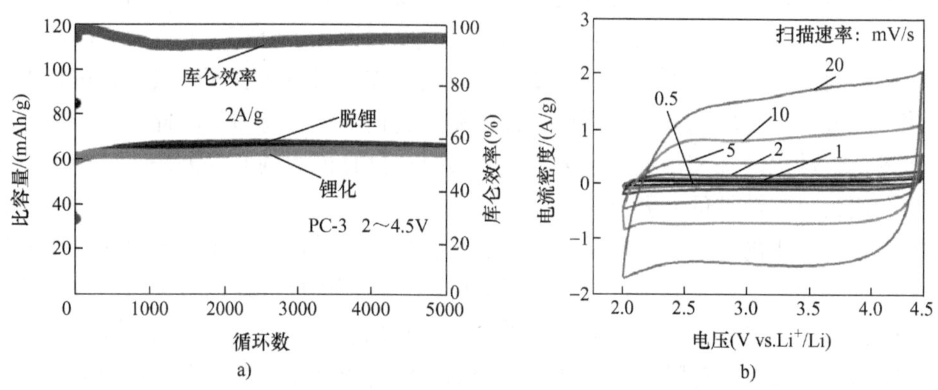

图3-16 a）PC-3电极在2A/g时循环5000圈的长循环性能曲线；b）PC-3在0.5～20mV/s下的循环伏安曲线

5. 小结

1）本节通过磷酸活化法成功实现了对有序介孔碳材料 CMK-3 的磷原子掺杂，掺杂量高达3.37at%，并将其应用于锂离子电容器的正极材料获得了优异的电化学性能，比容量提升了近70%。

2）通过磷原子的掺杂增加了材料的缺陷度，为离子的吸脱附提供了更多的活性位点。并通过 XPS 测试，掺杂的磷原子主要以 C_3-P = O，C-P-O 和 C-O-P 三种基团的形式存在，且具有相对稳定性，从而可以稳定和调节碳材料的结构和表面化学，对提高材料的循环性能和倍率性能具有重要的作用。

3）磷掺杂浓度过高会导致相应碳材料的结构性能较差，因此适量的磷化浓度是实现磷原子有效掺杂的必要条件，对含磷材料的合理优化设计可满足广泛的实际应用。

3.2.5 氮掺杂有序介孔碳的制备及其在锂离子电容器中的应用

1. 引言

煤炭、石油等传统化石能源的频繁使用对气候变化有严重的负面影响，甚至导致全球变暖，在此背景下，开发新的可再生能源和清洁能源系统已成为世界范围内的重要研究课题。在过去几十年里，电化学储能系统在消费电子、汽车、航空航天等市场已有大量应用，也因此成为能源发展的重点之一。锂离子电容器（LIC）作为一种先进的混合电化学储能系统可同时满足许多应用中高能量密度、高功率密度和优良的可循环性的要求，具有庞大的发展市场。近年来，研究者对锂离子电容器的研究很大一部分都集中在对其电极材料的研发上，碳材料的研究更为广泛。

作为正极材料，其较低的容量贡献也一直制约锂离子电容器的发展，碳材料作为正极材料的话，它的储能机理主要是通过离子在碳材料的表面的吸脱附进行电荷存储，但多孔碳材料的有效比表面直接限制了电荷的储存能力，因此，对碳材料的表面进行改性以增加其活性位点成为提高其电荷储存能力的有效方法。其中，杂原子掺杂成为材料改性的主要方法，掺杂杂原子不仅改变了碳的表面化学结构，而且影响了碳骨架中的电子分布，从而改善了材料的电化学性能。氮原子（N）作为最常见的掺杂原子，由于其最外层孤电子对的存在，可以极大地调节碳材料的电子供体和受体性质，并得到了广泛而深入的研究。通常掺杂的氮主要以四种形式存在，即吡咯 N、吡啶 N、石墨 N 和氧化 N，分别对材料的电化学性能产生不同程度的影响。氮掺杂可以提高材料电化学性能的主要原因有：1）位于碳骨架边缘位置的吡咯 N 和吡啶 N 带负电荷，可以转移多余的自由电子，同时它们还可以参与材料的赝电容反应，可以为器件提供额外的电容；另外，位于碳骨架底部的石墨 N 和吡啶 N 带正电荷，可以活化电极表面，提高在大电流密度下的电荷转移速率。2）因为含氮官能团属于亲水性基团，所以氮的掺杂增加了电极材料的表面亲水性，有利于提高电解质离子与电极的浸润性。3）氮原子掺杂增加了碳材料的孔隙结构，孔径的增大增加了离子的扩散速度，促进了电解液与电极之间的接触，从而提高了电化学性能。4）氮原子的电负性明显高于碳原子，会产生更有利的电荷分布。

Chen 等[37]人通过实验发现了不同氮掺杂构型的结合能分布位置。通过尿素进行氮原子掺杂，在尿素与蔗糖质量比由 4 增加到 16 时，制得的有序介孔碳（OMC）中总氮含量由 6.3% 增加到 9.2%。而且他们还发现，由于吡啶和吡咯在高温下的转化，石墨氮成为主要的存在形式，而材料的比表面积和平均孔径变化不明显。另外，Chen 等人还通过改变酚醛树脂与三聚氰胺的质量比，制备出氮掺杂碳材料，最大掺杂量高达 11.64%。在该材料的氮吸附解吸等温线中，回滞环的减弱表明了氮掺杂对有序介孔结构的破坏。Gao 等[49]以双氰胺和氨气为双 N 源，通过 CVD 结合干燥后处理法制备的材料 N 掺杂量为 11.9%。在 1A/g 电流条件下，氮掺杂材料电极的比电容为 855F/g，并在 40A/g 时保持着 615F/g 的高比容量。这一系列的研究对于氮掺杂碳材料的发展具有重要的意义。

本节内容参考以上研究内容，采用干燥后处理法，通过在氨气氛围中进行高温氨化对有序介孔材料 CMK-3 进行氮原子掺杂，成功制备了高比表面积且掺杂量可控的氮掺杂有序介孔碳材料（NC-T），同时研究了氨化温度对所制备 NC-T 材料的物理结构、掺杂量以及掺杂构型的影响，进一步研究了氮掺杂对有序介孔碳锂离子电容器正极性能的影响。

2. 实验部分

1）SBA-15 模板和有序介孔碳 CMK-3 的制备详见 3.2.2 节。

2）氮掺杂有序介孔碳（NC-T）的合成：取一定量有序介孔碳 CMK-3 置于刚玉舟中，放置在水平管式炉中，在 20% 的氨氩混合气氛围中分别在 400～800℃下煅烧 5h，加热速率为 5℃/min，降温后取出，得到氮掺杂有序介孔碳材料 NC-T（T 代表煅烧温度）。

（1）实验结果与讨论

本部分采用干燥后处理法制备了氮掺杂有序介孔碳材料 NC-T，旨在通过氮原子的掺杂来改变材料表面的电荷特性，增加材料的离子吸附能力，从而为材料的电化学反应过程起到促进作用。首先对材料进行 XRD 测试，图 3-17a 所示在掺杂前后材料的 XRD 曲线中分别在 23.4°和 43.5°处存在着两个明显的衍射峰，分别对应着石墨碳的（002）和（100）晶面，说明材料均为非晶结构。进一步仔细观察发现，氮原子掺杂后样品的（002）晶面的衍射峰有向低角度偏移的趋势，说明 NC-T 的层间距有所增加；而且，随着掺杂温度的升高，材料的衍射峰强度逐渐减弱，可以表明随着掺杂温度的升高，氮掺杂有序介孔碳的无定形程度也有着不同程度的增加。进一步通过小角 XRD 对样品的有序结构来进行表征，由图 3-17b 可知，所

有样品在 $2\theta = 1°$附近有一个明显的衍射峰，对应着二维六角结构的（100）衍射面，表明经过氨气热解处理后，材料仍然能保持模板 SBA-15 的有序介孔结构，但是，(110)、(200) 衍射面变弱甚至消失，说明 NC-T 在一定程度上有序度变弱。

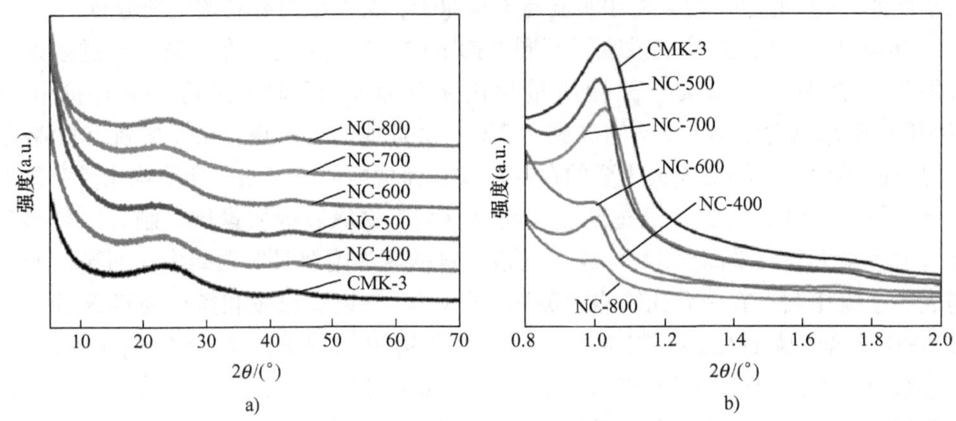

图 3-17　所制备的 CMK-3 和 NC-X 的 a）XRD 图谱和 b）小角 XRD 图谱

对通过氨气热解进行氮原子掺杂前后的材料进行 SEM 测试，探究其微观形貌，如图 3-18a 和 d 所示，在氨气下热解掺杂碳原子之后的形貌依然保持着短程有序的短棒状形貌，保持了材料整体结构的完整性。图 3-18b、c、e、f 为所制备样品的 TEM 图像，图 3-18b 和 e 中依旧可以看到材料的短棒状结构，而图 3-18c 和 f 中就可以清晰地看出材料平行均匀排列的介孔孔道，说明通过氨气热解对有序介孔碳进行氮原子掺杂这一过程，不会对碳前躯体的形貌和孔结构产生明显的影响。有研究表明，在热解过程中，碳前驱体中的活性氧位点与氨气发生反应，从而实现氮原子掺杂，而整个过程中不会涉及有序结构的变化，但由 XRD 数据显示，材料在高温下会出现有序结构轻微减弱的现象，可能是介孔单元格的轻微收缩导致的。由图 3-18g ~ j 的元素高清图谱可知，C、N、O 三种元素均匀地分布在碳骨架中，也进一步表明了氮原子的成功掺杂，且掺杂均匀。

根据上述 XRD 测试结果的分析，材料在进行氨气高温热解之后其无定形程度有所增加，但材料依旧保持了有序介孔碳 CMK-3 的良好的介孔结构，这对材料用于锂离子电容器正极材料来说是有利的。为了进一步验证 XRD 的结果，对样品进行了拉曼测试，由图 3-19a 可以观察到样品均在 $1320cm^{-1}$ 和 $1595cm^{-1}$ 存在两个明显的驼峰，分别与碳材料的无定形结构和 sp^2 的伸缩振动所对应。峰强度比（I_D/I_G）常用来表示材料缺陷度和石墨化程度的相对情况，同时也可用来反映样品的无定形程度。图中，样品随氨气热解温度的升高，I_D/I_G 的值也逐渐增加，表明样品的无定型程度有所增加，这是由于氨气热解过程中的样品中活性氧位点与氨气发生活化作用的结果。对所制备的样品进行了氮气物理吸脱附的测试，分析氨气热解温度的不同对材料比表面积和孔径参数的影响。从图 3-19b 中可以看出所有样品的比

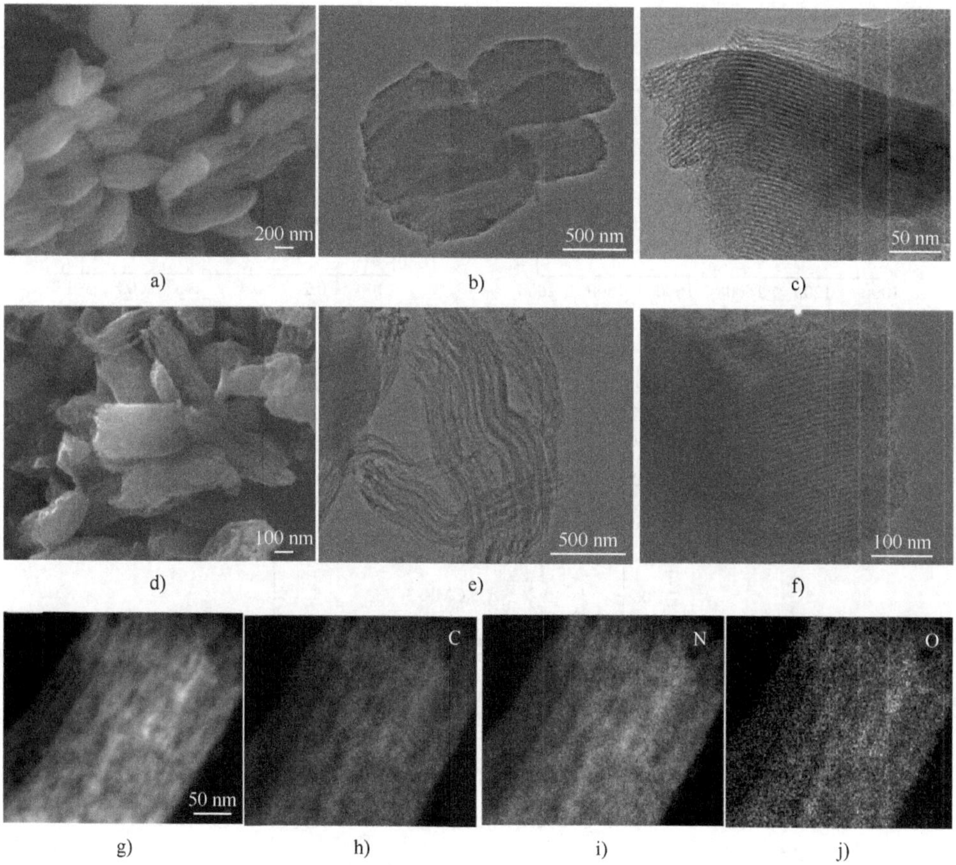

图 3-18 a) CMK-3 和 d) NC-700 的 SEM 图；b)、c) CMK-3 和 e)、f) NC-700 的 TEM 图；g) ~j) C、N、O 的高清图谱

表面积曲线都表现出典型的Ⅳ型曲线，且具有明显的 H4 型回滞环，说明样品拥有均匀丰富的介孔，具体的孔结构参数见表 3-4。随着氨气热解温度的增加，样品的比表面积也呈现出增加的趋势，当温度为 700℃时，样品 NC-700 有着最高的比表面积（$1785m^2/g$）和最大的孔体积（$2.00cm^3/g$），这一结果可以归因于在高温下 NH_3 对碳骨架的活化。当温度高达 800℃时，样品 NC-800 的比表面积和孔体积均有所减少，可能温度过高，样品在氨气活化过程中介孔结构遭到了不明显的破坏，发生孔道的相互交联，使得比表面积和孔体积减小。因此适宜的氨气热解温度是实现高效氮原子掺杂的必要条件。图 3-19c 所示为样品的孔径分布曲线，观察可知所有样品的孔径分布均匀且集中，为稳定的介孔结构，而且在 800℃的氨气热解温度下，介孔结构也没有发生明显的孔径变化，进一步说明所制备样品的介孔结构具有高度的稳定性。

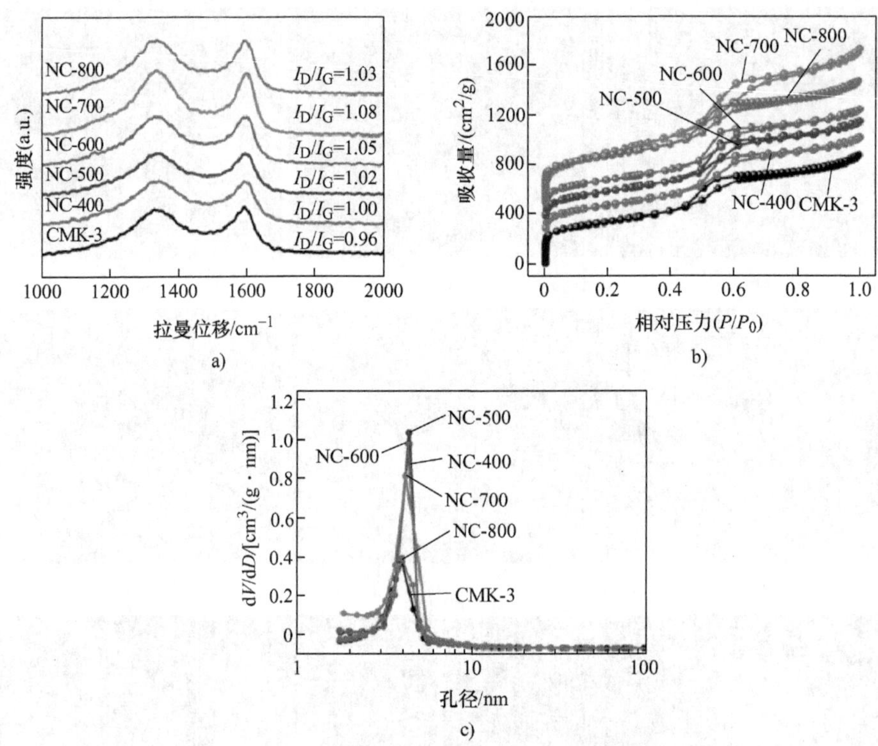

图 3-19　a）所制备的 CMK-3 和 NC-T 的拉曼图谱；
b）CMK-3 和 NC-T 的氮气吸脱附曲线；c）CMK-3 和 NC-T 的孔径分布图

表 3-4　NC-T 的孔结构参数

样品	D_{ap}/nm	S_{BET}/（m^2/g）	S_{mes}/（m^2/g）	V_t/（cm^3/g）	V_{mes}/（cm^3/g）	V_{mes}/V_t（%）
NC-400	4. 56	1310	1180	1. 40	1. 35	96
NC-500	4. 22	1350	1262	1. 46	1. 34	92
NC-600	4. 25	1367	1275	1. 43	1. 26	88
NC-700	4. 50	1785	1465	2. 00	1. 73	87
NC-800	4. 50	1328	1178	1. 50	1. 18	79

图 3-20 所示为 CMK-3 和 NC-T 的 XPS 的测试结果图，通过全谱的扫描测试，除 CMK-3 之外，NC-T 材料中均有三个特征衍射峰，分别位于 284. 6eV、397eV 和 532. 8eV 处，对应材料的 C1s、N1s 和 O1s，与 CMK-3 的全谱图相比清楚地说明了氮元素的成功掺杂。将所得高分辨 XPS 图谱进行拟合用来分析各元素的成键状态，如图 3-20b 所示，CMK-3 的 C1s 被拟合为 C=C、C-C 和 C=O 的三个峰，而 NC-700 的 C1s 被拟合为四个峰，分别位于 284. 6eV（C=C）、285. 2eV（C-C）、287. 0eV（C-N）和 289. 0eV（C=O），与 CMK-3 的 C1s 高分辨图谱相比，增加了

C-N 键，更进一步说明了氮原子的成功掺杂。图 3-20d 掺杂的碳原子主要以四种成键方式存在：吡啶 N（398.4eV）、吡咯 N（399.7eV）、石墨 N（400.0eV）和氧化 N（403.4eV）。NC-T 材料的碳氧氮元素含量见表 3-5。其中，在氮的成键构型中，吡啶 N 和吡咯 N 占主要的部分，且它们的相对含量随着氨气热解温度的升高有着逐渐增加的趋势。而由文献研究表明，吡啶 N 和吡咯 N 在碳骨架中可以形成大量的缺陷，增加材料表面的活性位点，从而促进了材料碳骨架与电解液的相互作用，有利于电化学性能的提升；而石墨 N 和氧化 N 构型中的氮原子与材料中的碳原子发生置换，氮原子中存在的孤对电子与碳材料中特定的化学键产生共轭，从而增加了材料的电荷密度，对材料电化学性能的提升具有重要意义。

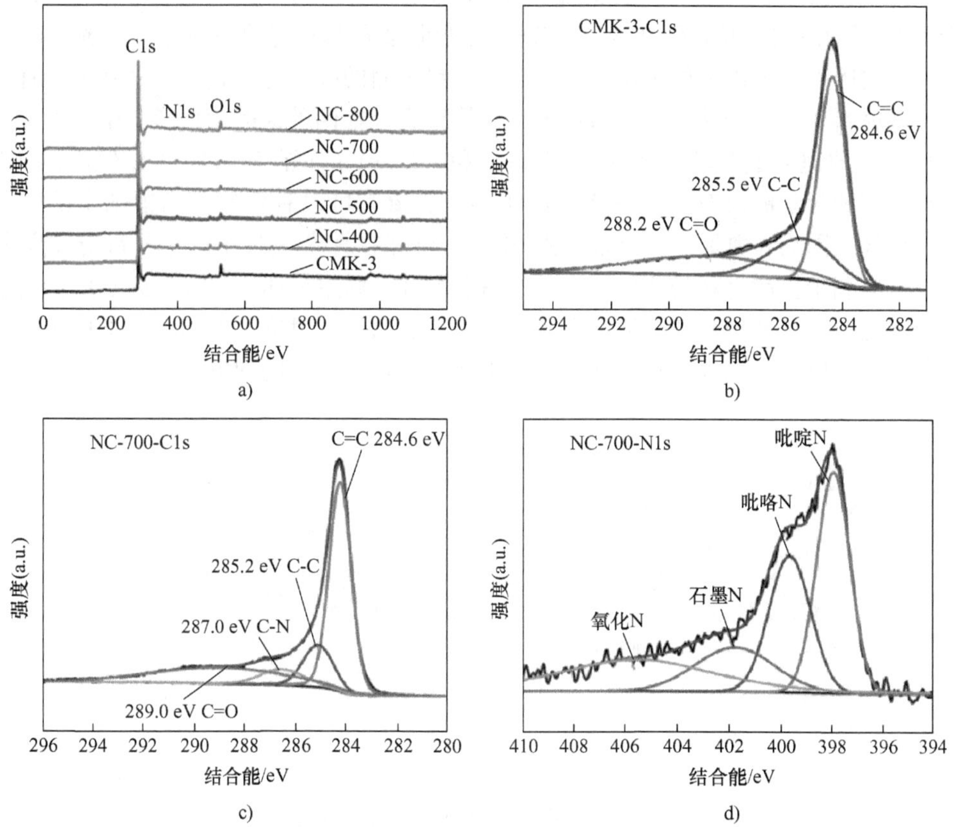

图 3-20 a）CMK-3 和 NC-T 的 XPS 全谱；b）CMK-3 中 C1s 和 c）NC-700 中 C1s 的高分辨 XPS 图谱；d）NC-700 中 N1s 的高分辨 XPS 图

表 3-5 NC-T 材料的碳氧氮元素含量

样品	C1s（%）	O1s（%）	N1s（%）	N1s			
				N-6（%）	N-5（%）	N-Q（%）	N-O（%）
NC-400	94.04	4.09	1.87	0.60	0.39	0.31	0.57

（续）

样品	C1s（%）	O1s（%）	N1s（%）	N1s			
				N-6（%）	N-5（%）	N-Q（%）	N-O（%）
NC-500	93.08	4.71	2.21	0.76	0.49	0.36	0.60
NC-600	93.21	3.46	3.33	1.36	0.89	0.57	0.51
NC-700	91.84	4.37	3.79	1.38	0.96	0.81	0.64
NC-800	93.00	3.30	3.70	1.21	0.76	0.62	1.11

（2）第一性原理计算

为了更清楚地探究氮原子掺杂对材料的影响，使用第一性原理理论计算模拟分析了氮原子在材料中的存在形式对锂离子的吸附能及其相应的态密度（见图3-21）。锂离子的吸附能可以很好地反映锂离子在材料表面的吸附特性，而态密度可以有效地反映材料的电子迁移能力。通过理论计算得到，在四种氮的掺杂形式中，吡啶N和吡咯N的锂离子吸附能分别为－4.2eV和－2.8eV，而在没有缺陷的石墨碳结构上锂离子的吸附能仅有－1.08eV，说明氮原子掺杂可以有效地提高锂离子的吸附能，可能是因为在氮原子掺杂以后形成C-N键和在掺杂过程中产生了部分缺陷所致，这有利于提高材料的化学活性。态密度的计算结果说明在引入氮原子后，费米能级附近的导带和价带的强度都有所增加，这表明引入氮原子的同时有了更多电子的存在，可以有效地提高材料的电子迁移能力，增加材料的导电性。

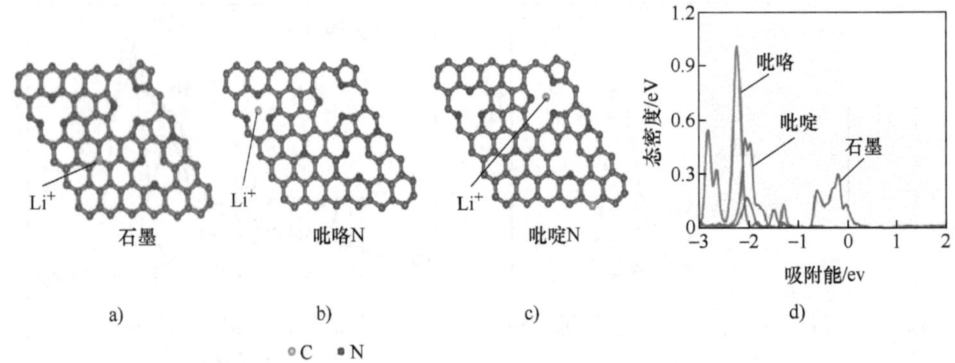

图3-21　基于第一性原理计算的锂离子在

a）石墨b）吡咯N和c）吡啶N构型的吸附作用及其d）相应的态密度

（3）电化学性能测试

首先将氨气热解制备的氮原子掺杂的碳材料用于锂离子电容器的正极材料来研究其电化学性能的变化。图3-22a～c所示为在不同的电压区间下材料进行了循环伏安测试结果，扫描速率为1mV/s，分别在电压区间为1.3～20.5V、2～4.5V和3～4.5V时，不同材料的测试曲线都保持着类矩形的形状，说明当作为锂离子电容器的正极时，材料有着良好的双电层电容行为；而且尽管选取的电压区间不同，但NC-700均有着最大的扫描面积，说明其具有最好的电容特性。图3-22d～f所示为所制备样品的恒流充放电测试曲线，依旧在不同的电压区间下进行测试，在1A/g的电流密度下，材料均有着稳定的电容特性，循环3000圈后所有的材料均保持着较高的电容保持率，而NC-700的比电容明显高于其他材料，与掺杂前的有序介孔碳材料CMK-3相比，其比容量在不同的电压区间下均有50%～60%的提升，与循环伏安测试结果保持一致。通过氨气热解对有序介孔碳进行氮原子掺杂的过程中，良好地保持了有序介孔碳材料短程有序的介孔结构，从而继承了其稳定的电化学性能。另一方面，高含量的氮可以提高电解液在介孔孔隙中的润湿性，这有助于加速离子的迁移，此外，氮掺杂对碳材料在有机电解质中电容的增加有一定的促进作用。

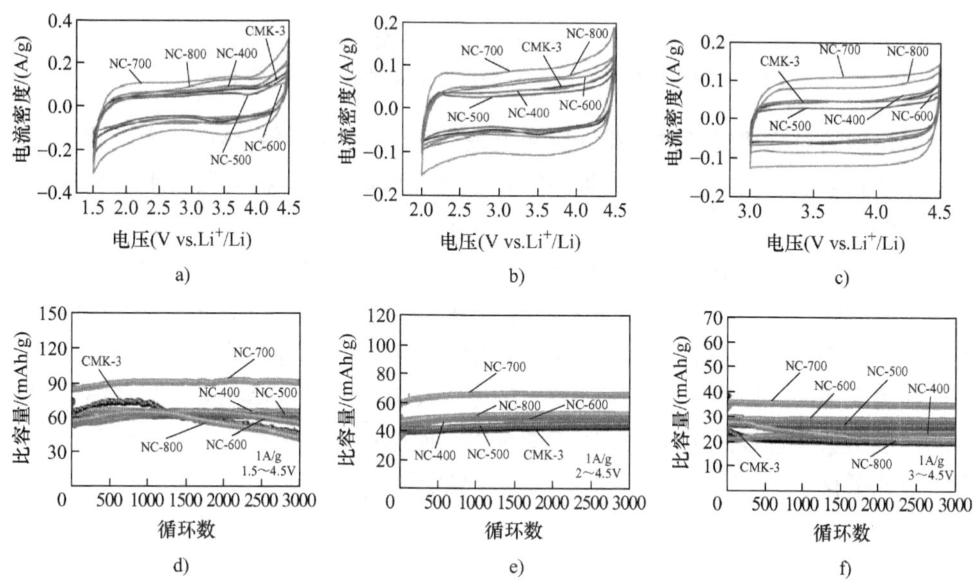

图3-22 a)～c）CMK-3和NC-T在1mV/s的扫描速率，不同电压区间下的循环伏安曲线；d)～f）CMK-3和NC-T在1A/g电流密度，不同电压区间下的循环特性曲线

图3-23a所示为CMK-3和NC-T电极的电化学交流阻抗测试结果，可以看出随着氨气热解温度的升高，样品的阻抗有减小的趋势。位于高频区的半圆的减少说明材料随着氮原子的成功掺杂其电荷转移电阻不断减小，因为氮原子掺杂的四种形式中部分带正电荷，使电极表面得到了活化，提高了电荷转移速率或者氮原子的掺杂使材料的导电性也有所增加。另外，氮原子掺杂保持了介孔材料的有序结构，孔径的稳定均一提高了离子的扩散速度，使低频区的离子扩散电阻也随之减小。这些优异的特性将促进电解液与电极之间的接触，从而提高了电化学性能。图3-23b展现

了 NC-700 电极材料优异的长循环性能曲线，当电流密度为 1A/g，电压区间为 2 ~ 4.5V vs. Li^+/Li 时循环 9000 圈后仍然可以保留 60mAh/g 的可逆比容量，其容量保留率高达 85%，进一步证明了在该电压区间下材料具有稳定的双电层电容行为。

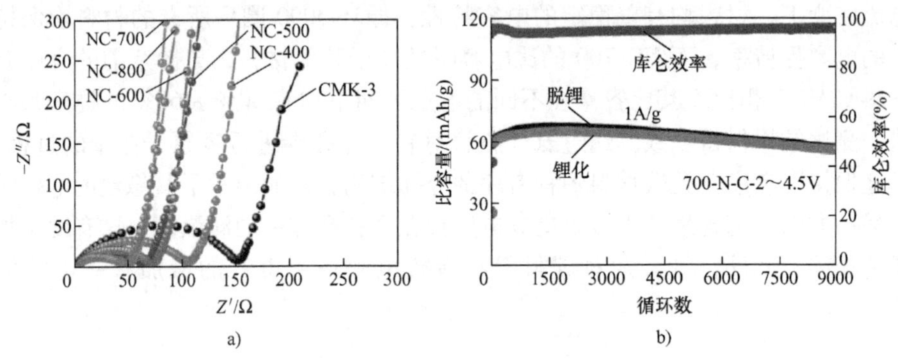

图 3-23　a）CMK-3 和 NC-T 的交流阻抗图；
b）NC-700 电极在 1A/g 时循环 9000 圈的长循环性能曲线

双碳型的对称锂离子电容器近年来也是科研工作者的研究热点，为了满足氮掺杂有序介孔碳的应用特性，将选取 NC-700 用于锂离子电容器的负极来组装对称的锂离子电容器器件，首先对其作为负极材料的性能进行测试。图 3-24 所示为在 0.1mV/s 的扫描速率下前三圈的测试结果，第一圈的放电曲线中大约在 0.7V 处存在一个明显的还原峰，这主要是因为氮掺杂有序介孔碳材料与电解液发生反应生成了固体电解质膜（SEI），会消耗一部分电解液并产生不可逆的容量损失。在 0.01V 处存在着尖锐的还原峰，这源于锂离子的嵌入反应，并且该峰在第二圈和第三圈都出现，说明这个过程是可逆的。第二圈和第三圈的曲线几乎重合，这表明含氮掺杂有序介孔碳材料 NC-700 拥有良好的电化学稳定性。

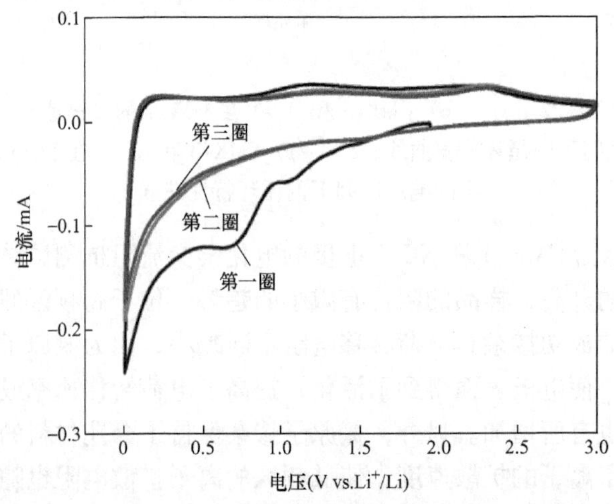

图 3-24　NC-700 在 0.1mV/s 的扫描速率下的循环伏安测试曲线

随后对材料进行了循环和倍率特性的测试，图3-25a所示为在1A/g的测试条件下对材料进行的充放电循环测试结果，图中所示，材料的首次库伦效率仅为49%，可能是由于SEI膜的生成所致；另外，电极材料上也会发生不可逆的副反应造成容量的损失。另有文献表明，对于锂离子电池的负极材料，具有大的比表面积的同时会诱导产生更大面积的SEI膜的覆盖，这也会使得材料获得较低首圈库伦效率。该半电池在循环2000圈后，保持了稳定的容量特性，在最初的100圈循环过程中，材料的比容量有些许的下降，可能材料反应初始时，存在一个活化的过程，但之后材料保持了一个极其稳定的充放电状态，比容量保持约为400mAh/g，库伦效率接近于100%。氮掺杂后的NC-700表面缺陷和活性位点的增加，也在一定程度上促进了其电化学性能的稳定。图3-25b所示为NC-700电极从0.1~10A/g的电流条件下的倍率测试结果，观察图可知，材料在10A/g的电流密度下仍保持着220mAh/g的比容量，但电流密度重新置于0.1A/g时，其比容量依旧可以恢复到590mAh/g，表现出了较好的倍率特性。

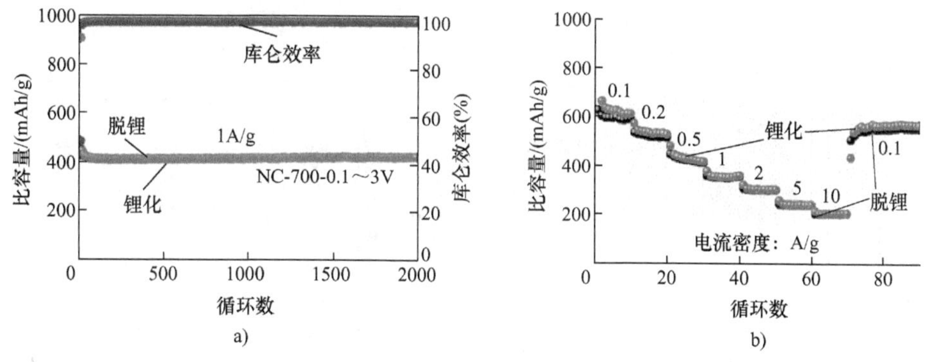

图3-25 a）NC-700电极材料在1A/g的电流密度下的长循环性能；
b）NC-700在不同电流密度下的倍率性能图

为了更进一步地探究NC-700作为负极材料的应用特性，采用循环伏安法（CV）对不同扫描速率下的Li^+插层过程进行动力学分析。如图3-26a所示，一般来说，在特定电压处的电流贡献由电容部分和扩散控制部分组成，分别可表示为k_1v和$k_2v^{1/2}$，可以进一步确定锂离子电容贡献的比例，根据公式：

$$i = av^b = k_1v + k_2v^{1/2} \tag{3-1}$$

式中 a、k_1和k_2——确定的值；

v——扫描速率。

通过确定k_1和k_2，我们可以研究表面电容和Li^+线性扩散的电流比例，公式中的b值可以通过公式得出。一般来说b值在0.3~17的范围内，其中$b=0.5$时表示由扩散控制的电流贡献，$b=1$时表示电容控制的电流贡献。在图3-26b中计算了在不同电压下的b值，可以发现随着电压的增加，b值有减小的趋势，但均大于0.6，说明NC电极的储锂过程在较高的电位下主要为电容贡献，在较低的电位下的电流贡献由电容控制和扩散控制共同决定。如图3-26c所示，电极在2mV/s的扫描速率下的电容贡献值约为59.6%，而且通过图3-26d可以清楚地观察到电容贡献的占比会随着扫描速率的增加而增大，在扫描速率为10mV/s时，其电容贡献可以达到82.9%，这也说明了随着扫描速率的增加，材料电极的储能逐渐由电容行为所控制。

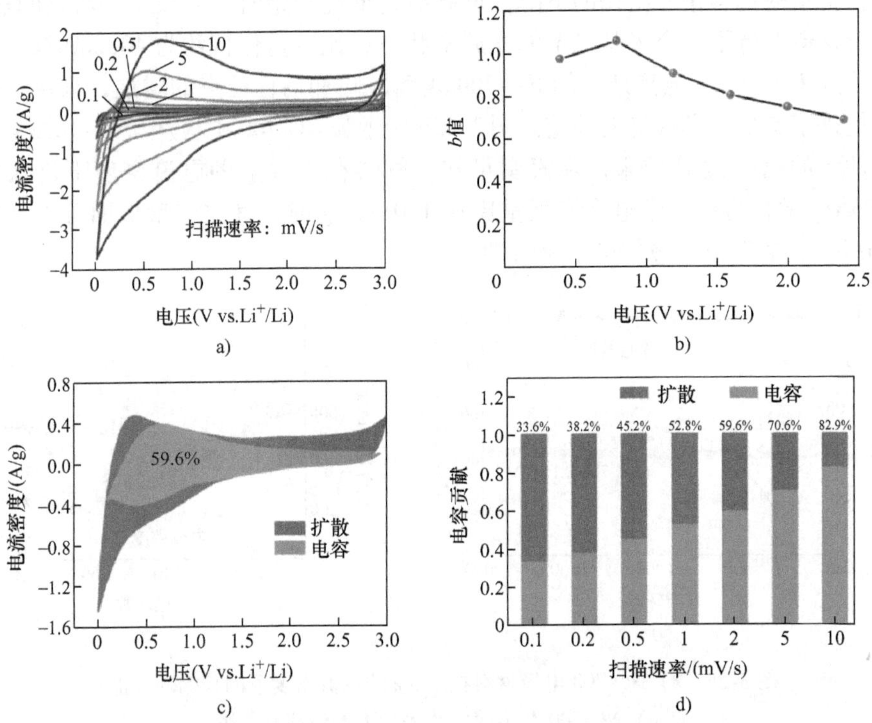

图3-26　a）NC-700在不同扫描速率下（0.1～10mV/s）的循环伏安特性曲线；b）不同电压下的b值；c）在2mV/s扫描速率下的循环伏安测试曲线；d）NC-700在不同扫描速率下的电容贡献

当NC-700分别被用作锂离子电容器的正负极材料时，均表现出了与纯的有序介孔碳材料相比较为理想的电化学性能，为进一步满足其实际应用的研究，将NC-700同时用于锂离子电容器的正负极材料组装对称的锂离子电容器进一步研究其电化学性能。锂离子电容器发展多年至今，正负极材料容量不匹配的问题备受关注，本文通过调节正负极质量比来匹配正负极容量，使得构筑的锂离子电容器具有较高且稳定的电容特性。而锂离子电容器电压区间的选择也是研究的重点之一，合适的正极和负极电位范围是决定锂离子电容器功率密度、能量密度和循环寿命的关键因素。通过文献了解，电压上限选取过高会使得正极材料的工作电压超过4.5V，造成电解液的分解，不利于器件的循环稳定性；电压下限选取过高会使得器件的工作电压区间减小，因此参考文献和部分实验探究，将该锂离子电容器的电压区间设定为0.3～20.3V。首先探索了其在不同正负极材料的质量比下的电化学性能，如图3-27a所示，对不同正负极材料质量比（1∶1、1∶2和1∶3）的锂离子电容器进行了循环稳定性测试，可以看出质量比为1∶3的锂离子电容器有着最优的性能，在循环稳定1500圈后材料的电容稳定性明显高于其他两个比例。为了证明氮原子掺杂对整个电容器性能的影响，组装了CMK-3//CMK-3锂离子电容器作为对比进行探究，CMK-3作为正负极材料的质量比均为1∶3。通过图3-27b可知，NC-700作为电极材料在循环1400圈时有着72%的电容保持率，明显优于未掺杂的CMK-3。

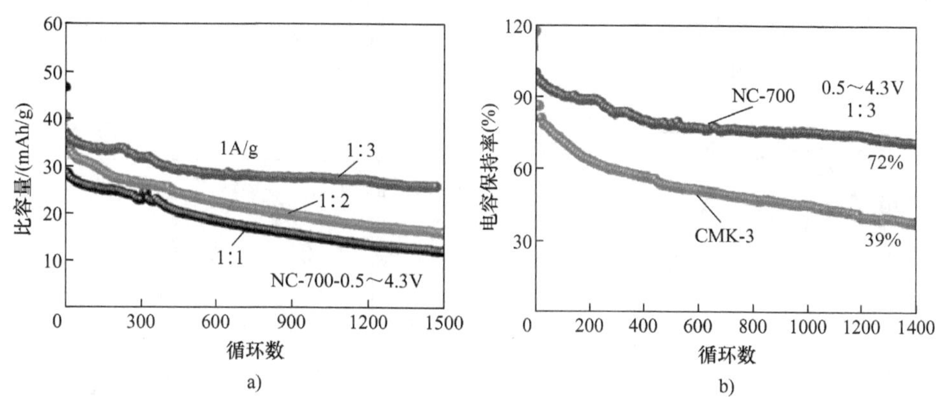

图3-27 a）采用NC-700同时作为正负极材料组装的不同质量比（1∶1、1∶2和1∶3）的锂离子电容器的循环性能图；b）在正负极质量比为1∶3时分别将NC-700、CMK-3作为电极材料组装的锂离子电容器的电容保持率性能图

从图3-28a～d中可以看出三种比例的恒流充放电曲线也近似为对称的结构，呈现出与电容器相似的特点。其中在不同的电流密度下，正负极质量比为1∶3的锂离子电容器具有最长的放电时间。图3-28e所示为NC-700在三种不同的正负极质量比下构筑的锂离子电容器的功率密度与相应的能量密度的关系谱图，可以看出当比例为1∶3时，在230W/kg的功率密度下可以达到225Wh/kg的能量密度，在接近10kW/kg的高功率密度下也能达到138Wh/kg的能量密度。对质量比1∶3的锂离子电容器进行了长循环稳定性测试，从图3-28f中可以看出在1A/g的电流条件下循环3000圈仍然有70%的电容保持率，这些数据表明材料在经过合理的设计后，组装的器件不仅有着优异的循环稳定性，还拥有高功率密度和高能量密度。

3. 小结

1）本节通过氨气热解的后处理法对有序介孔碳CMK-3进行了氮原子掺杂，通过在700℃的氨气热解下，在不改变有序介孔碳的短程有序的介孔结构的情况下成功实现了3.79at%的氮原子的掺杂，同时掺杂后的材料NC-700有着较高的比表面积（1785m^2/g）和最大的孔体积（2.00cm^3/g），且材料表面的缺陷度有所增加，为电化学反应提供了额外的活性位点。

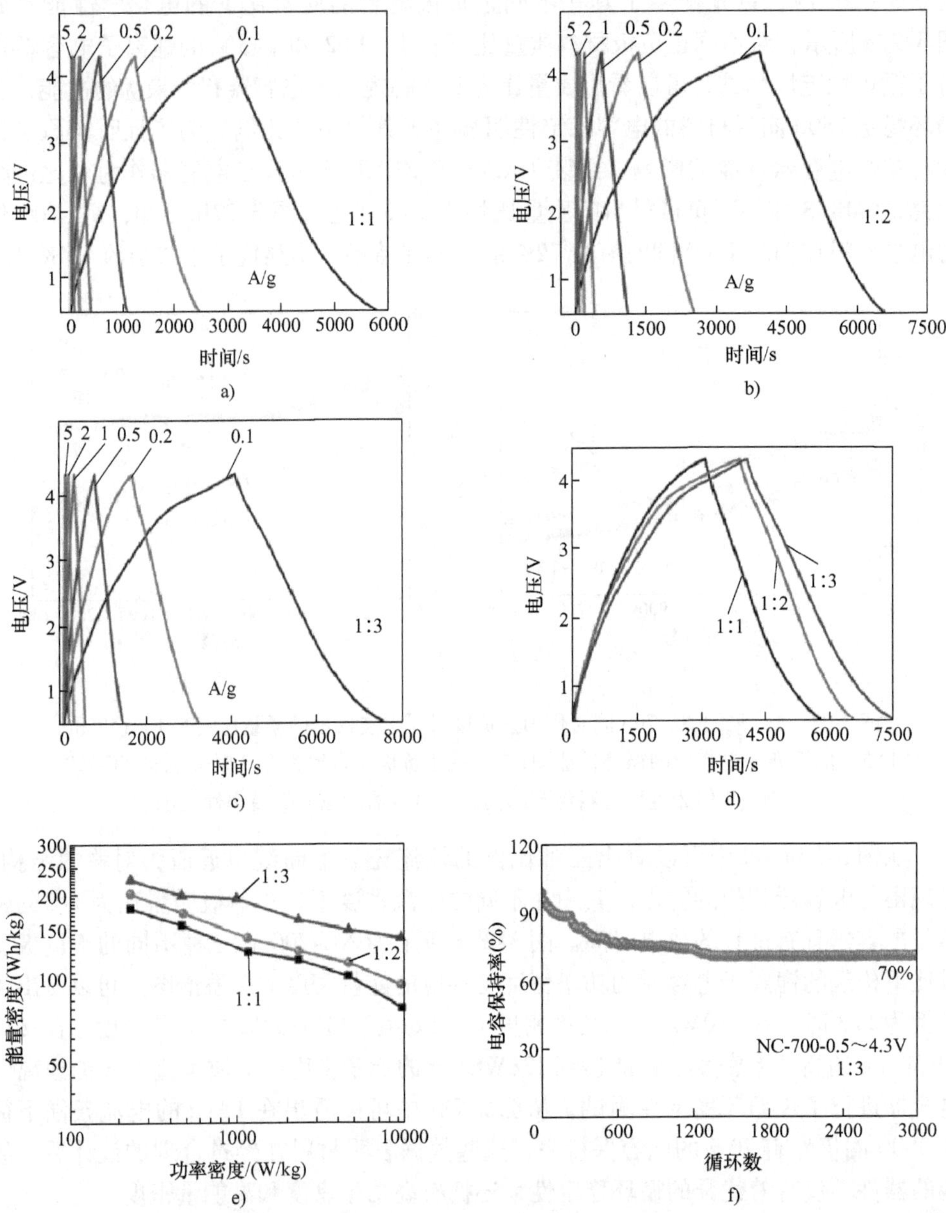

图 3-28 NC-700//NC-700 锂离子电容器正负极质量比为 a) 1:1，b) 1:2 和 c) 1:3 时的恒流充放电曲线 d) 在 0.1A/g 的电流密度恒流充放电曲线对比；e) 不同质量比（1:1、1:2 和 1:3）的锂离子电容器功率密度与相应的能量密度的关系谱图；f) 质量比为 1:3 时锂离子电容器的循环性能图

2）掺杂的 N 原子主要以吡咯 N、吡啶 N、石墨 N 和氧化 N 的形式存在，四种成键形式的存在通过各自对材料的表面结构和导电性的影响，共同促进了材料的电化学性能的提升。当将 NC-700 作为锂离子电容器正极材料时，较未掺杂的有序介孔碳材料 CMK-3 相比，比容量提升了近 60%；同时被用作锂离子电容器的负极材料时，在 1A/g 的电流条件下循环 2000 圈后获得了 400mAh/g 的稳定比容量。

3）将 NC-700 同时作为正负极材料组装成对称锂离子电容器，当正负极的质量比为 1:3 时拥有最优的性能，在 230W/kg 的功率密度下可以达到 225Wh/kg 的能量密度，在接近 10kW/kg 的高功率密度下也能达到 138Wh/kg 的能量密度。

3.3 基于静电纺丝技术的碳质复合负极的应用

3.3.1 静电纺丝技术概述

1. 静电纺丝技术的发展历史

图 3-29 展示了静电纺丝技术的发展历史。静电纺丝技术起源于 18 世纪中期人们对静电雾化过程的研究。1745 年，Bose 在对电场中毛细管末端产生气溶胶的现象的观察中得出，液滴表面张力与电场力失衡会引起射流从带电液滴表面的喷射[38]。1882 年，Rayleigh 通过分析带电液滴表面的电荷斥力与表面张力的关系得到射流形成的临界条件。随后 Zelen 通过对毛细管端口处液体在高压静电作用下的分裂现象的研究，成功总结出射流处于不稳定状态下的几种模型[39]。

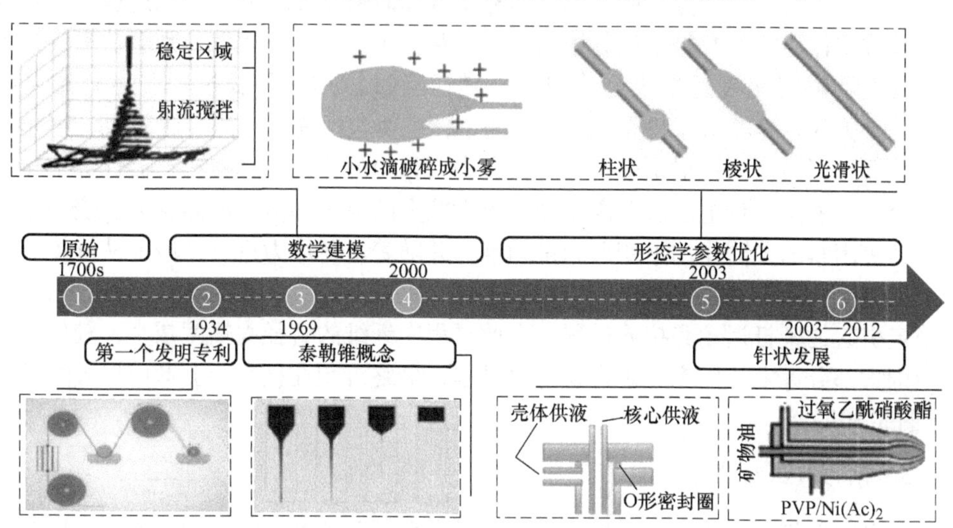

图 3-29 静电纺丝技术的发展历史[44]

基于上述基础研究，1934 年，Formhals 等人设计了一种利用静电斥力生产聚合物纤维的装置并申请了专利，聚合物在高压电场作用下形成射流的原理首次得到了详细揭示，这被认为是静电纺丝技术制备纤维的开端[40]。从此，静电纺丝技术在生产超细纤维方面得到了广泛认可。直到20世纪60年代，Taylor提出了“泰勒锥”的概念，即带电液体在电场中形成的聚合物液滴的形状与液滴表面电荷斥力和聚合物溶液表面张力的相对大小有关[41]。电压升高到电荷斥力超过表面张力时，就会从圆锥形聚合物液滴表面喷射出射流，稳定泰勒锥的角度被确定为49.3°[42]。

随着纳米技术的发展和对纳米材料需求的不断增长，静电纺丝技术在21世纪得到了快速和深入的发展。Yarin等人用高速摄像机观察了射流路径，并研究了其弯曲、摆动和拉伸运动。通过分析静电纺丝过程中的弯曲不稳定性，静电纺丝力学过程的实验现象学和理论得到发展。随后Brenner等人通过研究静电纺丝参数（电场、电流、溶液性质等）的影响，提出了一个射流轮廓和范围的数学模型[43-45]。随着这些理论的发展，对影响纤维的各种工艺参数的研究引起了科研人员极大的兴趣，并提出了许多基于探索性结果优化工艺参数的方案。2003年Larsen验证了同轴静电纺丝制备芯壳复合超细纤维的可行性[46]。2014年，Chen第一次报道了合成非晶碳纳米管的三同轴静电纺丝技术[47]，静电纺丝的理论和实践因此得到全面的发展。如今，对静电纺丝纤维的研究经历了从制备、表征到应用，从小规模制备到量产的转变，关于静电纺丝生产功能化复合纳米纤维的研究仍在继续。

2. 静电纺丝技术的基本原理

静电纺丝技术是静电雾化技术的一个特例，其均依赖于高压下聚合物液体的喷射。当聚合物液体为小分子或低黏度高分子液体时通常发生静电雾化过程。而高分子溶液或熔体由于具有较高的分子间作用力和分子链的缠绕程度，则会从喷头末端形成的泰勒锥表面喷射出聚合物射流，随后经过拉伸和伸长过程产生纤维。如图3-30a所示，静电纺丝装置一般非常简单，主要包括高压电源、注射泵、喷丝器和接收器。当液体从注射泵中挤出后，在表面张力的作用下会在注射器针尖末端形成一个带电液滴。带电液滴在高压静电场中较大的电荷梯度、液体压力、表面张力和重力等因素的共同作用下变形为泰勒锥，并随着电荷斥力进一步增加从锥体表面喷出射流。射流首先在电场力的作用下进行短距离的稳定线性运动，再经过由弯曲不稳定引起的鞭打运动和拉伸过程，在此过程中纤维的直径大幅度减小，较低沸点的溶剂大部分挥发从而完成聚合物固化过程，最终沉积在接收器上形成聚合物纤维（见图3-30b）。

3. 静电纺丝技术参数

静电纺丝过程中存在许多可调参数，可以控制纳米纤维的结构和形态，以获得具有各种形态和性能的一维材料。

1）前驱体的组分调节能够使静电纺丝纳米纤维具有可调的实心或多孔的结

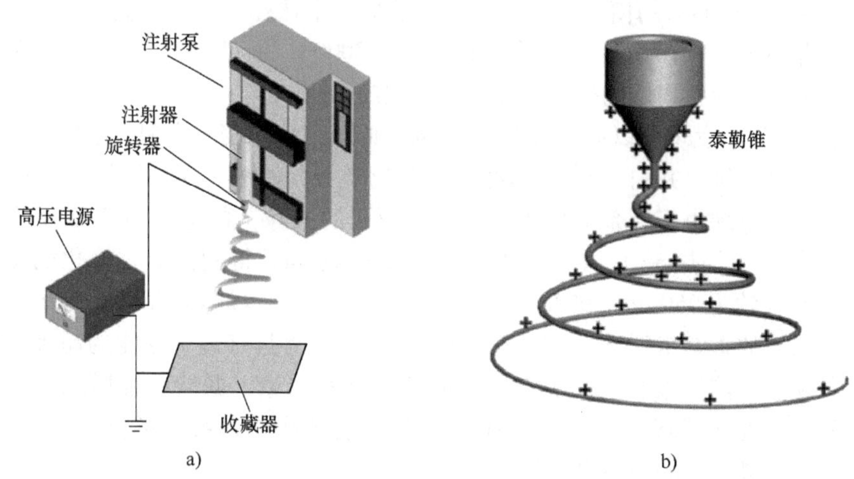

图 3-30 a）静电纺丝的基本设备；b）静电纺丝纤维的形成过程[47]

构。具体来说，实心纤维通常使用单组分的前体获得，而由于某些聚合物的热稳定性较差，通过在纺丝前驱液中加入容易低温热解的组分，可以获得具有丰富孔隙度的静电纺丝纳米纤维。此外，高挥发性溶剂在纤维固化过程中容易发生非均相扩散过程，也会导致多孔结构的产生。

2）高压静电场的电压和前驱体的浓度，对所获得的纳米纤维的形态有很大的影响。通过调节前驱体的浓度、分子量，可以制备螺纹珠状纳米纤维。通常情况下，较高分子量的聚合物分子链间的缠结程度相对较高，获得纤维的直径也较大；而随着分子量的减小，纤维的直径也相应变细。另一方面，较高的前驱液浓度容易生成珠粒状纤维，而低浓度下由于溶剂挥发过慢，更倾向于产生扁平的带状纤维。同时，当将具有特殊形态的粒子（SiO_2、MOFs、COFs 等）加入前驱体溶液中时，可以制备出具备项链状结构的纳米纤维。

3）静电纺丝加工参数，如针头形状、接收距离等设置，是控制电纺丝纳米纤维质量的重要策略。例如，通过减小接收距离可以精确地控制纤维的沉积位置和形态，主要是由于从射流的稳定区收集得到的近场静电纺丝纤维，避免了鞭动不稳定性，可以得到纤维直径均一且排列有序的纤维膜。同轴（多针）静电纺丝代替单针静电纺丝是构筑具有丰富纤维成分和可控复合结构的有效方法。通过调整喷丝机中针孔的数量，可以制备具有复杂结构的材料，如核壳纳米纤维、中空纳米纤维、多核纳米纤维和多通道纳米纤维等。

4. 静电纺丝纤维衍生碳纳米材料

具有一维纤维形态的碳材料（即碳纳米纤维）可以通过静电纺丝前驱体的稳定和碳化制备。为了防止碳化过程中聚合物熔化导致的纤维形态的改变，通常将聚合物纳米纤维首先在 200 ~ 300℃ 的空气氛围下将聚合物转化为稳定的梯状化合物；

随后，在400～1800℃的惰性气氛（如N_2或Ar）中选择性消除非碳元素获得碳材料（碳含量>90wt%）而不影响纤维形态。在3000℃的极高温下可以进一步消除杂原子，同时诱导石墨层的生长并提高堆积程度。

Jang-KyoKim发现可以通过将PAN从聚丙烯腈结构转变为类似石墨的芳香族结构制备碳纳米纤维，并引入额外的吡啶N和吡咯N，如图3-31所示。Zhou等[50]在一项研究中发现由于剩余溶剂的挥发和杂原子的去除，稳定PAN基碳纳米纤维（在280℃温度下加热3h后再在1000℃温度下加热1h，得到部分石墨化的碳纳米纤维）的直径约为250nm。在N_2气氛中2200℃下进一步加热1h后，会形成具有带状石墨结构的碳纳米纤维（直径220nm）。为了获得具有理想性能的超细碳纳米纤维，必须控制前体聚合物的类型，从而控制碳的产量，保持纤维形态。PAN具有良好的可旋性和高碳产率（>50wt%），以及合成碳纳米纤维的优越力学性能，成为目前使用最广泛的前体聚合物。

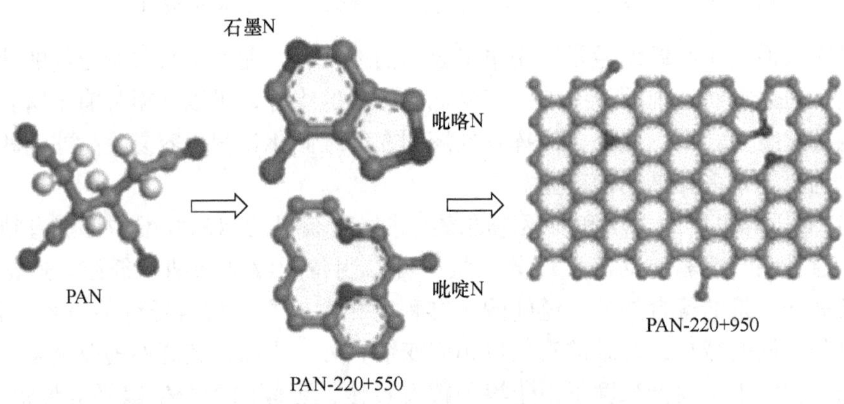

图3-31　热处理期间PAN结构演变的示意图

3.3.2　静电纺丝技术纳米纤维在微型超级电容器中的应用

1. 微型超级电容器概述

近年来，便携式电子产品，如卷式显示器、触摸屏、智能衣服和植入式医疗设备的发展，揭示了未来人类社会和日常生活的新应用。随着各种灵活和可穿戴电子设备的快速升级和更新，迫切需要任意尺寸并可满足能量密度要求的集成电源来与这些设备相匹配。常见的能源供应设备有两种，即宏观超级电容器和微观（微型）超级电容器（MSC）。虽然宏观超级电容器具有较高的能量和功率密度，但其固有的堆叠几何形状导致了大体积和低灵活性，限制了在便携式设备中的应用；微型超级电容器可以满足便携式设备的空间和尺寸要求，这使得微型电容器成为一个研究焦点。另一方面，在宏观超级电容器中组装的电极材料不能直接应用于MSC中，

这需要一个特定的合成策略、结构调整和性能评估手段。根据微型电容器的形状结构可以将其分为三明治结构微型超级电容器和叉指状微型超级电容器，具体结构如图 3-32 所示。

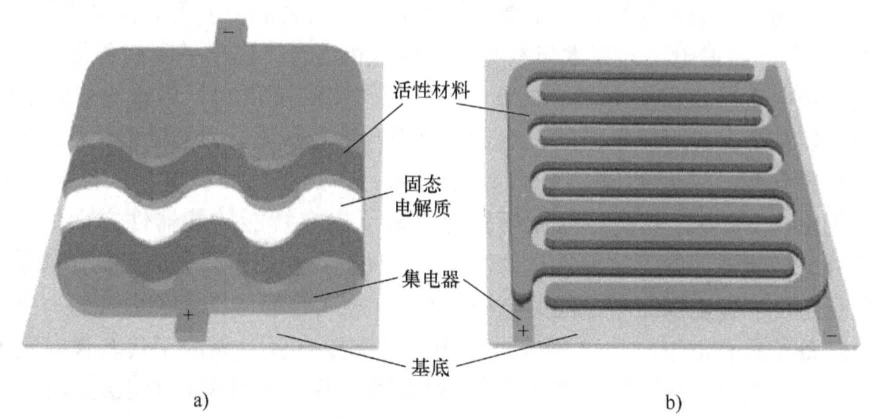

图 3-32 微型超级电容器示意图：a）三明治结构微型超级电容器；b）叉指状微型超级电容器

激光直写（LDW）技术是一种利用激光束扫描来转换、烧蚀或雕刻功能材料，从而形成预定义的图案或结构的方法。与其他制造工艺相比，LDW 具有从加工效率到多材料兼容性等优点。此外，激光处理具有微米尺度的高空间分辨率和特征精度。鉴于此，激光直写技术已经成为制备 MSC 的常见方法之一。根据 LDW 过程中发生的反应，可分为三种类型：氧化石墨烯的激光还原、非石墨材料的激光碳化和激光微加工。由于还原氧化石墨烯具有较高的导电性，可以通过氧化石墨烯还原方式将氧化石墨烯表面进行激光还原，在构建 MSC 电极时作为电极和集流体；同时，未经处理的氧化石墨烯可作为隔膜或电解质。例如，El-Kady 通过该方式在柔性和刚性基板上制备了 GO-rGO-GO 结构的三明治型 MSC，具有低成本和易于扩展的优点[51]。非石墨材料的激光碳化主要依赖于激光辐照诱导的光热和光化学过程，将非石墨碳前驱体转化为导电碳材料，制备具有大比表面积和高导电性的多孔的微/纳米结构的碳材料并用于微型超级电容器。基于脉冲激光照射过程中聚合物中气体的释放及 sp^3C 向 sp^2C 的转变，Tour 等人在 PI 薄膜上通过 CO_2 激光碳化制备了三维多孔石墨烯结构作为高性能 MSC 电极，显示出 $4mF/cm^2$ 的比容量和 $9mW/cm^2$ 的功率密度[52]。由于激光微加工的纳米级分辨率和高特征精度，激光微加工技术可以用于烧蚀或雕刻基底材料以构建复杂结构。例如，Qu 等[53]人通过激光切割技术制备了可编辑的超级电容器，不仅保持高电容性能和稳定性，而且可以模拟立体纸张切割，在任意方向显示良好的可拉伸性能，为微型超级电容器在各种便携式、可伸缩和可穿戴设备中的应用提供了参考。

2. 静电纺丝技术在微型超级电容器中的应用

微型超级电容器作为微型电池的替代品，具有高功率密度、长循环稳定性和良好的倍率性能等优点。此外，MSC 可以在可变电压下充电，这意味着 MSC 具有更好的充电效率。由于具有较高的比表面积和良好的电子导电性，导电纳米纤维目前已经成为 MSC 电极材料的优秀候选者之一，通过激光直写技术为前体聚合物纳米纤维碳转化为导电纳米纤维并用于微型超级电容器提供了一个简单有效的策略。

Zhang 等人将静电纺丝技术与激光碳化技术相结合，提出一种制备导电纳米纤维微型超级电容器（CNF-MSC）的新方法，以仲钼酸铵和 PVP 为纺丝前驱体在 Au 涂层的玻璃基底上进行静电纺丝，然后直接进行激光碳化。得益于碳化纤维的三维结构和高导电性，构筑的 CNF-MSC 具有 $4mF/cm^2$ 的初始面积电容，且在 7600 圈循环后仍保持 180%，其良好的循环稳定性显示出在智能储能器件方面的巨大潜力。此外，储能器件的可拉伸性是柔性储能器件设计中的重要方面，为了构筑具有良好电化学性能和坚固力学性能的电极，Zhang 等人将静电纺丝和激光直写技术相结合，制备了具有负泊松比（NPR）结构的自支撑电极，克服了传统碳基材料电极不能拉伸的缺点，同时传统可伸缩器件中刚性电极与柔性基板的集成问题也得到了缓解。由具有相似弹性模量的自支撑电极和隔膜组装而成的三明治结构微型超级电容器不仅实现了 2V 的宽电压窗口，而且在功率密度为 $0.55mW/cm^2$ 的情况下实现了 $26\mu Wh/cm^2$ 的面积能量密度。这种三明治型可拉伸结构的定制性、可调性和各向异性变形性显示出其适用于人体的各个部位（如外骨骼）的可穿戴能力，为开发高可扩展性和可靠的储能设备提供了一条有前途的途径。NPR 结构电极和隔膜的制备流程图如图 3-33 所示。

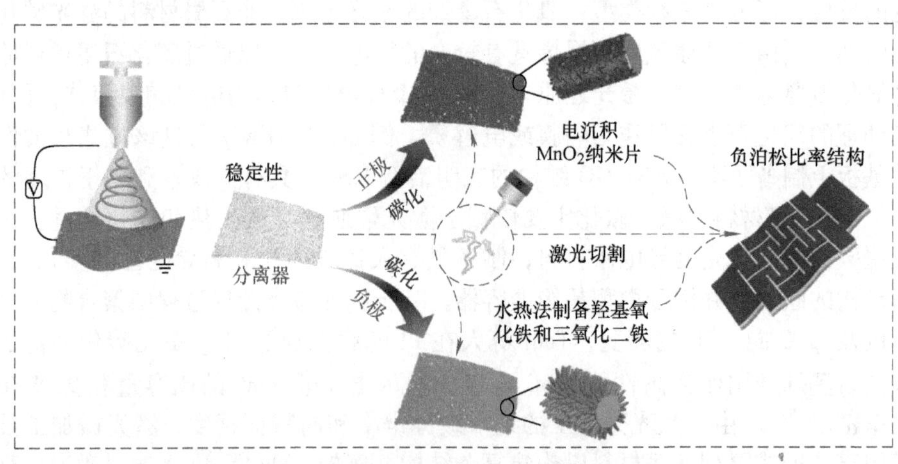

图 3-33　NPR 结构电极和隔膜的制备流程图

3.3.3　金属化合物修饰静电纺丝碳纳米纤维的制备及其电化学性能研究

1. 引言

随着对有限的全球能源供应和环境污染的关注不断增长，如今对太阳能、风能等清洁能源的探索优化了化石燃料主导的能源结构。为了适应这些间歇性能源，储能系统是必不可少的。锂离子电池作为目前几乎所有便携电子设备的主要能源供应来源，具有较高的工作电压和长循环寿命，成为最有前途的储能设备之一。特别是近年来可弯曲显示器、触摸屏、智能服装和植入式医疗设备等智能电子产品的发展，对灵活、可弯曲、可折叠的储能电池提出了新的要求，柔性一体化电极成为实现智能电子产品可穿戴性的先决条件。传统的涂覆工艺制备的电极在弯折过程中很容易出现断裂和活性材料脱落的现象，严重制约了在柔性器件中的应用。因此，柔性电极的开发和研究对于可穿戴设备的发展具有决定性作用。

电极材料的结构和性能很大程度上决定了锂离子电池的性能，然而传统的石墨电极的理论比容量（372mAh/g）较低，难以满足当前储能装置对能量密度的要求，因此，开发具有高比容量和循环稳定性的负极材料势在必行。近年来，过渡金属化合物（MO_x、MS_x、MSe_x 等）作为高容量储锂材料，引起了广泛关注。其中，过渡金属硫化物通常具有高理论比容量、低成本、环境友好，以及远高于金属氧化物的电导率等特点，作为锂离子电池负极材料显示出优异的性能。在所有材料中，具有良好的氧化还原可逆性和高理论容量（609mAh/g）的 FeS 受到研究者的青睐。除此之外，相较于石墨负极，FeS 具有更高的 Li^+ 嵌入电势（约为 1.3Vvs. Li^+/Li），可以有效抑制电解质在电极表面附近的还原过程和过厚的 SEI 膜的形成。然而，最近的研究表明 FeS 在首圈放电过程中容易产生铁元素和多硫化物，导致活性材料的损失。这些绝缘性的放电产物通常易溶于电解液，不仅降低电解液的电导率，同时会覆盖在电极表面，影响进一步的电化学反应。另一方面，FeS 中较低的离子扩散速率和充放电过程中严重的体积膨胀引起的材料晶体结构崩塌也是导致电池稳定性较差的主要原因。基于此，通过空心结构或分级多孔结构的 FeS 颗粒纳米结构的合理设计，可以有效缓冲材料的体积膨胀，并暴露反应活性位点，从而提高电池容量和稳定性；除此之外，在 FeS 表面覆盖碳包裹层以减少多硫化物在电解液中的溶解，并利用碳层的限域作用抑制体积膨胀和材料粉化也是解决上述问题的一个有效策略。

一维碳纳米纤维由于具有良好的机械性能、优异的导电性和较短的离子传输性能，为用作兼具柔性和长循环稳定性的锂离子电池自支撑负极提供了先决条件。静电纺丝技术是制备一维碳纳米纤维最简单有效的方法之一，被广泛地用于电化学储锂。利用静电纺丝技术可以有效实现一维碳纳米纤维与 FeS 的复合，从而得到循环稳定性和倍率性能理想的锂离子电池负极材料。

在本章研究中，我们通过常温液相自组装的方式制备了具有丰富孔隙的球形 Fe MOF 前驱体，并通过静电纺丝技术和后续碳化步骤，制备出 FeS/CNF 一维复合纳米纤维，得到的自支撑纳米纤维膜通过简单的冲裁可以直接用作一体化电极。得益于材料丰富的微介孔结构和高比表面积，FeS/CNF 能够提供大量反应活性位点和较高的可逆容量；同时，特殊的串珠状结构和一维纤维结构有效提高了材料的导电性，表面碳层的限域作用缓解了电化学储锂过程中由转化反应引起的 FeS 颗粒的体积膨胀，复合材料的倍率性能和长循环稳定性由此得到提高。

2. 实验部分

FeS/CNF 复合纳米纤维的制备过程包括常温自组装法制备 Fe MOF 前驱体和静电纺丝法制备柔性纳米纤维膜两步，具体流程如图 3-34 所示。

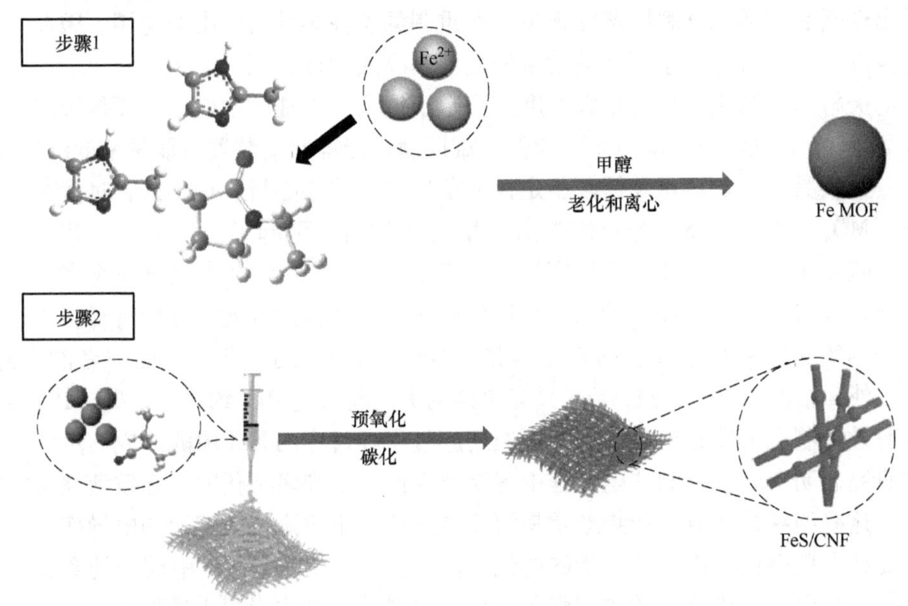

图 3-34　Fe MOF 纳米颗粒和 FeS/CNF 膜的制备流程图

1）Fe MOF 前驱体的制备：4.17g$FeSO_4 \cdot 7H_2O$ 溶于 375mL 甲醇中，常温下搅拌 30min 形成 0.04mol/L 的溶液，记为溶液 A；4.92g 2-MIM 和 4.5g PVP 溶于 375mL 甲醇中，常温下搅拌 30min，记为溶液 B。将溶液 A 逐滴加入溶液 B 中，搅拌 20min 后静置老化 24h，形成黄绿色悬浊液。悬浊液以 8000r/min 的转速离心，收集下层沉淀并在 80℃的真空烘箱中干燥过夜，得到 Fe MOF 前驱体。

2）纺丝前驱液的配制：称取 1g PAN 加入盛有 10mLDMF 的丝口瓶中，在 60℃下搅拌 12h 使其完全溶解。加入 400mgFe MOF 前驱体粉末，超声分散 10min，继续搅拌 12h，得到土黄色纺丝前驱液。

3）静电纺丝过程：将配制好的前驱液转移到 5mL 的医用注射器中，使用 20G 不锈钢针头以 1mL/h 的推进速率在 18kV 的电压下进行纺丝，覆盖铝箔的滚筒作为接收器，接收器与针尖距离控制在 15cm，转速为 20r/min，得到纤维原丝。将得到的自支撑膜从铝箔上取下，置于 80℃鼓风烘箱中干燥 12h 以除去纤维膜中残余的 DMF 溶剂。

4）碳化过程：将烘干的纤维膜转移到准备好的石墨纸上，在空气气氛中使用

高温管式炉以 1℃/min 的升温速率在 280℃ 下保持 2h 进行预氧化过程。随后以 5℃/min 的升温速率升温到 800℃，并在 Ar 保护下煅烧 2h，得到的样品命名为 FeS/CNF-x（其中 x 为 Fe MOF 与 PAN 质量比的百分数）。

3. 实验结果与讨论

（1）Fe MOF 前驱体的形貌表征

首先对 Fe MOF 前驱体的形貌进行表征，图 3-35 所示为对 Fe MOF 的 SEM 及 TEM 表征，通过对 SEM 图的分析，发现前驱体呈现均匀的球形结构，尺寸集中在 90～110nm（见图 3-35a），这是由于在强烈搅拌的条件下逐滴混合的方式有利于 MOF 颗粒的均匀生长；同时，8000r/min 作为一个适当的离心速率，可以对前驱体纳米颗粒进行筛选，保证合理的尺寸区间。图 3-35b 所示为 Fe MOF 前驱体的 TEM 表征结果，可以发现前驱体颗粒的球形度较好，且呈现石榴状核壳结构，内部存在丰富的孔洞，这种多孔结构可以为 FeS 纳米颗粒在转化反应过程中的体积膨胀提供缓冲空间，提高材料的长循环性能；而外部有机物形成的包裹颗粒的“糖衣”可以提高 MOF 前驱体与碳基底之间的黏附性。如图 3-35c 所示，通过分析 EDS 高清

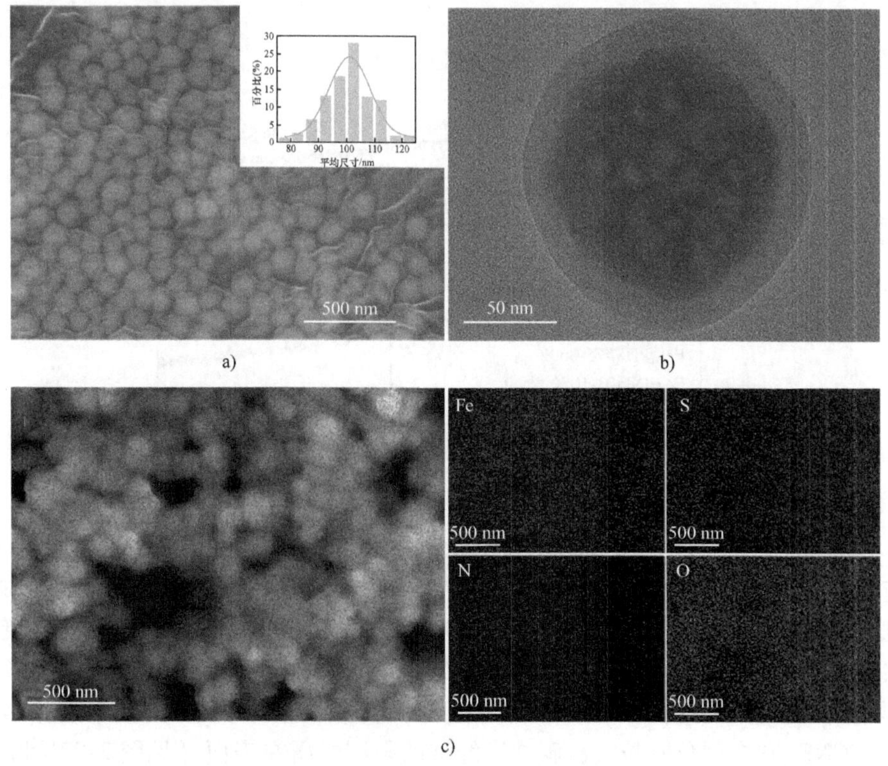

图 3-35　Fe MOF 前驱体的形貌表征：
a）Fe MOF 前驱体的 SEM 图（插图为前驱体的粒径分布）；b）单个 Fe MOF 颗粒的 TEM 图；
c）Fe MOF 前驱体的表面元素分布及相应 Fe、S、N、O 元素的高清图

表征结果可以发现 Fe、S、N、O 元素的均匀分布，其中，较高氧含量有助于加强 MOF 颗粒与 DMF 溶剂的亲和力，从而促进纺丝液配制过程中 Fe MOF 在 DMF 溶液中的分散，提高形貌的均一性。

（2）FeS/CNF 的形貌及结构

为了探究不同 Fe MOF 前驱体添加量对 FeS/CNF 复合纳米纤维中 FeS 晶相的影响，对样品进行 XRD 测试分析。由图 3-36 可以看出当前驱体添加量为 30% 时，FeS/CNF-30 存在四个明显的衍射峰，位于 30.1°、33.9°、43.6°及 53.4°附近，分别对应于六方相 FeS 的（002）、（101）、（102）及（110）晶面，且随着 Fe MOF 前驱体添加量的升高，峰强度有增大的趋势。当 Fe MOF 含量增加到 50% 时，在 44.8°附近出现一个较弱的峰，对应于立方相单质 Fe 的（110）晶面；当 Fe MOF 含量进一步增加到 80% 时，峰强度增大，表明单质 Fe 的含量增加。Fe 单质的存在对储锂容量的贡献很小，同时会大幅度增加电极片的质量并在循环过程中发生副反应，从而对设备的长循环性能和便携性产生不利影响。

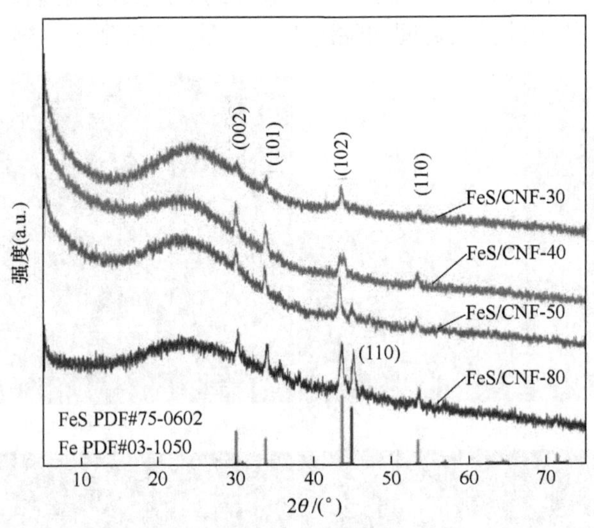

图 3-36　FeS/CNFs-x 复合材料的 XRD 谱图

为进一步表征材料的微观结构和形貌，并探究单质 Fe 出现的原因，对四个样品进行了 SEM 表征，由图 3-37 可以观察到四个样品均呈现出由粗糙、弯曲和相互随机缠绕的纳米纤维组成的互联网络结构。FeS/CNF-30 中 FeS 颗粒几乎完全包裹在碳纤维中，单根纤维直径较为均匀（见图 3-37a）。随着 Fe MOF 含量的增加，FeS 颗粒出现聚集现象，FeS/CNF-40 和 FeS/CNF-50 显示出串联的纳米笼状结构，且 FeS/CNF-50 中部分颗粒突破碳纳米纤维的限制暴露在表面（见图 3-37b 和 c）。当 Fe MOF 进一步增加到 80%，FeS 颗粒直径增加到 200nm 左右，并从碳纳米纤维完全脱离，同时造成碳纤维的断裂（见图 3-37d）。由此推测单质 Fe 产生的原因可能是由于缺少碳层包裹，FeS 颗粒暴露在空气中生成 Fe_2O_3，在随后的高温碳化过

程中 Fe_2O_3 与碳发生还原反应，从而生成单质 Fe。

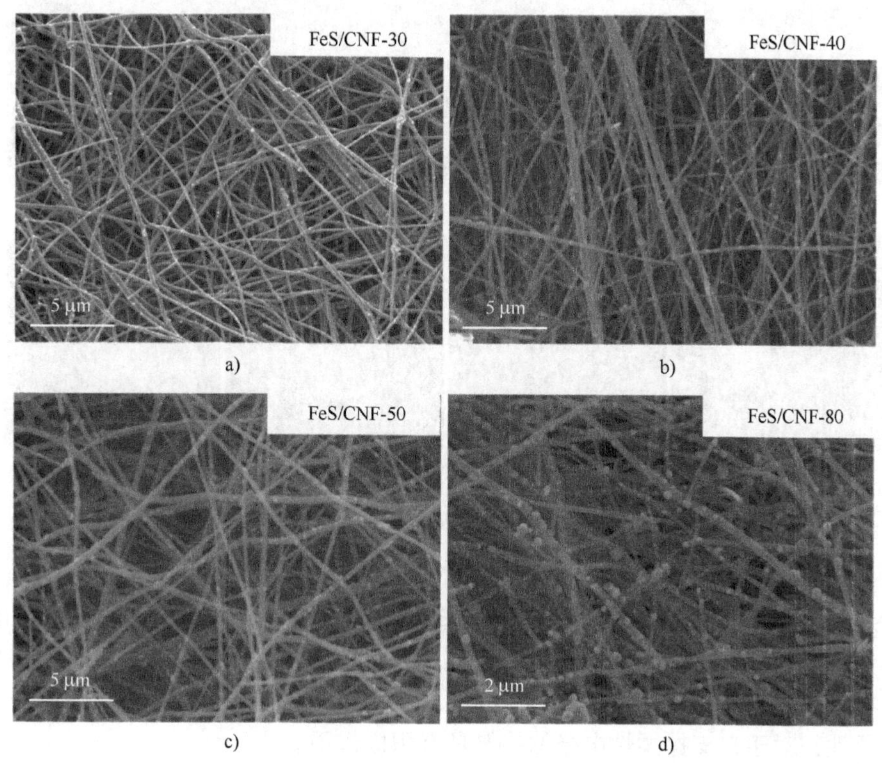

图 3-37 a）FeS/CNF-30、b）FeS/CNF-40、c）FeS/CNF-50、d）FeS/CNF-80 的 SEM 图

基于以上分析，最终选定 FeS/CNF-40 作为最优样品进行后续分析。图 3-38 给出了 FeS/CNF-40 形貌测试结果。图 3-38a 和 b 所示为 FeS/CNF-40 在不同放大倍数下的 SEM 图，可以看出 FeS 颗粒均匀地嵌入碳纳米纤维中，形成异质结构。进一步放大可以发现碳纳米纤维的直径约为 50nm，中间膨起直径约为 100nm 的空腔，用以容纳 FeS 颗粒（见图 3-37b）。采用 TEM 测试进一步观察材料的内部结构，结果如图 3-38c 所示。可以发现 FeS 晶体嵌入在碳纳米纤维基底中，且 FeS 表面包裹厚度均匀的碳层，表明 FeS 颗粒被成功限制在石墨碳层中，从而有效抑制充放电过程中 FeS 转化反应的体积膨胀。图 3-38d 所示为材料的元素分布图，颗粒中 Fe 和 S 元素的集中分布进一步佐证了 FeS 晶体的存在；除此之外，C、N 元素的分布可以证明表面包裹碳层主要为氮掺杂碳。

图 3-39 所示为 FeS/CNF-40 的高分辨透射电镜测试结果，用以表征材料的精细结构及晶格特征。HRTEM 表征结果显示 FeS 颗粒包裹在高度有序的石墨碳层中，表面碳层厚度约为 14.2nm（见图 3-39a）。图 3-39b 中清晰的晶格条纹证实了 FeS 颗粒的晶态结构，测量得出晶格间距约为 0.207nm，对应于六方相 FeS 的（102）晶面，进一步确定了 FeS 的存在。图 3-39c 所示为对包覆碳层的 HRTEM 表征，碳

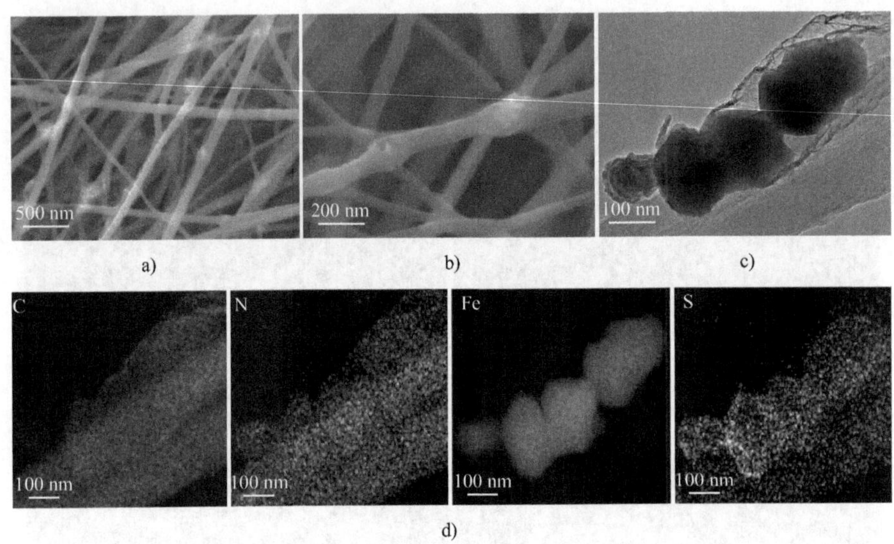

a) b) c)

d)

图 3-38　FeS/CNF-40 的形貌结构图：a 和 b）不同分辨率下的 SEM 图；c）TEM 图及 d）相应 C、N、Fe、S 元素的高清图

层由外到内晶格间距依次为 0.392nm、0.38nm、0.369nm、0.36nm，呈现明显的减小趋势，最内层晶格间距减小到 0.337nm，接近石墨的层间距，表明 FeS 颗粒对于碳层石墨化具有催化作用。这种有序的碳层结构能够在一定程度上增加碳纤维的强度和柔性，对于自支撑柔性电极的构筑具有积极作用。

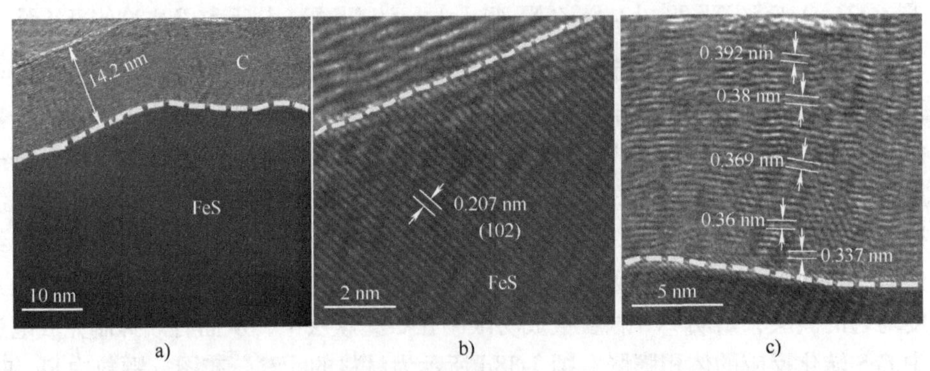

a) b) c)

图 3-39　FeS/CNF-40 复合材料的高倍 TEM 图：a）FeS/CNF-40 分级结构、b）嵌入碳纳米纤维中的 FeS 颗粒和 c）表面包裹碳层的 HRTEM 图

为了进一步确定 FeS 纳米颗粒对碳纳米纤维的催化作用，对样品进行了拉曼测试分析。如图 3-40a 所示，所有样品的拉曼谱图中都存在两个明显的峰，分别为 D 峰（$1350cm^{-1}$）和 G 峰（$1586cm^{-1}$），代表无定形和石墨化的碳。其中 I_D/I_G 值的大小代表材料的无定形程度，FeS/CNF-30、FeS/CNF-40 和 FeS/CNF-50 的 I_D/I_G 值分别 0.99、0.96 和 1.03，FeS/CNF-40 较小的 I_D/I_G 值进一步证明了 FeS 纳米颗

粒对碳材料石墨化程度的催化作用，从而提高复合材料的结构稳定性。为探究样品中 FeS 的含量，在空气中以 10℃/min 的升温速率升温至 800℃，在 25～800℃ 的温度范围内对 FeS/CNF-40 进行热重分析（TGA，见图 3-40b）。其中，小于 100℃ 的质量损失主要来源于纳米材料表面吸收的气体和水分子的释放，370℃ 附近质量快速减小主要是 FeS 转化为 Fe_2O_3 的反应以及碳的燃烧，最终计算所得样品中 FeS 的含量为 37.3%。图 3-40c 所示为 FeS/CNF-40 样品的 N_2 吸脱附等温线，计算得到材料的比表面积为 32.4m^2/g；此外，可以发现在 P/P_0 =0.45～1.0 附近存在一个明显的 H3 型磁滞回环，对应典型的Ⅳ型吸脱附等温线，表明多孔结构的存在方式主要为微介孔（见图 3-7c）。图 3-40d 中相应的孔径分布曲线表明该样品中孔的直径主要分布在 1.4nm 和 4.0nm 左右，进一步证实了样品中存在大量的微孔和介孔。FeS/CNF-40 样品较大的比表面积和微介孔主要来源于 Fe MOF 框架结构以及 PVP 热解过程中气体的逸出。较大的比表面积和多孔结构一方面能够形成相互连通的孔道从而为电解质离子的传输提供通道，有利于电解液在电极表面的浸润，进而提高材料的电化学储锂性能和倍率性能；另一方面提供了较多的暴露在表面的活性位点，从而提高电荷存储能力。

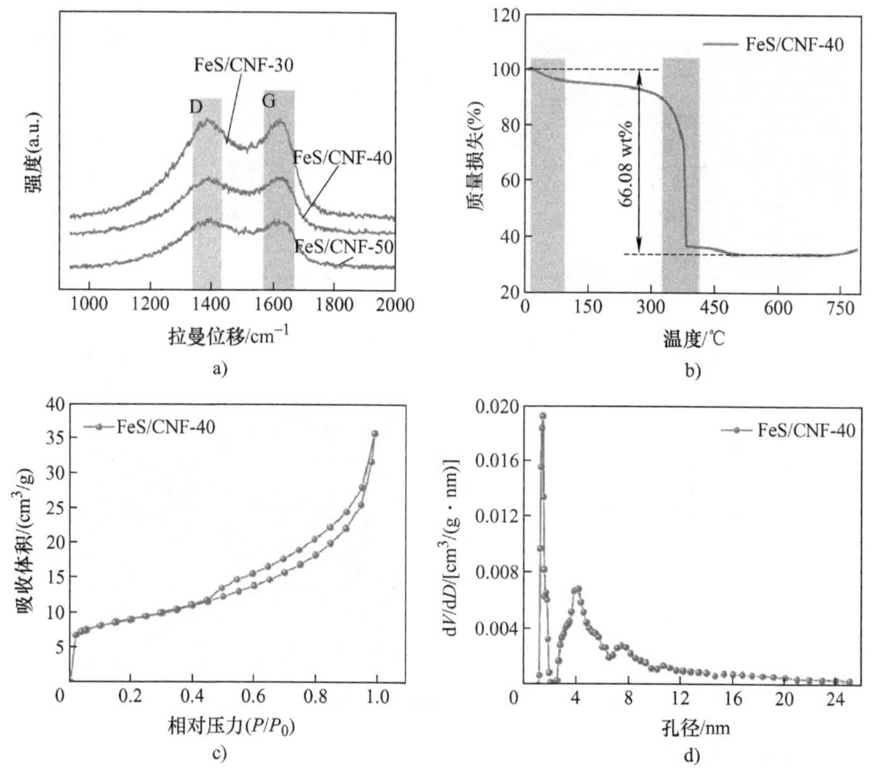

图 3-40 a）FeS/CNF-x 的拉曼谱图；b）FeS/CNF-40 的热重曲线；c）N_2 吸脱附等温线；d）孔径分布曲线（DFT 方法）

为了评价 FeS/CNF-40 表面元素的化学状态，对样品进行了 XPS 分析。图 3-41a 所示为高分辨 Fe 2pXPS 谱图，710.6eV（724.2eV）、713.0eV（726.6eV）附近的两对峰分别对应 FeS 的 Fe^{2+} 和 Fe^{3+} 状态。在高分辨的 S 2p 谱图中（见图 3-41b），位于 161.4eV 和 162.9eV 处的两个峰分别对应 $S2p_{3/2}$ 和 $S2p_{1/2}$，是 FeS 晶体中 S^{2-} 的特征峰；163.5eV 和 164.7eV 处的两个峰对应于噻吩 S 中的 S-C 键；在 167.7eV 和 168.9eV 处的两个峰来源于硫的氧化物（SO_x）。图 3-41c 中 C 1s 谱图可拟合成四个峰，分别代表 C-C/C = C（284.23eV）、C-O/C-S（285.1eV）、C-N（286.4eV）和 C = O（288.0eV），这些结果表明在 FeS 纳米颗粒形成的过程中，S 元素被成功掺杂到 C 基底中。在高分辨 N 1s 谱图（见图 3-41d）中，398.1eV、399.3eV、400.3eV 和 402.8eV 处的峰分别代表吡啶 N、吡咯 N、石墨 N 和氧化态的 N 元素，其中较高含量的吡啶 N 和吡咯 N 能够提供大量的储锂位点，从而提高赝电容贡献。

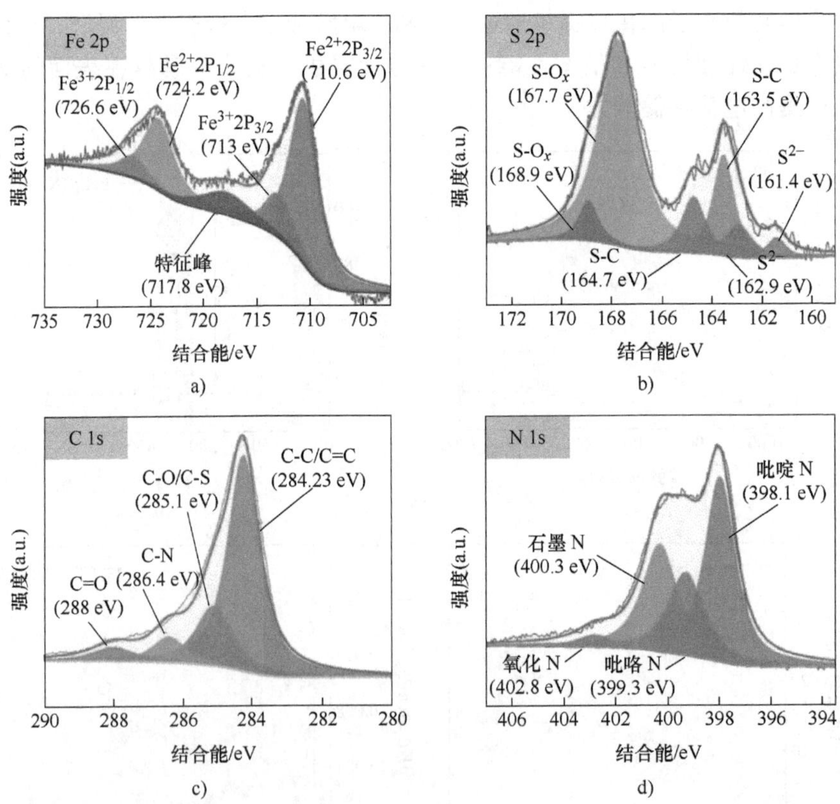

图 3-41　FeS/CNF-40 的 a）Fe 2p，b）S 2p，c）C 1s，d）N 1s 的高分辨 XPS 谱图

（3）FeS/CNF 的电化学性能测试

静电纺丝制备的一体化纳米纤维膜具有柔性、自支撑、导电性良好的特点，可作为独立的电极使用。将 FeS/CNF-40 纳米纤维膜裁剪成圆形电极片，直接作为自

支撑一体化负极在锂离子半电池中进行电化学性能测试，结果如图 3-42 所示。图 3-42a 是以 0.1mV/s 的扫描速率在 0.01 ~3.0V 的电压范围内对锂离子半电池进行 CV 扫描测试。在首圈放电过程中，0.6V 左右出现一个大宽峰在后续几圈中消失，主要来源于不可逆副反应和电解质在电极表面的分解导致的固态电解质界面（SEI）的形成；1.25V 处的还原峰归因于过渡金属化合物与 Li^+ 发生的转化反应（$FeS + 2Li^+ + 2e^- \rightarrow Li_2S + Fe$），此外，在首圈充电过程中，1.87V 的峰对应 Fe 向 $Li_{2-x}FeS_2$ 的转换。在接下来的循环中，0.6V 附近还原峰的消失归因于首圈循环中稳定 SEI 层的形成，FeS 的阴极峰和阳极峰分别出现在 1.37V 和 1.95V；从第二个循环开始，在 1.95V 附近的还原峰代表 $Li_{2-x}FeS_2$ 向 Li_2FeS_2 的转化。除了首圈 CV 曲线，后续 CV 曲线的积分面积、峰位置和峰强度几乎完全一致，表明 FeS/CNF-40 作为锂离子电池负极具有良好的可逆性。0.03 ~2.0V 的电压范围内 0.1A/g 电流密度下对应的充放电曲线如图 3-42b 所示，首圈充放电容量分别为 484.2mAh/g 和 726mAh/g，其中 33.3% 的容量损失主要是由于 SEI 层形成过程中电解液在电极表面的不可逆分解。除此之外，在 1.45V 和 1.86V 附近出现的一对明显的充放电平台，与 CV 测试结果基本一致。图 3-42c 所示为 FeS/CNF 的倍率性能测试结果，随着电流密度的逐渐增大，FeS/CNF-40 在 0.1A/g、0.2A/g、0.5A/g、1.0A/g、2.0A/g、5.0A/g 和 10.0A/g 下的比容量分别为 519mAh/g、470mAh/g、413mAh/g、377mAh/g、347mAh/g、300mAh/g 和 258mAh/g；当电流密度重新降低到 0.1A/g 时，容量达到 560mAh/g，展现出优异的倍率性能，容量的增加主要来源于 FeS 晶体的逐步活化过程。相较于 FeS/CNF-40，由于 FeS 活性组分的含量较低，FeS/CNF-30 在各个电流密度下的电化学储锂容量相对较低；而 FeS/CNF-50 虽然在低电流密度下具有较高容量和倍率性能，但是随着电流密度升高到 2.0A/g，倍率性能出现严重衰减，这主要是由于较高的 FeS 含量严重降低了复合材料的导电性。为探究不同 FeS 含量下复合纳米纤维的循环性能，在 1.0A/g 下对各电极进行长循环测试，结果如图 3-42d 所示。随着活性组分（FeS 纳米颗粒）含量的增加，复合纤维的容量呈现上升趋势，但是 FeS/CNF-50 在循环 350 圈后出现严重的容量衰减，主要是由于 FeS 颗粒的聚集和体积膨胀导致的电极材料的粉碎和失效。

相较而言，FeS/CNF-40 在 1.0A/g 的电流密度下经过 1000 圈的充放电循环后仍能提供 468mAh/g 的比容量，展示出优异的长循环稳定性（见图 3-43），这主要归因于以下结构优势：1）Fe MOF 前驱体衍生的 FeS 纳米颗粒具有丰富的孔隙，在暴露大量活性位点的同时为循环过程中的体积膨胀提供缓冲作用；2）FeS/CNF-40 复合材料中较小的 FeS 颗粒被完全包裹在碳纤维中，表面的碳层为 FeS 提供限域作用，可有效减少充放电过程中活性材料的团聚和粉化；3）相互缠绕的一维碳纤维具有高比表面积并赋予材料良好的导电性，从而提高材料的倍率性能和结构稳定性。

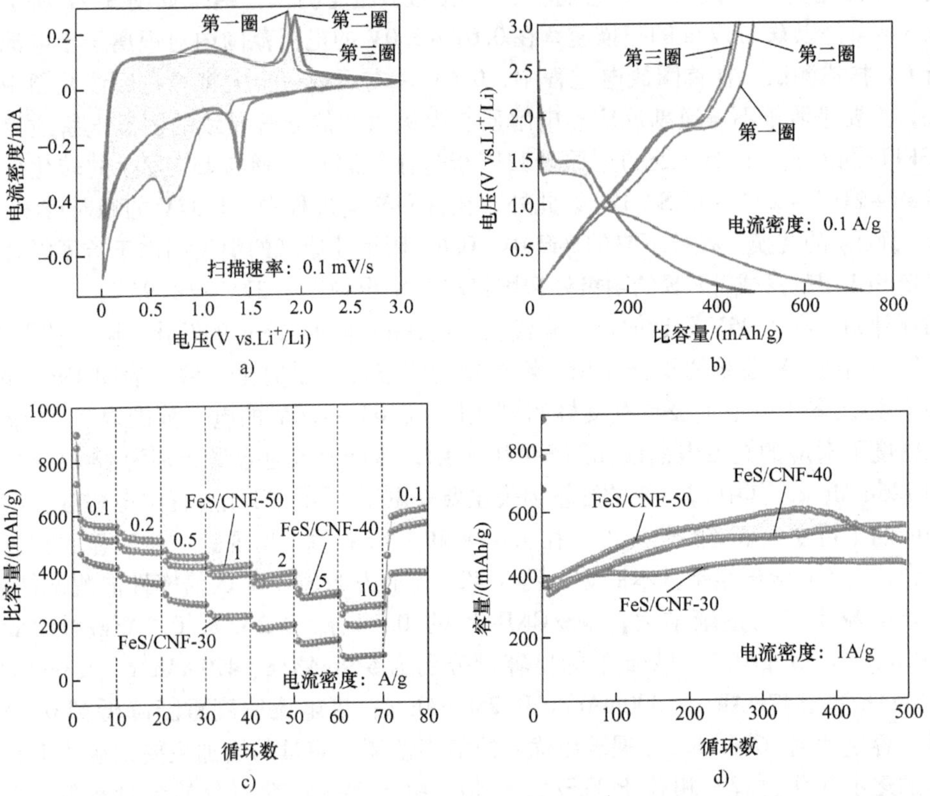

图 3-42　FeS/CNF-x 作为锂离子电池自支撑负极的电化学性能：
a）FeS/CNF-40 的 CV 曲线；b）FeS/CNF-40 的 GCD 曲线；
c）FeS/CNF-x 在不同电流密度下的倍率性能对比；
d）FeS/CNF-x 在 1A/g 电流密度下的循环性能对比

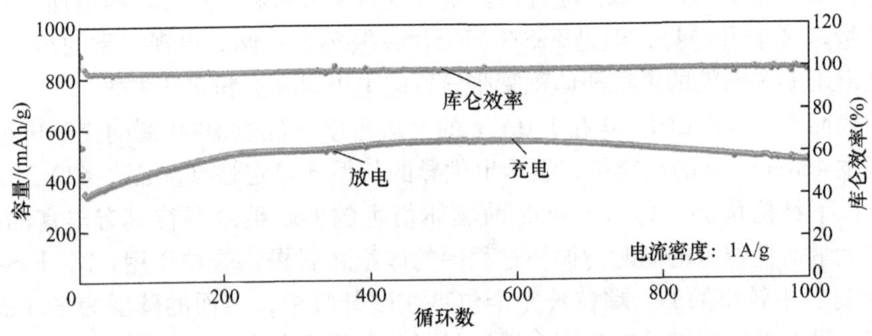

图 3-43　FeS/CNF-40 在 1A/g 电流密度下的长循环性能

（4）小结

1）$FeSO_4$ 和 2-MIM 可以在 PVP 存在的情况下通过常温液相自组装形成 MOF

结构，具有石榴状核壳结构的 Fe MOF 颗粒内部存在丰富的孔结构，同时较高的氧含量有利于 MOF 颗粒在 DMF 中的均匀分布。通过与聚丙烯腈进行混合静电纺丝和后续碳化过程可以合成串珠状 FeS/CNF 自支撑复合材料。

2）FeS 纳米颗粒包裹在碳纳米纤维中，其介孔结构为分级复合材料提供大量的活性位点和赝电容，同时为转化反应过程中的体积膨胀提供缓冲空间，并且 FeS 纳米颗粒的存在能够催化表面碳层的石墨化程度，增加材料的机械强度。另一方面，一维氮掺杂纳米纤维结构和 FeS 表面高度石墨化的碳层可以有效提高复合材料整体的导电性，并为 FeS 提供限域作用，有效抑制充放电过程中活性材料的团聚和粉化。

3）由于复合纤维膜的自支撑特性，可以通过简单的冲裁方式制得自支撑电极直接进行电化学性能测试。得益于 FeS 颗粒和碳纳米纤维的协同作用以及串珠状分级结构独特的结构优势，FeS/CNF-40 自支撑负极组装的锂离子半电池在 1.0A/g 的电流密度下循环 1000 圈后仍可以提供 468mAh/g 的可逆比容量，良好的导电性赋予了材料良好的倍率性能，为 FeS 活性材料用于锂离子电池提供了一种简单、低耗、高效的制备途径。

3.3.4　原子铁修饰碳纳米纤维的制备及其电化学储锂性能研究

1. 引言

碳中和一直被认为是迈向可持续发展的不可或缺的途径，在此背景下，为满足新兴电气化社会的迫切需求，对电化学储能装置的要求已显著提高。然而，目前基于石墨电极的锂存储化学，是包括锂离子电池（LIB）和锂离子电容器（LIC）在内的主要储能设备的基础，很难满足对储能装置高倍率能力的要求。其中一个关键的原因是石墨的非极性特征导致电极对锂离子的吸附力较弱。基于此，已经提出了大量策略调节电极材料对锂离子的亲和力，一种解决方案是将微米级电极材料减小至纳米级，从而产生更多具有不饱和电子结构的边缘和缺陷，以便促进 Li^+ 存储。然而，这种处理不可避免地引入了丰富的界面，对电极内的电荷转移产生不利影响，从而导致高载量下的电化学性能快速衰减。除此之外，通过杂原子掺杂调节局部电子结构也是一种有效的策略，但是通过简单的方式将杂原子掺杂调节为期望构型仍然具有挑战性。

近年来，过渡金属（TM）中心已被引入氮掺杂碳材料中，以促进多种电催化反应。促进电化学过程的关键是对电子结构的合理调节，具体来说，TM 中心与 N 的配位可以产生部分 3d 空轨道。高活性中心和中间体的直接接触，可以提供所需的亲和力；同时，活性位点的最外轨道有利于电子转移，以促进电化学反应过程。这些原子级分散的 TM 中心在许多电催化反应中取得了巨大的成功，考虑到电催化和电化学储能之间的相似性，可以预期原子分散的 TM 结构可以实现动力学加速的

Li^+存储。为了保证在高质量负载下的良好性能，具有互连网络和高电导率的一体化电极为其提供了先决条件。

在本节中，我们通过简单的一步静电纺丝及后续的碳化过程制备了单原子铁修饰的静电纺丝纳米纤维（AICNF），由于引入的铁源 Fe（acac)$_3$ 存在巨大的阴离子基团会产生很大的空间位阻，阻止铁原子的聚集，从而直接形成铁原子修饰的碳纳米纤维。碳纳米纤维相互缠绕形成的一体化膜材料显示出相互穿插的网络结构和高导电性，可以直接作为负极用于高性能锂储存，并在锂离子电容器中显示出良好的应用前景。

2. 实验部分

AICNF 通过简单的一步静电纺丝过程及后续预氧化和碳化过程制备，具体制备流程如图 3-44 所示。

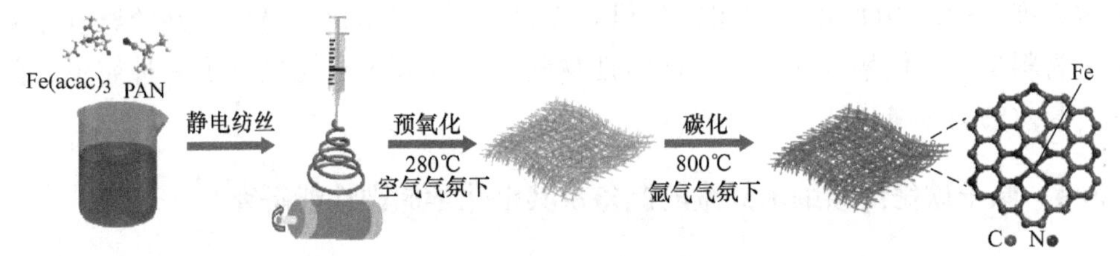

图 3-44　AICNF-x 的制备流程图

1）静电纺丝前驱液的配制：称取 1.0gPAN 加入盛有 10mLDMF 的丝口瓶中，在 60℃恒温水浴的条件下搅拌 6h，经过超声脱泡处理，形成均一稳定透明的溶液。然后称取 0.6g Fe（acac)$_3$ 粉末加入上述溶液中，搅拌 12h，形成暗红色均一透明的静电纺丝前驱液。

2）静电纺丝过程：将配制好的前驱液转移到 5mL 医用注射器中，使用 20G 不锈钢针头以 1mL/h 的推进速率在 18kV 的电压下进行纺丝，得到的静电纺丝纤维膜，在真空烘箱中 80℃干燥过夜，除去残余的溶剂。

3）碳化过程：将烘干的纤维膜转移到准备好的石墨纸上，在高温管式炉中空气气氛下以 1℃/min 的升温速率升温至 280℃预氧化 2h。随后以 5℃/min 的升温速率升温到 800℃，在氩气气氛下煅烧 2h，得到的材料命名为 AICNF-60。

为了探究 Fe 含量对锂离子储存性能的影响，将加入 Fe（acac)$_3$ 的质量分别为 0g、0.3g、1.0g 得到的样品分别命名为 CNF、AICNF-30 和 FeNP/CNF。

3. 实验结果与讨论

（1）AICNF 的形貌与结构分析

图 3-45a 展示了 AICNF 膜的一体化特征，可以看出经过反复弯曲、卷绕和释放过程，静电纺丝纤维膜未出现任何结构损坏，显示出 AICNF 膜优异的机械性能

和柔性。因此，AICNF 膜能够通过简单的冲裁方式制成所需尺寸的电极片，与传统刮涂法制备的电极片相比，AICNF 一体化电极片在相同的质量载荷下可以提供更小的厚度，有利于提高储能装置的体积能量密度。图 3-45b 和 c 所示为 AICNF-60 的 SEM 图，可以看出 AICNF 膜显示出一个由光滑的纤维组成的三维互连网络，纤维尺寸均匀，平均直径约为 150nm。

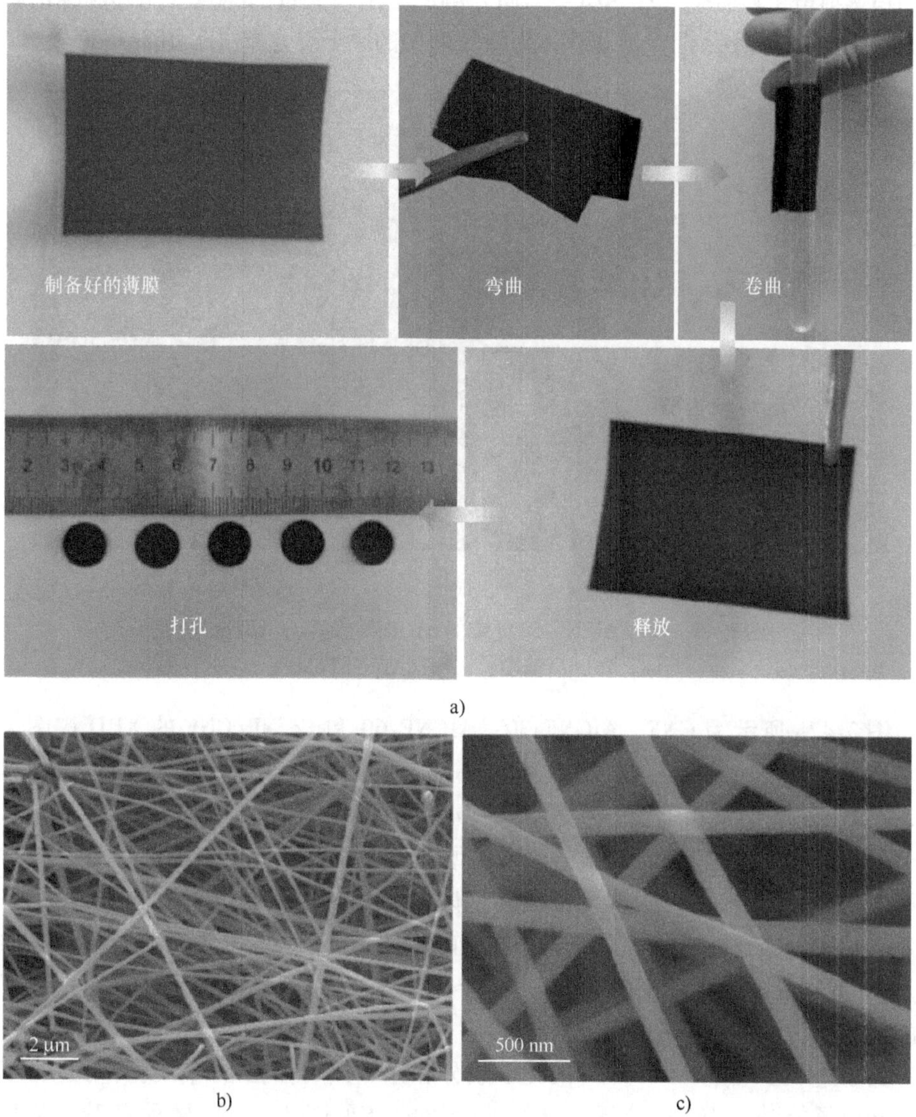

a)

b)

c)

图 3-45　AICNF-60 纤维膜的形貌表征 a）显示柔性和一体化特征的电子照片；b）和 c）不同分辨率下的 SEM 图

使用透射电子显微镜对单根纤维进行表征分析，结果如图 3-46a 所示，AICNF-60

中未检测到聚集的铁颗粒，且 HRTEM 图中未出现明显的铁及其化合物的晶格条纹（见图 3-46b），表明不存在任何晶体形式的铁复合物，且碳主要以无定形形式存在。如图 3-46c 所示，材料的暗场 TEM 图及 EDS 高清图证明了 C、N、Fe、O 元素在纳米纤维中的均匀分布，这些结果表明在 $Fe(acac)_3$ 前体超大阴离子基团的存在下能够有效实现 Fe 元素在碳纳米纤维中的高分散状态。球差校正的高角度环形暗场扫描透射电子显微镜（HAADF-STEM）测试中出现大量的亮点（用圆圈标记）为原子级别的 Fe，证明了 Fe 在碳纳米纤维基底中的原子态分布（见图 3-46d）。

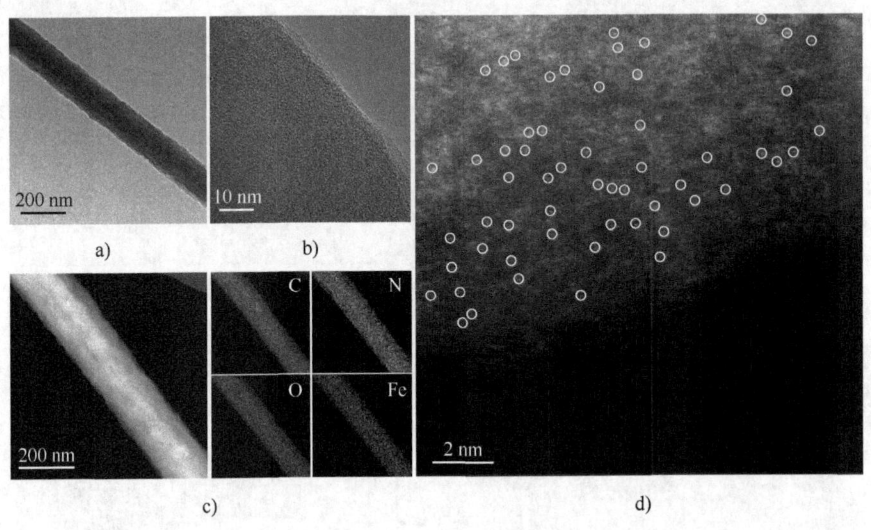

图 3-46　单根 AICNF-60 纤维的 a）TEM 图；b）HRTEM 图；c）EDS 高清图；d）HAADF-STEM 图

图 3-47a 所示为 CNF、AICNF-30、AICNF-60 和 Fe NP/CNF 的 XRD 谱图，通过对比可以发现所有样品在 25°附近有一个宽的衍射峰，证明碳基体的无定形状态，与 HRTEM 结果相吻合，且 AICNF-30 和 AICNF-60 并未出现金属铁或铁化合物有关的衍射峰。而当 $Fe(acac)_3$ 的添加量增加到 1.0g 时，在 45°左右出现一个对应金属态的 Fe 的弱峰，表明铁元素在碳基体中的存在状态取决于前驱体的添加量。图 3-47b 展示了不同前驱体添加量下样品的拉曼光谱，结果表明含有较高含量的单原子 Fe 的样品显示出最高的 I_D/I_G 值（≈1.047），表明单原子铁的存在提高了材料的缺陷程度，这能够在一定程度上提高材料的电化学储锂性能。

为了进一步确定 AICNF-60 的化学成分和原子铁的存在形式，对样品进行了 X 射线光电子能谱（XPS）分析。材料的全谱图（见图 3-48a）显示 C 1s、N 1s、O 1s、Fe 2p 四组信号峰，各元素占比分别为 78.1%、9.8%、10.9% 和 1.2%。图 3-48b Fe 2p 谱图中的 Fe $2p_{3/2}$ 特征峰（约 710.2eV）位于 Fe^0（706.7eV）和 Fe_2O_3（710.8eV）之间，表明 Fe 元素的存在形式为电阳性的 $Fe^{\delta+}$（$0<\delta<3$）。

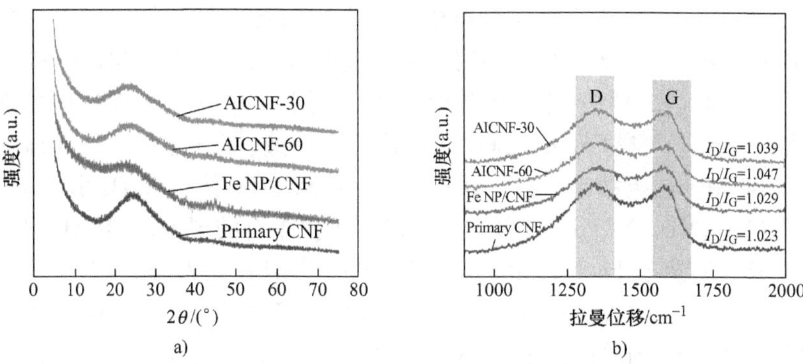

图 3-47 不同铁源添加量制备的纤维的结构表征：a）XRD 对比；b）拉曼对比

除此之外，N 1s 信号可以分为位于397.8eV、399.1eV、400.3eV 和402.8eV 处的四个拟合峰，分别代表吡啶 N（N-6）、Fe-N_x、吡咯 N（N-5）和氧化态的 N（N-O），其中 Fe-N 键（20.5at%）的存在也证明了原子级别 Fe 的成功掺杂（见图 3-48c）。另外，较高含量的吡啶 N（42.4at%）和吡咯 N（34.0at%）被证明是提高材料电化学储锂性能的有效结构。

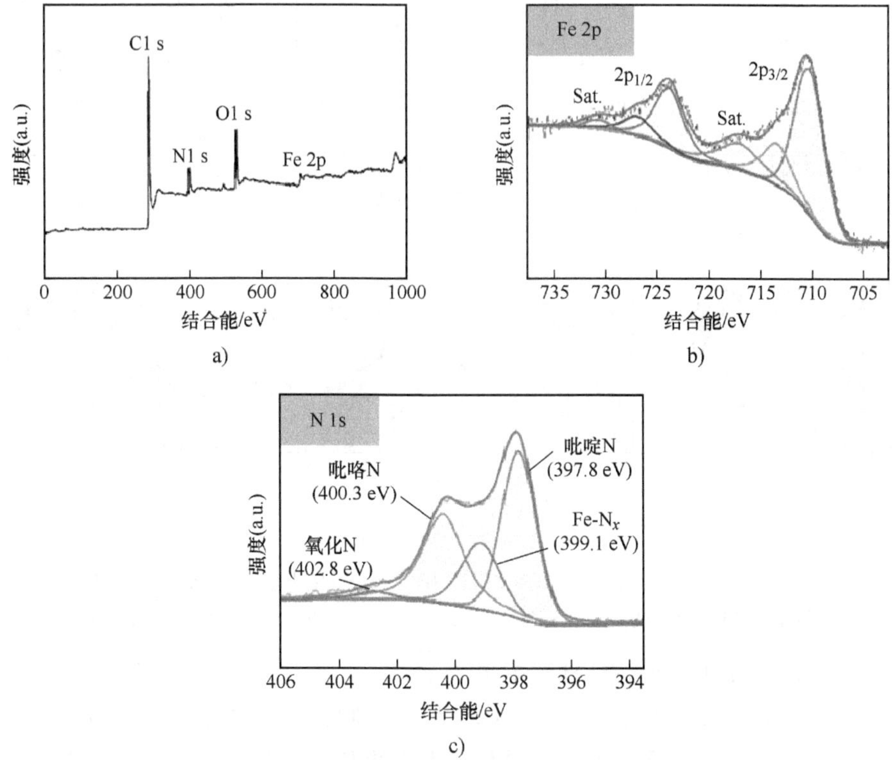

图 3-48 AlCNF-60 的 XPS 表征：a）全谱图；
b）Fe 2p 的高分辨 XPS 谱图；c）N 1s 的高分辨 XPS 谱图

为了进一步探究铁单原子在材料中的存在状态和配位结构，以 Fe 箔、Fe_2O_3 和酞菁铁（FePc）为参照样品，利用 X 射线吸收近边结构（XANES）和扩展 X 射线吸收精细结构（EXAFS）进行了分析研究。如图 3-49a 所示，AICNF 中铁的 k 边 XANES 曲线位于 Fe^0 与 Fe_2O_3 之间，证明原子态的铁带正电荷，且价态位于 0 和 +3 之间，与 XPS 分析结果一致。通过比较 AICNF、Fe 箔、Fe_2O_3 和 FePc 的傅里叶变换 EXAFS（FT-EXAFS）曲线，未出现峰位置重合的现象；AICNF 的主峰出现在 1.5Å 附近，对应于 Fe-N 的第一壳层散射路径，且在 2.2Å 附近未出现 Fe-Fe 和 Fe-C 的配位峰，表明材料中不存在金属 Fe 颗粒的聚集（见图 3-49b）。为进一步确定 AICNF-60 中 Fe 原子的具体配位状态，对 EXAFS 谱图进行了拟合，结果表明 Fe 单原子与 Fe-N_4 构型拟合良好，Fe-N 键的平均长度为 1.99Å（见图 3-49c）。与此同时，通过对 Fe EXAFS k 边振荡的小波变换（WT），进一步揭示了 Fe 物种的分散状态。WT 谱图中仅在 5$Å^{-1}$处存在一个最大强度中心，明显与 Fe 箔、Fe_2O_3 和 FePc 不同（见图 3-49d），进一步证明了在 AICNF-60 中 Fe 原子主要与氮原子形成 Fe-N_4 配位结构。

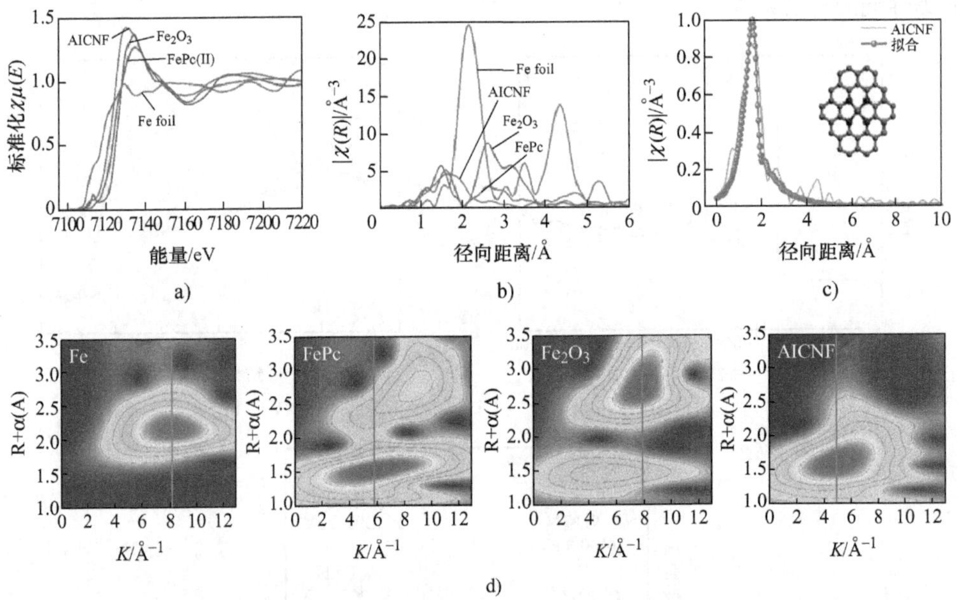

图 3-49 a）Fe 的 k 边 XANES 谱图；b）EXAFS 的 k 空间三次加权谱图；c）AICNF 的 EXAFS 拟合曲线；d）Fe、Fe_2O_3、FePc 和 AICNF-60 的 k 边振荡小波变换图

（2）AICNF 半电池电化学性能分析

得益于静电纺丝纳米纤维膜的一体化特征，制备 AICNF 膜可以冲裁为尺寸合适的圆片作为独立的负极，并以 Li 箔作为对电极和参比电极用于电化学储锂研究。AICNF-60 在 0.01 ~3V 电压区间内的 CV 曲线如图 3-50a 所示，首次负扫过程中在

0.9V 附近出现的还原峰对应于电解液的分解和固态电解质中间层的不可逆形成，从0.7～0.01V 连续的电流减少可能与 Li^+ 在碳纳米纤维中的插层有关。首次正扫过程中在0.25V 左右的氧化峰来源于 Li^+ 从碳纤维中的脱嵌行为，位于1.25V 左右的氧化峰主要来自 Li^+ 从纤维表面的可逆解吸和从缺陷位点脱出的赝电容。在0.1A/g 的电流密度下，AICNF-60 前三个循环的恒流充放电曲线显示材料的初始库伦效率约为65%，且后两圈曲线基本重合，与 CV 测试结果相吻合，表明 AICNF-60 负极优异的电化学可逆性（见图 3-50b）。AICNF-60 负极在不同电流密度下的倍率性能如图 3-50c 所示，AICNF-60 在 0.1A/g 的电流密度下可逆容量为 503mAh/g，即使在电流密度增加 100 倍（10A/g）后，仍保留 240mAh/g 的容量，容量保持率达47.7%，远高于 CNFs（19%）、AICNF-30（42.2%）和 Fe NP/CNF（24.6%）（见图 3-50d），当电流密度再次恢复到0.1A/g 时，比容量几乎完全恢复，显示出优异的倍率性能，这可能与 $Fe\text{-}N_4$ 结构的形成导致的电导率的提升有关。

一体化电极的循环性能对比如图3-50e 所示，在1.0A/g 的电流密度下循环600圈，AICNF-60 的容量为 525mAh/g，远高于 AICNF-30（376mAh/g）和 CNF（202mAh/g），主要是由于 AICNF-60 材料中的氮原子掺杂和更高的 $Fe\text{-}N_4$ 含量调整了电子结构，提供了大量的缺陷活性位点，从而提高了电化学储锂容量。此外，基于 AICNF 独特的一体化结构，控制每个电极片的质量为 $1.0mg/cm^2$，可以通过简单的逐层堆叠策略对电极负载量进行调整。图 3-50f 所示为在 1.0A/g 电流密度下不同载量负极的质量比容量和面积比容量，电极载量叠加到 $8.0mg/cm^2$ 后，在 1.0A/g（$7.1mA/cm^2$）的电流密度下显示出 $1.76mAh/cm^2$ 的面积比容量，优于前期报道的大量工作（见表 3-6）。

表 3-6　高载量碳基锂离子电池负极面积容量对比

材料	质量负载/mg	电流密度	容量/（mAh/cm^2）
Fe_3O_4@P-CNF	2.5	$2.0mA/cm^2$	1.0
$TiNb_2O_{7-x}$@C	11	1C	1.83
TiO_2/C/PAA	54.1	2C	1.3
NNCF	N/A	$2.5mA/cm^2$	1.7
N-C@P-VN	N/A	0.1C	1.7
颗粒聚合物纳米纤维	820	2C	1.12
LDOs@C//NFs	N/A	$0.5mA/cm^2$	1.28
FeP@C/CF	N/A	$4.03mA/cm^2$	1.2
3DOMZnO/CC	1.8～2.0	$1.8mA/cm^2$	1.73
3D 碳纤维结构	70	$1.9mA/cm^2$	1.95
3DNF@NiO@PPy	5.5	$2.5mA/cm^2$	1.1
AICNFs-60	8	$7.1 mA/cm^2$	1.76

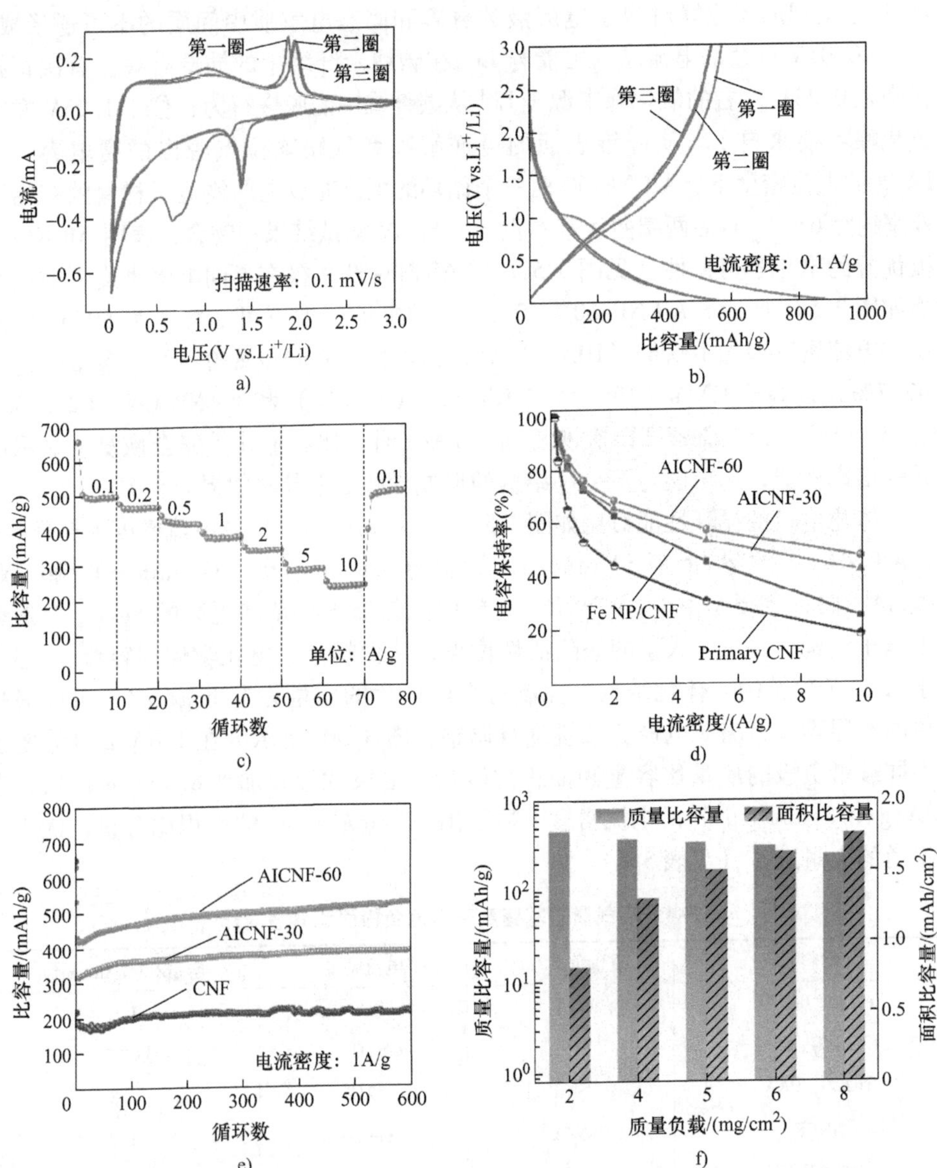

图 3-50 AICNF-60 的电化学储锂性测试：a）前三圈循环的伏安曲线；b）恒流充放电曲线；c）不同电流密度下的倍率性能图；d）与对比样的倍率性能对比（相对于 0.1A/g 下的电容保持率）；e）质量比容量对比；f）不同质量负载下负极的质量比容量和面积比容量

为探究 Fe-N_4 结构掺杂提升材料倍率性能的原因，对各电极进行了交流阻抗（EIS）测试，如图 3-51a 所示，AICNF-60 在高频区的半圆具有更小的直径代表材料具有更低的电荷转移电阻和离子扩散电阻；而在所有材料中，AICNF-60 在低频区的直线具有最大的斜率，代表更低的离子扩散电阻和更快的锂离子扩散速率。利用恒电流间歇滴定技术（GITT）研究了循环过程中的 Li^+ 扩散系数（D_{Li^+}），并将其绘制为电势（V）的函数（见图 3-51b ~ d），AICNF-60 高而稳定的 D_{Li^+} 值表明锂离子在电极中的快速扩散。计算方式如下

$$D^{GITT}=\frac{4}{\pi\tau}\left(\frac{mV_m}{MS}\right)^2\left(\frac{\Delta E_s}{\Delta E_\tau}\right)^2 \tag{3-2}$$

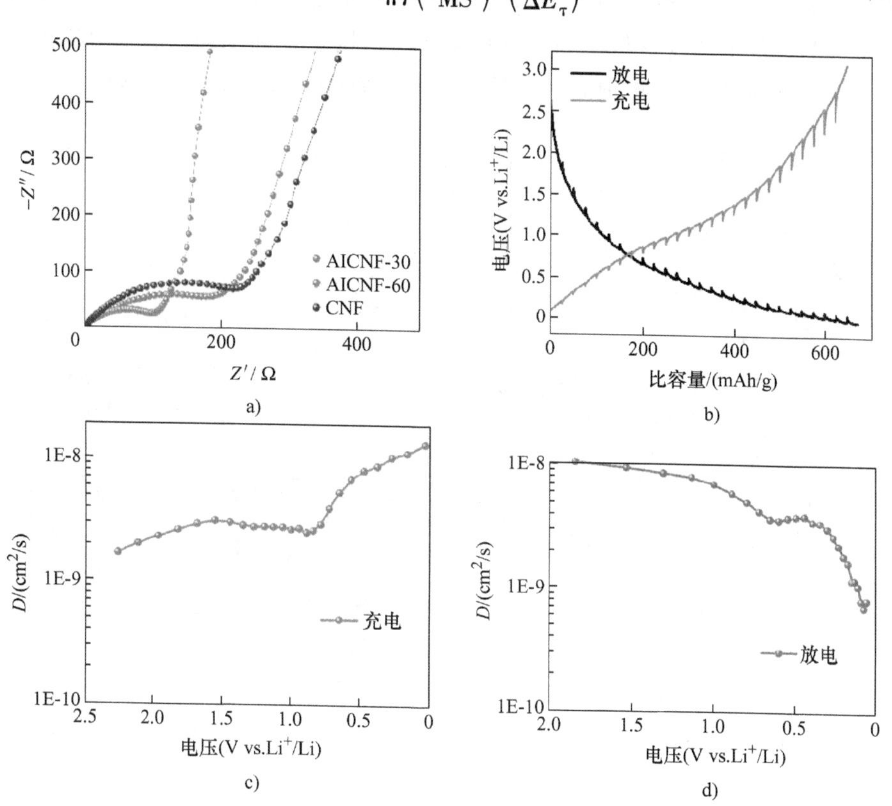

图 3-51 a）CNF、AICNF-30 和 AICNF-60 的电化学阻抗对比；
b）AICNF-60 负极的恒流间歇滴定测试；c）~ d）AICNF-60 负极充放电过程中的扩散系数

为了进一步研究 AICNF-60 的电化学反应机理和动力学行为，在 0.2 ~ 2.0mV/s 扫描速率范围内进行 CV 测试。如图 3-52a 所示，随着扫描的加快，CV 曲线的形状几乎保持不变，电极活性物质在不同扫描速率（v）下的伏安响应（i）可以表示为

$$i=av^b \tag{3-3}$$

其中，电荷存储机制可以由 b 值大小确定，通常 b 值为 0.5 时表明电荷存储为扩散控制插层过程，而 b 值为 1.0 时为理想电容行为。通过对 log（i）和 log（v）的线性拟合可以得到 AICNF-60 正扫和负扫过程的 b 值分别为 0.92 和 0.99，表明电化学储锂行为是表面赝电容主导的快速动力学（见图 3-52b）。一般来说，固定电位（V）下的总电流响应（i）可以定量揭示电容贡献，分为电容效应（k_1v）和扩散控制插入（$k_2v^{1/2}$），表示为

$$i(V) = k_1 v + k_2 v^{1/2} \tag{3-4}$$

如图 3-52c 所示，CV 曲线中的阴影区域为 0.8mV/s 扫描速率下的电容贡献，通过计算可得大部分容量来源于电容存储机制，占总容量的 91.4%。随着扫描速率的增加，电容贡献逐渐增加到 95.9%，即使在 0.2mV/s 的低扫描速率下电容贡献仍保持 86.6%（见图 3-52d）。这些结果表明 AlCNF-60 电极具有显著电容控制动力学行为，能够满足材料在高电流密度下的结构稳定性，即使在 3.0A/g 的电流密度下循环 5000 圈，容量损失（<10%）可以忽略不计（见图 3-52e），与文献

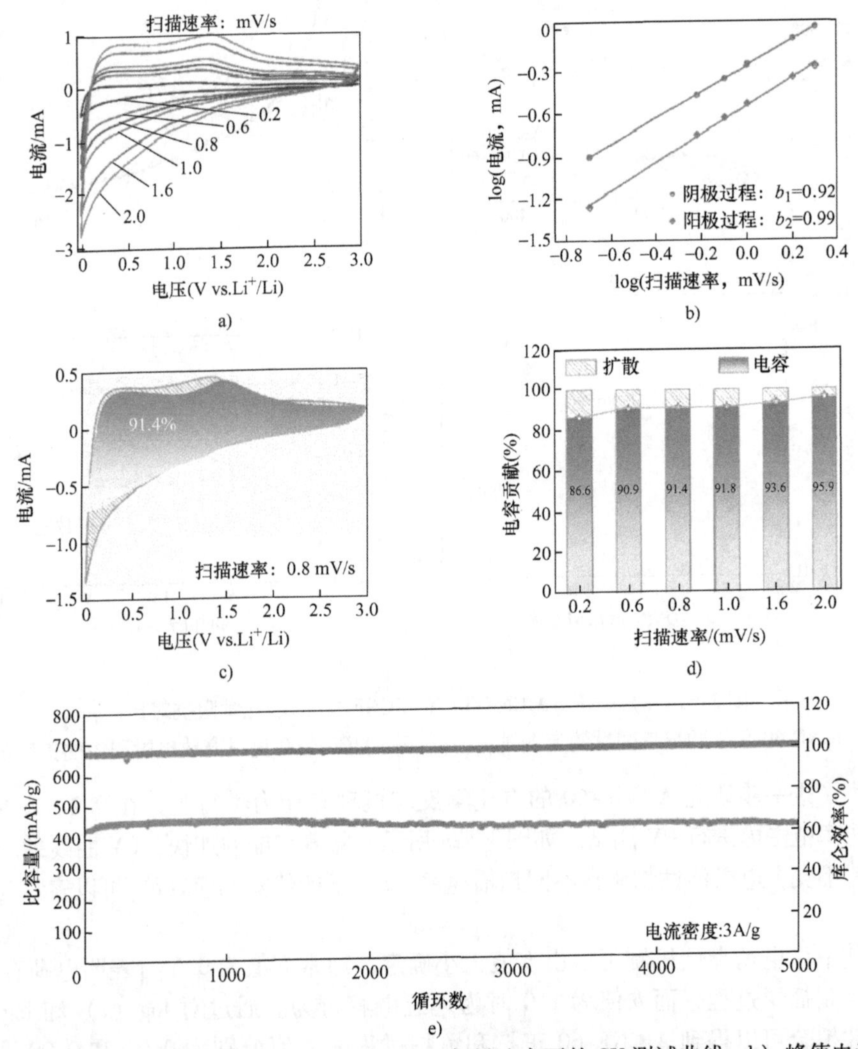

图 3-52 a）AlCNF-60 负极在 0.2～2.0mV/s 扫描速率下的 CV 测试曲线；b）峰值电流对数与扫描速率对数的线性关系拟合；c）0.8mV/s 扫描速率下 AlCNF 负极的电容贡献；d）不同扫描速率下的归一化电荷贡献；e）3.0A/g 电流密度下 AlCNF-60 负极的长循环稳定性测试

中报道的 PAN 基纳米纤维相比显示出明显的容量和长循环性能优势，具有满足高功率储能长循环器件要求的潜力（见表 3-7）。

表 3-7 PAN 基纳米纤维储锂性能对比

材料	前驱体	电化学性能		
		容量/（mAh/g）	电流密度/（mA/g）	循环数
CNFs	PAN	333	0.5	500
Porous CNFs	PAN PLLA	435	0.05	50
Porous CNFs	PAN SiO_2	567	0.05	50
Hollow CNFs	PAN SAN	517.7 436.4	0.01 1.0	10
CNFs	PAN CLR	293	0.2	200
ACNHGCNs	PVP PAN Ni（Ac)$_2$	965 330	0.05 3.7	100 650
Ge/CNs	PAN $GeCl_2$	496.4 400	0.2 0.8	100 100
Carbon@ CoS	PAN PAA Co（Ac)$_2$	1150 671	1.0 2.0	150 1400
CNFs-Cu20	PAN/Cu（NO_3)$_2$	469.6 264	1.0 5.0	N/A 1800
AICNFs-60	PAN/Fe（acac)$_3$	540 421	1.0 3.0	1000 5000

（3）第一性原理计算

为了更好地探索 Fe-N_4 结构提高电化学储锂性能的原因，进行了密度泛函理论（DFT）计算。首先构建了完美石墨烯（PC）、氮掺杂碳（N-C）和 Fe-N_4 修饰碳（Fe-N_4-C）三种模型，并确定了锂离子吸附在材料表面的最优键合状态及吸附能（ΔE_b）。如图 3-53a ~ c 所示，锂离子在 Fe-N_4-C 表面的吸附能为 −2.14eV，高于 PC（−2.14eV）但低于 N-C（−2.14 eV），PC 对 Li^+ 的弱亲和力会减弱 Li^+ 在电极表面的吸附，从而导致比容量的降低，而 Li^+ 在 N-C 表面过强的吸附则有可能导致脱附过程中电极材料结构的破坏。相比之下，Fe-N_4-C 结构中的适当吸附能有利于 Li 在底物上的吸附，以及 Li 的快速解吸，对倍率性能和长循环性能产生有利影响。上述构型在不同过渡态下的扩散能垒如图 3-53d ~ f 所示，Fe-N_4-C 结构具有最低的扩散能垒，表明最低的锂离子扩散电阻和更快的扩散动力学，且较大的扩散速率有助于负极上均匀的锂沉积，从而有效地抑制锂枝晶的生长。

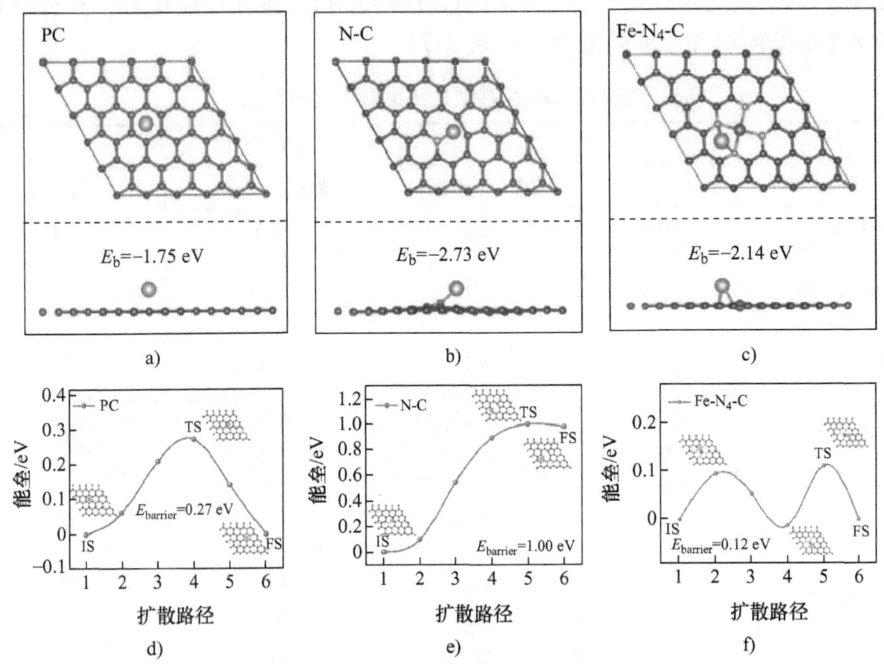

图 3-53　基于第一性原理计算的模拟图：

a）～c）Li^+ 在碳基底上吸附的俯视图和侧视图及相应的吸附能；

d）～f）Li^+ 在 PC、N-C 和 Fe-N_4-C 表面的扩散能垒（其中，IS、TS 和 FS 分别表示扩散的初始状态、过渡态和终态）

为了进一步探索 Fe 单原子掺杂提高材料电化学性能的内在原因，进行了态密度和能带结构模拟计算，结果如图 3-54 所示。Fe-N_4 修饰碳的态密度（TDOS）在费米能级附近增强（见图 3-54a），证明了 N 和原子 Fe 共掺杂提高了材料的电子电导率，可以有效降低电荷转移电阻，提高材料的倍率性能。为了进一步证明 Fe-N_4 结构掺杂对材料导电性能的影响，对 PC、N-C 和 Fe-N_4-C 三种材料的能带结构进行了计算（见图 3-54b）。计算结果表明 PC 是一种零带隙的半导体，其导带和价带在 Dirac 点重合。N 掺杂后，N-C 材料在 Dirac 点附近的带隙被打开（0.275 eV），表明电子电导率降低。而原子 Fe 的引入形成的 Fe-N_4 结构填补了被打开的带隙，从而提高了电子电导率。上述结果表明氮和原子铁的共掺杂可以有效调节碳材料的电子结构，不仅提高了 Li^+ 的电子导电率，而且降低了 Li^+ 的扩散电阻，从而大大提高材料的储锂性能。

4. 锂离子电容器的构筑及其电化学性能分析

(1) CNS 正极材料的制备及其表征

图 3-55 所示为 CNS 正极材料的制备流程图。

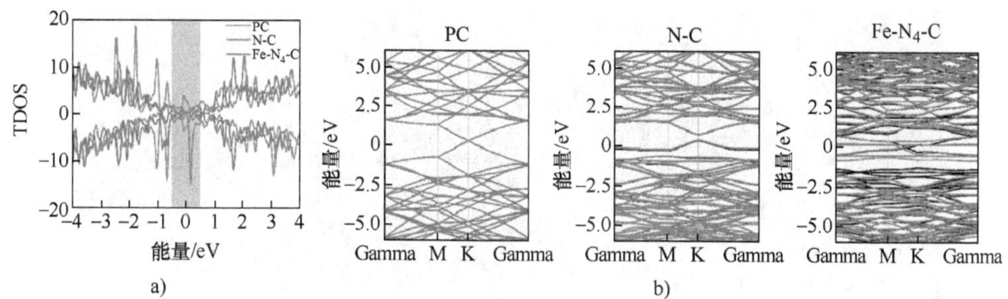

图 3-54 a) PC、N-C 和 Fe-N_4-C 的态密度对比；b) PC、N-C 和 Fe-N_4-C 的能带结构

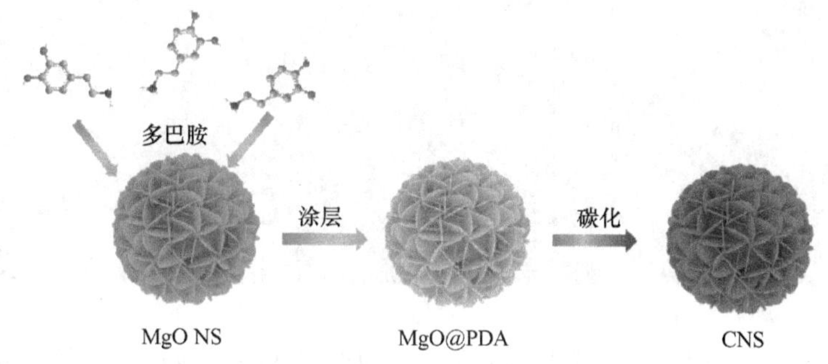

图 3-55 CNS 正极材料的制备流程图

1）海棠花状 MgO 模板的制备：首先配制 1.0mol/L 的 Na_2CO_3 溶液和 $MgCl_2$ 溶液，在搅拌条件下按 1∶1 的比例快速混合，搅拌 1h 后静置老化 12h 形成乳白色悬浊液。过滤、洗涤、干燥后在空气中以 5℃/min 的速率升温至 550℃煅烧 3h，即得到白色 MgO 粉末。

2）CNS 的制备：将上述 MgO 模板和多巴胺以 1∶1 的比例加入 100mL Tris 溶液（pH = 8）中搅拌 24h，离心收集沉淀物，然后在 N_2 氛围下升温至 400℃煅烧 2h，后升温至 800℃煅烧 3h。最后将煅烧后的材料在 1 M 的 HCl 溶液中浸泡 12h 除去 MgO 模板，最终得到碳纳米片 CNS。

图 3-56a 和 b 所示为 MgO 模板的 SEM 图，可以发现该模板呈现由纳米片组成的海棠花状结构。由于多巴胺在材料表面发生快速的聚合，包覆后的材料仍保持片层状结构，花状形貌几乎没有改变（见图 3-56c 和 d）。酸洗之后由于 MgO 模板的脱除，材料形貌略有破坏，呈现细碎卷曲的片层状结构（见图 3-56e 和 f）。随后的 XRD 表征证明最终产物中 MgO 模板被完全脱除，且在 24°附近出现一个宽峰，证明制备的 CNS 正极材料主要以无定形碳的状态存在（见图 3-57）。

为了探究该碳纳米片作为锂离子电容器正极的电化学特性，将 CNS、聚合物黏结剂（CMC）和导电添加剂（Super P）按照 8∶1∶1 的质量比混合均匀，涂覆到铝箔上并于 100℃的真空烘箱中过夜干燥，最后裁剪成电极片与锂片对电极组装成半

图 3-56　a）和 b）MgO 模板；c）和 d）MgO@ PDA；e）和 f）CNS 的 SEM 图

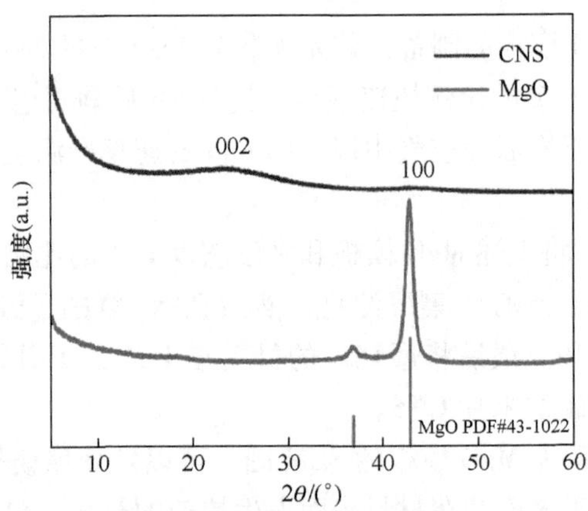

图 3-57　MgO 模板和 CNS 正极材料的 XRD 图

电池进行电化学性能测试。图 3-58a 所示为在 1.5 ~4.0V 电压区间内进行的不同扫描速率下的 CV 测试，CV 曲线呈现类矩形形状，随着扫描速率的增加其面积逐渐增加，但类矩形形状并未发生明显变化，表明该正极具有优异的电容性能和倍率性能。其充放电曲线呈现近似线性的形状，且具有良好的对称性，与 CV 测试结果一致（见图 3-58b）。CNSs 正极的倍率性能如图 3-58c 所示，在 0.1A/g、0.2A/g、0.5A/g、1.0A/g、2.0A/g、5.0A/g 和 10.0A/g 的电流密度下的比容量分别为

166.5mAh/g、133.6mAh/g、117.2mAh/g、105.4mAh/g、96.5mAh/g、86.2mAh/g和78.0mAh/g，表明材料具有良好的倍率性能。在1.0A/g的电流密度下循环1000圈后，电池容量保持在120mAh/g左右，表明具有较高的容量和良好的长循环稳定性（见图3-58d）。

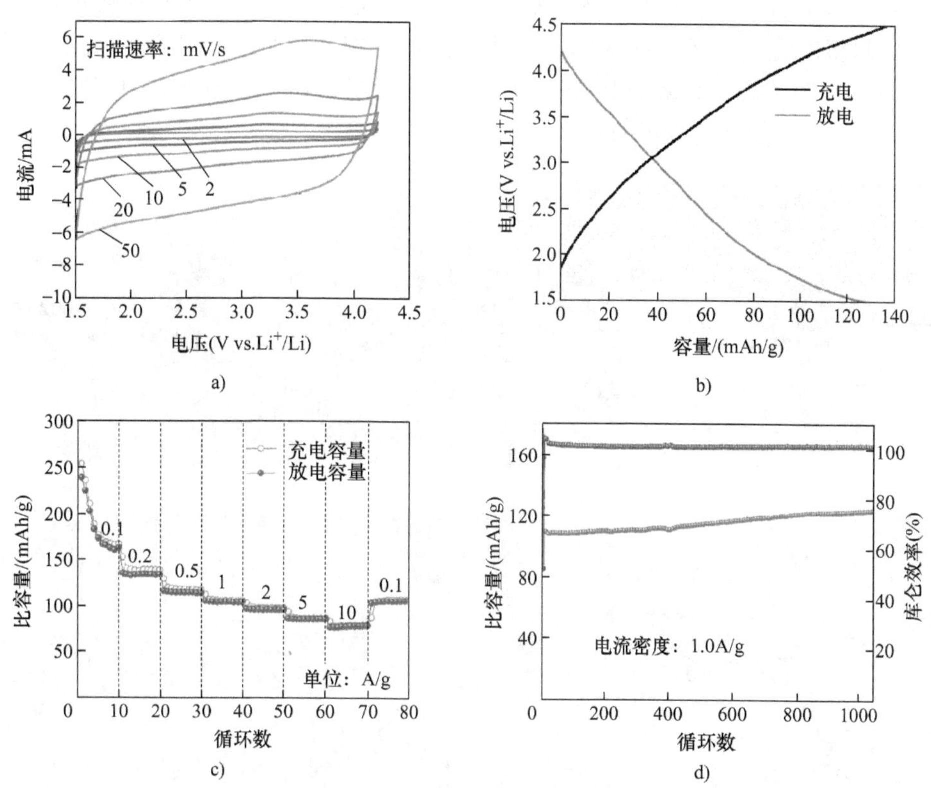

图3-58 CNS正极的电化学性能：a）不同扫描速率下的CV曲线；b）0.1A/g电流密度下的GCD曲线；c）倍率性能；d）长循环性能测试

（2）锂离子电容器的构筑及电化学性能测试

通常情况下在充放电循环的初期常常伴随着电解液的不可逆分解和SEI膜的形成，从而造成锂源的不可逆损耗和器件比容量及循环稳定性的降低，这使得补锂成为锂离子电容器的构筑过程中的一个不可或缺的环节。电化学预嵌锂过程作为目前最常见的预锂化方式，在消除前期循环造成的锂损失的同时能够显著降低负极的电势，利于后续充放电过程的稳定进行。基于此，我们采取电化学预锂化的方式对AlCNF负极进行预嵌锂处理，具体的操作流程为：将自支撑AlCNF-60纳米纤维膜与锂箔组装成半电池，在0.01~3.0V的电压区间内以0.1A/g的电流密度进行15次恒流充放电，保证库伦效率达到99%以上，随后在0.01V的电压下进行恒压放电，保持8h。最后将电池拆开取出预锂化完成的负极，用电解液将电极表面冲洗干净，作为负极组装锂离子混合电容器。如图 3-59a ~ c 所示，得益于静电纺丝纤维的高机械强度和一体化特性，经过预锂化之后电极片仍能保持原有的完整性和柔性。同时，图 3-59d 和 e 所示为预嵌锂后 AICNF 的 SEM 表征，结果表明预锂化之后锂在纤维表面实现均匀的沉积，且纤维形状仍清晰可见，没有任何锂枝晶出现，这主要是由于 $Fe\text{-}N_4$ 结构的引入在碳纳米纤维表面产生了均匀的锂成核位点，使 AICNF 负极对锂离子产生合适的亲和力，进而在锂化之后产生平滑的表面结构。材料的 EDS 高清扫描结果中 Li、C、N、O、Fe 元素的均匀分布也表明了纤维表面均匀的锂沉积（见图 3-59f ~ j）。

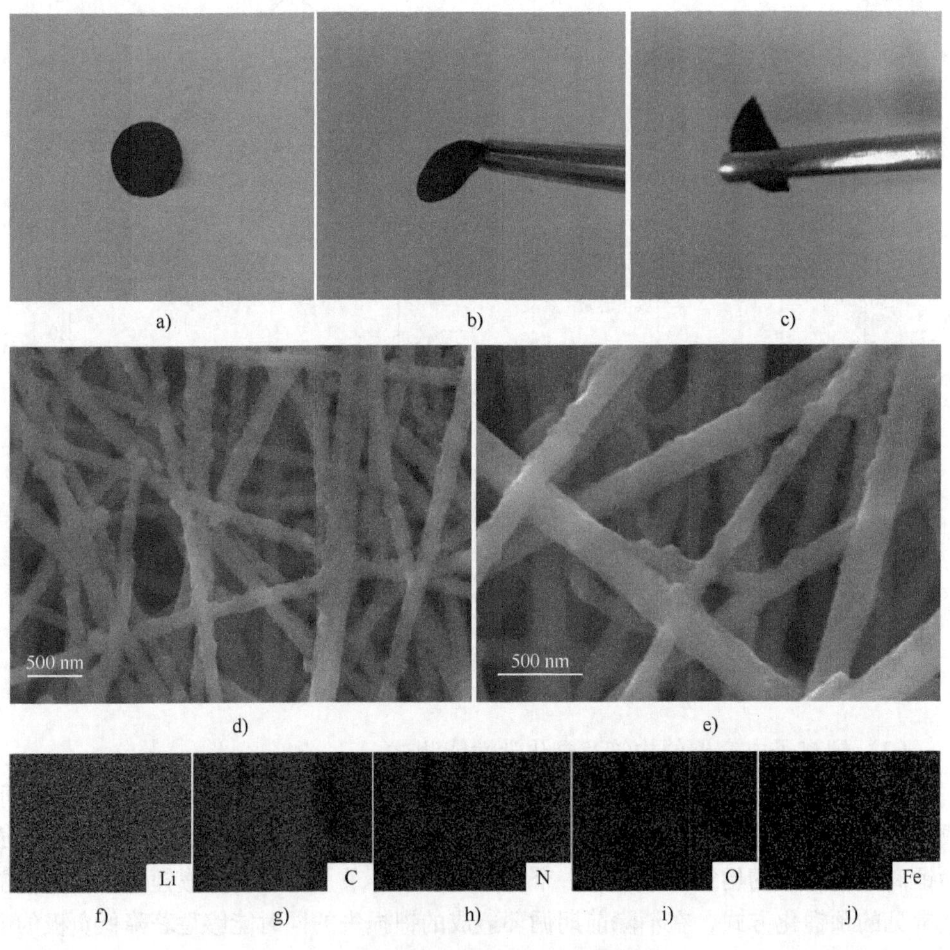

图 3-59　预锂化 AICNF 电极的形貌表征：

a) ~c) 电子照片；d) 和 e) 不同分辨率的 SEM 图；f) ~j) EDS 高清图

由于 AICNF-60 具有优异的循环性能和倍率性能，以制备的 AICNF-60 作为负极，CNS 为正极组装锂离子电容器。首先，为了同时监测锂离子电容器运行期间正极、负极和整个装置的电位变化，确定正负极的具体电压运行区间，在锂离子电容器的三电极体系下进行 GCD 测试，组装的器件及连接方式如图 3-60a 和 b 所示。经过前期探索，将器件的工作电压窗口设置为 0.2 ~ 4.0V，正极和负极的质量比确定为 2∶1，以便充分利用电解液的稳定电位窗口。在此电压窗口和质量配比条件下，三电极测试的 GCD 曲线如图 3-60c 所示，其中三条曲线分别代表 AICNF 负极相对于锂参比电极、CNS 正极相对于锂参比电极以及锂离子电容器 AICNF//CNS 的恒流充放电曲线，可以发现正极和负极的实际工作电位区间分别位于 1.6 ~ 4.4V 和 0.4 ~ 1.4V，随着电流密度从 0.1A/g 增大到 5.0A/g，正负极的运行区间始终保持稳定，表明正负极的动力学匹配良好；除此之外，正极电压上限未超过电解液的分解电压（4.5V），有利于储能器件的安全稳定运行（见图 3-60d）。

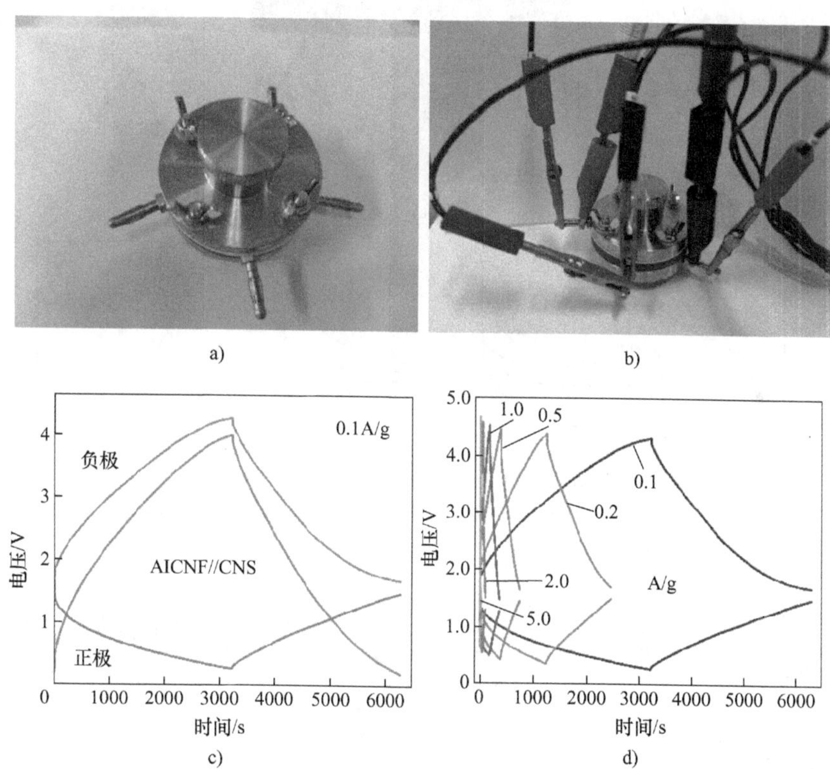

图 3-60 a）和 b）三电极体系的电子照片；c）正极、负极和 AICNF//CNS LIC 在 0.1A/g 电流密度下的 GCD 曲线；d）不同电流密度下正极和负极的电势变化曲线

随后组装了两电极体系验证该锂离子电容器的实际应用性能，器件的示意图如图 3-61a 所示。在 0.2 ~ 2.0mV/s 的扫描速率下的 CV 曲线呈近似矩形的形状，且不存在任何氧化还原峰，表明预锂化的 AICNF 负极与 CNS 正极在宽扫描范围内匹配良好，AICNF//CNS LIC 具有典型的电容行为（见图 3-61b）。AICNF//CNS LIC 在不同电流密度下的 GCD 曲线呈现近似三角形的形状（见图 3-61c），较为对称的 GCD 曲线和良好的电容特性表明组装的 LICs 具有良好的充放电可逆性和倍率性能。

图 3-61d 所示为 AICNF//CNS LIC 的 Ragone 图，器件在 175W/kg 的功率密度下显示出 86Wh/kg 的能量密度，即使在 8.75kW/kg 的高功率密度下能量密度仍能保持 45Wh/kg。此外，AICNF//CNS LIC 在 1.0A/g 的电流密度下循环 2000 圈后，容量保持率达到 80%，显示出其潜在的应用前景（见图 3-61e）。

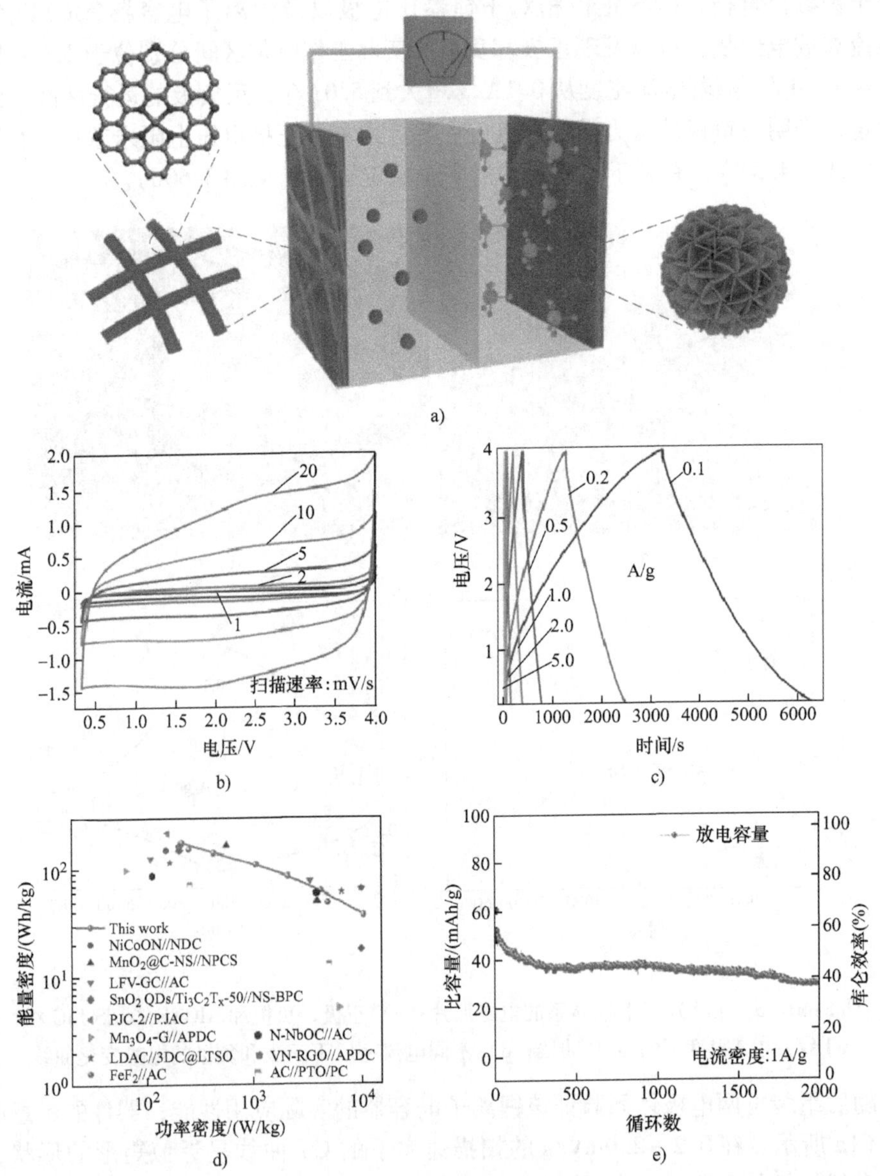

图 3-61　AICNF//CNS LIC 两电极体系的电化学性能：a）AICNF//CNS LIC 的示意图；b）不同扫描速率下的 CV 曲线；c）不同电流密度下 LIC 的充放电曲线；d）与已发表工作的 Ragone 图对比；e）1.0A/g 的电流密度下的循环性能

（3）小结

1）通过一种简单有效的静电纺丝策略构建了单原子铁修饰碳纳米纤维（AICNF）用于动力学加速和高质量负载的 Li^+ 存储。利用 $Fe(acac)_3$ 原料较大的阴离子基团的空间位阻效应，可以有效避免铁颗粒的聚集，从而实现 $Fe\text{-}N_4$ 结构的可控合成。

2）DFT 计算结果表明 N 原子掺杂和 $Fe\text{-}N_4$ 结构的形成可以产生更多的活性位点，将 Li^+ 在活性位点的吸附能控制在适当的范围，便于 Li^+ 在电极表面的吸附和解吸，降低扩散能垒从而提高材料的长循环性能。另一方面，Fe-N-C 结构的形成弥补了 N 掺杂导致的带隙增大问题，实现了态密度在费米能级附近的增强，大大提高了材料的导电性。

3）制备的碳纳米纤维膜具有超高的柔性和一体化特性，可以直接作为锂离子半电池负极。基于 AICNF-60 电容控制的快速锂离子传输动力学，在 1.0A/g 的电流密度下展示出 540mAh/g 的比容量，即使在 3.0A/g 的高电流密度下循环 5000 圈仍能实现 97% 的电容保持率，显示出高倍率性能和优异的长循环性能。通过层层堆叠的方式可以有效实现高载量电极的可控组装，逐渐将负极载量增加到 $8mg/cm^2$，锂离子半电池在 $7.1mA/cm^2$ 的高电流密度下仍能保持较为可观的面积比容量。

4）多巴胺为碳源制备的碳纳米片（CNS）正极与 AICNF-60 纤维膜负极表现出良好的动力学匹配行为，组装的 LIC 展现出 86Wh/kg 的能量密度和 175W/kg 的功率密度，为其他单原子金属修饰碳质材料的进一步应用提供了参考。

3.3.5 基于静电纺丝 PI 膜的快速激光双面直写技术制备柔性对称超级电容器

1. 引言

可穿戴电子产品在健康监测设备、便携式军事设备、曲面手机、智能纺织品和生物医学植入中的广泛应用引起了各界的广泛关注。这些可穿戴设备和类似皮肤的系统通常需要自供电，因此，开发与这些电子设备兼容的柔性、智能储能单元，对未来的实际应用具有重要意义。通常，这些储能单元需要满足良好的灵活性、小体积、易于模块化、低成本、高能量密度和功率密度的要求。虽然宏观超级电容器具有较高的能量密度和功率密度，但是传统的电源组件通常是刚性和笨重的，其固有的几何堆叠形状导致体积庞大和低灵活性等问题，限制了在便携式设备中的应用；且传统超级电容器的组装方法与微电子行业的制造技术不兼容，能源供应单元的轻质性和小型化已经成为电子器件小型化的瓶颈。因此，具有高能量密度和高功率密度的可集成小型化储能部件是目前便携式设备进一步发展的迫切需求。

微型超级电容器（MSC）通常指有望与微电子集成的超级电容器器件，与微型电池相比，微型超级电容器由于具有较高的功率密度、较长的循环寿命以及良好的安全性能，在实际应用中展现出重要优势。特别是柔性微型超级电容器，由于具有优异的机械性能、超高的柔性和灵活性，以及良好的循环稳定性等显著优势而引起了人们极大的研究兴趣。微型超级电容器主要包括两种类型：三明治结构的薄膜电极（通常厚度小于10μm）或平面微电极阵列，叉指型微型超级电容器作为平面微电极阵列的典型代表，通常是在基底的一侧制造平面的微型电容器单元，其叉指间距和另一侧的非活性区域严重制约了微型超级电容器的性能；相对而言，三明治结构能够有效利用材料的空间体积，从而提高储能器件的面积比容量和体积比容量。另一方面，制备柔性超级电容器的关键之一在于电极材料的选择，目前学术界已经发现了大量较高的容量和快速充放电的电容特性的材料并将其用于超级电容器。其中，碳材料，包括石墨纳米材料、碳纳米管和石墨烯等，由于具有高比表面积、高电化学稳定性、高电导率、高机械耐受性等特性，被认为是柔性便携式器件中很有前途的候选材料。

激光直写技术本质上是一种印刷技术，具有加工精度高、操作方便、高效的特征，可以将非导电物质转化为活性电极材料，并在基底上实现定制化图案制备。作为一种非接触快速单步制造技术，激光直写过程不需要后处理和严苛的清洁环境，可以很容易地与现有的电子产品工艺集成。所需的图案可以在任意形状的表面以二维和三维的方式制作，只受自由度和运动控制装置分辨率的限制。近年来，通过在聚合物表面的激光直写过程制备的激光诱导石墨烯（LIG）被认为是一种柔性超级电容器电极的高效活性材料。在激光直写过程中，聚合物中的 sp^3 碳原子被光热转化为 sp^2 碳原子，形成多层石墨烯的三维网络。目前已有多种前驱体（包括聚酰亚胺、聚醚酰亚胺、聚砜、聚醚砜等）被证明可以通过激光热解的方式得到石墨烯结构。在这些前驱体中，聚酰亚胺（PI）因其来源广泛、合成过程简单等优势获得广泛关注。然而常用的涂铸法制备的 PI 薄膜由于其致密的结构，难以对其进行亲水化处理，作为隔膜无法实现电解质的传输，限制了其在三明治结构微型超级电容器中的应用。

为了解决上述问题，本章通过低温聚合法制备了聚酰胺酸（PAA）静电纺丝前驱液，并通过静电纺丝及后续的热酰亚胺化过程成功制备 PI 纳米纤维膜。通过激光表面碳化制备激光诱导聚酰亚胺（LPI），并通过欠焦处理及后续等离子体处理分别制备 LDPI 和 LDPI-plasma 石墨烯材料，以增加材料缺陷程度并引入大量含氧官能团，改善 PI 膜及激光诱导石墨烯的亲水性能，从而提高其在水系超级电容器中的电化学性能。最后，通过激光双面碳化制备的“LDPI-PI-LDPI（plasma）三合一复合膜”可以直接用于一体化对称超级电容器，并显示出良好柔性和可拉伸性能，为一体化微型电容器的简单快速制备提供了新思路。

2. 实验部分

如图 3-62 所示，LPI、LDPI、LDPI－plasma 的制备流程如下：

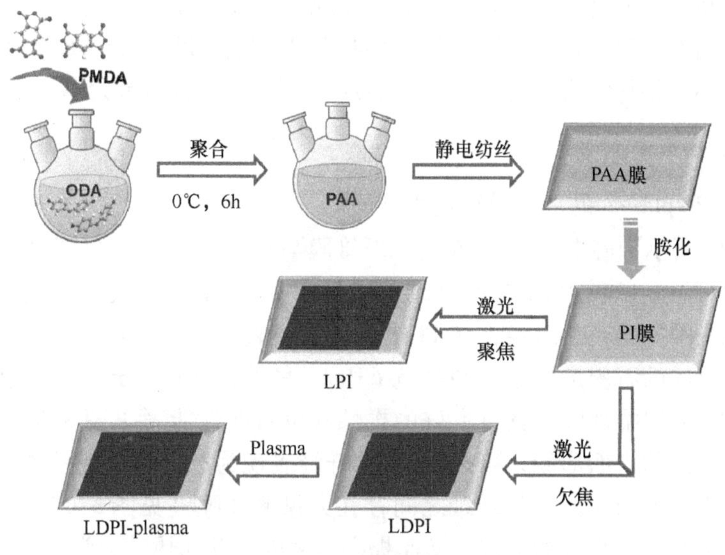

图 3-62　CO_2 激光表面碳化制备 LDPI 示意图

1）PAA 前驱液的配制：将均苯四酸酐（PMDA）与 4，4′-二氨基二苯醚（ODA）按 1∶1 的摩尔比例称重，将 3.0g ODA 加入 100mL 茄形瓶中并加入 30mL DMF 充分溶解。随后在 0℃ 冰浴条件下分四次缓慢加入 3.26g PMDA 并不断搅拌（总加料时间控制在 1h 之内），搅拌聚合 6h 并进行脱泡处理，得到黏稠的黄色 PAA 前驱液。在加料和聚合反应过程中为防止空气中的水分子参与反应导致聚合物降解，整个过程须在 N_2 保护下进行。最后，将前驱液密封保存在 -40℃ 的环境中备用。

2）静电纺丝原丝的制备：将配置好的前驱液转移至 5mL 塑料注射器中，使用内径为 0.6mm 的 20G 不锈钢针头以 1mL/h 的推进速率在 14.5kV 的电压下进行纺丝，覆盖铝箔的滚筒作为接收器，接收器与针尖距离为 10cm，转速为 20r/min，随后将浅黄色纤维膜从铝箔上取下备用。

3）PI 纳米纤维膜的制备：将烘干的纤维膜转移到准备好的石墨纸上，采用阶段式升温的方法在空气中对 PAA 膜进行热酰亚胺化处理，具体升温流程为：以 1℃/min 的升温速率升温至 100℃ 保持 0.5h，然后升温至 200℃ 保持 0.5h，再升温至 280℃ 保持 1h，最后升温至 350℃ 保持 1h，完成酰亚胺化，得到黄色 PI 纳米纤维膜。

4）激光直写 PI 膜的制备：将制备好的 PI 膜置于激光直写仪器的工作台上，通过计算机用 Corel Draw 软件设计图案，调整工作台的高度使激光聚焦到 PI 膜表面，在空气中采用 3.6W 的激光功率和 200mm/s 的扫描速率使用 CO_2 脉冲激光进行表面碳化，在 PI 膜表面形成相应的石墨烯图案，得到激光直写 PI 膜。另外，采用相同的激光功率和扫描速率，通过调整工作台的高度进行不同程度的欠焦处理，得到激光直写欠焦 PI 膜（LDPI）。随后对超疏水的激光直写 PI 膜进行亲水化处理，在不同处理功率下对 LDPI 膜进行等离子体处理，得到 LDPI-plasma 材料。根据处理功率的大小，将材料命名为 LDPI-plasma-x（其中，x 为功率大小）。

3. 实验结果与讨论

（1）LDPI-plasma 的形貌及结构表征

图 3-63a 所示为静电纺丝 PAA 纳米纤维膜与热酰亚胺化后的 PI 纳米纤维膜的电子照片，可见浅黄色 PAA 纳米纤维膜向黄色 PI 纳米纤维膜转化的明显颜色变化。通过激光瞬间的光热转换，在 PI 纳米纤维膜表面进行区域特异性激光诱导碳化，可获得相应的石墨烯图案（见图 3-63b）。另外，通过激光双面碳化可以制备 RGO-PI-RGO 分层柔性膜，具有良好的柔性和可弯曲性能（见图 3-63c）。SEM 测试用于表征样品的表面形貌，可以发现 PI 纤维表现为散乱堆积的状态，纤维表面光滑平直、粗细均匀，纤维与纤维之间存在大量的孔隙（见图 3-63d），用于超级电容器隔膜有利于电解液的穿梭，从而提高器件内阻并加快动力学过程。

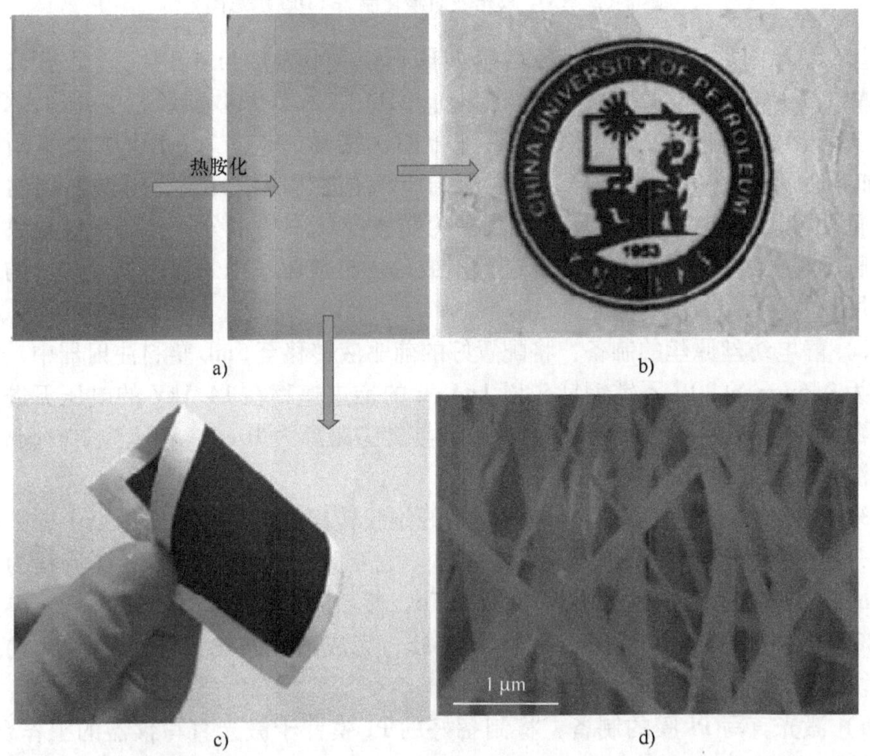

图 3-63　a）PAA 纳米纤维膜和 PI 纳米纤维膜的宏观形貌；
b）在 PI 纳米纤维膜上激光碳化形成的校徽图案；c）双面碳化“三合一”膜的电子照片；
d）PI 纤维的 SEM 图

不同分辨率下 LPI 的 SEM 图如图 3-64a 所示，经过 CO_2 激光碳化后，材料呈现出互连的三维分级多孔结构，表面为多层石墨烯堆积而成的泡沫状结构，底层保持一维碳纳米纤维结构，这种多孔状泡沫结构来源于激光过程中局部温度快速升高导致的气体释放。片层堆积的结构赋予材料较高的比表面积，能够提高电极材料与电解液的接触面积，有利于超级电容器中的电荷存储和离子传输；底层的碳纤维可以提高表面碳材料整体的导电性，有利于材料内部的电子传输。SEM 局部放大图（见图 3-64b）显示石墨烯片层边缘存在絮状碳，导电性较差且在充放电过程中容易脱落，一定程度上会影响材料的电容性能和长循环性能。相较于 LPI，经过欠焦处理的材料呈现出相似但更为规整的结构，且石墨烯片层边缘的导电性较差的絮状碳明显减少（见图 3-64c 和 d）。主要原因是欠焦处理过程增加了激光光斑的尺寸，光斑的重叠导致絮状碳的二次烧蚀，从而提高材料的导电性和表面石墨烯碳层的质量。另一方面，欠焦处理过程破坏了石墨烯片层的高石墨化结构，在材料内部引入大量本征缺陷结构，为电解质离子提供更多活性位点，从而提高赝电容贡献。

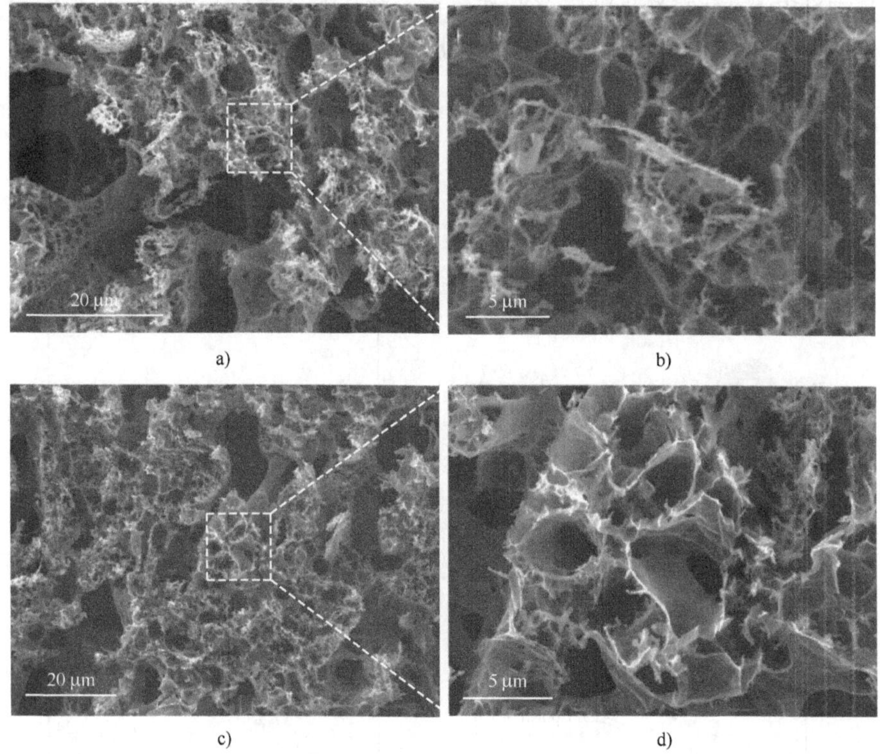

图 3-64 不同分辨率下的 SEM 图：a）和 b）LPI；c）和 d）LDPI

材料的表面结构对电化学性能至关重要，在“三合一”结构预想中，中间层未碳化的 PI 层在器件中承担隔膜的角色，而表面激光诱导石墨烯作为电极材料。在水系超级电容器体系中，电极材料的亲水性对于电解质离子在表面的吸脱附行为具有重要的影响；而隔膜的润湿性影响接触电阻和离子传导率，对于超级电容器电容和倍率性能具有深远的影响。如图 3-65a 所示，原始 PI 膜与 LDPI 膜在水中的接触角分别为 126.3°和 136.2°，显示出明显的疏水性质，而在空气条件下进行等离子体处理后，两者的亲水性都得到了大幅度的提升。主要原因是等离子体中的活性粒子与材料表面碳组分发生反应，从而产生大量亲水基团。为进一步确定等离子体处理的作用，通过 FT-IR 对 LPI、LDPI 和 LDPI-plasma 三个样品进行测试，表征其表面官能团的变化。根据图 3-65b 中的结果，欠焦处理对样品的表面官能团影响较小，而通过等离子体处理，-OH 键（$3440cm^{-1}$）和 C-O-C 键（$1080cm^{-1}$）的伸缩振动明显增强，表明材料亲水性的增加主要来源于羟基含氧官能团的引入。

图 3-65c XRD 谱图中尖锐的（002）峰证明三个样品均表现出高度结晶的石墨烯结构。拉曼谱图中 LPI、LDPI、LDPI-plasma 样品的 I_D/I_G 值分别为 0.62、0.94 和 1.24，原因可能是相对正焦处理，激光欠焦处理导致到达材料表面的能量相对较低；另外，激光欠焦处理会破坏完美的石墨烯结构，导致缺陷程度的增加。而后续的等离子体处理过程中高能量活性粒子（包括氧自由基、电子等）与碳结构发生反应，转化为缺陷碳和引入含氧官能团，从而进一步提高材料的缺陷程度（见图 3-65d）。

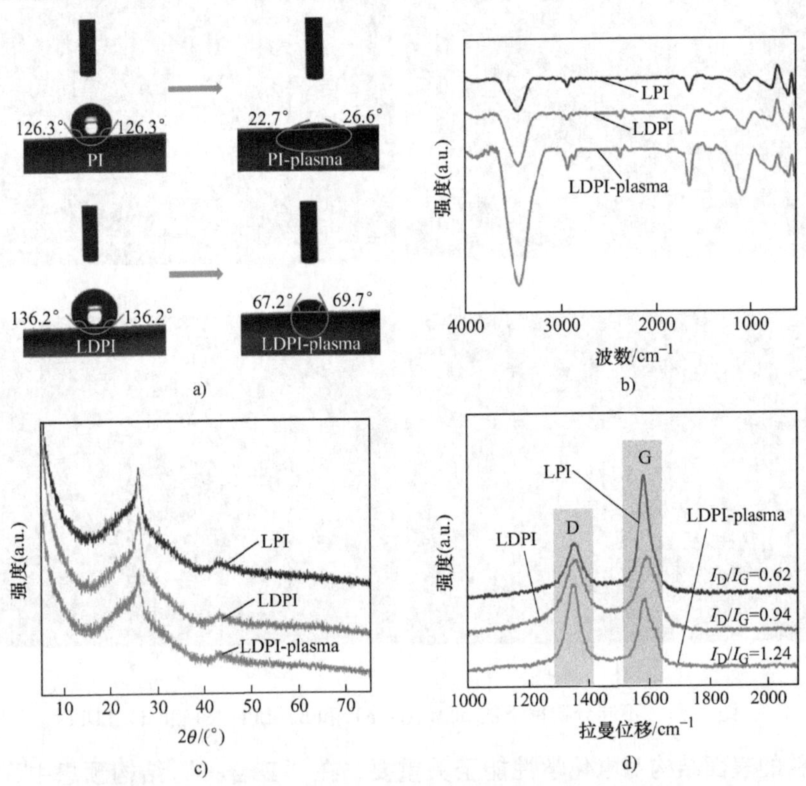

图 3-65 a）PI、LPI、LDPI 和 LDPI-plasma 的接触角测试；b）LPI、LDPI 和 LDPI-plasma 的红外光谱对比；c）XRD 谱图对比；d）拉曼谱图对比

图 3-66 所示为 LDPI-plasma 样品在不同放大倍数下的 TEM 图像，图 3-66a 和 b 所示为材料的低倍 TEM 表征，可以看出材料由相互连接的碳层组成，呈现明显的碳层堆积结构，并存在分级多孔结构。而材料的高倍 TEM 图（见图 3-66c）显示，材料存在一个平整的平面，边缘位置可以清晰地观察到由 5 到 6 层石墨烯片组成的分层堆叠结构，层间距约为 0. 342nm，较少的堆叠层数有利于释放更多的比表面积，从而提高超级电容器的容量。值得注意的是，激光能量的冲击以及后续的欠焦过程和等离子体处理在材料中引入了大量本征碳缺陷，如图 3-66d 所示，随机分布的 sp^3 区域与条带状 sp^2 区域相互交叉罗列形成杂化结构，其中 sp^3 缺陷碳为能量存

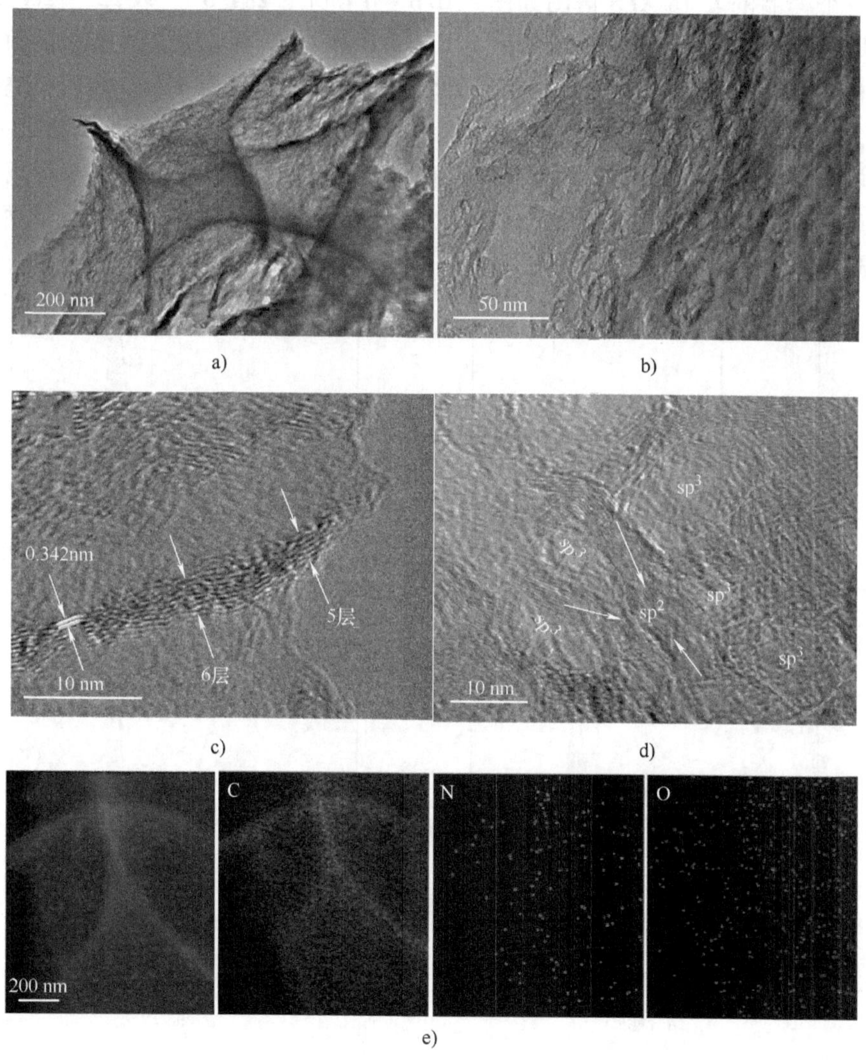

图 3-66 LDPI－plasma 的 a）和 b）TEM 图；c）和 d）高倍 TEM 图；e）C、N、O 元素的 EDS 高清图

储提供了丰富的活性位点，同时相互连通的 sp^2 结构有利于电子在材料中的快速传输。随后的 EDS 高清测试进一步显示了 C、N、O 元素的均匀分布（见图 3-66e），其中较高的氧含量主要来源于 PI 前体本身的氧和等离子体处理过程中含氧官能团的引入。

为进一步确定材料表面元素的存在状态，对样品进行了 XPS 分析，结果如图 3-67 所示。XPS 总谱（见图 3-67a）显示 LPI、LDPI、LDPI-plasma 三个样品均存在 C、N、O 三种元素，且等离子体处理之后材料中氧元素的原子含量从 4.04at% 升高至 12.49at%（见表 3-8），氧含量的显著增加与上述红外表征结果一致。三个样品的 C 1s XPS 谱图如图 3-67b ~ d 所示，284.6°、285.2°、286.5°和 290.1°附近的四个峰分别对应 sp^2C、sp^3C、C-O 和 O-C=O。由表 3-8 中的数据可得，相较于 LPI，LDPI 的 sp^3 碳含量显著增加，而氧含量几乎不变，表明欠焦处理过程会诱导产生更多的 sp^3 碳，从而引入大量本征碳缺陷，与拉曼测试结果一致。除此之外，LDPI－plasma 的 sp^2 碳和 sp^3 碳含量均有所降低，主要是由于等离子体处理过程中高能氧自由基的轰击导致碳碳键的断裂并转化为含氧官能团，从而进一步提高材料的缺陷程度。

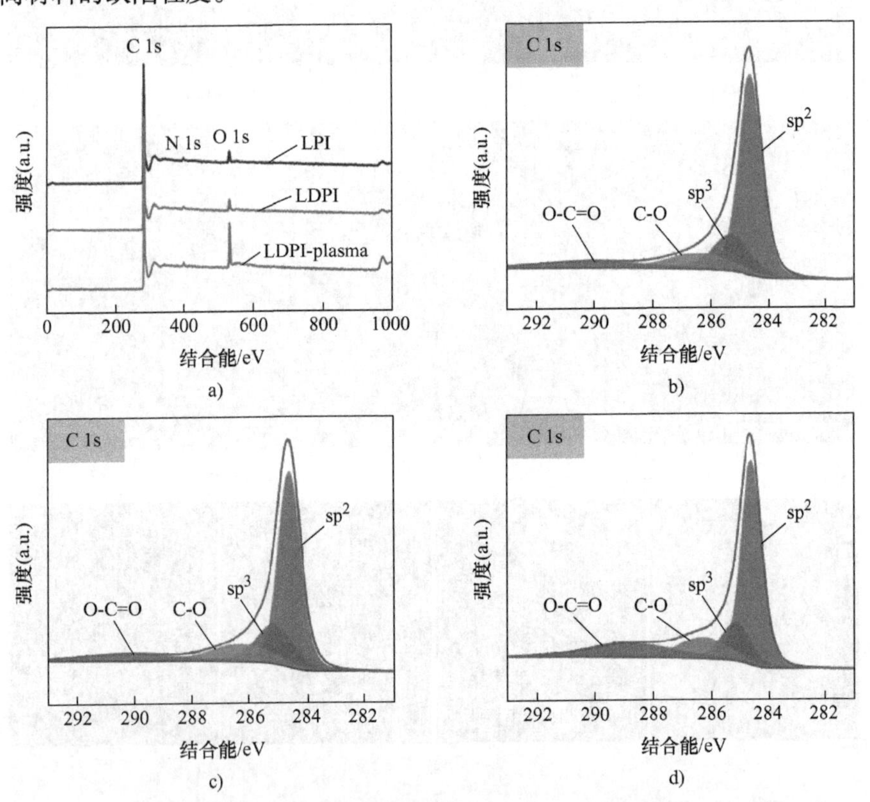

图 3-67　a）LPI、LDPI 和 LDPI-plasma 的 XPS 全谱图对比；b）LPI，c）LDPI，d）LDPI-plasma 的 C 1s 谱图

表 3-8 样品的元素含量及 C 元素类型

样品	元素含量（%）			C 元素含量（%）	
	C	N	O	sp^2	sp^3
LPI	93.99	1.9	4.11	59.76	17.69
LDPI	94.26	1.71	4.04	57.67	19.03
LDPI-plasma	85.78	1.73	12.49	56.04	14.71

（2）LDPI-plasma 的电化学性能测试

为了探究激光诱导石墨烯材料在水系超级电容器中的应用，分别将单面激光诱导碳化的材料作为正负极，以铂片作为对电极，Ag/AgCl 作为参比电极，以 5mol/L 的 LiCl 溶液作为电解液，在电解槽中进行电化学性能测试。为了探究欠焦程度对材料电容性能的影响，固定激光器的功率和扫描速率分别为 3.6W 和 200mm/s，通过调整操作台的高度分别对 PI 膜进行 0.2mm、0.4mm、0.6mm 和 0.8mm 的欠焦激光处理，并作为超级电容器的正极进行电化学性能测试，测试结果如图 3-68 所示。通常情况下，CV 曲线的面积与容量呈正相关，由图 3-68a 可以明显看出在 200mV/s 的扫描速率下，LPI、LDPI-0.2mm 和 LDPI-0.4mm 在 0.01 ~ 1.0V 的电压窗口内的 CV 曲线呈现相似的类矩形形状，且随着欠焦距离的增加，曲线的面积呈现增大的趋势；随着欠焦距离继续增加，CV 曲线面积开始减小，并在 1.0V 附近出现极化现象，主要原因可能是欠焦处理过程中激光光斑的重叠会导致二次碳化，产生大量缺陷，从而提高电极材料对电解质离子的吸附能力，进而提高电化学容量；而过大的欠焦距离会造成局部激光强度的降低，未完全碳化的材料会对其电化学性能产生负面影响。根据以上结果，选择 0.4mm 的欠焦距离碳化的样品（即 LDPI-0.4mm）作为主要研究对象，并将其命名为 LDPI 进行后续探索。

电极的亲水性主要影响电解质在电极表面的吸附，对于水系超级电容器的性能具有重大的影响。为了提高电极材料的亲水性，在空气中对材料进行不同功率的等离子体处理，并对其进行了 CV 测试和恒流充放电测试以探究处理功率对电容器性能的影响。如图 3-68b 所示，经过 50W 的等离子体处理，CV 曲线的面积明显增加，其放电时间也相应增大了 13 倍（见图 3-68c），表明含氧官能团增加导致的亲水性的提高对激光诱导石墨烯材料的电化学性能具有显著影响；当等离子体处理功率增加到 100W，CV 曲线的面积进一步增加，放电时间也进一步增加，同时倍率性能也发生明显改善，这主要是由于材料缺陷程度和含氧官能团的增加提高了材料的快速充放电能力（见图 3-68d）。然而，当等离子体处理功率进一步增大到 150W，其容量呈现“断崖式”下降，原因可能是较大的功率会导致石墨烯表面碳大量损失，单位面积活性组分的大量减少造成面积比容量的损失。

随后，为了探究该材料作为超级电容器正负极的电化学性能，将 0.4mm 欠焦激光诱导并经过后续 100W 等离子体处理的激光诱导石墨烯材料分别在 0.01 ~

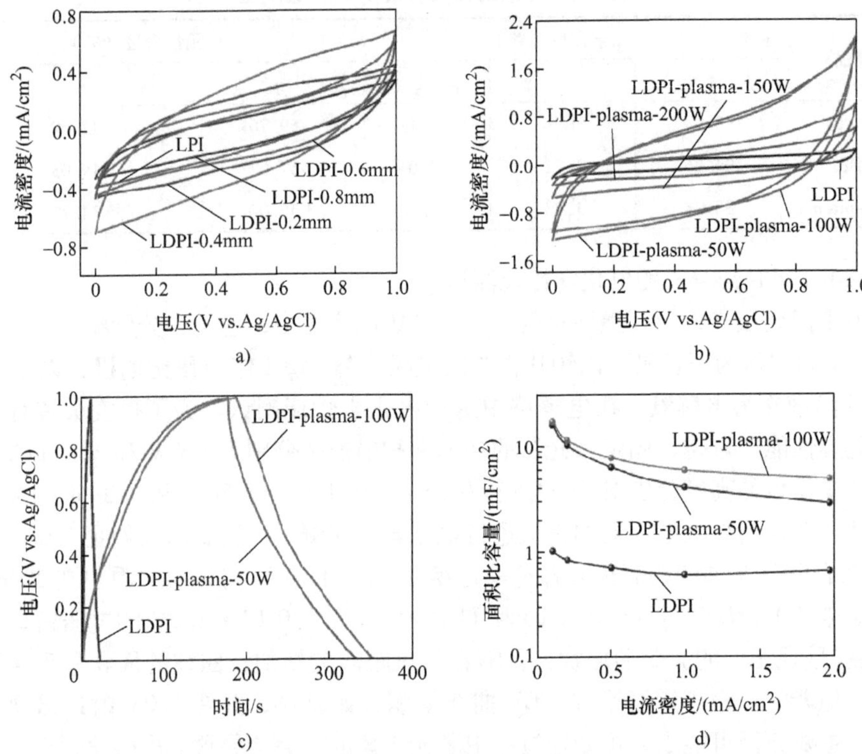

图 3-68 a）不同欠焦程度下制备的激光诱导石墨烯在 0.01 ~ 1.0V vs. Ag/AgCl 电压范围内的 CV 曲线；不同功率的等离子体处理后石墨烯 b）100mV/s 扫描速率下 CV 曲线对比；c）0.1mA/cm² 电流密度下 GCD 曲线对比；d）不同电流密度下的面积比容量对比

1.0V 和 −0.8 ~ 0.01V 的电压区间内进行 CV 测试和充放电测试。LDPI-plasma 在 0.01 ~ 1.0V 电压范围内的 CV 曲线显示出类矩形的形状，随着扫描速率的增大出现向梭形转变的趋势，表明材料具有快速的离子传输动力学（见图 3-69a）。同时，GCD 曲线呈现类三角形形状，且在不同电流密度下的 GCD 曲线能较好地保持原有形状（见图 3-69b）。在 −0.8 ~ 0.01V 电压范围内 LDPI-plasma 的 CV 曲线及 GCD 曲线如图 3-69c 和 d 所示，随着扫描速率的增加，材料 CV 曲线的形状得到完美的保持，呈现三角形形状且具有良好的对称性的 GCD 曲线和其较小的电压降表明电解质离子在整个电极内的快速传输以及良好的充放电可逆性。此外，在正负电压区间内相近的放电时间表明 LDPI-plasma 同时作为对称超级电容器正负极的可行性。

（3）LDPI-PI-LDPI（plasma）复合膜的制备及器件组装

基于上述分析，采用双面对称激光直写碳化的方式，制备“LDPI-PI-LDPI”和“LDPI-PI-LDPI（plasma）”三合一复合膜，由于其独特的夹心状结构和良好的亲水性，可以直接作为一体化集成柔性超级电容器使用。其中，LDPI-plasma 同时作为正负活性电极，PI 中间层作为隔膜和 LiCl 电解质的储存元件，具体组装流程

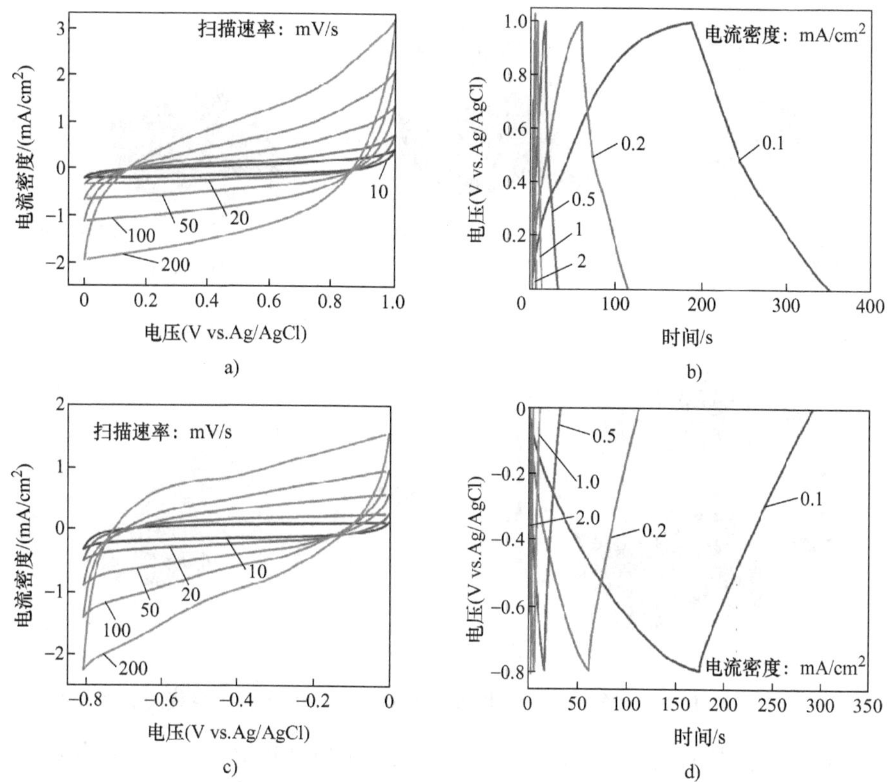

图 3-69 LDPI-plasma 在 0.01～1.0V 电压区间内 a）不同扫描速率下的 CV 曲线和 b）不同电流密度下的 GCD 曲线；LDPI-plasma 在 −0.8～0.01V 电压区间内 c）不同扫描速率下的 CV 曲线和 d）不同电流密度下的 GCD 曲线

如下（见图 3-70）。

首先，使用 3.6W 的激光功率、200mm/s 的扫描速率及 0.4mm 的欠焦距离将静电纺丝 PI 膜的双面同时进行碳化，得到 LDPI-PI-LDPI 分层夹心结构，而后在空气中以 100W 的功率使用等离子体清洗仪处理 60s 获得具有超高亲水性的 LDPI-PI-LDPI（plasma）三明治型复合膜。将复合膜置于 5mol/L 的 LiCl 溶液中浸泡 2h，使用导电银浆将 Cu 线连接到 LDPI 表面作为极耳，连接到电化学工作站上进行后续电化学性能测试。

（4）水系对称微型超级电容器的性能测试

图 3-71 所示为水系对称超级电容器的性能测试，如图 3-71a 所示，该集成化超级电容器在 10～200mV/s 的扫描速率下的 CV 曲线呈现出良好的类矩形形状，显示出较好的电容行为和正负极良好的匹配性。图 3-71b 中充放电曲线表现出良好的线性形状，其轻微的不对称性表明该 LPDI-PI-LPDI（plasma）超级电容器存在赝电容放电行为，这可能是等离子体处理过程中产生的含氧官能团所致。根据 GCD 曲

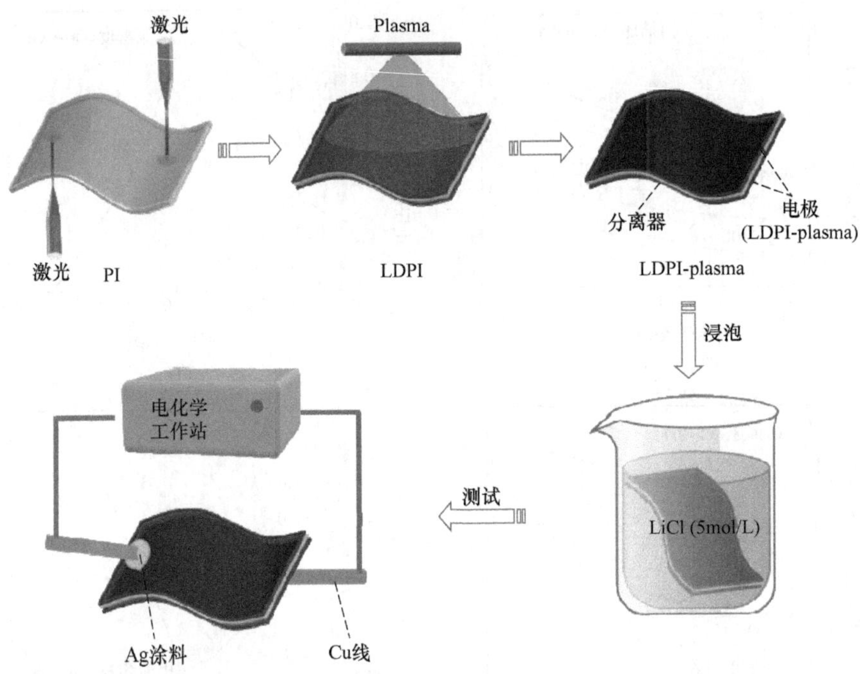

图 3-70　LDPI-plasma 的制备示意图及水系对称超级电容器的组装测试流程图

线中测得的放电时间计算得出未经等离子体处理的 LPDI-PI-LPDI 对称超级电容器在 0.2mA/cm^2 的电流密度下的面积比容量仅为 2.7mF/cm^2。相较而言，在相同的电流密度下 LPDI-PI-LPDI（plasma）器件的面积比容量为 14.2mF/cm^2，约为 LPDI-PI-LPDI 的 5 倍；当电流密度增大 10 倍之后器件仍然保持 7.0mF/cm^2 的面积比容量，电容保持率为 49%（见图 3-71c）。如图 3-71d 所示，最终计算得到 LPDI-PI-LPDI（plasma）水系对称超级电容器的功率密度和能量密度分别为 2.2mW/cm^2 和 0.8μWh/cm^2。

（5）小结

1）本节通过均苯四酸酐（PMDA）和 4，4′-二氨基二苯醚（ODA）的低温聚合反应制备了静电纺丝前驱液，静电纺丝制备的 PAA 纳米纤维膜经过热酰亚胺化成功制备直径 200nm 左右的柔性 PI 膜。

2）通过在空气条件下的激光直写碳化技术在 PI 膜表面产生激光诱导石墨烯层，通过表征分析发现欠焦处理可以优化石墨烯的形貌结构，并诱导产生更多 sp^3 碳，从而引入大量本征缺陷，增加材料表面的活性位点；另一方面，后续空气条件下的等离子体处理操作可以引入大量含氧官能团，大大提高材料的亲水性并进一步提高 PI 表面激光诱导石墨烯的缺陷程度。良好的亲水性和较高的缺陷度有利于电解液离子在电极表面的吸附，进而提高电化学容量和快速充放电能力。

3）通过激光双面碳化过程可以制备“LDPI-PI-LDPI（plasma）”夹层结构用

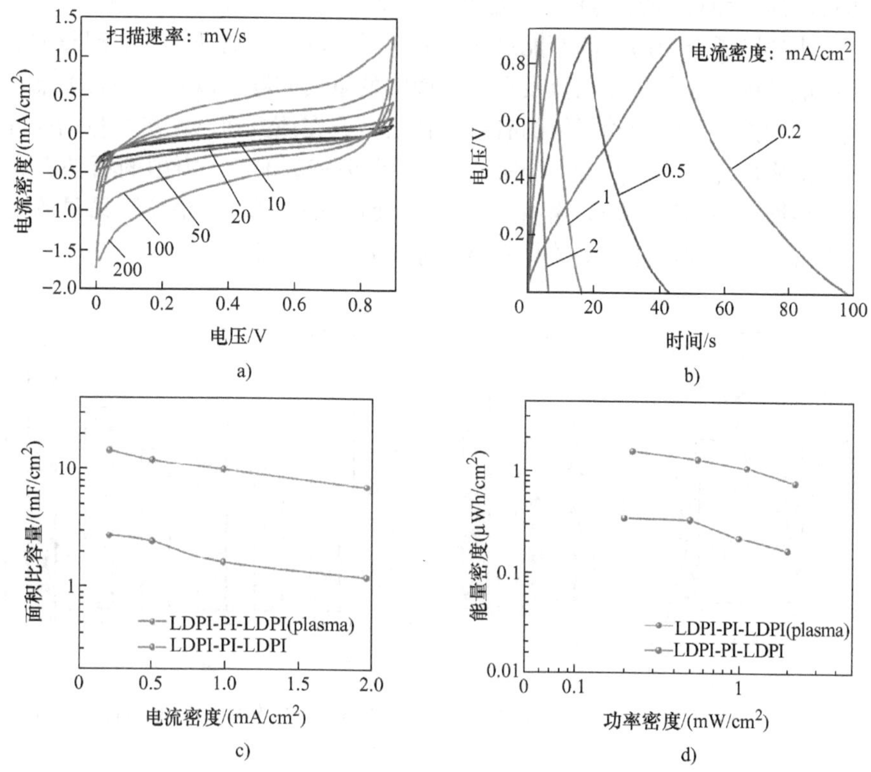

图 3-71 LPDI-PI-LPDI（plasma）对称超级电容器 a）不同扫描速率下的 CV 曲线和 b）不同电流密度下的 GCD 曲线；LPDI-PI-LPDI 和 LPDI-PI-LPDI（plasma）超级电容器 c）在不同电流密度下的面积比容量对比和 d）Ragone 图对比

于一体化集成超级电容器，其中 PI 膜表面被激光诱导碳化的 LDPI-plasma 层同时作为正负活性电极，PI 中间层作为隔膜和 LiCl 电解质的储存元件。制备的一体化柔性微型超级电容器表现出明显的电容行为，在 0.2mA/cm² 的电流密度下展现出 14.2mF/cm² 的比容量，为微型电容器的集成制备提供了新思路。

3.4 石油沥青基碳纳米纤维材料的应用

3.4.1 石油沥青基碳材料

据统计，2020 年全球一次能源消费结构中传统化石能源仍占主导地位，石油在其中所占比例在 30% 以上，特别是北美、中南美、中东和非洲等地可达到 40%，如图 3-72a 所示。此外更不容乐观的是，由于石油资源的过度消耗，原油中的重组分所占比例越来越高，这不可避免会产生更多的低附加利用值的副产物以及重组分，如石油沥青和石油焦。此外，近年来全球经济低迷导致大规模的建设投资缩减，进一步加剧了石油沥青的产能过剩。如何科学利用石油沥青、实现石油沥青的高附加价值利用，是科学界以及石油工业面临的重要问题。以石油沥青为前体制备碳材料是一种提升其附加利用值的有效途径之一，在该方面已经有大量的研究。石油沥青的价格低廉、来源广泛，数据显示，2015—2020 年，中国的石油沥青年产量呈现逐年增加的趋势，2020 年年产量甚至突破 6000 万 t。相较于昂贵的聚合物前体，以石油沥青为前体制备碳材料能够显著降低生产成本。

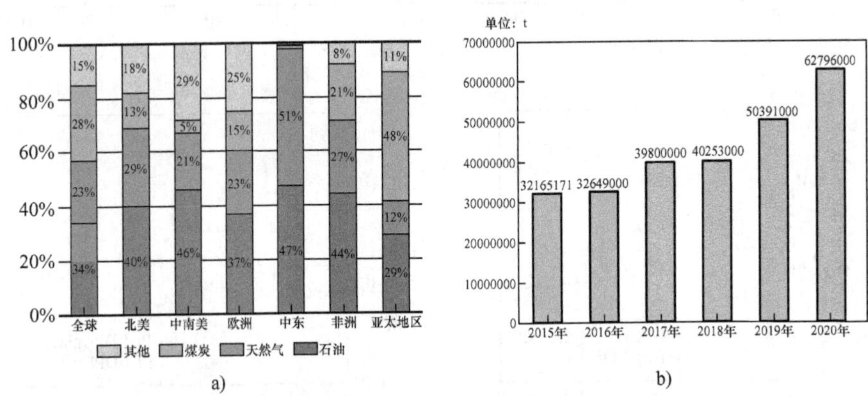

图 3-72 a）全球一次能源消费结构图；b）2015—2020 年中国石油沥青年产量

1. 石油沥青的组成

按照来源途径，石油沥青可分为两种：一种是天然沥青，一种是乳化石油沥青。由于天然沥青的储量小、产量低，一般认为石油沥青是由石油加工产生的，即乳化石油沥青。沥青是原油中最重的部分，组成结构复杂，通常是减压渣油、FCC 油浆、乙烯裂解重焦油等重质组分分离后的残余物，由饱和分、芳香分、胶质、沥青质四种组分组成，可能呈固态，也可能呈液态。

除小分子烷烃和 S、N、O、Ni 等多种杂原子外，石油沥青中含有大量多环芳烃。多环芳烃在碳化过程中凝结成大的石墨烯域，有利于提高碳材料的导电性；同时，由于石墨烯片层之间可以滑移，有利于保持碳材料的结构稳定性。更重要的是，石油沥青中碳的质量分数占 83% ~87%，碳收率高，表 3-9 对比了无定形碳不同前驱体的价格以及在 1000℃ 碳化时的碳收率。与其他前驱体相比，沥青具有最低的价格和最高的碳收率。

表 3-9 无定形碳不同前驱体的价格以及在 1000℃碳化时的碳收率

前驱体	沥青	蔗糖	木质素	酚醛树脂	淀粉	纤维素
价格/(美元/t)	300	400	450	2000	500	1000
碳收率/(%)	56	<10	43	47	<10	<10

2. 石油沥青基碳材料的制备方法

高温下石油沥青在惰性气体中热退火，逐渐释放挥发性物质，剩余原子进行重组后产生碳材料。为了对石油沥青衍生的碳材料的结构进行精准调控以满足其在能量存储中的应用要求，大量研究人员提出了多种可行性的方案，如图 3-73 所示。

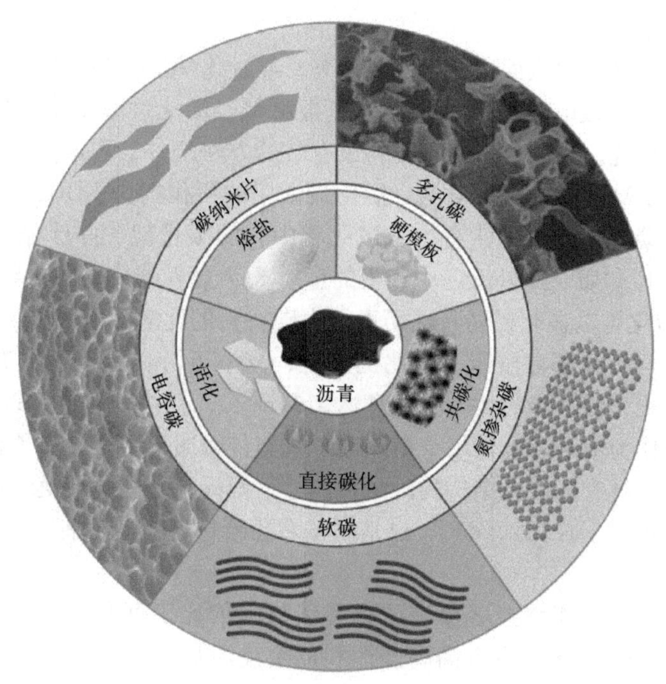

图 3-73　石油沥青基碳材料的制备方法

(1) 直接碳化

直接碳化过程中石油沥青不需要其他添加剂，在惰性气体中直接进行退火处理。该方法的优势在于操作十分简洁，碳材料的制备成本较低，在所有方法中最有利于进行批量生产。直接碳化是通过沥青制备中间相炭微球（MCMB）的常用方法。MCMB 是一种特殊的向列液晶结构，由于存在表面张力，稠环芳烃化合物在碳化过程中呈现球形，MCMB 已有应用于锂离子电池的研究。另外，将 Si 等理论容量高但导电性差的活性物质负载在 MCMB 上能够显著增强储锂能力。Du 等人[56]将 Si 纳米粒子嵌入 MCMB 杂乱的碳层结构中设计合成了 Si@ MCMB 复合材料，MCMB 提供了 Si 的膨胀空间及离子、电子传输通道。Wang 等人[57]还研究了 MCMB 在四种不同电解质中的钾离子的嵌入机制和固体电解质界面膜（SEI）的形成过程。

但是，通常直接碳化的退火温度远大于石油沥青的熔点，高温下沥青熔化和重组过程不受控，导致碳化产物结构不规则，电化学性能不理想。在较高的碳化温度下，石墨烯片趋向于进行有序排列，导致层间间距减小，缺陷减少，斜坡容量降低。Qi 团队[58]的研究工作表明石油沥青在 530℃ 碳化过程几乎完成，石墨碳层从 600℃ 开始生长，当碳化温度降低至 800℃，斜坡容量明显增加，在钠离子存储过程中表现出高比容量和优异的倍率性能。直接碳化法虽然操作简单，但由此制备的碳材料比表面积小，形貌也不可控。

（2）活化法

由于孔隙率高、比表面积大、导电性高，经过化学活化制备的碳材料逐渐成为在储能领域（如超级电容器）中常用的电极材料。活化过程中将活化剂与原料混合后在高温下煅烧，是制备多孔碳材料最有效的方法之一。Wang[59]以石油沥青为原料活化制备了高性能锂金属电池。活化最常用的活化剂为 KOH，KOH 通过氧化还原反应刻蚀碳基体，留下含有丰富微孔和中孔的碳骨架，并伴随产生 K_2CO_3 和 K_2O 等多种含 K 物质。此外反应中产生的金属 K 会插入碳晶格中，导致碳层变形、膨胀。KOH 活化可以显著提高石油沥青衍生碳材料的比表面积和孔隙率。Liang 等人[60]将 KOH 与石油沥青按照一定比例混合，高温下活化合成了具有高比表面积的沥青基活性炭，活性炭的比表面积高达 $3111m^2/g$，孔体积可达 $1.92cm^3/g$。高孔隙率可以同时作为离子缓冲储层，提供离子快速传输通道，并为离子容纳提供丰富的位置，特别是具有分级孔结构的碳材料能够大幅提高储能和转换装置性能。除了 KOH 以外，NaOH、H_3PO_4、$ZnCl_2$ 也是制备多孔碳材料的活化剂。

（3）模板法

虽然化学活化法能够显著提高沥青基碳材料的比表面积和孔隙率，但 KOH、NaOH、H_3PO_4 等活化剂均具有高腐蚀性和危险性。此外，化学活化法不能完全满足对纳米结构碳材料的形貌和结构进行精准调控的要求，而模板法在较低温度下即可对比表面积以及形貌结构进行调控。图 3-74 所示为 Li[61]提出的一种简便的制备空心碳壳的模板法示意图，以石油沥青为原料、ZnO 为模板首次制备了石油沥青基超薄空心碳壳。这种空心结构的超薄碳壳兼具离子扩散距离短、电子传输速度快的优点，在 1A/g 的电流密度下，1000 圈循环后的可逆容量为 334mAh/g。与 ZnO 类

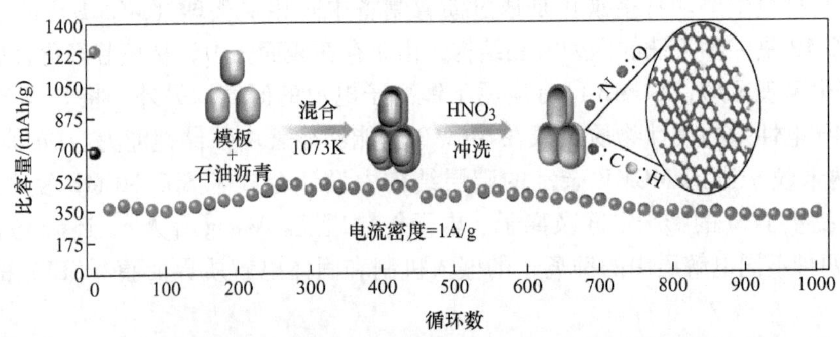

图 3-74　石油沥青基超薄碳壳的制备方法及作为锂离子电池负极的电化学性能

似，MgO、SiO_2 等模板剂热稳定性高，在退火过程中几乎不发生变化，而柠檬酸钾、碳酸氢钾、碳酸钙等模板剂退火时热解生产中间产物。Guan[62]报道了一种柠檬酸钾绿色活化剂，柠檬酸盐热解产生的碳酸盐能够促进纳米片组装成分层碳结构，如图3-75所示。模板剂柠檬酸钾替代KOH等活化剂不仅可以减少工业化生产过程中对环境的不利影响，而且可以消除传统生产策略中额外模板的必要性。使用模板法不可避免的问题在于模板剂难于回收且去除过程繁琐、易残留。

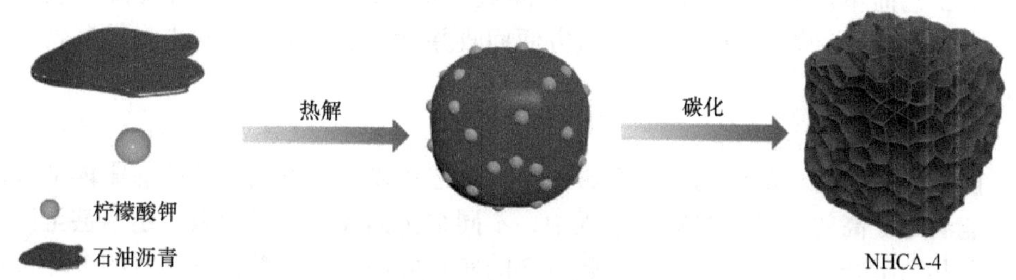

图3-75　多孔纳米片组装成的分层碳合成示意图

（4）熔盐法

熔盐法最早由Liu[63]提出，使用的介质是一种或多种低熔点的盐类。碳化温度超过盐类熔点时熔盐由固态转为液态，提供液相环境。熔盐法结合了溶液合成和固相合成的优点，其所创造的独特反应环境，可以对碳材料的孔隙度、表面积和形貌进行精准调控。作为一种新型的纳米材料合成技术，熔盐法的原料也从最初的葡萄糖进一步拓展。石油沥青的软化点一般不高于300℃，在熔融状态下与低熔点的盐类混合均匀，由此制备的碳材料形貌较好。基于此，以NaCl和KCl为熔盐，以石油沥青为原料，Wang合成了具有优异电化学性能的二维碳纳米片，如图3-76所示[64]。在400℃时将溶剂蒸发，继续升高温度达到熔盐熔点（673℃），NaCl和

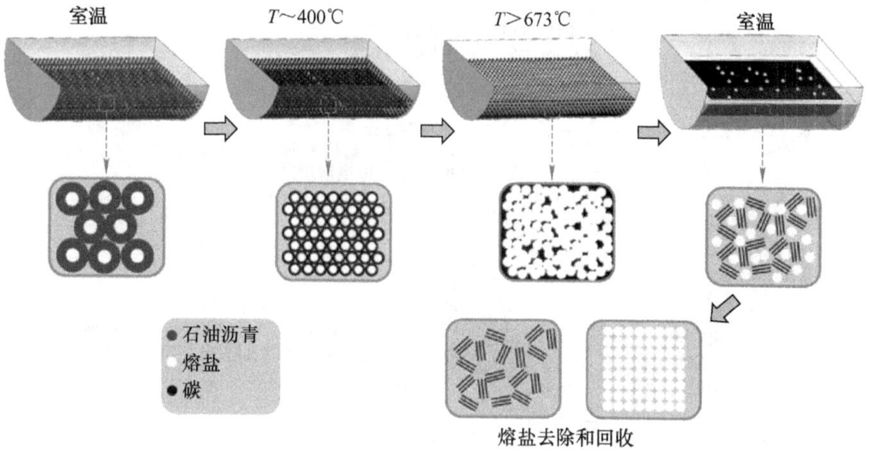

图3-76　石油沥青基二维碳纳米片的合成示意图

KCl 变为液态产生的新相界面，促进多环芳烃的进一步脱氢产生二维纳米片。二维结构的纳米片有利于电极与电解液充分接触，在 5A/g 的高电流密度下，该二维纳米片在锂离子电池和钠离子电池中的可逆容量分别为 280mAh/g 和 90mAh/g。此外，在熔盐法中混合使用其他添加剂，可以对碳材料的组成成分进行调控。例如，将三聚氰胺、KCl 和 $CaCl_2$ 一同与石油沥青混合，可以制备氮掺杂的碳纳米片。合成过程中，所使用的盐类本身不发生变化，使用合适的溶剂即可回收重复利用。熔盐法的工艺简单，具有合成温度低和时间短的特点，该方法制备的碳材料成分均匀、晶体形貌好、物相纯度高、熔盐方便回收并可重复使用，但缺点在于制备过程繁琐，所需能耗高。

(5) 共碳化

前驱体对碳材料的结构有很大影响，合理选择以及将不同性质的前驱体结合使用才能满足更高的需求。共碳化过程中，不同结构的优点可以在微、纳米甚至原子尺度上共同融合，从而大大扩展了碳材料的实际应用。石油沥青中丰富的多环芳烃易于形成具有石墨烯层的软碳，聚合物和生物质在碳化时容易转化为硬碳，将这些不同种类的前驱体共碳化，是制备软硬复合碳的有效手段。软硬复合碳材料同时具备出色的倍率性能以及较高的比容量，有利于锂/钠的存储。Li 等在石油沥青和酚醛树脂共碳化制备软硬复合碳的基础上，又提出的一种由石油沥青和木质素共碳化制备的低成本钠离子电池负极首次循环中的库仑效率为 82%，可逆容量高达 254mAh/g，且循环稳定性良好。不仅如此，石油沥青与生物质共碳化制备的软硬复合碳也是理想的超级电容器电极材料之一，表现出优异的电化学性能，图 3-77 对这种复合碳材料电化学性能优异的原因进行了解释：生物质碳衍生出的硬碳短程有序，不利于电子转移，而其大比表面积和丰富的微孔的优点，为电解质中的离子

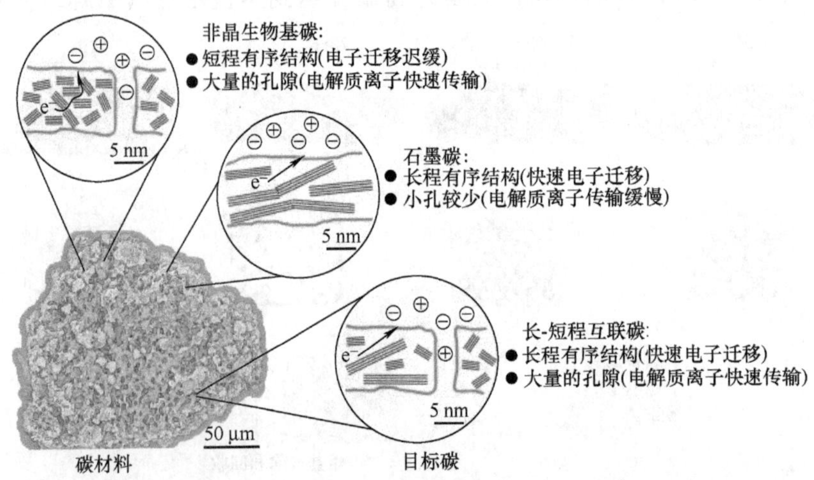

图 3-77 无定形碳、石墨碳和长-短程互联碳的电解质离子和电子转移能力

吸附提供了大量的锚定点；而长程有序的软碳有利于电子转移，但其比表面积小，不利于离子传输；软硬复合碳同时具备以上两种材料的优势，长-短程互联的多孔碳能够实现快速的离子和电子转移。

（6）其他方法

化学气相沉积（Chemical Vapor Deposition，CVD）技术用于生产高质量的固体薄膜材料，在半导体行业应用较广。在 CVD 过程中，沉积基底放入沉积炉、暴露在载碳烃气体中，加热后目标产物由气体分解或反应沉积在基底表面。通过 CVD 制备的碳材料形貌效果好，结构均一。Mohammed 等人在惰性气体中蒸发脱油沥青沉积得到的碳微球直径均小于 100nm。新疆大学贾殿赠课题组[65]以石油沥青为原料通过 CVD 法成功制备出了多层 CNTs（碳纳米管）。但 CVD 的技术要求高，碳材料收率低，不能批量生产，且与其他石油沥青基碳材料的制备方法相比成本较高。

不同碳材料的合成方法均各有利弊，为充分满足储能设备的更高需求要混合使用不同的制备方法对材料单一的结构和组分进行修饰。由于都需要在较高温度下进行，活化法和熔盐法混合使用已有研究。Shao 等人[66]报道了一种原位模板结合 KOH 活化的方法，原位模板 $MgO/CaCO_3$ 与活化剂 KOH 混合，以煤焦油沥青为原料制备出包含微孔、中孔和大孔的分级多孔碳材料，比表面积在 805 ~ 1525m^2/g。将含有杂原子的前驱体与石油沥青混合可以对材料的组成进行调控，制备高性能的杂原子掺杂碳纳米片。

3.4.2 石油沥青基碳纳米纤维柔性电极的制备及其电化学储锂性能研究

1. 引言

作为储能系统的关键组成部分，储能材料的发展对储能系统性能方面的发挥起到至关重要的作用。碳材料因其广泛的可用性、多样化的可调谐性、高导电性和优异的稳定性而备受关注。研究表明，具有纳米结构的碳材料具有优异的储能性能。由于受价格、时间等因素的影响，以聚合物和生物质材料为前体制备的碳材料多数仅停留在实验室水平。因此，仍需要开发具备低成本和高可调性的前驱体。

除了来源广泛、价格低廉之外，以石油沥青作为前驱体构建新型纳米结构的碳材料还具有两个优势：1）石油沥青中碳的质量分数占 83% ~87%，碳收率高；2）石油沥青衍生的碳材料以软碳为主，其中的多环芳烃易于制备石墨烯，有利于保持结构的稳定性。与生物质和聚合物前驱体相比，石油沥青前驱体的丰富可调性以及其低成本和广泛的可获得性使其在制备新型纳米结构碳材料方面更具竞争力。目前已有多种以石油沥青为前体制备碳材料的方法，包括直接碳化法、活化法、熔盐法、模板法等。但通过这些方法制备的碳材料都要使用传统的浆料涂片法制备电极材料，制备过程繁琐且浆料不易混合。此外，活性物质、黏结剂和导电炭黑大多以复合涂层的形式通过纯物理接触涂覆在金属集流体上，存在较大的界面接触电阻，不能满足柔性设备或可穿戴设备的要求。

与碳粉、涂层相比，碳纳米纤维具有较大的长径比和良好的导电性，是理想的制备自支撑电极的材料。在锂离子电池中，锂离子可以沿纤维径向扩散，扩散距离短。而静电纺丝设备简单，易于操作，工作过程中能够快速高效地制备纤维材料且对环境无污染。静电纺丝制备的纳米纤维比表面积大、孔隙率高、纤维组成均匀。更重要的是，静电纺丝贴近于常温的工作环境，十分有利于保持各组分原本的物理化学性质。PAN 碳产率高、易加工，是静电纺丝制备碳纳米纤维过程中最常用的前驱体。然而，PAN 衍生的碳纳米纤维的力学性能较差，通常采用提高碳化温度或添加纳米增强相改善。虽然高温处理（3000℃以上）能显著提高石墨化程度和力学性能，但该过程需要特殊的耗能设备，功能复合材料也大多不能承受如此高的温度。石油沥青作为原油生产过程中的副产物，成本低于大多数纳米增强相，但由于石油沥青的性质与静电纺丝过程无法兼容，难以提高沥青的分散性或找到合适的溶剂，鲜有基于石油沥青原料的静电纺丝纤维报道。

本节通过化学氧化（即混酸氧化）法对石油沥青进行预处理改性，在其表面引入丰富的含氧官能团以提高其在溶剂中的分散性。将改性后的石油沥青与 PAN 按照不同的比例混合分散在 DMF 中，通过静电纺丝技术制备无纺布纳米纤维毡。将纤维毡碳化后应用于锂离子电池中作为负极材料，并探究石油沥青与 PAN 按照不同质量比混合后的电化学性能。实验表明，氧化改性后的石油沥青在溶剂中的分散性明显提高，机械性能优异。在一定范围内随着石油沥青所占质量比的提高，聚丙烯腈的相对使用量显著降低，但石油沥青基碳纳米纤维呈现不衰减的电化学性能。

2. 化学氧化改性石油沥青制备 A-Asphalt

(1) 实验部分

将 150mL 浓硫酸、50mL 浓硝酸和 5g 石油沥青依次加入三口烧瓶中，在室温下搅拌 30min 混合均匀，随后在 70℃的油浴中冷凝回流 8h，冷凝回流期间搅拌速度为 300~400r/min。待冷却至室温后加入去离子水 100mL，搅拌 12h 后再加入去离子水 400mL 进行稀释，在 5000r/min 的转速下离心 20min 获取改性后的沥青，水洗至中性后在 80℃的鼓风烘箱中烘干，将改性得到的石油沥青命名为 A-Asphalt。

(2) 实验结果与讨论

图 3-78a 和 b 所示分别为 Asphalt 与 A-Asphalt 的 SEM 图像，从中能够观察到经过化学氧化后得到的 A-Asphalt 与 Asphalt 之间存在明显差异。由于 HNO_3 具有强氧化性，能够将石油沥青中的大分子切割成小分子，所以 A-Asphalt 的颗粒略小于 Asphalt，且表面更光滑。

采用红外光谱对改性前后样品中的官能团进行测定，如图 3-79a 所示。A-Asphalt 与 Asphalt 相比，—CH_2—($2927cm^{-1}$)、—C≡C—($2368cm^{-1}$) 和—C—O—

C—($1114cm^{-1}$) 的吸收峰强度相对降低，而—C ═ O ($1700cm^{-1}$) 和—OH ($3442cm^{-1}$) 吸收峰的强度明显增加，说明改性过程中在石油沥青表面成功引入了羧基、羟基等丰富的含氧官能团。

a)

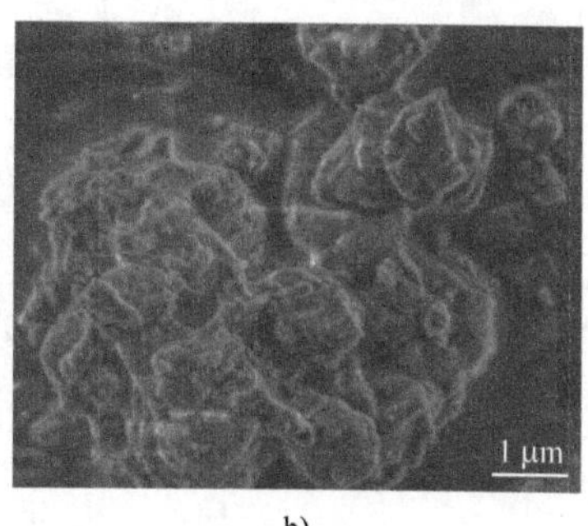

b)

图 3-78 a) Asphalt 和 b) A-Asphalt 的 SEM 图像

Asphalt 与 A-Asphalt 分别在氩气中、800℃下保持 2h 进行碳化，两者碳化后的 XRD 对比图如图 3-79b 所示，Asphalt 碳化后在 25.8°和 43.2°处存在两个明显的特征峰，分别对应碳材料的（002）晶面和（100）晶面。与 Asphalt 相比，A-Asphalt（100）晶面对应的衍射峰消失，（002）晶面对应的衍射峰强度明显减弱，宽度增加，说明氧化改性后 A-Asphalt 中无定形碳含量增加。同时含氧官能团的引入会导致石墨片层的层间距增加，因此在 XRD 图中，A-Asphalt 中（002）晶面对应的峰位置明显左移，较大的层间距有利于锂离子可逆的嵌入和脱嵌。

在图 3-79c 的拉曼图谱中，$1360cm^{-1}$处的 D 峰和 $1580cm^{-1}$处的 G 峰分别对应 C 原子的晶格缺陷和 C 原子 sp^2 的面内伸缩振动。在图 3-79c 中，原始沥青与 A-Asphalt 的 I_D/I_G分别为 0.89、1.13，缺陷含量增加，这与化学氧化过程中引入了含氧官能团有关，此结果与 XRD 测试结果对应。较高的缺陷程度和较大的层间距，可以减小锂离子嵌入/脱嵌过程中的石墨烯晶格畸变，理论上能够提供更多的储锂位点和更长的循环寿命。图 3-79d 和 e 对比了改性前后在水中的分散性差异，氧化改性后得到的 A-Asphalt 在水中分散性明显增强，而 Asphalt 只悬浮在液体表面，在水中不能分散。这是由于改性过程中引入的含氧官能团是极性官能团，具有出色的亲水性能，能够明显提高石油沥青在水中的分散性。同理，A-Asphalt 在同为极性溶剂的 DMF 中的分散性也会提高。此外，A-Asphalt 中的含氧官能团能够与溶解在 DMF 中的 PAN 分子上的—C≡N 配位，进一步提高 A-Asphalt 在 DMF 中的分散性。除了表面极性官能团增加，化学氧化能够抑制石油沥青的热塑性，使其不易团聚，有利于防止石油沥青在预氧化过程中温度达到软化点而进入熔融状态。

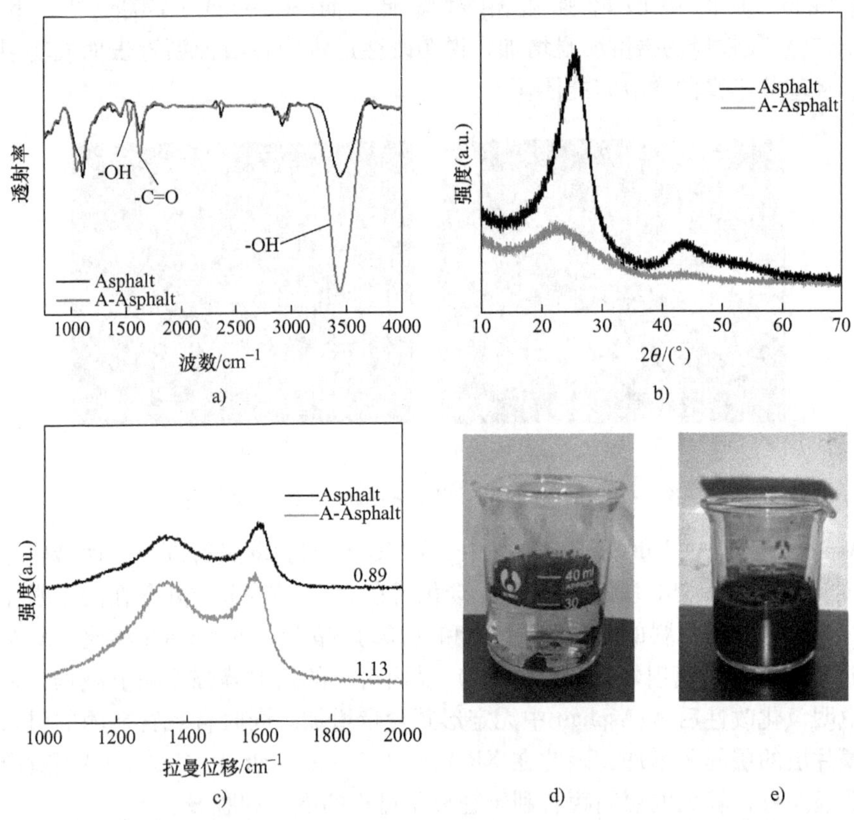

图 3-79 Asphalt 与 A-Asphalt 的 a）红外光谱、碳化后的 b）XRD 图和 c）拉曼图谱以及 d）Asphalt、e）A-Asphalt 在去离子水中的图片

3. 石油沥青基碳纳米纤维 ACNF-X 的制备

（1）实验部分

石油沥青基碳纳米纤维 ACNF-X 的合成过程如图 3-80 所示。称取 2g PAN（M_w = 150000）粉末、一定质量的 A-Asphalt，加入 20mL DMF 溶液，在室温下搅拌 12h 混合均匀，配置成前驱液，随后转移至 10mL 的注射器中进行静电纺丝。在温度为 40℃、湿度为 30% 的条件下，前驱液匀速推进，推进速率为 15μL/min，针尖到接收器的距离为 16cm，针头施加 13kV 的正电压，接收器转速为 150r/min。利用接收器收集纤维得到复合纤维毡，命名为 A-PAN-X（X 表示前驱液中 A-Asphalt 所占固体总质量的质量百分数）。

将静电纺丝得到的复合纤维毡置于管式炉中，在空气中进行预氧化，预氧化温度为 280℃，升温速率为 2℃/min，保温 2h。随后在氩气氛围中碳化，碳化温度为 800℃，升温速率为 5℃/min，保温 2h，得到的石油沥青基碳纳米纤维柔性材料命名为 ACNF-X（X 表示前驱液中 A-Asphalt 所占固体总质量的质量百分数）。

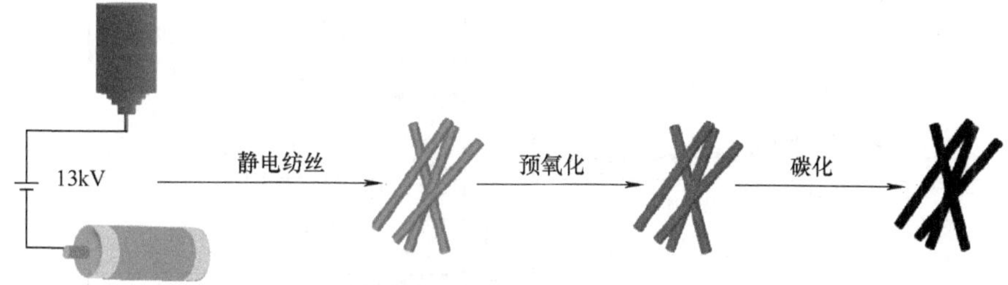

图 3-80 石油沥青基碳纳米纤维 ACNF-X 的合成过程

（2）实验结果与讨论

图 3-81a～f 所示为不同质量比的石油沥青基复合纤维毡的图片，图中每个纤维毡颜色均匀，表明 A-Asphalt 在其中具有良好的分散性。随着 A-Asphalt 所占质量分数的增加，复合纤维的颜色加深，逐渐趋近于 A-Asphalt 粉末的颜色。由于前驱液中加入 A-Asphalt 的浓度提高，在相同时间内能制备更多的石油沥青基复合纤维。以 A-PAN-50 为例，工作 8h 能得到面积为 900cm^2 的样品，其产率是纯 PAN 纤维（A-PAN-0）的 3 倍以上，更容易在短时间内实现批量生产。

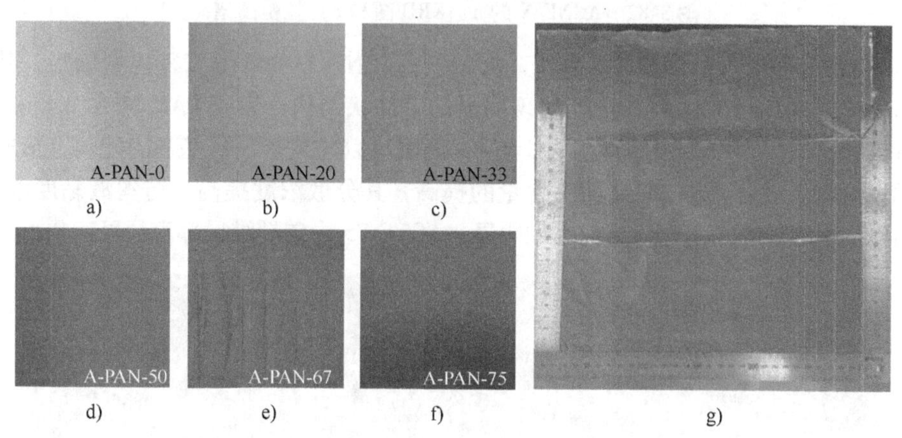

图 3-81 a）～f）A-PAN-X 复合纤维照片及
g）静电纺丝工作 8h 得到的复合纤维 A-PAN-50 总量照片

图 3-82a 所示为加入不同比例 A-Asphalt 后制备的石油沥青基碳纳米纤维 ACNF-X 的 XRD 图，结果显示，随着 A-Asphalt 质量比的增加，所制备的 ACNF-X 的 24°处的峰强度增加，表明石墨化程度升高，有利于增加复合碳纤维的导电性。这是由于与 PAN 衍生碳相比，A-Asphalt 碳化后具有更高的石墨化程度。图 3-82b 中的拉曼图谱显示，X 越大 I_D/I_G 越大，缺陷程度增加。

为了进一步观察 ACNF-X 的微观形貌，采用扫描电子显微镜（SEM）和透射电子显微镜（TEM）对其结构进行表征。图 3-83 所示为加入不同质量含量 A-Asphalt 制备的 ACNF-X 的 SEM 图像，ACNF-X 复合碳纤维具有连续的纤维状结构，表面光滑。

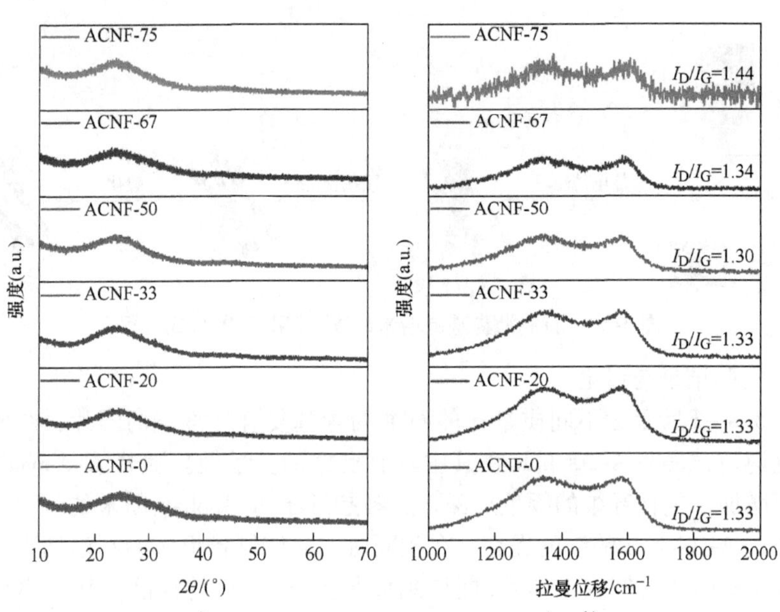

图 3-82　ACNF-X 的 a）XRD 图和 b）拉曼图谱

当 A-Asphalt 相对含量从 0wt% 提高至 75wt%，ACNF-X 的纤维直径逐渐增加，其中 ACNF-50、ACNF-67 和 ACNF-75 呈现明显的串珠状结构，表明 PAN 对 A-Asphalt 有良好的包覆效果。PAN 中丰富的—C≡N 官能团可以与羧基、羟基基团配位，形成均匀的混合物。随着 A-Asphalt 相对含量的提高，其分散浓度提高，纺丝液黏度增加，ACNF-X 中碳纤维的串珠状结构更加明显，ACNF-75 中碳纤维局部直径可达 2μm。

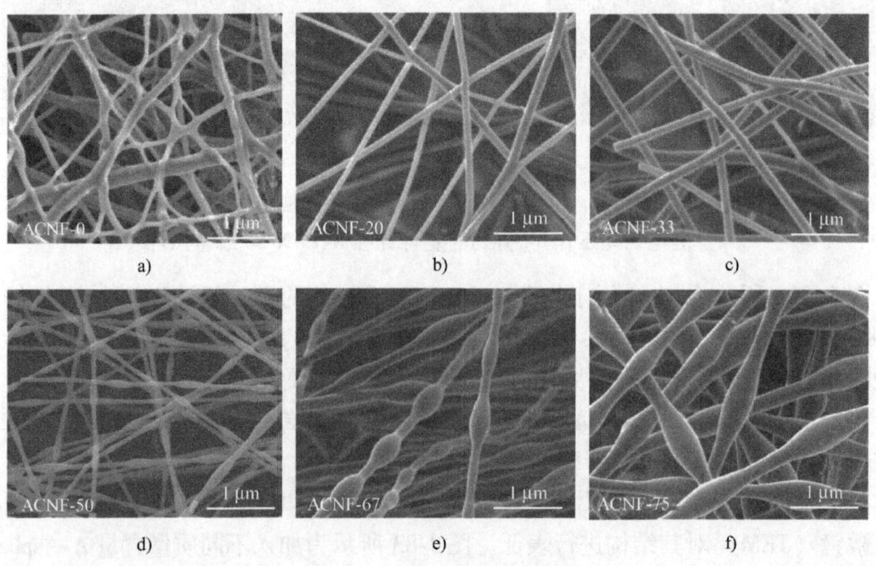

图 3-83　ACNF-X 的 SEM 图像

以 ACNF-67 为例，图 3-84a 和 b 是其截面图，其中碳纤维排列杂乱无序，这种疏松排列的结构有利于电解液的渗透。而从单根纤维的横截面中能够看出，纤维内外结构不同，显示存在双层结构；从图 3-84c 和 d ACNF-67 中单根纤维的 TEM 图像中也观察到界线分明的双层结构，而对比图 3-84f，纯 PAN 纤维（ACNF-0）中没有观察到这种特殊结构。在静电纺丝过程中，由于射流的拉伸和表面张力，A-Asphalt 颗粒会沿着静电纺丝溶液的流线方向排列，而溶解在 DMF 溶剂中的 PAN 呈液相将沿该方向排布的 A-Asphalt 颗粒包裹其中。在预氧化及碳化过程中，石油沥青预先进入熔融状态相互搭接形成内相，而 PAN 成环固化形成外相，因此最终形成内层是石油沥青而外层是 PAN 衍生碳的双层碳纳米纤维。图 3-84e HRTEM 图像中没有明显的晶格条纹，表明 ACNF-67 含有无序碳相，是非晶态结构。

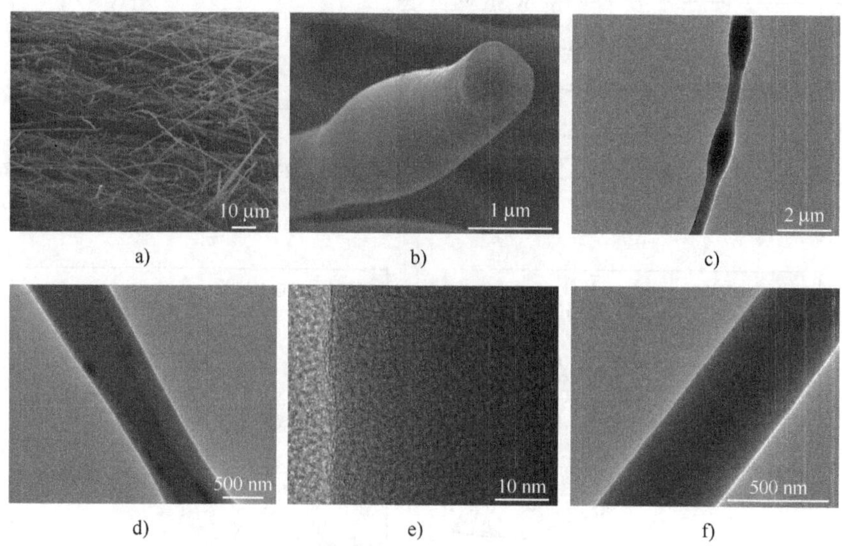

图 3-84 ACNF-67 的 a）横截面图、b）单根纤维截面图、c）~d）TEM 图像、e）HRTEM 图像以及 f）ACNF-0 的 TEM 图像

采用 XPS 进一步研究了 ACNF-X 薄膜的表面化学信息。图 3-85a 中的测试结果显示，ACNF-X 的谱图中均存在三个明显的信号峰，分别为 285eV 处的 C 1s、399eV 处的 N 1s 和 532eV 处的 O 1s。图 3-85b ~ d 是 ACNF-67 的高分辨 XPS 谱图，在图 3-85b 元素的高分辨谱图中 284.0eV 和 284.4eV 处的两个峰分别对应 sp^3 杂化的 C-C 和 sp^2 杂化 C = C。在 285.0eV、286.1eV 和 288.2eV 处分别存在 C-O、C-N 和 C = O，表明碳基体中存在 O 和 N 两种杂原子。图 3-85c 的 N 1s 光谱显示氮原子的四种成键方式分别是：吡啶 N（397.9eV）、吡咯 N（399.4eV）、石墨 N（400.7eV）和氧化 N（402.0eV）。吡啶 N 和吡咯 N 的存在能够改善电子结构，提高电导率。石墨 N 能够提高碳骨架的电导率，提供额外的活性位点。在 N 的构型中，石墨 N 含量最高，表明 ACNF-67 具有较高的石墨化程度，这也与 XRD 测试结

果对应。ACNF-X 的 XPS 高分辨 O 1s 光谱中各种含氧基团表明 O 原子以多种不同形式存在。O 原子主要来自于原始沥青的化学氧化过程以及复合纤维毡的预氧化过程。O 掺杂能够增大石墨层间距，同时 C = O 通过氧化还原反应提供额外的活性位点，提高储锂能力。图 3-85a 中 ACNF-75 中 O 1s 峰最强，同时表 3-10 总结了 ACNF-X 的氧元素含量，ACNF-75 中氧原子的含量最高，但含氧基团导电性较差，氧含量过高时碳材料的导电性会明显受影响。

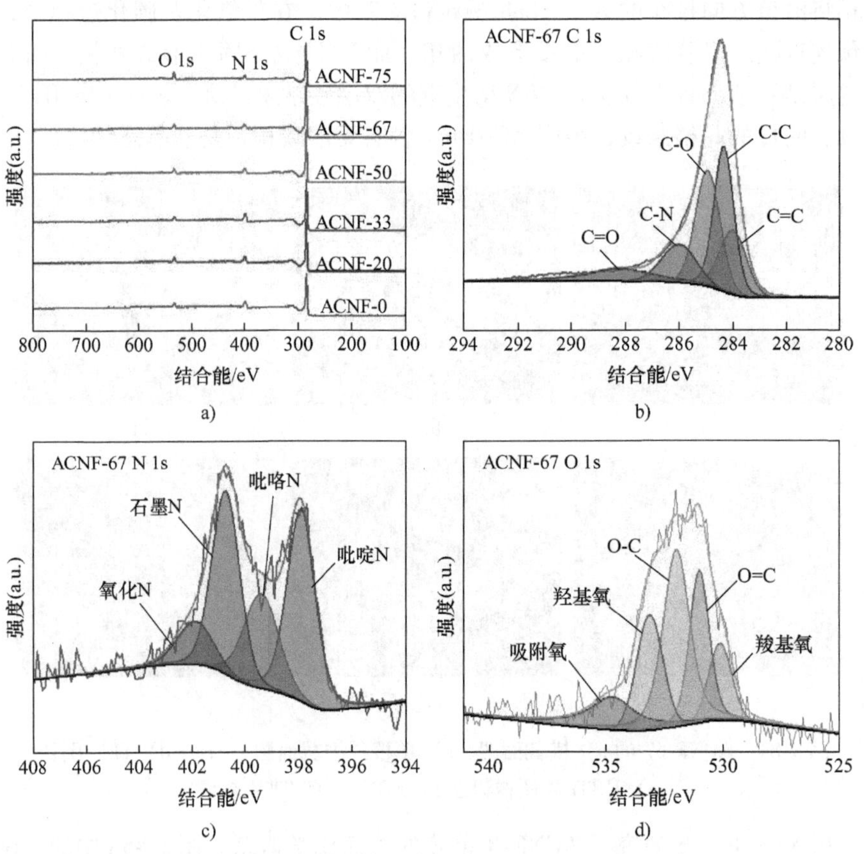

图 3-85　a）ACNF-X 的 XPS 总谱；b）～d）ACNF-67 中 C 1s、N 1s 和 O 1s 的 XPS 高分辨图谱

表 3-10　ACNF-X 的氧元素含量

样品	O 1s（at%）	O 元素构成（%）				
		羧基氧	O = C	O-C	羟基氧	吸附氧
ACNF-0	3.31	22.47	31.95	23.82	15.77	0.060
ACNF-20	3.99	23.30	29.21	19.78	15.09	12.62
ACNF-33	4.84	22.17	29.86	19.32	14.68	13.96

（续）

样品	O 1s (at%)	O元素构成（%）				
		羧基氧	O=C	O-C	羟基氧	吸附氧
ACNF-50	4.11	26.51	28.98	19.84	15.55	0.0912
ACNF-67	4.71	17.00	25.57	24.84	20.52	12.07
ACNF-75	6.75	8.72	34.42	25.04	24.06	0.0776

图3-86a～d所示为ACNF-67单根碳纤维的元素高清图，其中C、N元素在整个纤维中分布均匀，而O元素主要分布在纤维内部。N元素来源于PAN中—C≡N官能团；纤维内层O元素主要来源于改性后的A-Asphalt，外层含有的少量O元素与预氧化过程有关。值得注意的是，除了自支撑、一体化的优点外，ACNF-67具有良好的柔韧性和机械强度，如图3-86e～f所示。ACNF-67沿玻璃棒进行卷曲后能够恢复原样，并能够提起50g的重物，机械性能优异，主要原因是：1）A-Asphalt均匀分散在纤维中，相互作用强，能够阻止碳化过程中纤维产生裂纹，具有较强的补强作用；2）A-Asphalt增加了纤维的石墨化程度，石油沥青含有的芳香环在碳化过程中发生结构转变，进行聚合生长促进石墨烯片之间的π-π堆积，提高拉伸强度；3）表面氧化的石油沥青与PAN中带负电荷的—C≡N官能团之间形成了电荷转移复合物，导致了石油沥青与周围的聚合物链之间存在强界面键合，从而形成致密、坚固、柔韧的碳纳米纤维骨架。

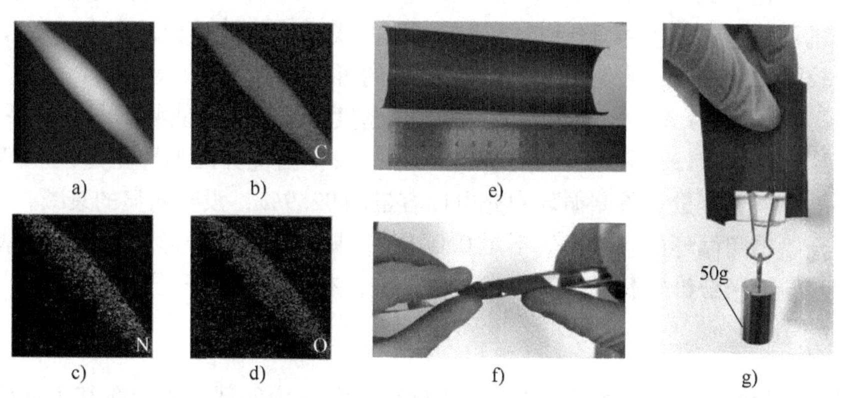

图3-86 ACNF-67的a）～d）C、N、O元素高清图和e）～g）实物图

碳纳米纤维具有较高的长径比，锂离子沿径向扩散，扩散距离短；电子沿轴向传递，传输速度快。静电纺丝前驱液中石油沥青相对含量的提高能够大幅度减少聚丙烯腈的用量，降低材料生产成本。为了在降低生产成本、提高石油沥青用量的同时保证电化学性能，将所制备的不同石油沥青含量的ACNF-X直接冲压成直径为12mm的电极片组装成CR2032型锂离子半电池测试其储锂性能。

图3-87a所示为加入不同质量A-Asphalt后制备的石油沥青基碳纳米纤维的倍

率性能测试图，ACNF-50、ACNF-67 在电流密度为 0.1A/g 时的可逆容量略低于 ACNF-20 和 ACNF-33，但随着电流密度增大至 10A/g，ACNF-50、ACNF-67 的比容量能保持在较高水平（180mAh/g 以上），甚至略高于 ACNF-33，因为 ACNF-50 和 ACNF-67 的高石墨化程度有利于电子的快速传输。相比之下，ACNF-75 的倍率性能最差，因为 ACNF-75 中碳纳米纤维的直径明显大于其他比例制备的石油沥青基碳纳米纤维，虽然保持了较好的导电性，但锂离子迁移距离长，嵌入深度大，纤维内部的活性位点不能充分利用，导致其实际比容量远低于其他材料。

在对 1A/g 的电流密度下所制备的材料进行循环性能测试，如图 3-87b 所示。在一定范围内，石油沥青相对质量的提高没有显著降低材料的储锂性能，ACNF-67 进行 300 圈循环以后可逆比容量为 232mAh/g，是 ACNF-0 的 85.3%。实验结果表明，可以通过石油沥青改性和纺丝前驱液调变提高石油沥青的含量，显著减少聚丙烯腈的使用量，降低材料的生产成本。当 A-Asphalt 的质量占比提升到 75%，ACNF-75 的可逆比容量（仅有 137mAh/g）明显低于其他材料。图 3-87c 所示为所有 ACNF-X 的电化学交流阻抗谱，A-Asphalt 含量增加电荷转移电阻 R_{ct} 减小，因为 A-Asphalt 石墨化程度高有利于提高材料整体的导电性。ACNF-75 的 R_{ct} 大于 ACNF-67，这与前面提到的 ACNF-75 的纤维直径过大和氧含量高有关。图 3-87d 所示为 ACNF-67 在扫描速率为 0.1mV/s 时的循环伏安曲线测试。第 1 圈循环过程中，在 0.02V 和 1.3V 附近有两个氧化峰，分别对应锂嵌入石墨片层中以及碳纳米纤维缺陷部位的锂化。此外，在 0.65V 左右出现的另一个峰归因于固体电解质界面膜（SEI）的不可逆形成。第 2、3 圈循环的 CV 曲线几乎能够重合，仅在 1.25V 处存在一个较弱的氧化峰，表明 ACNF-67 有良好的可逆性。

图 3-88 所示为 ACNF-67 在 1A/g 的电流密度下长循环性能测试图。结果显示，在大电流密度下、1300 圈长循环中，ACNF-67 表现出优异的循环稳定性。第 1300 圈循环的充电比容量是首圈循环中充电比容量的 92.9%，没有明显的衰减，从第 2 圈循环开始单圈循环的容量损失不足 0.001%，具有优异的长循环稳定性，表明石油沥青基碳纳米纤维在长循环过程中结构稳定，有利于锂离子的存储。

4. 小结

1）通过化学氧化法对石油沥青粉末进行化学氧化处理，成功在其表面引入了羧基、羟基等含氧官能团，提高了石油沥青在极性溶剂中的分散性，缓解了石油沥青与静电纺丝过程不兼容的问题，成功制备了石油沥青基复合纳米纤维。

2）通过前驱液调变调节氧化改性沥青 A-Asphalt 与 PAN 的质量比，探究出 A-Asphalt 与 PAN 可进行混纺的质量比最高为 3∶1，能够显著减少 PAN 的用量，降低生产成本。A-Asphalt 颗粒能够防止纤维产生裂纹扩展，含氧官能团与 PAN 中的—C≡N 官能团之间形成电荷转移复合物，使石油沥青与其周围的聚合物链之间存在强界面键合。综上原因，石油沥青基碳纳米纤维中形成了致密、坚固、柔韧的碳纳

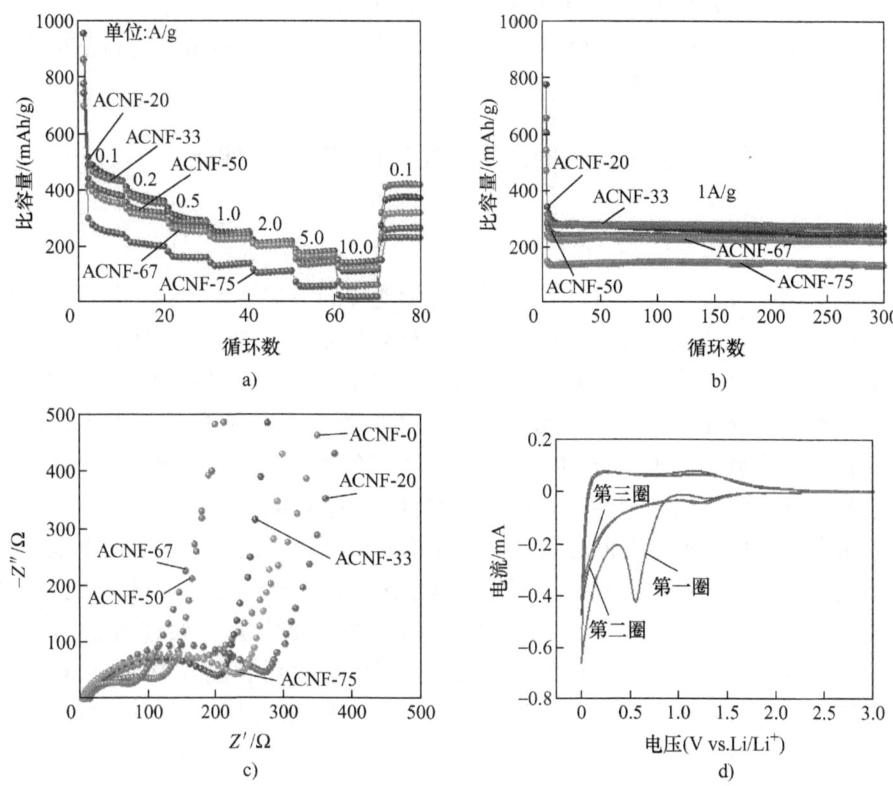

图 3-87 ACNF-X 的 a）倍率性能对比图；b）1A/g 电流密度下循环性能对比图；c）交流阻抗对比图和 d）ACNF-67 在 0.1mV/s 的扫描速率下前 3 圈循环的循环伏安曲线

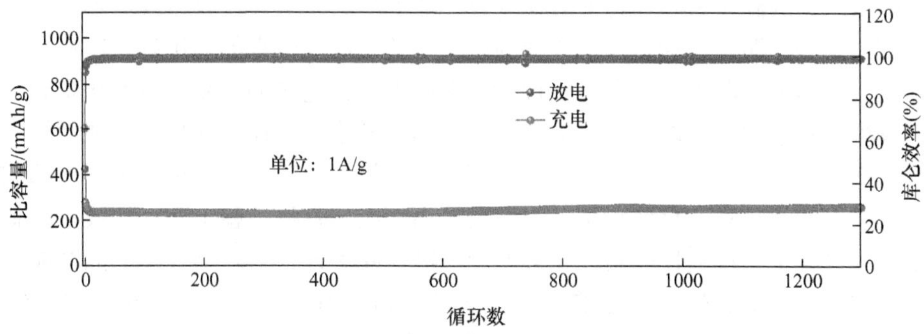

图 3-88 ACNF-67 在 1A/g 的电流密度下长循环性能测试图

米纤维骨架，表现出优异的力学性能，具备良好的柔韧性和机械强度，可以作为柔性电极直接使用。

3）化学改性过程中引入的含氧官能团能提供更多的活性位点，提高储锂能力。在降低生产成本同时保证电化学性能的基础上，A-Asphalt 与 PAN 最优的质量比为 2∶1（即 ACNF-67）。在 1A/g 的电流密度下 ACNF-67 的可逆容量可达纯 PAN 基碳纳米纤维（ACNF-0）的 85.3%，从第 2 圈循环开始单圈循环的容量损失不足 0.001%，具有优异的长循环稳定性。

3.4.3 石油沥青基碳纳米纤维的结构改性及其超级电容性能

1. 引言

电化学储能设备是未来发展安全、可持续能源的关键因素之一。与锂离子电池等二次电池相比，超级电容器充电时间短、循环寿命长、维护成本低、运行安全，充电不受电极中离子扩散的限制，因此功率密度更高。在需要高功率传输的场合，超级电容器能够补充甚至取代电池。超级电容器是在电极/电解质界面上，通过静电或电化学离子吸附快速积累/释放电荷的大功率储能设备。根据电荷存储机理，超级电容器分为双电层电容器（EDLC）和赝电容电容器。

超级电容器存在的主要问题是其能量密度和电压窗口远低于锂离子电池，严重限制了其实际应用，目前已经有许多优化方法来克服上述问题，如材料改性、开发新材料、优化电压窗口等。RuO_2 的高成本和水电解质中大多数过渡金属化合物（以氧化锰为代表）的电化学不稳定性限制了赝电容材料在超级电容器中的应用。大多数赝电容材料电导率低、电子传导效率差，与 EDLC 相比，电极电阻高、功率密度低。大多数商业上可用的电极材料为多孔碳电极组成的 EDLC。EDLC 可进行不限流充电，充电次数可达 10^6 以上，其优异的电化学性能归因于高度可逆的离子吸附机理，这种电荷存储机制不仅保证了能量的快速吸收和传输，还避免了电极材料的膨胀。

纳米结构的碳质材料作为 EDLC 电极得到了广泛的研究，但多数纳米结构电极仍然存在一些问题，包括耗时、复杂的制造工艺、活性位点的利用有限和成分适应性不理想。为了克服上述问题，合理设计超级电容器电极的形貌、表面化学和电子结构是提高其电化学性能的有力途径。一维纳米纤维可以通过缺陷、官能团等方法进行修饰，灵活构建特殊结构，同时具有独特的量子效应，这对于解决当前超级电容器开发中的挑战具有重要意义。开发高倍率性能、长循环稳定性、低成本的新型柔性电极材料是实现高性能超级电容器的关键，在保证电荷存储性能的同时能够承受较大的变形应变。静电纺丝纳米纤维和纳米毡具有表面积大、孔隙率高、密度低、定向性好、成分可调等优点，是制造超级电容器等电化学储能器件的理想材料。虽然采用 KOH 活化增大比表面积的方法已经十分成熟，但应用在粉末状的固体材料，而受固体分布不均和机械性能差的影响，静电纺丝制备的 PAN 衍生碳纤维不能用 KOH 进行活化。

本节在使用不同浓度的 KOH 溶液浸泡现有的石油沥青基碳纳米纤维材料后进行活化处理，将活化后的材料应用于超级电容器。实验结果表明，KOH 活化后材料的比表面积显著增加，电化学性能得到提升，此外材料的整体性能够完整保留下来，作为柔性超级电容器电极具有较高的应用潜力。

2. 石油沥青基碳纳米纤维用作超级电容器电极的优势

静电纺丝制备的碳纳米纤维具有较大的长径比、高导电性，电解质在其中的扩散路径短，有利于提高电化学性能。而图3-89a ACNF-67的截面图显示碳纤维在其中排列疏松，为碳纤维和电解液之间的润湿提供了足够的空间。更重要的是，静电纺丝为制造无黏结剂柔性超级电容器器件提供了可能性，特别是一些柔性设备要求具备出色的机械性能，而目前大多数碳纤维材料的力学性能较差。本章制备的石油沥青基碳纳米纤维（ACNF）所具备的优异的机械性能对开发柔性超级电容器具有重要意义。图3-89所示为ACNF在去离子水中浸泡一周前后的对比，ACNF在浸泡一周后仍能完整取出，保持其整体的完整性，这为柔性超级电容器的制备提供了可能。

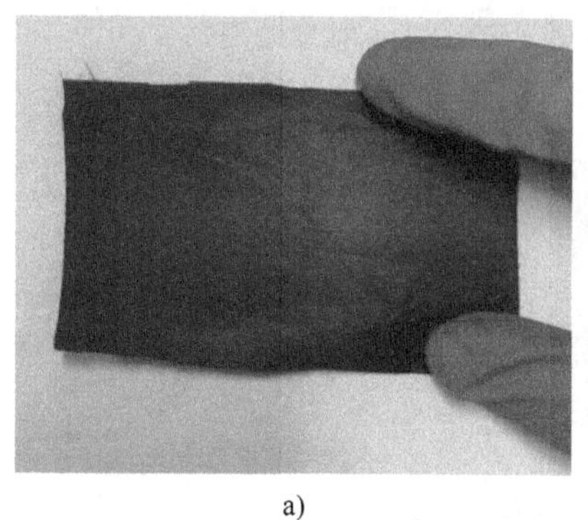

a)

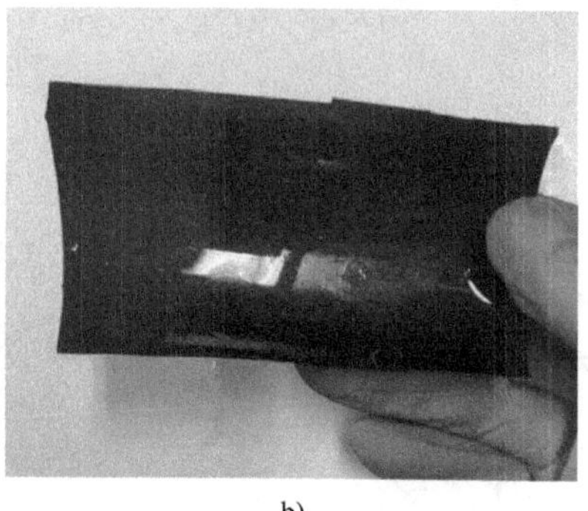

b)

图3-89 ACNF在去离子水中浸泡一周前a）后b）对比

由于电阻较大，碳材料在有机电解质中的双电层电容远比在水系电解质中低得多。碳材料作为双电层电容器电极不仅要具有较大的比表面积，还要具有良好的亲水性。图3-90所示为ACNF在500℃和800℃下碳化后水接触角测试，由图可知，在不同温度下碳化的ACNF的水接触角几乎为0°，具有极强的亲水性。

3. 实验部分

多孔石油沥青基碳纳米纤维PCNF-X的制备流程图如图3-91所示，主要包括：

1）静电纺丝制备石油沥青基复合纤维前体。

2）低温碳化制备ACNF，制备ACNF-67，碳化温度选用500℃，命名为ACNF-L。

3）高温活化制备多孔石油沥青基碳纳米纤维PCNF-X：将步骤2）中在较低温下碳化得到的ACNF-L在不同浓度的KOH溶液中浸泡24h，取出后室温晾干。将浸泡过KOH的ACNF转移到管式炉中，在氩气氛围中碳化，升温速率为5℃/min，碳化温度为800℃，保温2h；冷却后加入过量浓度为1mol/L的HCl，水洗多次至

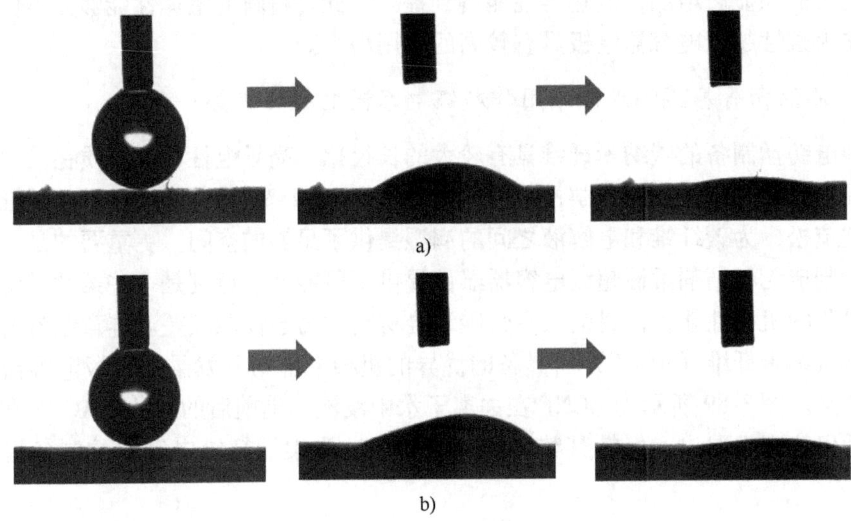

图 3-90　ACNF 在 500℃和 800℃下碳化后水接触角测试

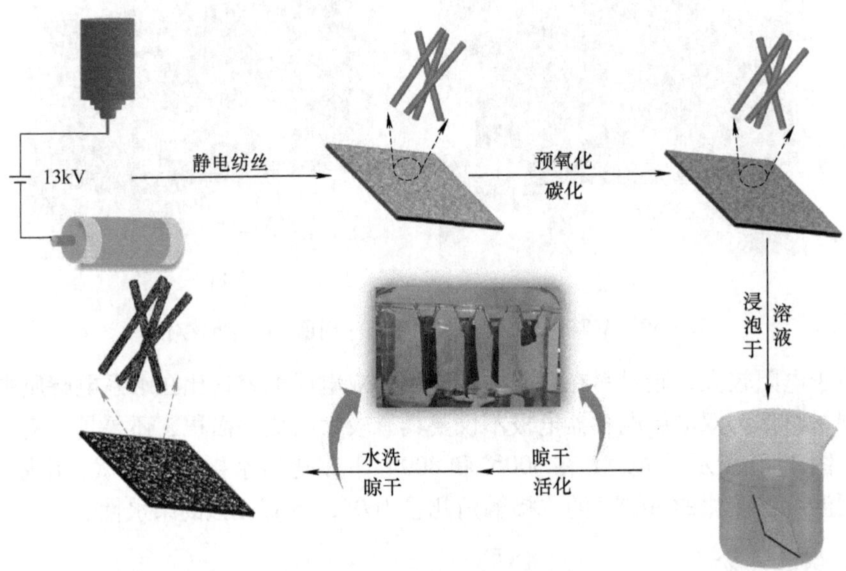

图 3-91　PCNF-X 的制备流程图

水洗液呈中性，得到的多孔石油沥青基碳纳米纤维材料命名为 PCNF-X（X 表示所用 KOH 溶液的摩尔浓度）。

4. 实验结果与讨论

（1）KOH 浓度范围选择

以 KOH 为活化剂对碳材料进行化学活化的优点在于活化温度低、产率高、活

化时间短。此外，KOH 活化还可以有效地在碳材料的框架内生成微孔和小介孔。研究表明，KOH 活化过程中会发生一系列反应：

$$6KOH + 2C \rightarrow 2K + 3H_2 + 2K_2CO_3 \tag{3-5}$$

$$K_2CO_3 \rightarrow K_2O + CO_2 \tag{3-6}$$

$$CO_2 + C \rightarrow 2CO \tag{3-7}$$

$$K_2CO_3 + 2C \rightarrow 2K + 3CO \tag{3-8}$$

$$C + K_2O \rightarrow 2K + CO \tag{3-9}$$

$$2KOH \rightarrow K_2O + H_2O \tag{3-10}$$

目前被广泛认可的 KOH 活化机制有三种：1）如反应(3-5)、(3-8) 和(3-9) 所示，含钾化合物作为化学活化剂与碳发生氧化还原反应刻蚀碳骨架，生成孔隙网络，称为化学活化；2）反应(3-6) 中生成的 CO_2 和(3-10) 中生成的 H_2O 对碳有气化作用，推动孔隙进一步发育，称为物理活化；3）反应(3-5)、(3-8)、(3-9) 中生成的金属钾能插入碳基体的晶格中，引起晶格膨胀。通过洗涤去除金属钾和其他含钾化合物后，膨胀的碳晶格不能恢复到之前的无孔结构，从而产生了高比表面积所需要的大量微孔。

将低温下得到的 ACNF-L 分别用 1mol/L、3mol/L 和 6mol/L 的 KOH 溶液浸泡 24h 后进行实验，将得到的材料的实物图展示在图 3-92 中。从图中可以看出，KOH 溶液的浓度为 1mol/L 时，ACNF-L 的整体性保持完好；为 3mol/L 时，表面有明显裂痕；为 6mol/L 时，ACNF-L 已经被完全刻蚀。所以选择用于活化的 KOH 溶液浓度范围为 0.5 ~ 3mol/L。

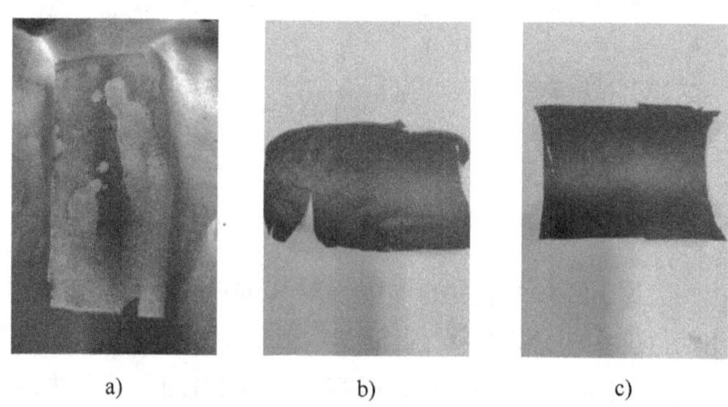

图 3-92　ACNF-L 分别用 1mol/L、3mol/L 和 6mol/L 的 KOH 溶液活化后的图片

表 3-11 中总结了在采用不同浓度 KOH 溶液进行活化处理过程中进行各个操作步骤后得到样品的质量。ACNF 中纤维的疏松排列以及超强的亲水性有利于 KOH 溶液的渗透。在质量、面积保持相近的情况下，ACNF-L 浸泡 24h 后附着的 KOH 质量随 KOH 溶液浓度增大而增大，由于 KOH 对碳基体的刻蚀作用，最终得到的 PCNF-X 的质量即碳收率逐渐减小。

表 3-11　ACNF-L 各步处理后的质量

KOH 溶液浓度/(mol/L)	ACNF-L 质量/g	浸泡 24h 后干重/g	KOH 附着量 Δm_1/g	酸洗后干重/g	ACNF-L 质量损失量 Δm_1/g	碳收率（%）
0.5	0.1138	0.1768	0.0630	0.0835	0.0303	73.4
1.0	0.1136	0.2405	0.1270	0.0739	0.0397	65.1
2.0	0.1110	0.3180	0.2070	0.0537	0.0573	48.4
3.0	0.1122	0.4510	0.3388	0.0358	0.0764	31.8

（2）形貌结构表征

图 3-93a 和 b 所示分别为 PCNF-X 的 XRD 图和拉曼图谱。XRD 测试结果中，PCNF-X 仅在 24°左右存在一个强度较弱的（002）峰，表明其为非晶态碳结构。拉曼图谱中 PCNF-2 和 PCNF-3 的 I_D/I_G 的值明显低于 PCNF-0.5 和 PCNF-1，这是由于 KOH 在高温下活化刻蚀碳基体的同时刻蚀去除了与碳结合的氮、氧等杂原子，KOH 对碳基体的活化程度增强，杂原子数量减少，缺陷程度降低。

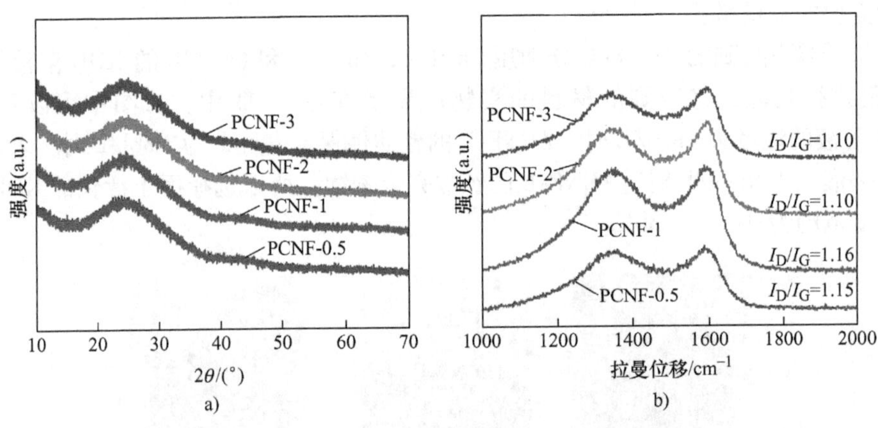

图 3-93　PCNF-X 的 a）XRD 图和 b）拉曼图谱

为了观察 ACNFs 用 KOH 活化后的形貌，对其进行了 SEM 和 TEM 测试。图 3-94 所示为 KOH 活化后得到的 PCNF-X 的 SEM 图，其中图 3-94a ~ d 所对应的 KOH 溶液浓度逐渐增大。在 KOH 溶液浓度不高于 2mol/L 时，纤维的串珠状结构明显，结构的整体性保持完整；当 KOH 溶液浓度为 3mol/L 时，纤维明显断裂，长径比降低，碳纳米纤维不能保持完整、连续的一体化结构，PCNF-3 的机械性能明显变差。

采用 TEM 和 HRTEM 进一步观察 KOH 活化对纤维形貌结构的影响。以 PCNF-1 为例，图 3-95a 中观察到的单根碳纤维内部颜色均匀，没有观察到类似于图 3-95b 的双层结构，表明 KOH 高温活化过程中对 ACNF 复合纤维的外层碳基体有较强的刻蚀作用。图 3-95b PCNF-1 的 HRTEM 图像没有明显的晶格条纹，PCNF-1 仍保持

非晶态结构。

图 3-94 a) PCNF-0.5、b) PCNF-1、c) PCNF-2 和 d) PCNF-3 的 SEM 图像

图 3-95 PCNF-1 的 a) TEM 图像和 b) HRTEM 图像

从图 3-96a 和 b 的 N_2 吸脱附等温曲线来看，ACNF 是Ⅳ型吸附曲线，N_2 吸附量较低。而经过 KOH 活化后的 PCNF-X 均表现为 I 型吸附曲线，具有典型的微孔特征：在低压区（$P/P_0<0.05$）吸附量显著增加，在中压区（$0.05<P/P_0<1.0$）吸附量趋于稳定，在高压区（$P/P_0>1.0$）略有倾斜。图 3-96c 和 d 的孔径分布结

果显示，PCNF-X 中存在大量微孔，孔径集中分布在 1nm 以下，而 ACNF 的孔结构以小介孔为主，孔径集中分布在 2～5nm 处。ACNF 和 PCNF-X 样品的孔结构参数见表 3-12，由于没有进行活化，ACNF 中的孔结构主要来自碳纳米纤维之间的相互堆积，孔径较大。采用 KOH 进行活化后，比表面积从 ACNF 的 $184m^2/g$ 增加到 PCNF-3 的 $2510m^2/g$，表明该过程成功在碳纤维中引入了大量微孔结构。大量微孔的存在有利于提供更多的活性位点，以此来存储能量。

由于 KOH 活化机制是内部反应，释放气体形成孔隙，因此形成的孔隙结构杂乱、不规则。介孔有利于离子快速传输，实现高倍率性能；微孔可以提供更多的离子吸附位点，提升容量。从表 3-12 可以看出，随着 KOH 浓度的不断提高，PCNF-X 的比表面积逐渐增大，这与各个材料附着的 KOH 量不同有关。材料能够接触的 KOH 越多，则能够产生更多的孔隙。但活化剂用量过多会导致早期活化形成的孔隙再次活化进而坍塌形成大孔道，因此 PCNF-X 的孔体积中微孔所占的比例呈现逐渐减小的趋势，PCNF-0.5 中微孔所占比例高达 95.0%，相比之下 PCNF-3 的微孔比例仅有 59.6%。图 3-96c 孔径分布曲线显示，虽然孔径均小于 1nm，但 PCNF-3

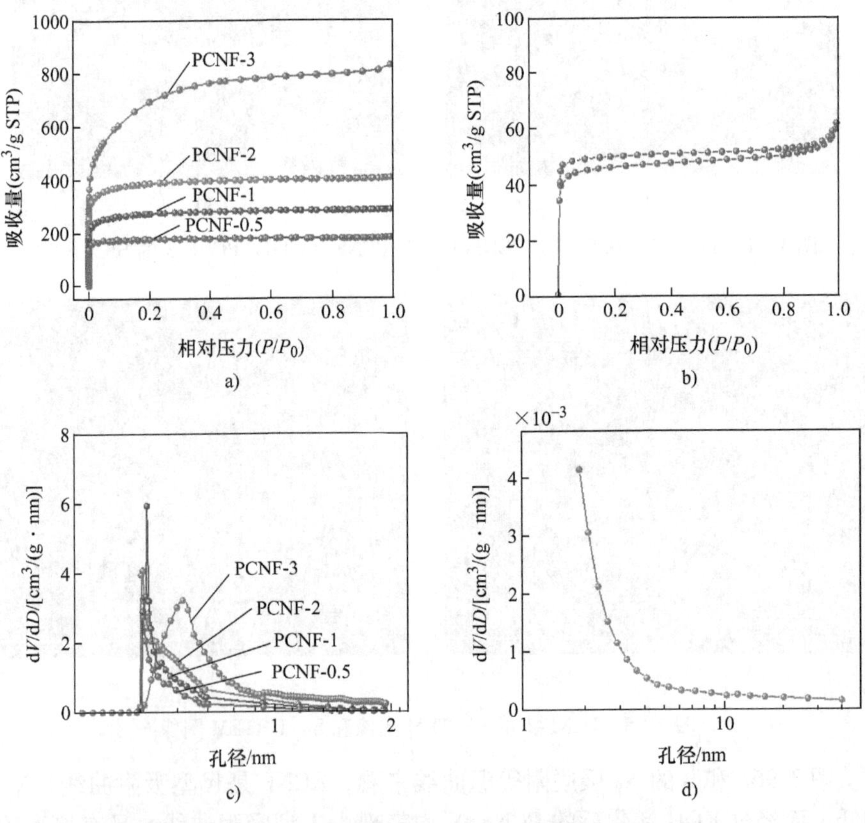

图 3-96 a）和 b）PCNF-X 和 ACNFs 的 N_2 吸脱附曲线；c）和 d）PCNF-X 和 ACNFs 的孔径分布图

的微孔集中分布在0.58nm处，而其他三个材料微孔集中分布在0.45nm处，PCNF-3的孔径明显大于另外三个样品。在活化过程中孔在与KOH的反应中不断扩大，微孔被过度活化会逐渐发展成介孔或者大孔，直到纤维断裂，碳纳米纤维被逐渐分解成长径比较低的小段。因此导致了图3-96d中碳纳米纤维的微观结构被破坏，不能保持完整、连续的一体化结构。

表3-12　ACNF和PCNF-X样品的孔结构参数

样品	D_{ap}/nm	S_{BET}/（m^2/g）	S_{mic}/（m^2/g）	V_t/（cm^3/g）	V_{mic}/（cm^3/g）	V_{mic}/V_t（%）
ACNFs	9.75	184	171	0.096	0.066	68.6
PCNF-0.5	3.20	686	678	0.281	0.267	95.0
PCNF-1	2.79	1043	953	0.443	0.390	88.0
PCNF-2	2.71	1487	1404	0.627	0.557	88.8
PCNF-3	3.41	2510	1569	1.132	0.675	59.6

利用X射线光电子能谱（XPS）对PCNF-X的表面进行表征。结果显示，图3-97所示使用不同浓度KOH溶液进行活化得到的PCNF-X的XPS高分辨N 1s谱中均存在三种氮构型，分别是吡啶N（397.8eV）、吡咯N（399.8eV）和石墨N（401.0eV）。由于ACNF的碳基体中同时存在氮、氧两种元素，高温下KOH对碳基体进行刻蚀活化时会损失一部分C附近的杂原子。XPS结果显示，与ACNF-67的XPS高分辨N 1s谱图相比，KOH活化后制备的所有材料PCNF-X的石墨N（401.0eV）的峰强度明显减弱，氧化N（402.0eV）的峰消失，证实了上述观点。

XPS测得的PCNF-X的元素含量及N元素构成见表3-13，X数值越大表示选用的KOH溶液浓度越高。结果显示，KOH的用量不仅能够影响PCNF-X的比表面积，同时能够调整它们表面的化学组成。KOH溶液浓度越大，则所制备的PCNF-X材料中N元素含量越低、O元素越高，这是由于N元素来自于PAN分子中的—C≡N官能团，广泛存在于ACNF的前体PAN中，而ACNF表面的O来源于预氧化过程，O与C的结合较弱，因此KOH活化刻蚀碳基体的过程中对N元素的含量影响更大。

表3-13　PCNF-X的元素含量及N元素构成

样品	元素含量（at%）			N元素构成（%）		
	C	N	O	N-6	N-5	N-Q
PCNF-0.5	87.60	8.59	3.81	46.21	29.83	23.96
PCNF-1	88.77	6.18	5.05	40.00	32.68	27.32
PCNF-2	88.07	5.90	6.03	42.35	34.00	23.65
PCNF-3	88.93	3.80	7.27	30.75	44.15	25.10

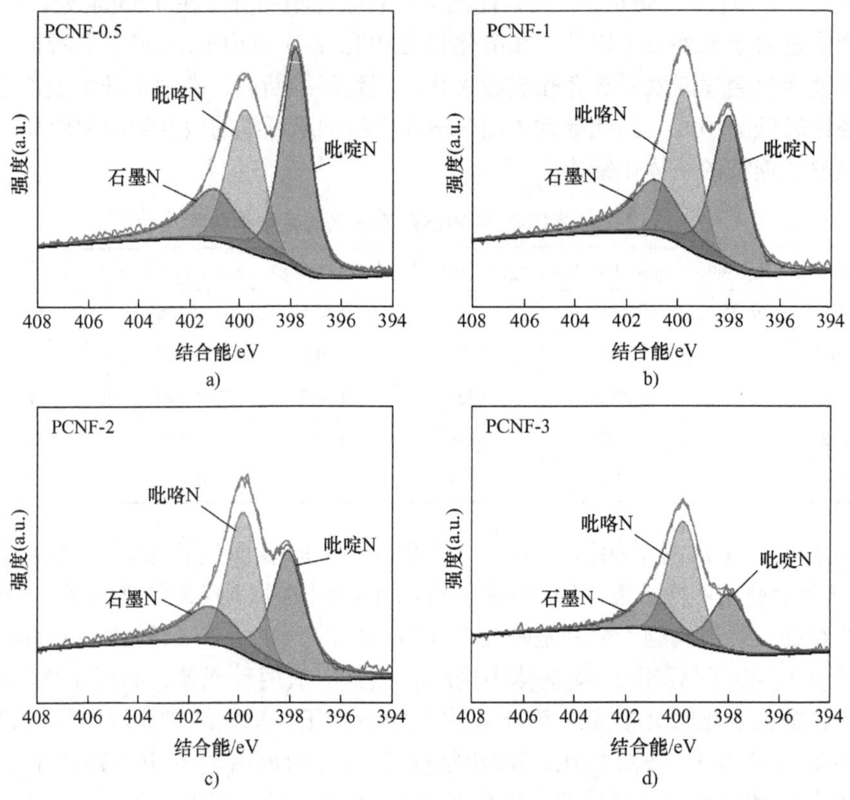

图 3-97 PCNF-X 中 N 1s 的 XPS 高分辨图谱

在 N 的三种构型中，吡啶 N 和吡咯 N 均具有良好的电子供体特性，特别是吡啶 N 中的孤对电子能够进一步提高电子云密度，改善碳材料的电导率，还有助于产生赝电容。此外，与碳基体结合紧密的石墨 N 能够提高碳骨架的电导率。因此，高氮含量有利于提升材料的电容性能。虽然材料表面的含氧官能团能够提高材料表面的亲水性，在水系电解液中有助于电解液在电极中的渗透，但高氧含量导致电导率差会严重影响材料的倍率性能，在一些研究中研究者甚至采用额外的处理方法降低氧含量以提升材料的电化学性能。

（3）电化学性能

石油沥青在碳纳米纤维内部形成完整的增强相和导电网络中发挥着双功能作用，确保了使用 KOH 活化制备的 PCNF-X 同时具有高表面积、良好的导电性和坚固的力学性能。为了评价所制备的样品的电化学性能，将 PCNF-X 冲压成直径为 12mm 的圆形电极片，在 6mol/L 的 KOH 水溶液中组装成三电极进行电化学性能测试。在三电极测试中，PCNF-X 的 CV 曲线（见图 3-98a）呈类矩形，恒流充放电曲线（见图 3-98b）呈等腰三角形，表明 PCNF-X 均具有良好的双电层电容行为。在电压区间 -1.0 ~ -0.4V 的范围内，CV 曲线随 Hg/HgO 参考值的变化有轻微的

畸变，具有明显的氧化还原峰，表明碳材料具有碳含量对双电层电容（EDLC）贡献和具有电化学活性的氮原子的赝电容贡献。这是由于ACNF-X中存在残留的杂原子，这与XPS结果相对应。这些杂原子官能团在充放电过程中可以与电解质离子进行表面氧化还原反应，产生一定的赝电容。

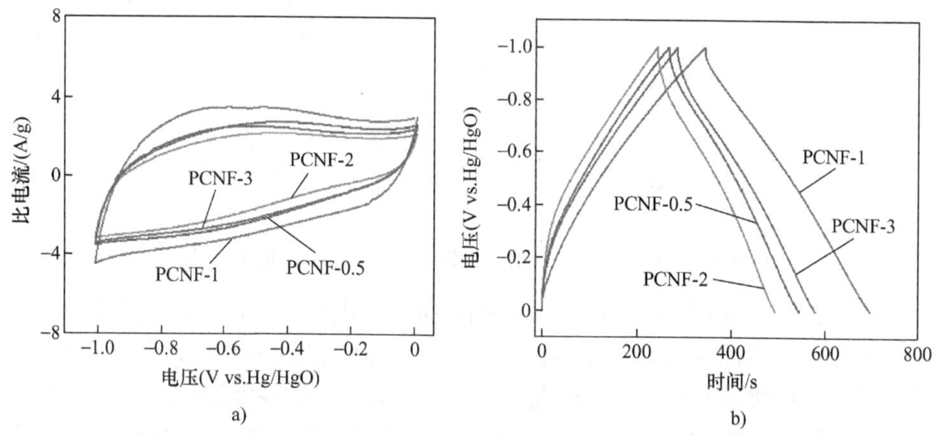

图3-98　a）扫描速率为$10mV^{-1}$的循环伏安曲线和b）1A/g电流密度下的GCD曲线

为了进一步验证PCNF-X的快速充放电的能力，将所制备的各个样品在电压窗口为−1～0V、不同扫描速率下进行循环伏安测试，结果如图3-99所示。在10mV/s的低扫描速率下，PCNF-X的CV曲线呈类矩形，随着扫描速率增大曲线形状逐渐发生变化，当扫描速率增大到100mV/s，明显呈梭形。这是由于扫描速率增大会加速电解液的传输速度，增大离子扩散阻力，导致CV曲线发生变形。CV曲线的积分面积与材料的容量相关，循环伏安测试结果显示，在采用不同浓度的KOH溶液活化制备的四个样品中，PCNF-1的曲线积分面积最大，这意味着PCNF-1具有更高的比容量。

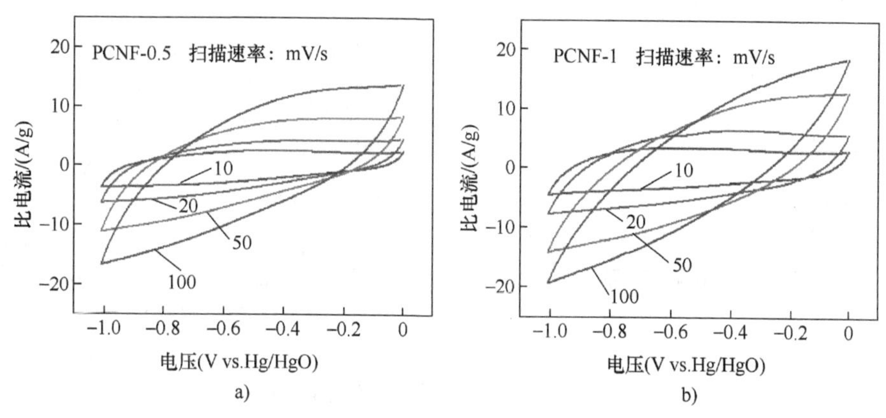

图3-99　PCNF-X在不同扫描速率下的循环伏安曲线

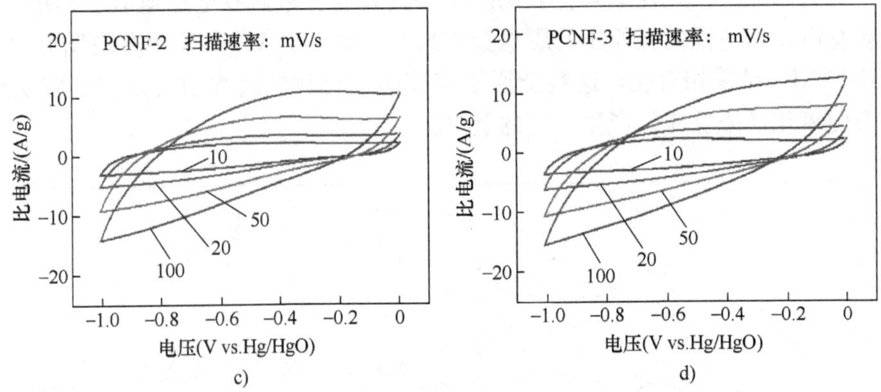

图 3-99 PCNF-X 在不同扫描速率下的循环伏安曲线（续）

对于非理想电容器，由于电阻（接触电阻、孔电阻、电解液电阻等）的存在，在不同电流密度下测得的电容是不相同的。图 3-100 和图 3-101 所示为将 PCNF-X 分别组装成三电极在 6mol/L KOH 电解液中进行的电化学性能测试。从图 3-100 中的 GCD 测试结果能够看出，当电流密度增大，PCNF-X 的放电时间减少，容量降低。在 1mA/cm^2 的电流密度下，PCNF-1 的面积比容量高达 1035.2mF/cm^2，当电流密度增大至 20mA/cm^2，其面积比容量仍能达到 592.0mF/cm^2，面积比容量的保持率为 57.2%。而相比之下与 PCNF-1 面积载量相近（2.69mg/cm^2）的 PCNF-0.5（2.76mg/cm^2）、PCNF-2（2.71mg/cm^2）和 PCNF-3（2.19mg/cm^2）在 20mA/cm^2 的电流密度下的面积容量保持率仅有 39.4%、33.5% 和 36.6%，面积比容量明显低于 PCNF-1，如图 3-101a 和 b 所示，表明 PCNF-1 具有最优的倍率性能。这与不同质量电流密度下的测试结果一致，PCNF-1 在 1A/g 时的质量比电容高达 342F/g，与现有的文献报道相比具有较高的优势[68-73]。这主要归因于 PCNF-1 较高的比表

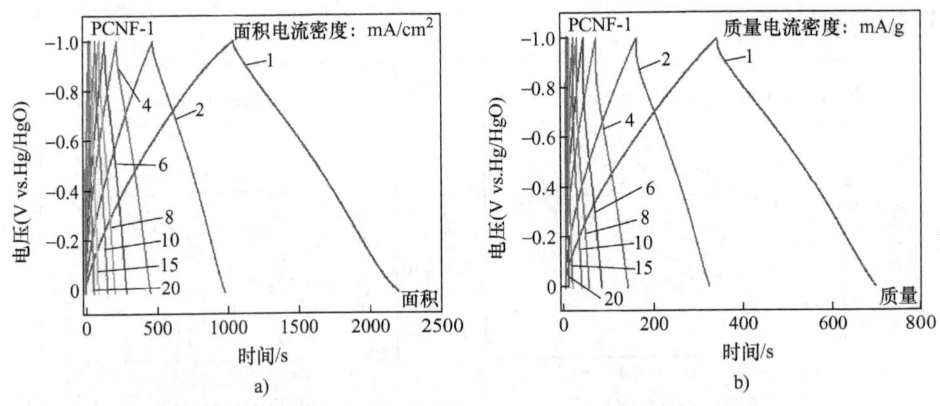

图 3-100 PCNF-1 在 a）不同面积电流密度（mA/cm^2）和 b）不同质量电流密度（mA/g）下的 GCD 曲线

面积、分布均匀的大量微孔以及较高的杂原子含量的协同作用。高比表面积可以提供丰富的活性位点来容纳电荷，从而产生高比电容；长径比高的碳纳米纤维具有较小的离子传输阻力和较短的离子扩散路径；丰富的杂原子可以提供赝电容。

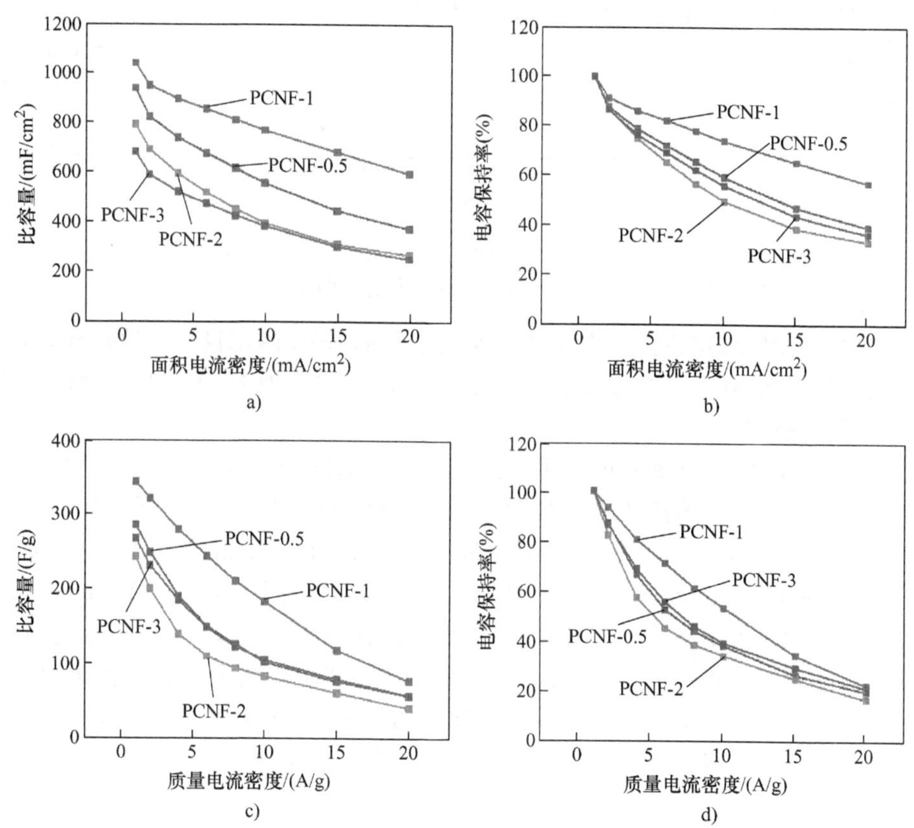

图 3-101 PCNF-X 在不同面积电流密度（mA/cm^2）的 a）比容量和 b）电容保持率 PCNF-X 在不同质量电流密度（A/g）的 c）比容量和 d）电容保持率

图 3-102 所示为 PCNF-1 分别在 $20mA/cm^2$ 和 20A/g 的电流密度下循环 10000 圈的长循环性能。在 10000 圈循环后，PCNF-1 的面积比容量和质量比容量分别为 $622mA/cm^2$、100F/g，容量保持率分别为首次放电容量的 83.3% 和 64.1%，没有明显衰减，表明其具有优异的长循环稳定性。

（4）小结

1）本节以石油沥青基碳纳米纤维为基础制备超级电容器用高性能一体化负极材料。以 KOH 溶液浸泡材料代替 KOH 固体与材料研磨混合这一传统的活化方案，采用两步碳化的方式制备了具有多孔结构的碳纳米纤维，其中石油沥青基碳纳米纤维良好的机械性能和较强的亲水性是该实验方案具备可行性的基础，可以与本章所提到的石油沥青基碳纳米纤维同时进行批量生产。

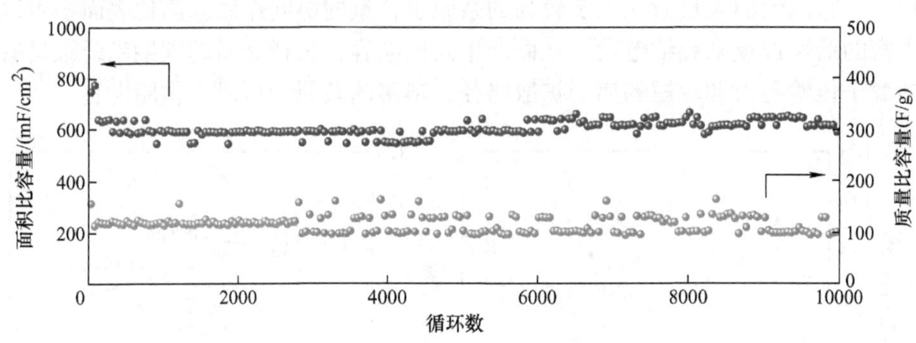

图 3-102 PCNF-1 分别在 20mA/cm^2（深灰）和 20A/g（浅灰）的电流密度下循环 10000 圈的长循环性能

2）KOH 溶液的浓度能够影响参与活化过程的 KOH 的用量，通过调节 KOH 溶液浓度，确定 KOH 溶液的最优浓度：当 KOH 溶液浓度为 1mol/L 时，制备出的材料具有最优的性能。

3）通过 KOH 活化制备的四个样品，比表面积较 ACNFs 均有较大提升。高比表面积可以提供丰富的活性位点来容纳电荷，从而产生高比电容；长径比高的碳纳米纤维具有较小的离子传输阻力和较短的离子扩散路径，丰富的杂原子可以提供赝电容。PCNF-1 展现出最好的电化学性能，在 6mol/L 的电解液中，1mA/cm^2 电流密度下，面积比容量高达 1035mF/cm^2，当电流密度增大至 20mA/cm^2，其面积比容量仍能达到 592mF/cm^2，在 20mA/cm^2 和 20A/g 的高电流密度下经过 10000 圈循环后面积比容量和质量比容量分别为 622mA/cm^2 和 100F/g，电容保持率分别为首次放电容量的 83.3% 和 64.1%，具有优异的长循环稳定性。

第 4 章 电解质结构与材料

4.1 引言

超级电容器主要由电极材料、集流体、隔膜和电解液组成，作为超级电容器的重要组成部分，由溶剂和电解质盐构成的电解质是极为重要的研究领域，不同类型的电解液往往对超级电容器性能产生较大影响[74]。然而，相对于电极材料，人们对超级电容器电解质的关注却相对较少，专门对电解质进行讨论的综述或评论寥寥无几，因此本文从水系、有机体系、离子液体以及固态电解质等几个方面重点讨论了 2000 年以来超级电容器电解质发展的历程，尤其是近 5 年以来超级电容器电解质的重要理论和技术突破。超级电容器对电解质的性能要求主要有以下几方面：①电导率要高，以尽可能减小超级电容器内阻，特别是大电流放电时更是如此；②电解质的电化学稳定性和化学稳定性要高，根据储存在电容器中的能量计算公式 $E = CU^2/2$（C 为电容容量，U 为电容器的工作电压）可知，提高电压可以显著提高电容器中的能量；③使用温度范围要宽，以满足超级电容器的工作环境；④电解质中离子尺寸要与电极材料孔径匹配（针对电化学双电层电容器）；⑤电解质要环境友好。

4.2 电解液概述

电解质在电化学超级电容器（Electrochemical Supercapacitor，ES）的整体性能中起着重要的作用。它们对双层膜的形成和孔隙对电解质离子的可达性起着至关重要的作用。正常情况下，电解质电极间的相互作用和电解质的离子电导率对内阻起着重要作用。电解液在不同单元工作温度下的稳定性差，以及在高速率下的化学稳定性差，会进一步增加 ES 内部的电阻，降低循环寿命[75]。

具有高化学和电化学稳定性的电解质允许更大的电位窗，而不会破坏性能特性。为保证 ES 的安全运行，电解质材料应具有低挥发性、低易燃性、低腐蚀电位。表 4-1 ~ 表 4-3 显示了不同电解质的范围，以及几个重要操作特性。在选择电解质时，每种溶剂都表现出不同程度的离子相容性、电压稳定性、大小和反应关系。固体聚合物电解质正变得越来越受欢迎，因为它减少了泄漏的担忧且具有更大的潜力。

表 4-1　有机和无机电解质的可用离子源

电解质	离子尺寸/nm	
	阳离子	阴离子
有机电解质		
$(C_2H_5)_4N \cdot BF_4(TEA^+BF_4^-)$	0.686	0.458
$(C_2H_5)_3(CH_3)N \cdot BF_4(TEMA^+BF_4^-)$	0.654	0.458
$(C_4H_9)_4N \cdot BF_4(TBA^+BF_4^-)$	0.83	0.458
$(C_6H_{13})_4N \cdot BF_4(THA^+BF_4^-)$	0.96	0.458
$(C_2H_5)_4N \cdot CF_3SO_3$	0.686	0.54
$(C_2H_5)_4N \cdot (CF_3SO_2)_2N$ (TEA^+TFSI^-)	0.68	0.65
无机电解质		
H_2SO_4	—	0.533
KOH	0.26①	—
Na_2SO_4	0.36①	0.533
NaCl	0.36①	—
$Li \cdot PF_6$	0.152②	0.508
$Li \cdot ClO_4$	0.152②	0.474

① 水合离子的斯托克斯直径；

② 聚碳酸酯（Poly Carbonate，PC）的直径，取决于所用溶剂。

表 4-2　ES 可用有机溶剂和水溶剂的基本性质

溶　剂	熔点/℃	黏度/(mPa·s)	介电常数 ε
乙腈	-43.8	0.369	36.64
γ-丁内酯	-43.3	1.72	39
丙酮	-94.8	0.306	21.01
碳酸丙烯酯	-48.8	2.513	66.14

表 4-3　各种电解质溶液在室温下的电阻和电压

电解质溶液	密度/(g/cm³)	导电性/(mS/cm)	电势窗 ΔU
水，KOH	1.29	540	1
水，KCl	1.09	210	1
水，硫酸	1.2	750	1
水，硫酸钠	1.13	91.1	1
水，硫酸钾	1.08	88.6	1
碳酸丙烯酯，Et_4NBF_4	1.2	14.5	2.5~3
乙腈，Et_4NBF_4	0.78	59.9	2.5~3
离子液体，$EtMeIm^+BF_4$	1.3~1.5	8(25℃) 14(100℃)	4 3.25

ES 中的电压受到单元内部材料在较高电压下击穿的限制。因此，电位必须保持在一个特定的范围内。在实验中，在低电压或高电压下的副反应的演化可以被看作电压谱两端急剧漂移的电流尾巴。通过控制电势窗，可以在所利用的电势谱的两端避免由于分解而产生的氧化还原反应（见图 4-1）。

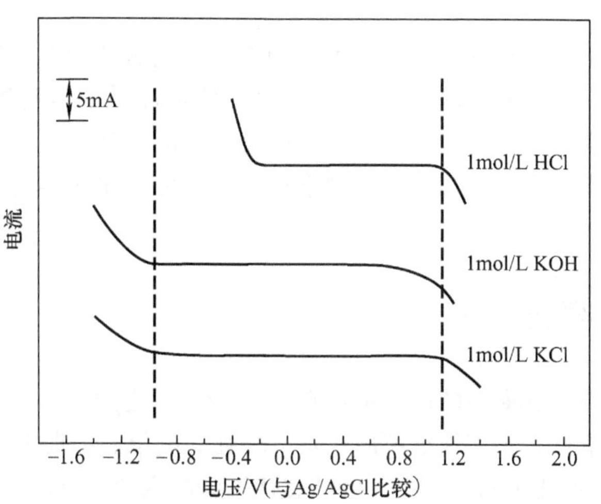

图 4-1　稳定铂电极测试中各种电解质的气体析出

图 4-1 中显示了当三电极单元使用大窗口时，通过水分解产生的氧化还原反应。分解电位取决于电解质及其与溶剂和电极材料的相互作用。在某些情况下，可以利用稳定剂来防止分解反应和增加电位。这一概念将在本章的具体材料中进行更详细的讨论。在测试和设计单元以优化性能和循环寿命时，要考虑分解的影响。

4.3　水电解质

水电解质因其低成本、低利用率而得到广泛的应用。离子来源包括氢氧化钾、氯化钾和硫酸。水电解质在新型 ES 材料的开发阶段应用最为广泛。这是由于几个关键因素，包括高离子电导率、高迁移率和低危害水平。此外，水电解质可以在开放的环境中使用，不像有机电解质那样需要无水环境。

碱、盐和酸电解质的范围使电极材料的设计更容易，这些材料需要特定的离子相互作用机制，以获得最佳性能，并通过不耐腐蚀的氧化还原反应避免集电极腐蚀。例如，氯化钾（KCl）是一种安全的、离子导电的中性盐，具有易于处理的特性。采用氯化钾电解液和玻碳板作为集流器进行试验，效果良好，安全可靠。然而，氯离子会攻击大量的金属。这就排除了低成本的金属箔，如不锈钢、镍和铝用于收集电流。

水电解质的缺点包括腐蚀和低稳定性电势窗（ΔU）问题，影响单元性能和稳定性。系统中的酸性或碱性 pH 条件会导致收集器和包装老化材料的腐蚀[76]。腐蚀反应会降低系统性能，降低循环寿命。相反，由于水的电压稳定性较差，水电解质表现出水的分解作用，在低电位（约 0V）时产生氢气，在高电位范围（约 1.2V）时产生氧气。

单元破裂会威胁自身安全，缩短生命周期。水电解质系统必须采取预防措施，以限制电压增益，从而避免破裂。因此，大多数水体系的电势窗被限制在 1V 左右。电晶体的低电压稳定性极大地限制了电晶体的能量和功率密度。相反，表 4-3 中所示的水溶性电解质的较高离子电导率和迁移率可转化为 ES 的最佳电容和较低的内部单元电阻。

4.4 有机电解质

有机电解质由于其潜在的操作窗口在 2.2 ~ 2.7V 之间，目前主导着商用 ES 市场。因为有机电解质在水溶液电解质上具有增强的电位窗和提供的中等离子传导能力[77]。大多数装置使用乙腈，而其他装置使用碳酸丙烯溶剂。

如果在高峰运行期间使用有机电解质，动力控制系统可以暂时将单元充电到 3.5V。电势窗越大，消费者和工业市场对能源和电力的需求就越大。当使用较大的 ES 模块时，这些好处会更加复杂。需要更少的组件来满足模块大小的要求。较少的单元平衡和连接元件是必需的，较少的寄生电阻产生于相互连接的单个单元。

乙腈是目前的溶剂标准，用于支持四氟硼酸四乙铵（Et_4NBF_4，熔点 > 300℃）。然而，它的继续使用带来了毒性和安全问题。一种更安全的替代品是碳酸丙烯，但与乙腈相比，它有很强的电阻率问题。

表 4-3 给出了各种电解质溶剂的电阻率和电势窗特性。有机电解质的电阻比水体系大得多，对功率和电容性能有负面影响。然而，功率性能的降低被增加的电位窗的二次效应所平衡。

随着我们对孔隙和电解质离子相互作用理解的加深，很明显，如果可能的话，电极材料应该与预期的电解质一起开发。表 4-4 给出了一个例子，说明了电阻与孔径的关系，并说明了正确匹配离子和孔径的重要性。良好的电解质设计选择和孔径有助于优化电容，同时最小化有机电解质系统中出现的较高电阻。即使在优化的系统中，有机电解质的电阻仍然有助于 ES 元件中更高的自放电电流。自放电产生于双层界面的电荷泄漏。电解质中的水可以增加电阻并促进泄漏。因此，为了防止泄漏和腐蚀，必须净化电解质。电流互感器双层界面上的泄漏，是电容元件长期储能的固有限制。

表 4-4 评估电容和电阻随碳 A（平均孔径为 1.6nm）和碳 B（平均孔径为 1.2nm）的变化

电容	负电极	正电极	容量/(F/cm^3)	内阻/(mΩ)
1	A	B	26.6	24
2	A	A	20.8	23
3	B	B	27.5	257
4	B	A	18.8	243

4.5 离子液体

离子液体（IL）开始消除有机溶剂的安全问题，并改善关键参数的使用 ES。离子液体在环境温度下以黏性熔融盐（凝胶）的形式存在，允许在溶剂中高浓度存在或完全去除溶剂[78]。蒸汽压低（破裂风险）、易燃性低、毒性低、健康风险低。高化学稳定性的离子液体允许在高达 5V 的电势窗下工作。

除研究最多的离子液体外，还有咪唑鎓盐（$EtMeIm^+BF_4$）。离子液体的主要缺点是其在室温下在水和乙腈基体系中的导电性较低。表 4-3 显示，即使是 $EtMeIm^+BF_4^-$，也比水电解质或有机电解质的电阻率更高（电导率更低）。离子溶液稳定性的提高与电导率的降低之间的关系见表 4-5。

表 4-5 离子溶液及其参数列表

离子溶液	电化学稳定性					
	阴极极限/V	阳极极限/V	ΔU/V	工作电极	参考	导电性在 25℃/(mS/cm)
咪唑鎓						
$[EtMeIm]^+[BF_4]^-$	−2.1	2.2	4.3	Pt	Ag/Ag^+，DMSO	14.0
$[EtMeIm]^+[CF_3SO_3]^-$	−1.8	2.3	4.1	Pt	I^-/I_3^-	8.6
$[EtMeIm]^+[N(CF_3SO_2)_2]^-$	−2.0	2.1	4.1	Pt,GC	Ag	8.8
$[EtMeIm]^+[(CN)_2N]^-$	−1.6	1.4	3.0	Pt	Ag	—
$[BuMeIm]^+[BF_4]^-$	−1.6	3.0	4.6	Pt	Pt	3.5
$[BuMeIm]^+[PF_6]^-$	−1.9	2.5	4.4	Pt	Ag/Ag^+，DMSO	1.8
$[BuMeIm]^+[N(CF_3SO_2)_2]^-$	−2.0	2.6	4.6	Pt	Ag/Ag^+，DMSO	3.9
$[PrMeMeIm]^+[N(CF_3SO_2)_2]^-$	−1.9	2.3	4.2	GC	Ag	3.0
$[PrMeMeIm]^+[C(CF_3SO_2)_3]^-$	—	5.4	5.4	GC	Li/Li^+	—
吡咯烷鎓						
$[nPrMePyrrol]^+[N(CF_3SO_2)_2]^-$	−2.5	2.8	5.3	Pt	Ag	1.4
$[nBuMePyrrol]^+[N(CF_3SO_2)_2]^-$	−3.0	2.5	5.5	GC	Ag/Ag^+	2.2
$[nBuMePyrrol]^+[N(CF_3SO_2)_2]$	−3.0	3.0	6.0	Graphite	Ag/Ag^+	—

（续）

电化学稳定性						
离子溶液	阴极极限/V	阳极极限/V	ΔU/V	工作电极	参考	导电性在25℃/(mS/cm)
四烷基铵						
$[nMe_3BuN]^+[N(CF_3SO_2)_2]^-$	-2.0	2.0	4.0	Carbon		1.4
$[nPrMe_3N]^+[N(CF_3SO_2)_2]^-$	-3.2	2.5	5.7	GC	Fc/Fc$^+$	3.3
$[nOctEt_3N]^+[N(CF_3SO_2)_2]^-$	—	—	5.0	GC		0.33
$[nOctBu_3N]^+[N(CF_3SO_2)_2]^-$	—	—	5.0	GC		0.13
吡啶						
$[BuPyr]^+[BF_4]^-$	-1.0	2.4	3.4	Pt	Ag/AgCl	1.9
基啶鎓						
$[MePrPip]^+[N(CF_3SO_2)_2]^-$	-3.3	2.3	5.6	GC	Fc/Fc$^+$	1.5
锍						
$[Et_3S]^+[N(CF_3SO_2)_2]^-$	—	—	4.7	GC	—	7.1
$[nBu_3S]^+[N(CF_3SO_2)_2]^-$	—	—	4.8	GC		1.4

IL 电解质具有很高的热稳定性，为高温环境下的反应创造了机会。在高温下，限制 IL 性能的低电导率被增加的离子流动性（动能）所克服，从而导致更高的电导率、更大的元件功率和更好的响应时间。然而，高温降低了离子稳定性的电势窗，这对功率和能量密度产生了负面影响。克服离子液体电导率低的另一种方法是平衡离子液体的高电位窗与有机电解质（如碳酸丙烯和丙酮三聚体）电导率和功率的增加，以优化电导率。利用这样的组合可以防止安全问题，减少毒性，使器件具有高能量密度，保持足够的功率性能。

4.6 固态聚合物电解质

凝胶电解质和固态聚合物电解质是将电解液和分离器的功能结合成一个单一的组分，通过聚合物基体提供更高的稳定性，减少 ES 中的部件数量，增加电势窗。凝胶电解质通过毛细管力将液体电解质与微孔聚合物基体结合，形成固体聚合物薄膜。所选的分离器必须不溶于所需的电解质，并提供足够的离子吸收率。非极性刚性聚合物如聚四氟乙烯（Polytetrafluoroethylene，PTFE）、聚乙烯醇（Polyvinyl alcohol，PVA）、聚偏氟乙烯（Polyvinylidene flouride，PVDF）和醋酸纤维素等用作凝胶电解质时，具有良好的离子导电性。根据表 4-5 的数据，$EtMeIm^+BF_4^-$ 的离子电导率为 14mS/cm。在 PVDF 基体中用作凝胶电解质的咪唑盐的离子电导率保持为 5mS/cm。

现代电解质需要更高的稳定性和离子迁移率才能在高电位窗运行。凝胶电解质允许水、有机和离子液体的结合，这取决于 ES 的要求。分离器与电解液一起使用，有助于提供有结构的通道，防止电极之间短路。固体电解质层的存在降低了对鲁棒封装技术的需求。

为了使这两种结构结合，在聚合过程中，电解质被困在聚合物基体内。这样就得到了一种固体的、薄的、有弹性的电解质。凝胶电解质由于其简化的形式和双重功能，具有明显的制造和组装优势。然而，性能是此类想法得以扩散的一个重要因素。

凝胶聚合物的电导略低于液体电解质，但它们提供了结构改进，提高了离子传输机制的效率和循环寿命。聚乙酸乙烯酯（PVAc）在捕获水电解质方面具有良好的效果，PVDF 还能够为离子传输提供结构和高导电性的通道。

聚合物凝胶电解质在电极厚度方面受到关键限制，如图 4-2 所示。离子深入高孔电极的穿透是有限的，对于较厚的电极，其性能会发生饱和。图 4-2 所示的 PVA 基凝胶电解质的饱和度约为 10μm，在 2 ~ 3μm 范围内与水溶液体系相匹配。这表明，凝胶电解质市场目前处于灵活的低电容存储应用领域。

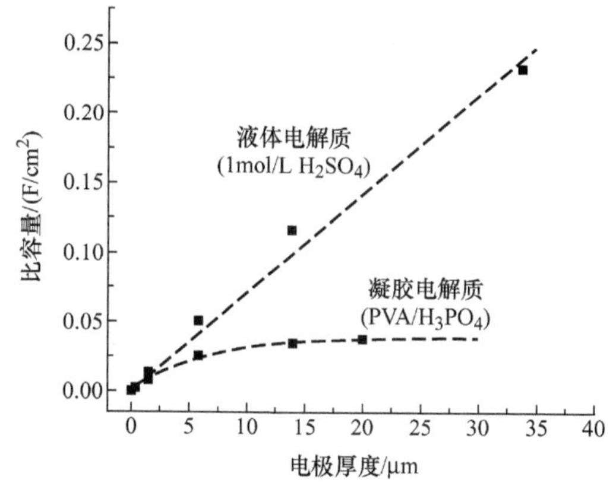

图 4-2 液体电解质（1mol/L H_2SO_4）和凝胶电解质（PVA/H_3PO_4）对碳纳米管薄膜单位面积电容的厚度依赖性

以聚氧化乙烯（Polyethylene Oxide，PEO）和聚环氧丙烷（Polypropylene Oxide，PPO）为原料制备的固态聚合物电解质，由于其在较宽的工作温度范围内具有较强的热传导和电化学性能，因而受到广泛的关注。然而，PEO 和 PPO 固态聚合物电解质的室温离子电导率较低，阻碍了其在 ES 中的成功应用。在凝胶电解质中加入 PEO 以提高电导率时，由于聚合物骨架中的氧原子限制了离子迁移率，因此 PEO 和 PPO 在凝胶电解质中的电导率实际上低于 PVA 和 PVDF。

另一种正在研究的固态电解质是使用固态质子导体，如杂多酸（Heteropoly Acid，HPA）电解质。最常见的两种 HPA 是 $H_4SiW_{12}O_{40}$（SiWA）和 $H_3PW_{12}O_{40}$

(PWA)。HPA 材料在室温下具有较高的质子电导率（纯 SiWA 固体形式电导率 = 27mS/cm)。固态质子导体的传统问题是其较差的成膜性能，这使得形成分离器非常困难。

Lian 等人研究了一种复合固态聚合物[79]，该聚合物使聚乙烯醇具有良好的成膜性。固体 PVA - PWA 和 PVA - SiWA 电解质具有良好的成膜性能，在较高的相对湿度下表现出较强的稳定性。Nafion ®是另一种质子导电聚合物，具有良好的成膜性能，在室温下具有较高的导电性，但随着温度和湿度的降低，其导电性显著降低。稳定性意味着 HPA 材料可以在环境中加工；它们简化了包装程序，并创造了防泄漏、无腐蚀的电池设计。当用对称的二氧化钌单元（60μm 厚的电极）测试时，PVA - SiWA 固态电解质表现为 11mS/cm，并提供与含水 H_2SO_4 电解质 ($70mF/cm^2$) 相当的电容 ($50mF/cm^2$)。进一步的优化表明，PWA 和 SiWA 的均匀混合与 PVA 结合后产生了协同效应，电导率提高到 13mS/cm。

第 5 章 超级电容器结构设计及其储能特性研究

5.1 引言

当前电子元器件向着小型化、轻型化和功能化方向发展，这就要求其高密度封装。在电子元器件的生产中，据统计大约成本的 30% 是用于封装，而由封装因素造成产品的失效大约占 50%，因此，封装在电子元器件中占有极其重要的地位。对于超级电容器而言，确定电解液和电极材料之后采用合理的封装，对于延长超级电容器的使用寿命，实现其产业化具有重要的应用价值[80-81]。

超级电容器分为堆叠式和卷绕式两种结构。堆叠式结构是将正负电极材料通过涂覆或者压制的方法使其固定在金属集流体上，然后将负极板、隔膜和正极板组成“三明治”的层叠结构，进而通过一定的封装材料将其密封；卷绕式结构是将正负电极分别涂覆在金属箔片上，使用隔膜充当电介质相互交叠卷绕成型。堆叠式结构的制造工艺简单，适用范围广，但是相同体积内电极材料的面积利用率不高；卷绕式结构对电极材料的成型性要求较高，制备工艺较复杂，但其与传统铝电解电容器的制备工艺兼容，组装技术成熟，容易实现产业化。在实际应用中，应该根据具体的电极材料及其性能确定适当的封装结构。

按照能量存储方式，超级电容器还有一种混合型结构设计。其综合了双电层超级电容器和法拉第赝电容器的特点，一个电极为法拉第型电极，另一个电极为双电层型电极。它同时具有电解电容器的高耐压与电化学超级电容器的大容量、高储能密度等优点[82-83]。

为了提高超级电容器的储能特性，本章分别对堆叠式、卷绕式电容器结构和混合型超级电容器结构及其性能进行了相关研究。

5.2 堆叠式超级电容器

电容器存储能量的计算公式为 $E = CU^2/2$，因此提高能量密度的有效方法是提高超级电容器的工作电压（U）和电容量（C）。由于电解液的击穿电压限制超级电容器的工作电压，造成超级电容器的单体工作电压较低，一般有机电解液不高于3V，水性电解液不高于1.2V。而在实际应用中要求工作电压很高，常规的做法是将大量的单元串联，以此达到所需的额定电压[84]。通过串联一方面会导致总容量的降低和等效串联电阻的增加，另一方面由于各单元电容器的参数和性能存在着一定的差异，串联后各个单元的电压分布不一致，这样容易导致局部击穿。为了解决此问题就必须引入均压装置，但是这将降低设备的灵活性，同时也会提高产品的成本，因此设法提高单体的工作电压是大功率输出的重要基础。

为了解决超级电容器工作电压低的问题，国内外研究人员结合电解电容器的阳极和电化学电容器的阴极制备混合型超级电容器。景艳等用AC作为阴极和Al/Al_2O_3作为阳极制备了35V的混合型超级电容器，但是Al/Al_2O_3阳极的漏电流大、容量稳定性较差[85]。本书作者团队前期采用钽电解电容器中Ta/Ta_2O_5为阳极和RuO_2/AC为阴极制作了堆叠式超级电容器，但二氧化钌价格昂贵且对环境有污染[86]。鉴于上述原因，本书选用Ta/Ta_2O_5为阳极，有序介孔炭为阴极。

5.2.1 堆叠式超级电容器设计

1. 电极材料配比的选择

阴极材料由有序介孔炭、石墨和聚四氟乙烯（PTFE）组成。选择合适的配比对电极的性能有着重要的影响，分别选取石墨含量为0wt%、5wt%、10wt%、15wt%、20wt%和25wt%制作了1cm×1cm的正方形工作电极片，制备方法和测试方法同2.4节。表5-1为电极材料配比与等效串联电阻的关系。由表5-1可知，在石墨含量少于10wt%时，随着石墨含量的增加，电极材料的等效串联电阻降低；当石墨含量超过10wt%时，电容器的等效串联电阻变化不大，而且石墨含量的增加必然导致有序介孔炭含量的降低，从而导致比容量的降低，综合考虑各种因素，选择石墨的含量为10wt%。

表5-1 电极材料配比与等效串联电阻的关系

石墨含量（wt%）	0	5	10	15	20	25
等效串联电阻/Ω	1.0	0.60	0.47	0.40	0.38	0.35

黏合剂（PTFE）的加入导致电极内阻的增大，其用量以能达到有效黏结为限度，通过实验对比，选择PTFE的含量为5wt%。综上所述，电极材料的配比（质量比）是有序介孔炭:石墨:PTFE为85:10:5。

2. 阴极的制备

电极的制备方法与2.4节相同，用辊轧机压成厚度为0.5mm的薄片，并切割

成半径为 15mm 的圆形电极片。在 80℃下烘干至恒重。将电极压制到泡沫镍网集流体上，电解液采用 3mol/L 的氢氧化钾溶液。堆叠式超级电容器阴极的制备工艺示意图如图 5-1 所示。

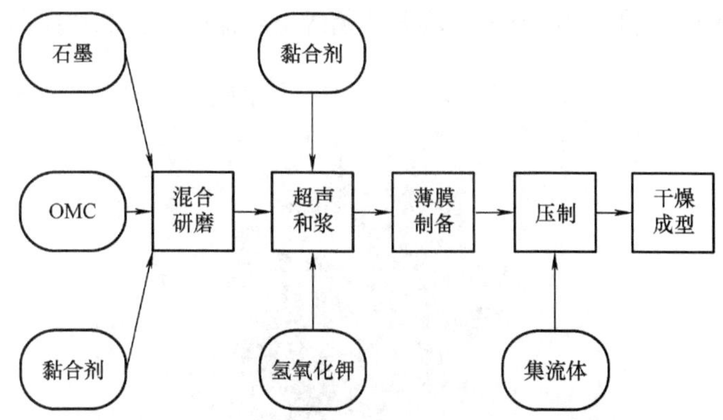

图 5-1 堆叠式超级电容器阴极的制备工艺示意图

3. 阳极的制备

由高纯度的多孔金属钽粉末作为电极原料，压制成型后，经过高温烧结，将 0.01% 的磷酸溶液（H_3PO_4）作为电解液，在一定的电压、电流密度和温度下，用电化学方法在半径为 15mm、厚度为 0.1cm 的钽（Ta）阳极表面生成厚度为 0.01mm 的一层五氧化二钽（Ta_2O_5）薄膜，共同组成超级电容器的阳极，用钽丝作为阳极引线[87-88]。五氧化二钽（Ta_2O_5）是一种非导电金属氧化物，它作为阳极电介质，能够耐受的电压与电介质薄膜层的厚度成正比，本书工作电压设计为 100V。

4. 超级电容器单元组装

用 Ta/Ta_2O_5 作为阳极，有序介孔炭作为阴极，3mol/L 的氢氧化钾作为电解液，无纺纤维布作为隔膜组装成堆叠式超级电容器单元。图 5-2 所示为堆叠式超级电容器单元的结构示意图。

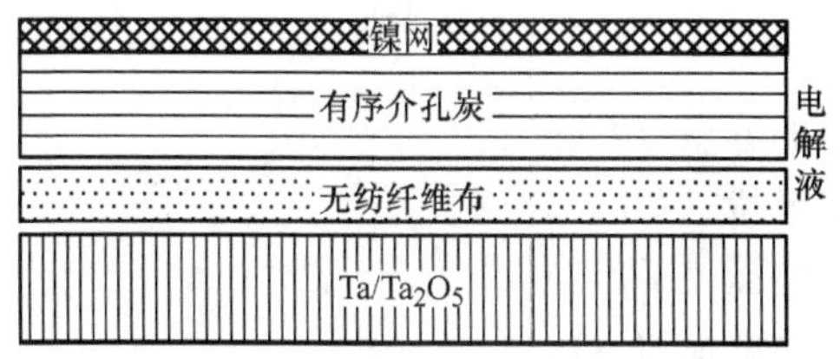

图 5-2 堆叠式超级电容器单元的结构示意图

封装结构直接影响内部热量的传递效果，进而影响超级电容器的性能和使用寿命。由于电容器通过内部串联或并联方式，可以提高元件的性能参数，针对堆叠式超级电容器结构的特点，确定封装的结构形式为内部并联，作者团队前期利用有限元分析的方法，建立二维模型，经过优化选择内部3个单元并联。

将3个单元进行并联封装，注入3mol/L的氢氧化钾溶液，封装超级电容器样品的直径为35mm，高度为15mm。堆叠式超级电容器的实物照片如图5-3所示。

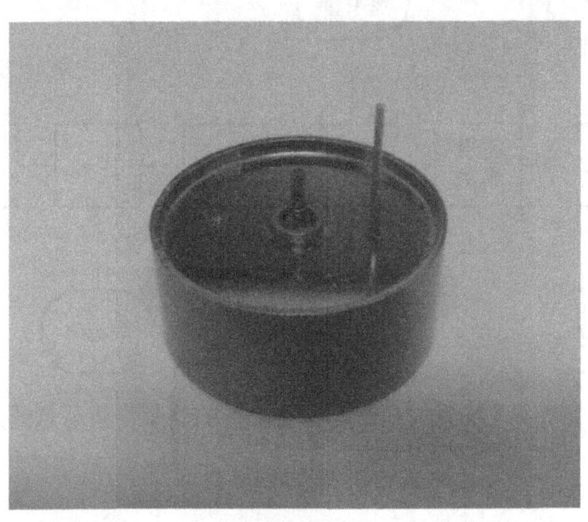

图5-3　堆叠式超级电容器的实物照片

5.2.2　堆叠式超级电容器储能特性研究

性能测试采用CHI608A型电化学工作站（上海辰华仪器公司）和本书第7章研究的测试系统。

1. 恒流充放电特性

给超级电容器样品做恒流充放电实验，充放电电流均为20mA，充放电的电压范围为0~10V，充放电曲线如图5-4所示。由

$$C=\frac{Q}{U}\text{和 } Q=It \tag{5-1}$$

得到

$$C=\frac{I\Delta t}{\Delta U} \tag{5-2}$$

式中　C——活性材料的容量（F）；

Q——充放电的电量（C）；

U——充放电的电压（V）；

I——恒流充放电电流（A）；

Δt——放电时间（s）。

根据式(5-2)可计算出电容器的容量为5.1mF，由图5-4可知，放电初始没有明显的电压降，电压和时间呈线性关系，且充放电曲线对称，说明超级电容器充放

电性能好、内阻小、有理想的电容性能。

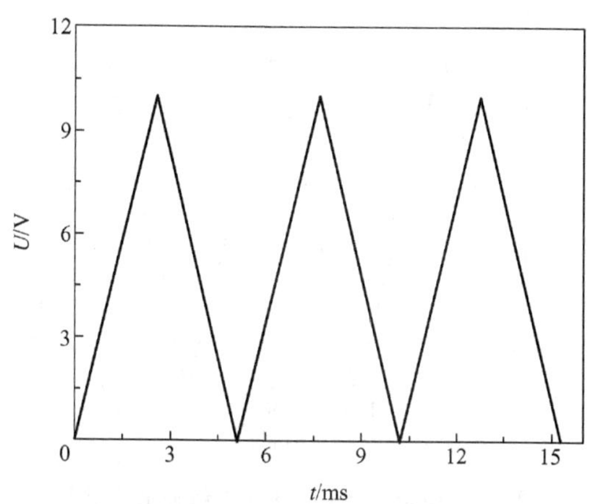

图 5-4 在 20mA 下的恒流充放电曲线

为了检测超级电容器的大电流充放电性能，设定超级电容器的充电电压为100V，充电和放电电流均为 1A，完成一次充放电，通过示波器测得超级电容器的端电压波形如图 5-5 所示。由图可知，该电容器可在大电流条件下实现快速储能和快速放电，且电容量几乎无衰减。

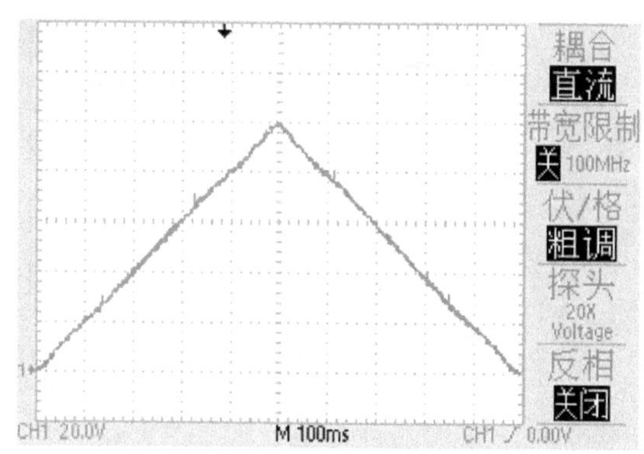

图 5-5 电流为 1A 时的恒流充放电曲线

设定充电电压为 100V，充电和放电电流均为 1A，连续循环充放电 3 次，经测试系统采集的数据绘制端电压波形如图 5-6 所示。可知超级电容器充放电过程中，电压曲线上升和下降过程的斜率基本恒定，在大电流工作条件下有良好的性能。

2. 超级电容器的循环性能测试

在电流为 1A 时给堆叠式超级电容器连续循环充放电 100 次，充放电电压范围为 0 ~ 100V，循环性能如图 5-7 所示。由图可知，初始循环容量为 5.1mF，随

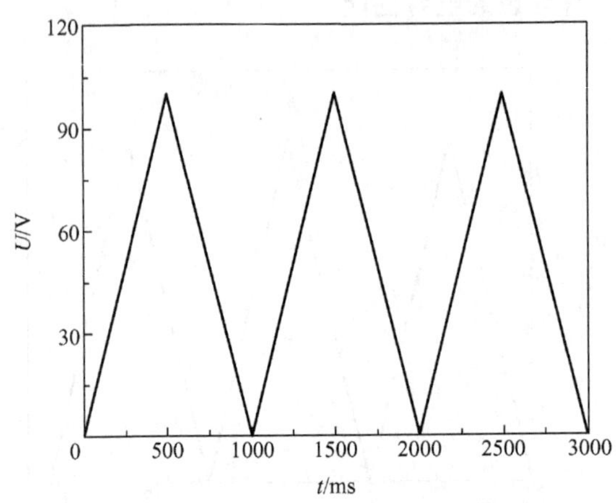

图 5-6　电流为 1A 时 3 次连续充放电曲线

着循环次数的增加电容量衰减 5%。进一步检测电容器性能，电解质未发生击穿现象，其他性能参数也未见异常，表明该超级电容器在设计的工作电压下可以正常工作。

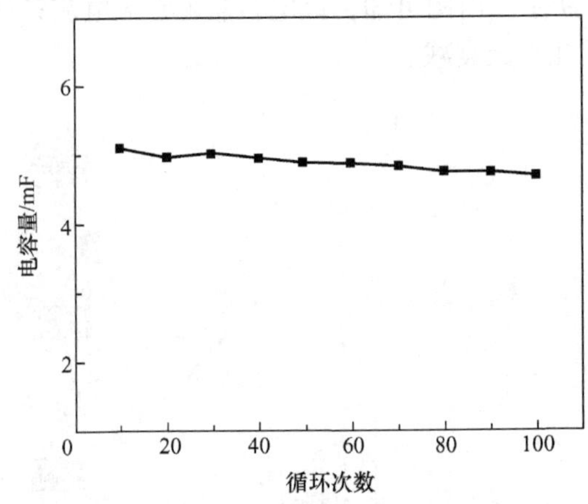

图 5-7　堆叠式超级电容器的循环性能

设置放电功率为 100W，放电的终止电压为 50V。首先对电容器充电至 100V，然后在恒功率方式下放电，通过示波器测量恒功率放电波形，如图 5-8 所示。由图可知，超级电容器的输出功率稳定，功率特性良好。

3. 阻抗特性

图 5-9 所示为堆叠式超级电容器的阻抗特性曲线。测试频率范围为 0.1Hz ~ 100kHz，振幅为 5mV，起始电压为 0V。其中，Z'为电容器的内电阻，Z''为电容器的容抗。由图可知，电容器高频区出现了一个明显的半圆弧，说明有 Warburg 阻抗

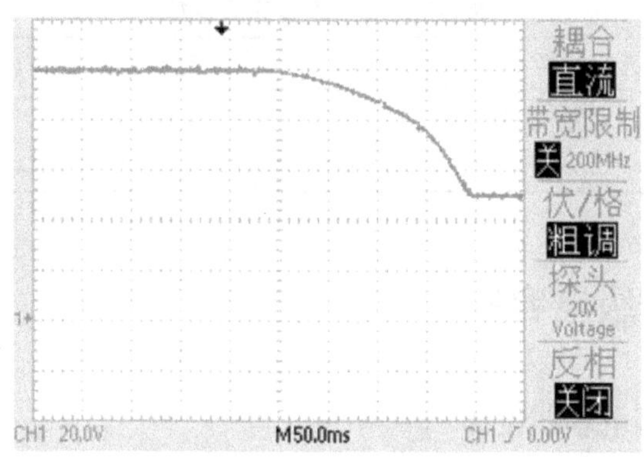

图 5-8 100W 功率放电时的电压波形

和电荷传递电阻存在。高频区的半圆弧小，表明电极/电解液界面的电荷转移电阻很小；在中频区为一段倾斜角接近 45°的直线，这与电荷转移阻抗相关；在低频区近似一条垂直的直线，显示良好的电容特性。

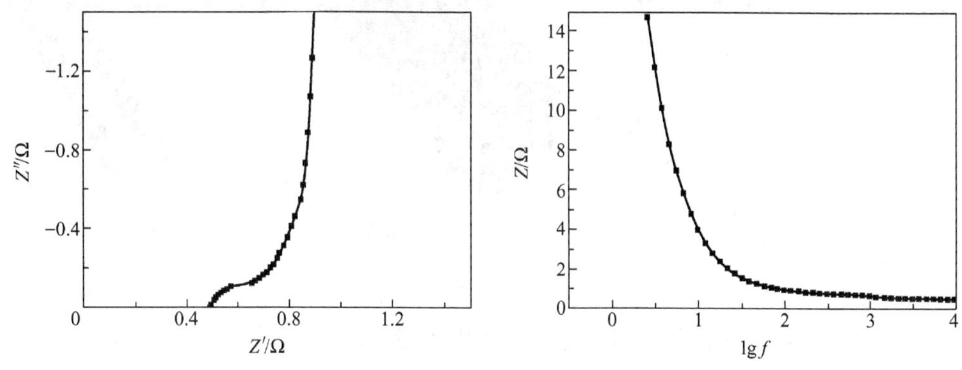

图 5-9 堆叠式超级电容器的阻抗特性曲线

4. 漏电流特性

漏电流（I_L）越小，则放电效率越高，它是影响超级电容器放电性能的一个重要因素。在 25℃ 时，给超级电容器施加 100V 的额定工作电压，维持恒压 30min 后，测量电容器的电压，再根据计算可得漏电流为 0.019mA，该值满足 $I_L \leqslant 3 \times 10^{-4} CU$，说明电容器的漏电流在允许的范围内。

5. 电容器性能的比较

制作的堆叠式超级电容器与美国 Evans 公司型号为 THQ-3 的产品性能参数见表 5-2。使用廉价的介孔炭替代昂贵的二氧化钌，成本大幅降低。堆叠式超级电容器样品的直径为 35mm、高度为 15mm、工作电压为 100V、电容值为 5.1mF、内阻为 0.45Ω，与 THQ-3 的产品性能相近，储能密度为 0.35J/g，相比提升了 9.3%。

表 5-2 电容器的性能参数

电　容	元件电压/V	电容值/mF	ESR(最大值)/Ω	储能密度/(J/g)
THQ-3	100	5.5	0.35	0.32
制备的超级电容器	100	5.1	0.45	0.35

5.3 卷绕式超级电容器

5.3.1 卷绕式超级电容器设计

卷绕式超级电容器的结构示意图如图 5-10 所示。

超级电容器的封装外壳通常选用铝壳，一方面是由于铝壳质量轻；另一方面是铝能与其他金属组成合金，从而具有更好的稳定性和力学强度[89]。综合电解液的选取以及其他因素，本节选用铝箔作为集流体。为了提高单体的工作电压，电解液选用有机电解液四乙基铵四氟硼酸盐/乙腈（Et_4NBF_4/AN）。

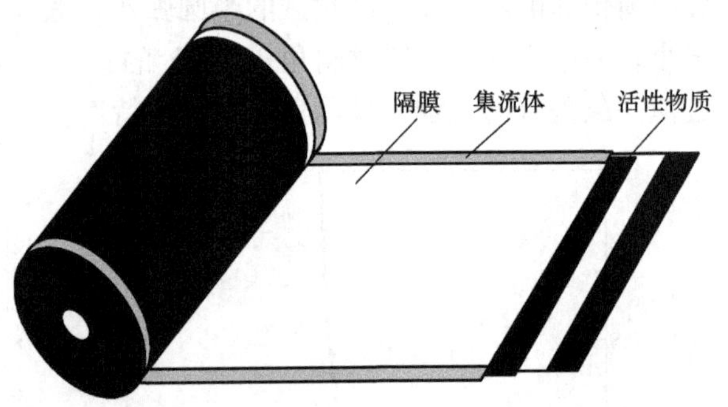

图 5-10 卷绕式超级电容器的结构示意图

分别选取电解液的浓度为 0.5mol/L、1.0mol/L、1.5mol/L、2.0mol/L、2.5mol/L 和 3.0mol/L，测试超级电容器的电容量。图 5-11 所示为电解液浓度和电容器容量的关系，由图可知，对电容器而言，当浓度小于 1.0mol/L 时，随着电解液浓度的增加，电容器的容量增加较快，但是当浓度超过 1.0mol/L 后，进一步增加电解液的浓度，容量增加不明显。

选取电解液 Et_4NBF_4/AN 的浓度为 0.5mol/L、1.0mol/L、1.5mol/L、2.0mol/L、2.5mol/L 和 3.0mol/L，分别测试超级电容器的内阻。图 5-12 所示为电解液浓度和电容器阻抗的关系，对于等效串联电阻而言，当浓度小于 1.5mol/L 时，随着电解液浓度的增加等效串联电阻迅速下降，但浓度超过 1.5mol/L 后，电容器的等效串联电阻降低缓慢。为了使电容器具有高容量和低等效串联电阻，并充分考虑电解液 Et_4NBF_4/AN 的价格因素，电解液的浓度选择为 1.5mol/L。

首先按照质量比为 85：10：5 分别称取有序介孔炭、石墨和黏合剂（PTFE），混合均匀后加入适量的去离子水，用磁力搅拌器搅拌 3h。把浆料用极片涂布机均匀涂覆于铝箔集流体上，将电极片按照规格分切，隔离膜为接枝聚丙烯膜。极片分切后用卷绕机卷绕（含引线铆接），铆接器做铆接引线同时卷绕，然后在 120℃ 真

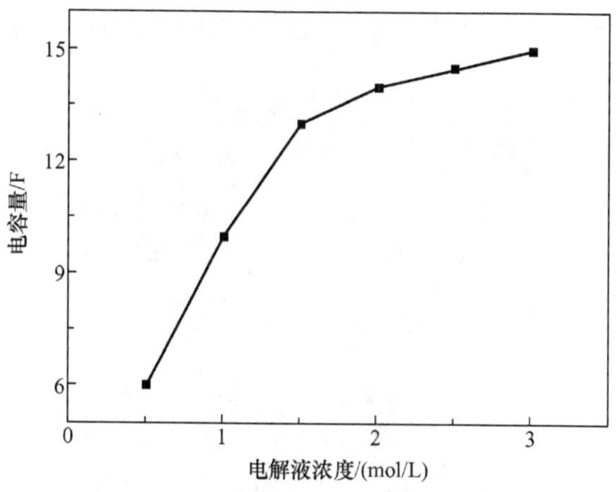

图 5-11 电解液浓度和电容器容量的关系

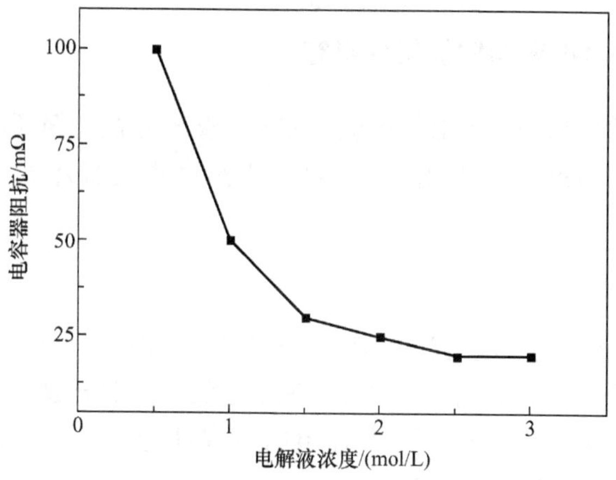

图 5-12 电解液浓度和电容器阻抗的关系

空烘干 72h，最后进入手套箱注液并浸泡，并在封闭环境下装壳，然后从箱内导出做封口。卷绕式超级电容器的制备工艺流程如图 5-13 所示。

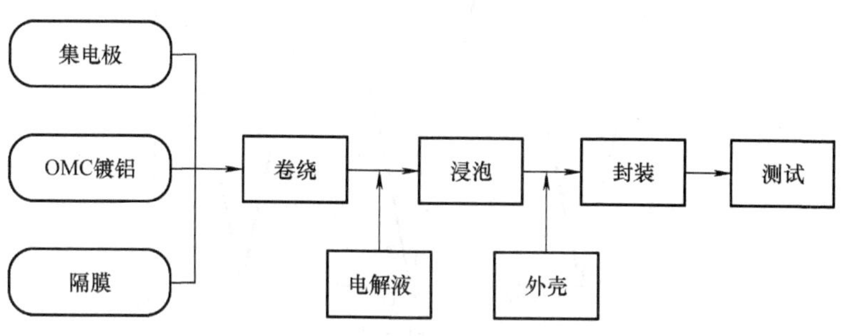

图 5-13 卷绕式超级电容器的制备工艺流程

卷绕式超级电容器样品的直径为 11mm、高度为 22mm。实物如图 5-14 所示。

图 5-14　卷绕式超级电容器的实物图

5.3.2　卷绕式超级电容器储能特性研究

对制作的卷绕式超级电容器做恒流充放电、交流阻抗、循环性能测试和漏电流测试，测试使用 CHI608A 型电化学工作站（上海辰华仪器公司）和本书第 7 章研究的测试系统。

1. 恒流充放电特性

图 5-15 为卷绕式超级电容器在 20mA 时的恒流充放电曲线。由图可知，电压和时间呈线性关系，且充放电曲线对称，说明超级电容器充放电性能好；放电初始无明显的电压降，说明内阻小，具有理想的电容性能。通过式(5-2）计算可得，单元电容器的容量为 12. 38F。

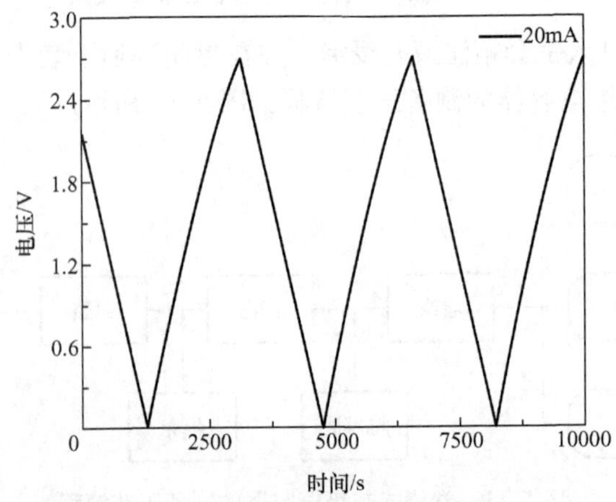

图 5-15　20mA 时的恒流充放电曲线

为了测试卷绕式超级电容器的大电流充放电性能，应用第7章测试系统进行测试。设定超级电容器电压为2.7V，充电和放电电流为1A，充放电曲线如图5-16所示。超级电容器在大电流下实现快速储能和快速放电，电容容量几乎无衰减。

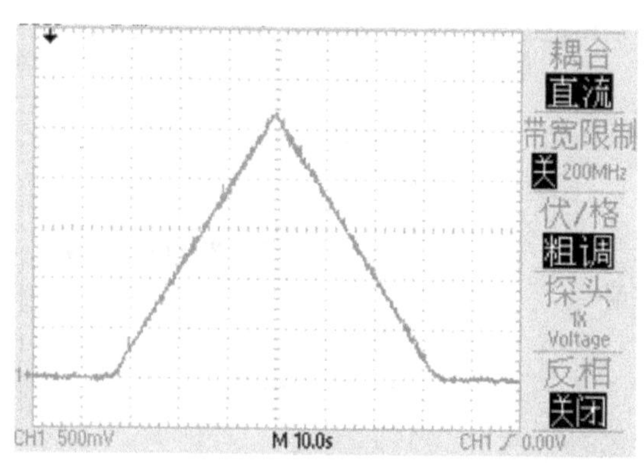

图5-16　1A时的恒流充放电曲线

设定超级电容器的充电电压为2.7V，充放电电流为1A，连续循环充放电3次，经测试系统采集数据测绘的端电压波形，3次连续恒流充放电测试曲线如图5-17所示。超级电容器充放电过程中，曲线上升和下降过程的斜率基本恒定，说明超级电容器在大电流下具有良好的充放电性能。

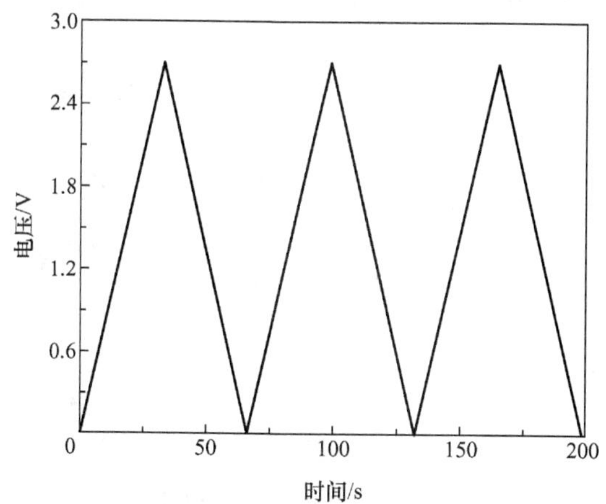

图5-17　3次连续恒流充放电测试曲线

2. 超级电容器的循环性能测试

设定充放电电流为1A时，充放电范围为0～2.7V，将卷绕式超级电容器连续循环充放电100次，循环性能如图5-18所示。由图可知，初始循环容量为12.38F，随着循环次数增加，电容量衰减10%，因为在循环初期有序介孔炭的表面官能团会分解，从而消耗部分电容量；随着循环次数增加，电容器温度升高也会引起电容量的减小。进一步检测电容器性能，电解质未发生击穿现象，其他性能参数也未见异常，说明该电容器能够在设计的工作电压下正常工作。

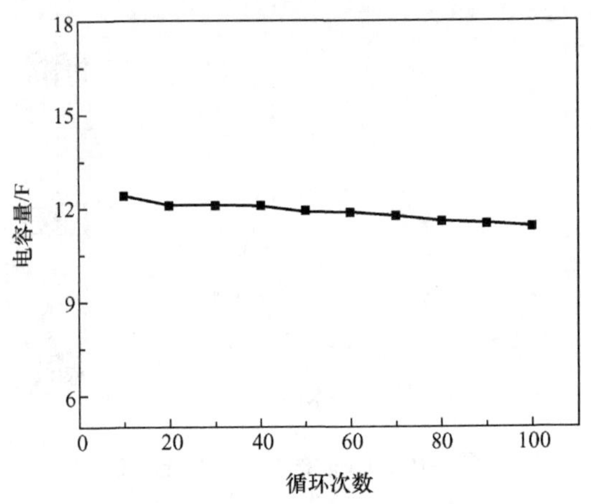

图 5-18　卷绕式超级电容器的循环性能

设置放电功率为 10W，放电的终止电压为 1V。首先给超级电容器充电至 2.7V，然后在恒功率方式下放电，测量恒功率放电性能，恒功率放电波形如图 5-19 所示。由图可知，该卷绕式超级电容器的输出功率稳定，功率特性良好。

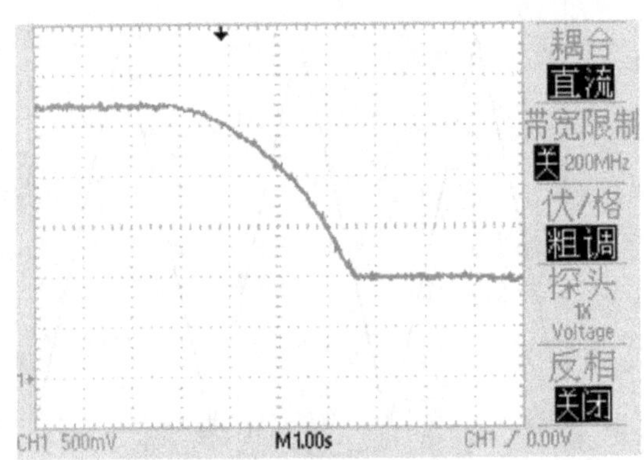

图 5-19　10W 恒功率放电波形

3. 阻抗特性

图 5-20 所示为卷绕式超级电容器的阻抗特性曲线。测试频率范围为 0.1Hz ~ 100kHz，振幅为 5mV，起始电压为 0V。其中，Z'为超级电容器的内电阻，Z''为超级电容器的容抗。由图可知，在高频区出现了一个明显的半圆弧，说明超级电容器有电荷传递电阻和 Warburg 阻抗存在。高频区的半圆弧小，表明电极/电解液界面

的电荷转移电阻很小；在中频区为一段倾斜角接近45°的直线，这与电荷转移阻抗相关；在低频区近似一条垂直的直线，显示良好的电容特性。

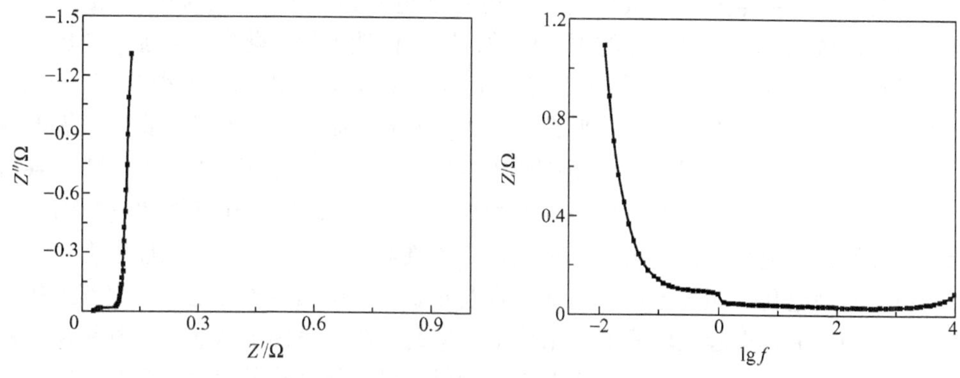

图5-20 卷绕式超级电容器的阻抗特性曲线

4. 漏电流特性

漏电流（I_L）越小则放电效率越高，它是影响超级电容器放电性能的一个重要因素。在25℃时，将超级电容器充电至2.7V的额定工作电压，维持恒压30min后，测量电容器的电压再根据计算可得漏电流为0.029mA，该值满足$I_L \leqslant 3\times10^{-4}CU$，说明超级电容器的漏电流在允许的范围内。

5. 电容性能的比较

制作的电容器与国产某厂家的SCV0015C0型号的性能参数见表5-3。卷绕式超级电容器的电容值为12.38F、电压为2.7V、内阻为0.03Ω，储能密度为18.1J/g，相比提升了15.3%。经对比可得，除了ESR之外，其他参数与SCV0015C0产品相近，均已接近实用化。

表5-3 不同电容器的性能参数

电　容	元件电压/V	电容值/F	ESR(最大值)/Ω	储能密度/(J/g)
SCV0015C0	2.7	15	0.025	15.7
制备电容器	2.7	12.38	0.03	18.1

5.4 混合型超级电容器

电解电容器具有较高的工作电压、良好的阻抗特性和频率响应特性，在电子技术领域已得到了广泛的应用。铝电解电容器漏电流大、容量稳定性较差，钽电解电容器基本可以克服铝电解电容器在性能上的不足。但作为储能元件，电解电容器储能密度较低，还远远满足不了脉冲功率技术等应用领域的要求[90]。

混合型超级电容器正是考虑到电解电容器优异的耐压特性，结合钽电解电容器的阳极和电化学电容器的阴极，再加上适当的电解质溶液，组成一种特殊的结构，使它同时具有电解电容器的高耐电压与电化学电容器的大容量、高储能密度等优点。即将阳极用钽电解电容器的阳极代替，阴极依然采用电化学电容器的电极。因为阴极材料的比电容（C_c）很大，与阳极电容量（C_a）相比，可视为 $C_c >> C_a$，超级电容器的总电容 $C \approx C_a$。说明该混合型超级电容器的总电容量主要由阳极电容 C_a 的大小来决定。又因为阴极材料的比电容很大，可以做得很薄，尽量减少其所占空间，剩余的有效空间可以用来扩大阳极[91]。所以，只要在有效的空间内尽可能地提高阳极的电容量，就可以提高混合型超级电容器单位体积的储能密度。

由于常规电化学超级电容器内部没有电介质，电解质的击穿电压决定其工作电压很低。而在混合型超级电容器的结构中，借助在阳极表面上形成一层五氧化二钽电介质薄膜，来承担电容器的工作电压。所以，可以保证这种混合型超级电容器在高电压下工作时，电解质不被击穿。该混合型超级电容器是两极不对称结构，因此，它是一个有极性的电容器。混合型超级电容器在工作时，其中大部分电压主要降落在阳极电介质层上，真正降落在电解质和阴极上的电压很小，从而能够使电容器在高电压下安全地工作。

混合型超级电容器与常规电化学电容器相比较，虽然电容量减小了，但工作电压却提高了很多。根据电容器的储能公式 $W = CU^2/2$ 可知，储能与电压的二次方成正比，所以，混合型超级电容器仍然具有较高的储能密度。

5.4.1 混合型超级电容器的结构确定

1. 混合型超级电容器电极的确定

如前所述，混合型超级电容器的阳极采用钽电解电容器的阳极形式，它是由高纯度的多孔金属钽粉末作为电极原材料，压制成型后，经高温烧结，再用电化学方法在钽表面生成一层五氧化二钽薄膜，共同组成超级电容器的阳极。为了得到高品质的电介质氧化膜，其形成液的选择是非常重要的，本节中采用 0.01% 的磷酸溶液作为形成电解液，在一定的电压、电流密度和温度下，在钽阳极表面形成一层五氧化二钽薄膜。五氧化二钽是一种非导电金属氧化物，它作为阳极电介质，能够耐受一定的电压，并且该电压与电介质薄膜层的厚度成正比。电容器的绝大部分工作电压主要降落在该层电介质上，所以，单元电容器的工作电压由该电介质层的击穿电压决定。从理论上来讲，目前该工作电压可以达到 500V。本节设计的混合型超级电容器的单元工作电压为 40V，阳极尺寸为 $\phi 15\text{mm} \times h3.5\text{mm}$，用钽丝作为阳极引线。

混合型超级电容器的阴极采用法拉第准电容器的电极形式，电极材料选用二氧化钌和活性炭粉末混合材料。本节中所用的二氧化钌粉末是采用 Sol－gel 方法自制的，该方法制得的二氧化钌粉末是水合无定性结构，其比电容值较高，可达768F/g，而用传统的方法经高温分解 $RuCl_3 \cdot XH_2O$ 制得的二氧化钌粉末是晶体结构，其比电容值较低，约为380F/g。把制备好的二氧化钌与活性炭粉末按一定比例混合，组成复合电极材料，根据薄膜制备技术，制成厚度为0.2mm的薄膜，并在一定压力下将电极薄膜压制在0.08mm厚的金属钽箔上，共同组成混合型超级电容器的阴极。钽箔作为电流集流体将阴极电流引出。

本节制备的二氧化钌活性炭复合电极，经电化学性能测试，比电容值为457F/g。该电极的比电容值比无定形水合二氧化钌的低，但仍比晶体结构二氧化钌的比电容值高，而且经实验证明它具有良好的功率特性。

2. 混合型超级电容器单元结构的研究

混合型超级电容器的阳极采用钽电解电容器的阳极；阴极采用二氧化钌活性炭粉末复合电极；电解质采用浓度为38wt%的硫酸溶液，该电解质溶液的电导率较高，并且二氧化钌在此溶液中能够保持化学稳定状态。将制备好的二氧化钌/活性炭复合电极（ϕ15mm×h0.2mm）和玻璃纤维隔板薄膜材料预先放入电解质溶液中，充分浸渍若干小时，使电解质溶液充满电极材料和隔板材料的孔隙之中。按图5-21所示的结构形式组装混合型超级电容器样品。

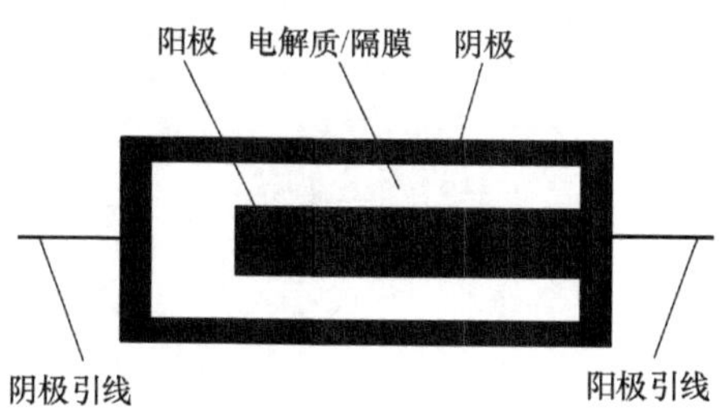

图5-21 混合型超级电容器的结构图

5.4.2 混合型超级电容器性能测试

本实验使用的实验测试设备主要是CHI660A型电化学工作站。实验温度为室温。

1. 充放电性能测试

在某一恒定电流下，对组装的混合型超级电容器样品一作循环充放电实验，充放电电压范围是0~10V，经过若干次循环充放电后，其电化学性能基本稳定，电容器的电容量根据放电曲线按式(5-2) 计算，即

电容器充放电效率为

$$\eta = \frac{\Delta t_1}{\Delta t_2} \tag{5-3}$$

式中 Δt_1、Δt_2——电容器的放电时间和充电时间（s）。

2. 阻抗性能测试

给混合型超级电容器样品施加一个小幅正弦交流电压信号，信号的频率范围为0.01～100kHz，电压幅值为5mV。测量其交流阻抗谱，根据阻抗谱分析混合型超级电容器的阻抗特性和频率特性。

第6章 超级电容器的热行为研究

6.1 引言

超级电容器是一种大功率电气元件，在快速存储与释放功率的同时，内部会产生并且积累热量，致使超级电容器的温度升高，甚至发生热损坏。温度作为超级电容器重要的工作参数之一，对其工作性能有着极大的影响[92-93]。通常在 -30 ~ 50℃之间，超级电容器的性能受温度变化影响很小，超出这个温度范围其性能将急剧变差，因此提前预测超级电容器的温度变化趋势，对于指导其应用有着重要的作用。之前对元器件的热行为研究多数集中在锂离子电池、镍氢电池等二次电池上，而超级电容器的热行为分析相对较少。

本章采用理论分析与实验验证相结合的方法，研究超级电容器在大电流循环充放电过程中的温度变化和内部温度场的分布规律，通过建立多孔等效电路模型，进一步研究温度变化对超级电容器储能特性的影响，讨论了不同温度梯度下，阻抗性能和自放电性能的变化规律，为超级电容器的设计和应用提供理论依据。

6.2 堆叠式超级电容器的热行为研究

以堆叠式超级电容器的工作过程（自然对流情况下）为研究背景，利用有限元分析方法，建立了三维热行为模型，研究了内部瞬态温度场的分布情况，讨论了其工作过程中温度变化和内部温度场的分布规律，并对堆叠式超级电容器充放电时的瞬态温度场、稳态温度场进行了仿真分析和实验研究，以期对堆叠式超级电容器的热行为有更深刻的了解，为超级电容器的温度预测提供理论依据[94]。

6.2.1 堆叠式超级电容器有限元建模

本节以 5.2 节研制的堆叠式超级电容器为研究对象，其结构主要由金属钽外壳、顶部酚醛树脂和内部核心区（由 3 个单元并联而成）三部分构成，元件的直径为 35mm，高度为 15mm。堆叠式超级电容器的结构示意图如图 6-1 所示。核心

区为 Ta/Ta_2O_5 阳极、有序介孔炭（OMC）阴极、钽（Ta）集流体和聚丙烯隔膜，采用无机碱性电解质体系（3mol/L 的氢氧化钾溶液），内阻约为 50mΩ。堆叠式超级电容器各部分材料的物理参数见表 6-1。

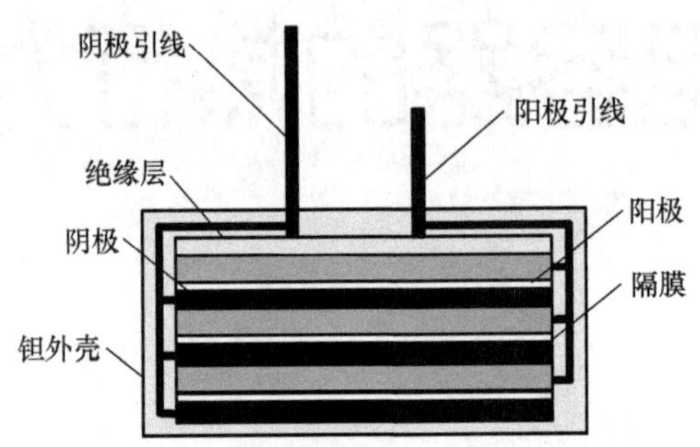

图 6-1　堆叠式超级电容器的结构示意图

表 6-1　堆叠式超级电容器的物理参数

材　　料	密度/(kg/m³)	比热容/[J/(kg·K)]	热导率/[W/(m·K)]		
			x 方向	y 方向	z 方向
电极（OMC）	2710	396	1.04	1.04	237
聚丙烯隔膜	1008.98	1978.16		0.3344	
空气	1.225	1006.43		0.0242	
酚醛树脂	1700	1700		0.500	
钽外壳	16680	142		54	

应用 ANSYS 有限元分析软件，对实体模型进行网格划分，堆叠式超级电容器的有限元模型如图 6-2 所示。内部核心区采用六面体网格，外壳由于处于边界区域，同时存在对流和辐射换热，故采用更为精细的四面体网格进行划分，有限元模型由 751187 个单元和 130153 个节点构成。

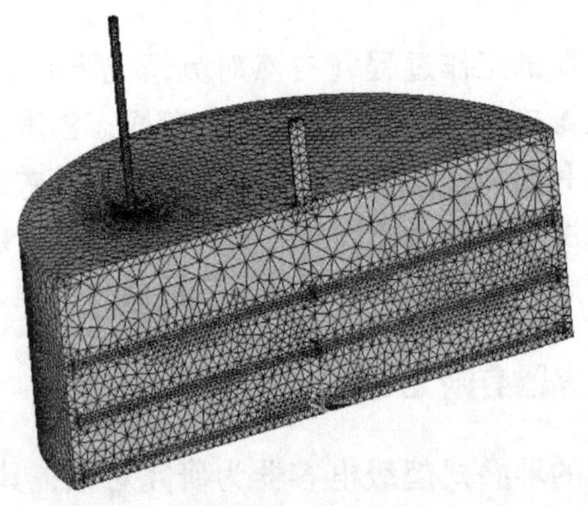

图 6-2　堆叠式超级电容器的有限元模型

6.2.2 堆叠式超级电容器热行为分析

1. 热行为分析基本假设

在超级电容器的工作过程中，热量传递主要有导热、对流换热和热辐射三种形式。为了简化分析过程，对堆叠式超级电容器模型提出以下几点假设：

1）虽然超级电容器存在反应过程热，但是生成热量较小可以忽略，故电阻焦耳热是堆叠式超级电容器的主要热源。

2）超级电容器中有序介孔炭电极和隔膜中充满电解液，内部的对流换热可以忽略不计。虽然在超级电容器充放电过程中会产生气体，但由于内部空间很小，气体的对流热也可以忽略不计，故内部传热方式主要是热传导。

3）虽然超级电容器的内部结构复杂、材料多样，其生热是不均匀的，但从宏观上看，由于超级电容器阳极的厚度与阴极厚度相差很大，可认为充放电过程中生热是均等的。

2. 温度分布控制方程

首先建立超级电容器的三维物理模型，然后进行网格划分，最后使用三维有限元模型分析。堆叠式超级电容器工作过程中的瞬态温度分布用以下控制方程进行描述：

$$\nabla^2 T + \frac{P}{\lambda} = \frac{\rho C_P}{\lambda}\frac{\partial T}{\partial t} \tag{6-1}$$

式中 ∇——拉普拉斯算子；

ρ——密度；

C_P——比热容；

λ——热导率；

P——局部体积密度。

因为研究对象堆叠式超级电容器为圆柱形，所以将式(6-1) 转换为三维柱坐标形式：

$$\rho C_P \frac{\partial T}{\partial t} = \frac{\lambda_r}{r}\frac{\partial}{\partial r}\left(r\frac{\partial T}{\partial r}\right) + \frac{\lambda_\theta}{r^2}\frac{\partial^2 T}{\partial \theta^2} + \lambda_z\frac{\partial^2 T}{\partial z^2} + P \tag{6-2}$$

式中 θ——角坐标；

r——径向坐标；

z——轴向坐标；且有 $0° \leqslant \theta \leqslant 360°$，$r_{内} \leqslant r \leqslant r_{外}$，$0 \leqslant z \leqslant L$，$0 < t \leqslant t_f$。$r_{内}$ 和 $r_{外}$ 分别是超级电容器的内径和外径，t_f 是局部稳态温度。

堆叠式超级电容器工作过程中，发热情况与 θ 角度无关，为了优化计算过程，可以进一步简化为

$$\rho C_{\mathrm{P}} \frac{\partial T}{\partial t}=\lambda_{\mathrm{r}} \frac{\partial^{2} T}{\partial r^{2}}+\frac{\lambda_{\mathrm{r}}}{r} \frac{\partial T}{\partial r}+\lambda_{\mathrm{z}} \frac{\partial^{2} T}{\partial z^{2}}+P \tag{6-3}$$

3. 串联和并联导热系数

堆叠式超级电容器阳极为 Ta/Ta_2O_5 的复合材料。图 6-3 所示是串联和并联等效热阻示意图。假设阳极 Ta/Ta_2O_5 的横向长度为 l，纵向高度分别为 l_1 和 l_2。Ta 和 Ta_2O_5 的横向面积分别为 A_1 和 A_2，整体横向面积为 A，各层的导热系数为 λ_1 和 λ_2，截面纵向的温度为 T_0 和 T_2（中间温度 T_1 为未知量），截面横向两侧的温度分别为 T_a 和 T_b。

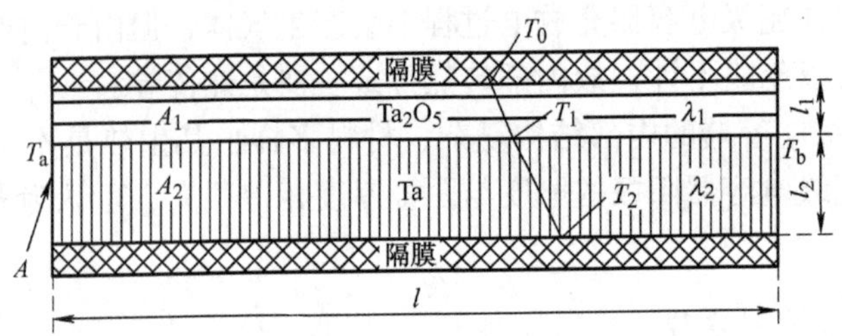

图 6-3　串联和并联等效热阻示意图

串联和并联等效热阻电路图如图 6-4 所示。

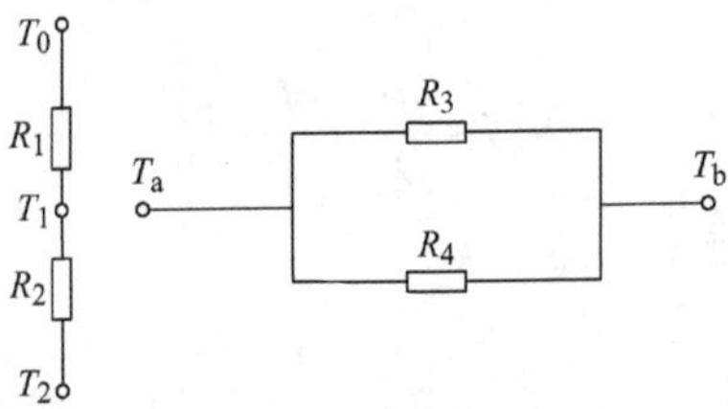

图 6-4　串联和并联等效热阻电路图

对于串联等效热阻而言，热流量和热阻的关系式表示为

$$Q=\frac{\Delta T \lambda}{L}=\frac{\Delta T'}{R} A \tag{6-4}$$

所以各层的热阻和热量的关系为

$$Q=\frac{T_0-T_1}{R_1} A=\frac{T_1-T_2}{R_2} A \tag{6-5}$$

各层之间的热电阻分别为

$$R_1=\frac{l_1}{\lambda_1} \qquad R_2=\frac{l_2}{\lambda_2} \tag{6-6}$$

总热阻为

$$R=R_1+R_2 \tag{6-7}$$

由式(6-5)～式(6-7)可得到串联的总热导系数为

$$\lambda = \frac{(l_1 + l_2)\lambda_1\lambda_2}{l_1\lambda_2 + l_2\lambda_1} \tag{6-8}$$

同理，此公式可推广于多层复合壁的串联导热系数计算。

根据热阻公式，得到两层热阻分别为

$$R_3 = \frac{1}{A_1\lambda_1} \qquad R_4 = \frac{1}{A_2\lambda_2} \qquad R = \frac{1}{A\lambda} \tag{6-9}$$

根据并联热阻的原理，系统的总热阻为

$$\frac{1}{R} = \frac{1}{R_3} + \frac{1}{R_4} \tag{6-10}$$

由式(6-9)和式(6-10)简化整理可得

$$\lambda = \frac{A_1\lambda_1 + A_2\lambda_2}{A} \tag{6-11}$$

同理，此公式可推广于多层复合壁的并联导热系数计算。

6.2.3　堆叠式超级电容器热行为研究的结果与讨论

在室温25℃条件下，采用3A电流对模型超级电容器进行恒流充放电。在仿真温度区间内，内部发热功率为$P = I^2R = 4.05\text{W}$，核心区体积$V = 32.7\text{mm}^3$，由此可得单位体积生热率$p = 1.238 \times 10^5\text{W/m}^3$。

根据热分析理论，结合超级电容器自身的热物性参数，可得到仿真温度范围内，不同温度所对应的综合换热系数，见表6-2。

表6-2　不同温度下的综合换热系数　［单位：W/(m²·K)］

T	41℃	38℃	35℃	32℃	29℃	26℃
h_{conv}	6.341	6.019	5.645	5.156	4.512	3.198
h_{rad}	1.626	1.602	1.578	1.557	1.523	1.058
h_c	7.967	7.621	7.223	6.713	6.035	4.256

注：h_{conv}—对流换热系数；h_{rad}—辐射换热系数；h_c—总换热系数。

采用3A电流对堆叠式超级电容器进行50次循环充放电，讨论底部径向温度随循环次数的变化规律，底部中心温度的仿真和实验测试结果如图6-5所示。其中实验曲线是采用OMEGA公司生产的K型黏合式热电偶进行测量，热电偶测量点的分布图如图6-6所示。由图可知，两条曲线均可大致分为暂态和稳态两个部分。在初始阶段，温度快速升高，当循环次数增加到30次时，温度变化趋于平缓，实验与仿真曲线分别稳定在38.1℃和37.7℃，然后曲线进入稳态区。由于仿真过程中超级电容器内部热源只有内阻产生的焦耳热，故仿真曲线与测量结果存在微小的偏差，但总体上变化趋势符合较好，证明了仿真结果的可靠性。经验证，其他热电偶测量点数据和仿真结果符合较好。

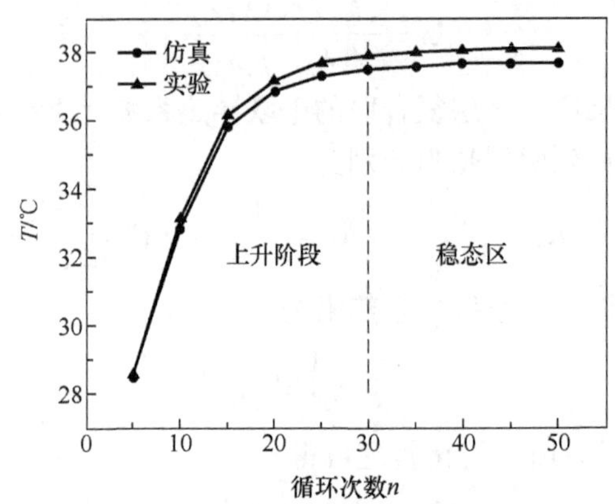

图 6-5　堆叠式超级电容器底部中心温度

图 6-6　热电偶测量点的分布图

图 6-7 所示为堆叠式超级电容器在 3A 电流下进行循环充放电，5 次循环后内部温度分布云图。由图可知，电容器最高温度出现在中心处，此时最高温度为 27.4℃，分布云图由中心向四周以均匀的温度梯度递减。

堆叠式超级电容器稳态后的温度分布云图如图 6-8 所示，虽然核心区均匀生热，但因其内部层数较多，散热效果差，核心区内部中心的位置温度最高，达到 37.5℃。由于金属钽外壳外表面和外界环境之间存在对流换热以及辐射换热，散热效果较好，故金属钽外壳及附近区域温度相比核心区内部有明显的降低。30 次循环后内部温度分布云图与 5 次循环充放电时基本类似，但整体温度有明显的提高。最高温度仍出现在核心区内部靠近中心的位置，达到 37.5℃。相比室温，超级电容器工作温升大约为 12.5℃。

为了进一步讨论核心区内部最高温度与充放电电流的关系，分别选取 1A、2A、3A、4A、5A 和 6A 的参考电流，对堆叠式超级电容器进行恒流循环充放电

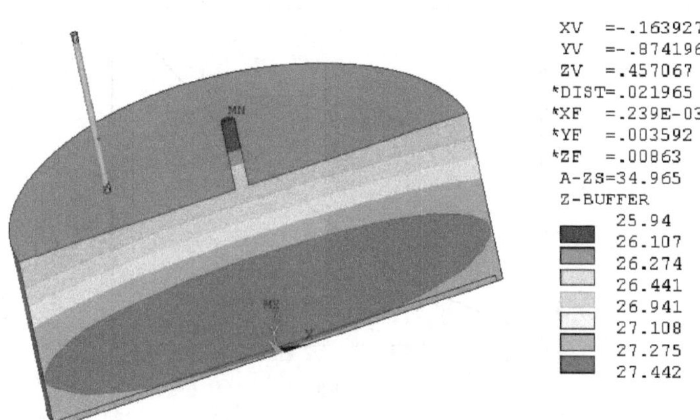

图6-7 5次循环后堆叠式超级电容器内部温度分布云图

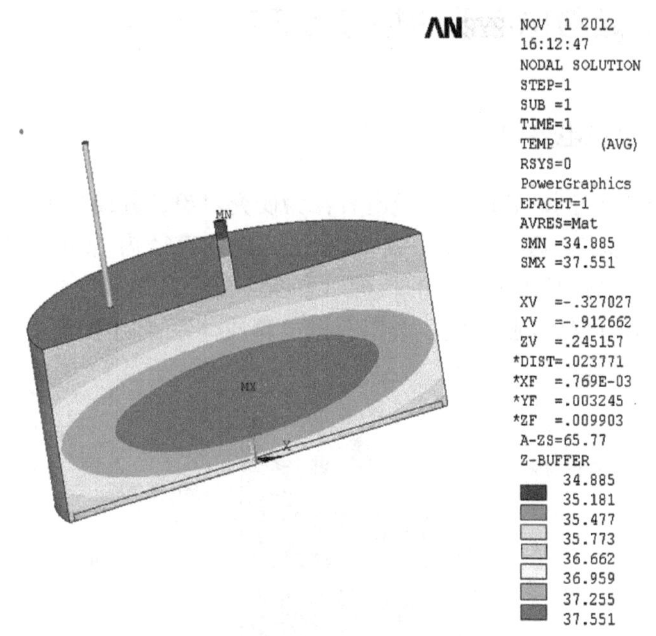

图6-8 堆叠式超级电容器稳态后的温度分布云图

实验，测试稳态后的温度分布。图6-9所示是堆叠式超级电容器稳态后最高温度与电流的关系图，由图可知，随着充放电电流的增大，内部最高温度急剧升高。当电流为5A和6A时，最高温度分别超过53.2℃和63.4℃。由此可见，大电流连续充放电时，需要采用风冷等冷却措施，以保证超级电容器处于最佳的工作状态。在室温条件下，3A 以下的充放电实验，超级电容器的温升≤ 15℃，表明其性能可靠。

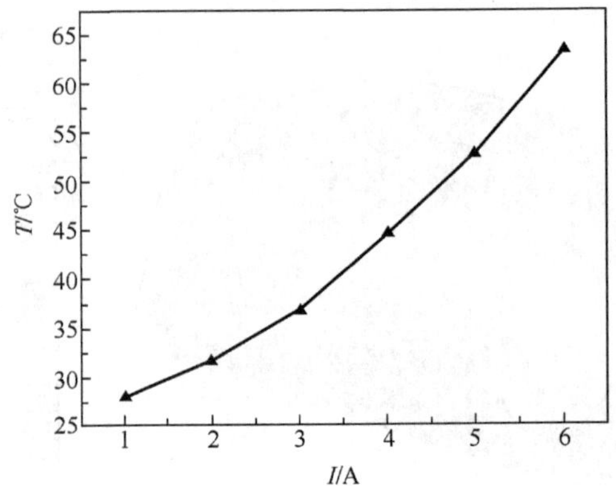

图 6-9　稳态后最高温度与电流的关系图

6.3　卷绕式超级电容器的热行为研究

6.3.1　卷绕式超级电容器有限元建模

本节以 5.3 节研制的卷绕式超级电容器为研究对象，其结构主要由铝外壳、顶部酚醛树脂和内部核心区三部分构成[95,96]，元件的直径为 11mm、高度为 22mm。图 6-10 所示为卷绕式超级电容器的结构示意图。核心区由有序介孔炭（OMC）电极、铝集流体和聚丙烯隔膜组成，采用有机电解质体系，内阻约为 30mΩ。超级电容器各部分的物理参数见表 6-3。

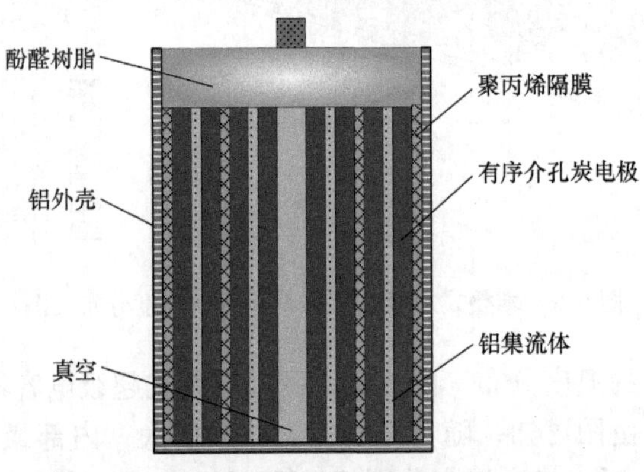

图 6-10　卷绕式超级电容器的结构示意图

表 6-3 超级电容器各部分的物理参数

材料	比热容/[J/(kg·K)]	密度/(kg/m³)	热导率/[W/(m·K)]		
			x 方向	y 方向	z 方向
有序介孔炭电极	1437.4	1347.33	1.04	1.04	237
聚丙烯隔膜	1978.16	1008.98		0.3344	
空气	1006.43	1.225		0.0242	
酚醛树脂	1700	1700		0.500	
铝外壳	875	2770		170	

应用 ANSYS 有限元分析软件对卷绕式超级电容器进行网格划分，内部核心区采用六面体网格，而外壳由于处于边界区域，同时参与对流与辐射换热，因此采用更加精细的四面体网格进行划分。整个有限元模型共由 408679 个单元和 276582 个节点构成。卷绕式超级电容器的有限元模型如图 6-11 所示。

图 6-11 卷绕式超级电容器的有限元模型

6.3.2 卷绕式超级电容器热行为分析

1. 热行为分析基本假设

卷绕式超级电容器的热行为分析过程类似于堆叠式超级电容器。为了简化分析过程，对卷绕式超级电容器模型提出以下几点假设：

1）由于仿真研究对象为双电层超级电容器，其储存电荷的机理为双电层储能，因此内部生热的主要形式是内阻产生的焦耳热。

2）认为在充放电过程中核心区内部生热在各处是均匀的。

3）超级电容器内部以导热的方式进行热量传递，外表面和空气之间主要进行对流与辐射换热。

4）根据卷绕式超级电容器的结构特点，以及各部分材料的物理性质，将电极的径向热导率近似等效为有序介孔炭的热导率，轴向热导率等效成集流体金属铝的热导率。

2. 温度分布控制方程

卷绕式超级电容器工作过程中的瞬态温度分布用下面的控制方程进行描述：

$$\nabla^2 T + \frac{P}{\lambda} = \frac{\rho C_P}{\lambda} \frac{\partial T}{\partial t} \tag{6-12}$$

式中 ∇——拉普拉斯算子；

ρ——密度；

C_P——比热容；

λ——热导率；

P——局部体积密度。

为了方便计算，将圆柱形卷绕式超级电容器进一步变换为三维柱坐标形式：

$$\rho C_P \frac{\partial T}{\partial t} = \frac{\lambda_r}{r} \frac{\partial}{\partial r}\left(r \frac{\partial T}{\partial r}\right) + \frac{\lambda_\theta}{r^2} \frac{\partial^2 T}{\partial \theta^2} + \lambda_z \frac{\partial^2 T}{\partial z^2} + P \tag{6-13}$$

式中 θ——角坐标；

r——径向坐标；

z——轴向坐标。

且有 $0° \leqslant \theta \leqslant 360°$，$0 \leqslant z \leqslant L$，$0 < t \leqslant t_f$。$r_i$ 和 r_o 分别是超级电容器的内径和外径，t_f 是局部稳态温度。

由于卷绕式超级电容器工作过程中，发热情况是呈三维圆柱对称的，故与 θ 角度无关，上式可以进一步简化为

$$\rho C_P \frac{\partial T}{\partial t} = \lambda_r \frac{\partial^2 T}{\partial r^2} + \frac{\lambda_r}{r} \frac{\partial T}{\partial r} + \lambda_z \frac{\partial^2 T}{\partial z^2} + P \tag{6-14}$$

3. 定解条件

通过确立相应的定解条件求解温度分布控制方程。对于上述瞬态热分析问题，定解条件有两个方面：一方面是初始时刻温度分布，另一方面是换热情况的边界条件，这两方面可表示为

1）在初始时刻，超级电容器内部及表面温度均匀分布，此时温度为室温 25℃。

$$T(r,z,0) = T_0 \tag{6-15}$$

其中，$r_i \leqslant r \leqslant r_o$，$0 \leqslant z \leqslant L$。

2）卷绕式超级电容器的核心区最内层为真空，由于导热系数极低，可将其等效成为绝热面，热流密度为零。由傅里叶导热定律可得到：

$$\lambda_r \frac{\partial T}{\partial r}(0,z,t) = 0 \tag{6-16}$$

其中，$0 \leqslant t \leqslant t_f$，$0 \leqslant z \leqslant L$。

3）热量在超级电容器外表面耗散主要是由对流换热（表面空气）和辐射换热（周围环境）这两种传递方式构成。

在对流换热中，换热率是指表面温度与周围空气温度的差值和外表面的对流换热系数乘积，通过牛顿冷却定律可以得出：

$$q_{conv} = h_{conv}(T - T_{\infty}) \tag{6-17}$$

式中 T——表面温度；

T_{∞}——周围空气温度；

q_{conv}——对流换热表面单位面积的热流率；

h_{conv}——对流换热系数。

由于 h_{conv} 一般受到多种因素影响，采用 N_u（无量纲努赛尔数）表示，如式(6-18)所示：

$$N_u = \frac{h_{conv} D}{\lambda_{air}} \tag{6-18}$$

式中 λ_{air}——周围空气的热导率；

D——待测对象的外直径。

N_u 表示 R_e（无量纲雷诺数）的函数：

$$N_u = C R_e^n \tag{6-19}$$

其中，通过实验测得无量纲常数 C 和指数 n。

R_e 是格拉晓夫数 G_r 和普朗克数 P_r 的乘积构成的，如式(6-20) 所示：

$$R_e = P_r \times G_r \tag{6-20}$$

其中，

$$P_r = \frac{\eta_{air} C_{p,air}}{\lambda_{air}} \tag{6-21}$$

$$G_r = \frac{g\alpha(T - T_{\infty}) D^3}{\upsilon_{air}^2} \tag{6-22}$$

式中 α——体积膨胀系数；

g——重力加速度；

$C_{p,air}$——空气的比热容；

υ_{air}——空气的运动黏度；

η_{air}——空气的动力学黏度。

在卷绕式超级电容器中，外表面的对流换热与圆柱体大空间自然对流换热相一致，N_u 根据 R_e 的范围可以表示为

$$N_u = 0.53 R_e^{1/4} (10^3 \leqslant R_e \leqslant 10^9) \tag{6-23}$$

$$N_u = 0.10R_e^{1/3}(10^9 \leqslant R_e \leqslant 10^{13}) \tag{6-24}$$

对于辐射换热的情形，辐射率决定于超级电容器表面热力学温度的四次方及表面发射率，具体采用斯忒藩－波尔兹曼定律进行描述：

$$q_{rad} = \varepsilon\sigma(T^4 - T_\infty^4) \tag{6-25}$$

式中 ε——铝外壳表面发射率；

σ——斯忒藩-波尔兹曼常数 [$\sigma = 5.67 \times 10^{-8}\text{W}/(\text{m}^2 \cdot \text{K}^4)$]。

上式可改写成：

$$q_{rad} = h_{rad}(T - T_\infty) \tag{6-26}$$

其中，h_{rad}是辐射换热系数，定义为

$$h_{rad} = \varepsilon\sigma(T + T_\infty)(T^2 + T_\infty^2) \tag{6-27}$$

由此可得，超级电容器表面总的换热系数为

$$h_c = h_{conv} + h_{rad} \tag{6-28}$$

总热流密度为

$$q = h_c(T - T_\infty) \tag{6-29}$$

6.3.3 卷绕式超级电容器热行为研究的结果与讨论

在室温25℃条件下，对卷绕式超级电容器采用2A电流进行恒流充放电，电压随时间变化规律如图6-12所示。在仿真温度区间内，内部发热功率可以近似为$P = I^2R = 0.12\text{W}$，核心区体积$V = 2.089\text{cm}^3$，由此可得出单位体积生热率$p = 57.44\text{kW/m}^3$。

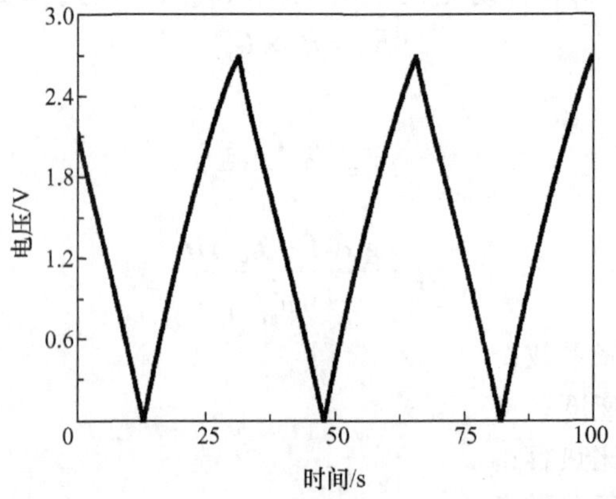

图6-12　在2A电流下的恒流充放电曲线

结合超级电容器热行为物理参数和相关理论，可得到部分温度下的综合换热系数，见表6-4。

表 6-4 部分温度下的综合换热系数 [单位 W/(m^2 · K)]

T	43℃	40℃	37℃	34℃	31℃	28℃
h_{conv}	6.802	6.496	6.151	5.727	5.175	4.356
h_{rad}	1.642	1.618	1.594	1.571	1.546	1.523
h_c	8.444	8.114	7.745	7.298	6.721	5.879

表注同表 6-2。

采用 2A 电流对卷绕式超级电容器进行 50 次循环充放电实验，讨论底部径向温度随循环次数的变化规律，底部中心温度的仿真和实验测试结果如图 6-13 所示。其中实验测试是采用 OMEGA 公司生产的 K 型黏合式热电偶对卷绕式超级电容器的温度进行测量，热电偶测量点的分布图如图 6-14 所示。由图可知，两条曲线均可大致分为暂态上升和稳态两个部分。在初始阶段，温度以较快的速度升高，当循环次数增加到 35 次时，温度变化趋于平缓，实验测试与仿真结果分别为 42.9℃ 和 42.5℃，随后曲线发展进入稳态区。由于仿真过程中超级电容器内部热源只有内电阻产生的焦耳热，仿真曲线与测量结果存在微小的偏差，但总体上符合较好，说明了仿真结果的可靠性。经验证，其他热电偶测量点和数据仿真结果符合也较好。

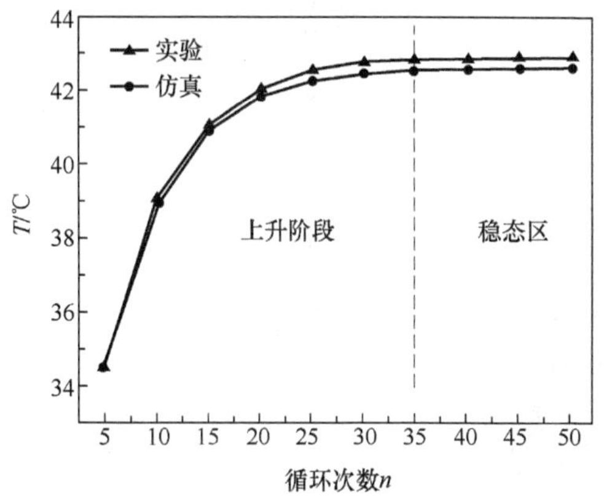

图 6-13 卷绕式超级电容器底部中心温度

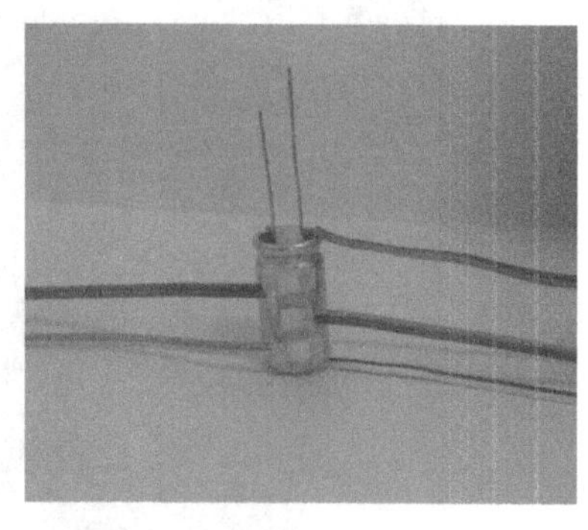

图 6-14 热电偶测量点的分布图

5 次循环充放电后卷绕式超级电容器内部温度分布云图如图 6-15 所示，虽然核心区均匀生热，但由于其最内层真空表面近似为绝热，所以核心区内部靠近中心的位置温度最高，达到了 34.5℃。铝外壳外表面由于和外界环境之间存在对流换热以及辐射换热，散热效果较好，所以外壳及附近区域温度相比核心区内部有明显的降低。最高温度仍然出现在核心区内部靠近中心的位置，达到 42.7℃。

图 6-16 所示为卷绕式超级电容器稳态后的温度分布云图。此时，温度场分布随时间不发生明显的变化。对超级电容器稳态温度场分析可得，进入稳态后，超级电容器内部温度场结构与 5 次循环充放电时基本类似，但整体温度有明显的提高。稳态时最高温度仍出现在核心区内部靠近中心的位置，达到 42.7℃。相比室温，

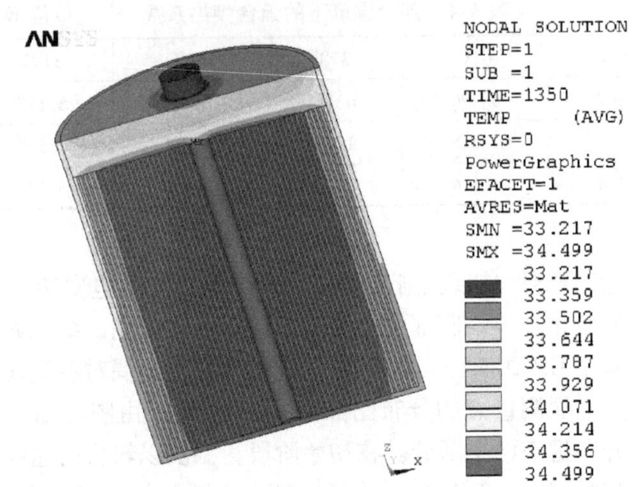

图 6-15　5 次循环充放电后卷绕式超级电容器内部温度分布云图

超级电容器工作总体温升大约为 17℃。

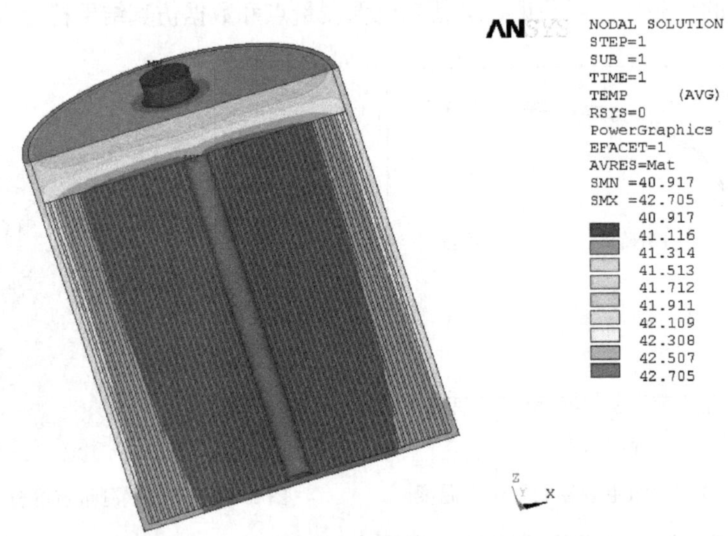

图 6-16　卷绕式超级电容器稳态后的温度分布云图

为了进一步分析核心区内部最高温度与充放电电流关系，分别选取 1A、2A、3A、4A 和 5A 参考电流对卷绕式超级电容器进行恒流循环充放电，测试稳态后的温度分布。图 6-17 所示是稳态后最高温度与电流的关系图，由图可知，随着充放电电流的增大，内部最高温度急剧升高。当电流为 4A 和 5A 时，最高温度分别超过了 60℃和 80℃。由此可见，大电流连续充放电时，需采取一定的冷却措施，以保证超级电容器处于最佳的工作状态。

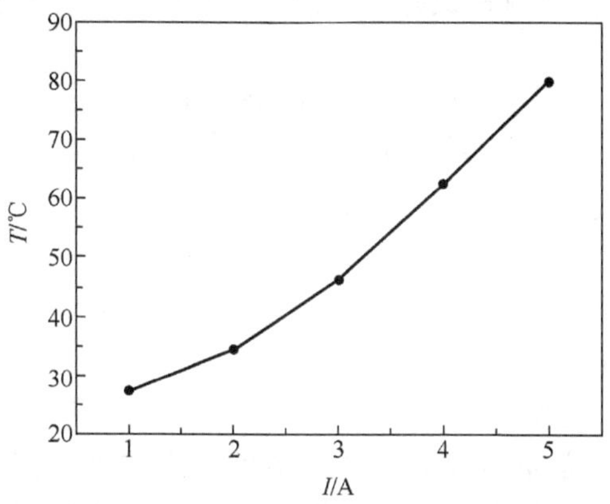

图 6-17 稳态后最高温度与电流的关系图

6.4 混合型超级电容器的热行为研究

近年来，已有一些科研机构投入到超级电容器的研究之中。但是，研究工作主要还是集中在电极材料的制备和电解液性能的改进等方面，在超级电容器的结构和元器件的封装设计方面的研究还很少[97-99]。而元器件的封装结构直接影响其内部热量的传递效果，进而影响电容器的热寿命。

混合型超级电容器的封装是将具有一定功能的核心部分封装于相应的壳体内，它一方面需要为核心部分提供保护作用，保障电荷正常地存储与释放；另一方面还需要保障电容器在充电和放电时产生的热量能顺利地传输到外部环境中，确保其稳定、可靠地运行[100-101]。混合型超级电容器在大电流下进行充放电时，瞬间峰值功率可高达数千瓦，由电容器的内电阻产生的焦耳热将会使元器件内部的温度升高，能否迅速地散热会影响到超级电容器本身的电气性能和使用寿命。针对本书所采用的混合型超级电容器结构，利用有限元分析方法，建立二维传热模型，分析在自然对流情况下，超级电容器内部瞬态温度场的分布和散热过程，并结合电气性能参数，进一步确定其内部封装结构的最佳形式，从而完善混合型超级电容器的设计。

6.4.1 传热模型

混合型超级电容器在进行大电流充放电时，能够迅速地存储或释放能量。其中少部分电能因内电阻的消耗被转换为热能，热量从电容器的内部向外部传递，经外壳表面与周围的空气进行对流换热，所以混合超级电容器的传热过程包括元器件内部的热传导和外部的对流换热[102-103]。为了简化分析计算过程，选择圆柱坐标系，建立二维传热模型，其解析域是过混合型超级电容器的轴线，并与上下表面垂直的剖面。该散热现象是二维瞬态导热问题，元器件内部的热传导微分方程满足：

$$\frac{\partial^2 T}{\partial r^2}+\frac{\partial^2 T}{\partial z^2}+\frac{1}{r}\frac{\partial T}{\partial r}=\frac{1}{\alpha}\frac{\partial T}{\partial \tau} \tag{6-30}$$

式中 T——温度函数，$T=T(z, r, \tau)$；

z——轴向坐标；

r——径向坐标；

τ——时间变量；

α——平均导温系数。

在解析域内，热量从混合型超级电容器的中心向外部传递，并且在自然状态下，通过上、下表面及圆周侧面与环境温度为20℃的空气进行对流换热，所以边界条件应满足方程：

$$-\lambda\frac{\partial T}{\partial n}=h(T_w-T_\infty) \tag{6-31}$$

式中 λ——导热系数；

n——混合型超级电容器封装表面的法线方向；

h——对流换热系数，在自然对流条件下取10W/(m^2·K)；

T_w、T_∞——元器件的表面温度和空气中无穷远处的温度。

假设混合型超级电容器在峰值功率作用下进行大电流充放电，内部达到了最高允许温度85℃。将解析域用8节点四边形轴对称单元进行网格划分，用有限元法求解混合型超级电容器的传热过程及内部温度场的分布情况，考察元器件的封装结构确定后，能否使内部的热量及时地传递到外部空气中。混合型超级电容器所选用的主要材料的物理性能见表6-5。

表6-5 主要材料的物理性能

材料	名称	导热系数/[W/(m·K)]	密度/(g/cm³)	比热容/[J/(g·K)]
电解质	硫酸溶液	0.69	1.53	4.185
电极材料	二氧化钌/活性炭	32	2.71	0.396
外壳	金属钽	54	16.68	0.142
隔板	玻璃纤维布	0.043	0.036	1.217

6.4.2 传热分析与讨论

图6-18所示是当$\tau=120$s时，解析域的温度分布云图，可知元器件中心的温度最高，温度梯度比较均匀。图6-19中的曲线是混合型超级电容器中心在散热过程中温度变化的规律，假设当$\tau=0$时，超级电容器内部从极限温度85℃开始，通过外壳与周围空气进行对流换热，当$\tau=120$s时，电容器中心的温度为52.21℃，降低了49.95%，此时元器件中心与外表面的最大温差为1.15℃；当$\tau=600$s时，

电容器中心的温度为40.16℃，降低了69.23%，最大温差为0.82℃；当$\tau=1000\text{s}$时，中心的温度为35.27℃，降低了76.6%，最大温差为0.17℃。之后，由于元器件的温度逐渐接近环境温度，温度开始缓慢变化，内部温差更小，这时残余的热量对电容器的电化学性能影响不大。通过上述分析可知，混合型超级电容器能够在很短的时间内，将76%以上有损于电容器电气性能的热量传递出去，说明它的热恢复性能较好。

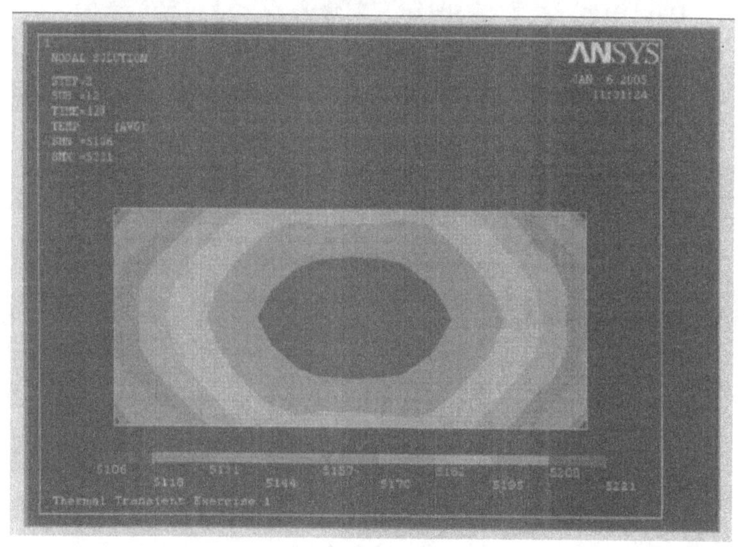

图6-18 温度分布云图 $\tau=120\text{s}$

将混合型超级电容器内部封装的单元数量增加到4，由于各单元之间是并联连接，单元数量增加后，可使总电容量增加，内电阻减少。所以，从电气性能方面考虑，增加封装单元的数量将是有利的。但是，从热性能方面分析，此时电容器的轴向尺寸由原来的16mm增加到22mm，将对散热速度和温度分布有影响。当时，其温度分布云图如图6-20所示，电容器中心的最高温度为60.55℃，此时元器件中心与外表面的最大温差增加到1.65℃。散热过程的温度变化规律如图6-19中的曲线b所示，当$\tau=1000\text{s}$时，中心温度为43.82℃。与图6-18比较，散热速度缓慢，温度梯度明显不均匀。

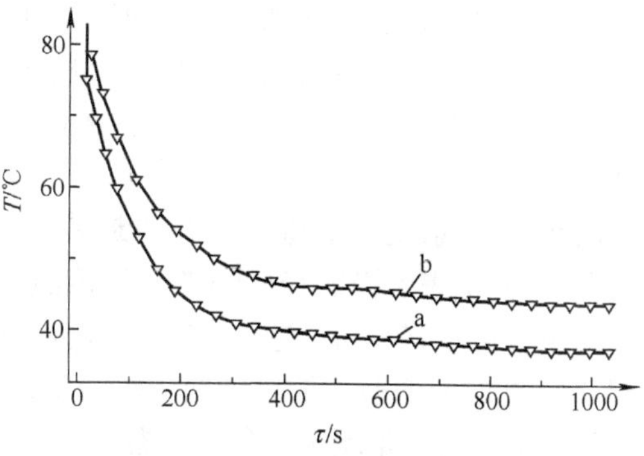

图6-19 散热过程的温度变化曲线

根据传热分析，在混合型超级电容器的传热过程中，传热量应包括元器件内部的热传导和外部空气的对流换热量，所以，沿着径向和

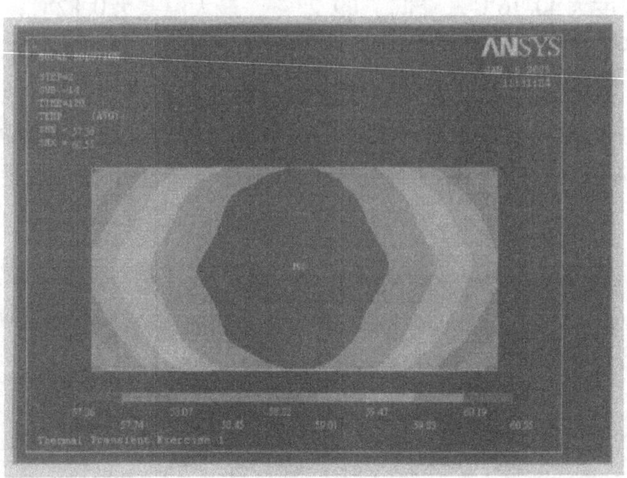

图 6-20 温度分布云图

轴向的传热量分别用 ϕ_1 和 ϕ_2 表示：

$$\phi_1 = \frac{\Delta T_1}{\delta_1/\lambda A_1} + \frac{\Delta T_1}{1/hA_1} \tag{6-32}$$

$$\phi_2 = \frac{\Delta T_2}{n\delta_2/\lambda A_2} + \frac{\Delta T_2}{1/hA_2} \tag{6-33}$$

式中 A_1、A_2——元器件外表沿着径向和轴向的传热面积；

ΔT——温差，是热量流动的驱动力；

n——电容器内封装单元的数量；

h——对流传热系数；

λ——导热系数；

δ_1、δ_2——每个单元沿着径向和轴向的传热路程，电容器总的传热量为 $\phi = \phi_1 + \phi_2$。

由方程式(6-32) 得出径向传热量与传热面积成正比，在封装电容器时，随着内部封装的单元数量 n 增加，混合型超级电容器径向的传热面积 A_1 增加，所以，径向传热量增加而电容器轴向的传热面积 A_2 不变。由方程式(6-33) 可知，当 n 增加时，在电容器内部沿着轴向的传热路径增加，轴向的传热量和传递速率将随之降低。

图 6-21 所示反映了超级电容器封装单元的数量与各个方向传热比例的关系，曲线 b、c 分别表示沿着径向和轴向的传热比例。当封装单元的数量为 1 时，轴向尺寸最小，传热路径短，散热较快。因为，轴向的传热面积 A_2 远大于径向的传热面积 A_1，此时的散热主要以轴向传热为主，其传热比例远远大于径向的传热比例。随着封装单元的数量增加，径向传热面积 A_1 增加，从而使径向传热比例增加，轴向传热比例相对减小。当封装单元的数量为 3 时，轴向和径向的传热比例接近平

衡，温度分布比较均匀，散热效果最好。综合考虑电气性能参数和热场分布情况，选择混合型超级电容器内部封装的单元数量为3。

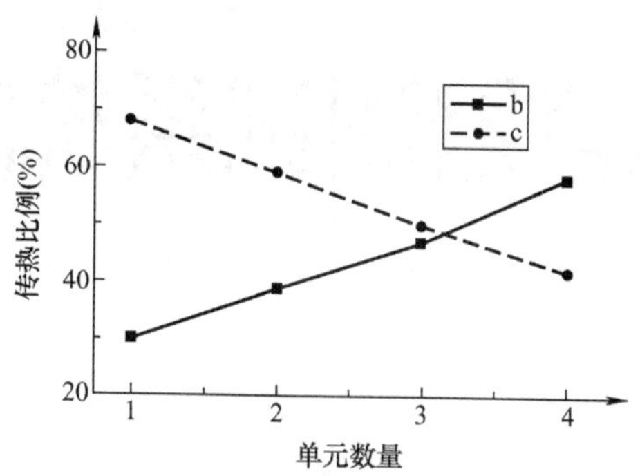

图6-21 不同封装数量对各向传热的影响（$\tau=120s$）

从电气性能考虑，当内部封装单元的数量由1增加到4时，电容器的内电阻随之减小，分别为0.8Ω、0.52Ω、0.46Ω和0.41Ω，所以，内电阻产生的热损耗也相应地减小。图6-22所示为上述4种封装形式的混合型超级电容器在同一恒定电流下充放电时，电阻与最大温差的关系。可见，当封装结构不同时，电阻不同，所产生的热效应不同。多单元并联后，电阻减小，允许通过元器件的最大放电电流增加，从而提高了混合型超级电容器的功率密度。

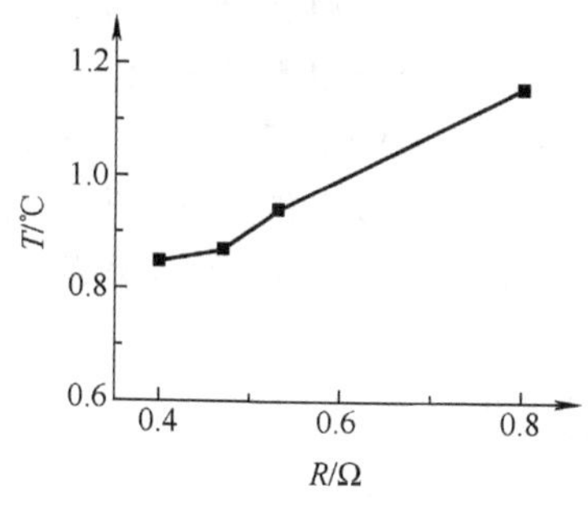

图6-22 电阻与最大温差的关系（$\tau=120s$）

通过上述分析得出以下结论：增加混合型超级电容器内部封装单元的数量，可以减小内电阻、增加电容量、提高单位体积的储能密度和功率密度，使电气性能参数更加理想。但是考虑到电流的热效应，通过对超级电容器内部温度场的模拟，分析了不同的封装结构对混合型超级电容器散热过程的影响。得出当沿着轴向和径向的散热比例达到平衡时，内部温度场分布均匀，散热效果最好，因而确定混合型超级电容器内部封装3个单元。该研究结果为超级电容器的热设计提供了重要的依据。

第7章 超级电容器测试系统的研究

7.1 引言

超级电容器的性能研究需要一套完善的测试手段。目前，超级电容器综合性能测试主要是使用电化学工作站，该系统可以实现循环伏安、交流阻抗和小电流的恒流充放电等测试[104]。恒流充放电曲线可以准确、直观地反映超级电容器的性能。目前国内产品输出电流较小，主要是由于测试设备的响应速度慢，对于研究超级电容器大电流快速充放电性能，显然无法满足需求[105]。恒功率放电是衡量超级电容器大功率输出性能的另一项重要指标，因此恒功率放电实验也具有重要的意义[106]。

为了完善超级电容器的测试手段，解决现有测试设备电流小和功率低的问题，本章设计了一种恒流充放电和恒功率放电测试系统。测试系统应用双向 Buck/Boost 变换器，通过传感器采样超级电容器的电流和电压，利用直接导通时间控制变换器的占空比以达到恒流充放电和恒功率放电的目的。其具体工作参数：电压测试范围为 0 ~ 100V，电流测试范围为 100mA ~ 10A，恒功率范围为 0 ~ 500W[107]。

7.2 测试系统总体设计

系统结构框图如图 7-1 所示。该系统由 DSP 主控单元、Buck - Boost 变换器、电压和电流检测电路、耗能电阻电路、IGBT 和继电器驱动电路、系统供电电路和上位机组成。

双向 DC - DC 变换器（Bi-directional DC - DC Converter，BDC）可以工作在双象限，能量能够双向传输，功能上等同于两个单向直流变换器，是典型的“一机双用”设备。Buck-Boost 变换器的工作方式有电感电流连续模式（Continuous Current Mode，CCM）和电感电流断续模式（Discontinuous Current Mode，DCM）两种基本工作方式，超级电容器充放电变换器和恒功率拓扑结构采用双向 Buck/Boost 电路，变换器拓扑结构如图 7-2 所示。

变换器分为正向降压充电状态和反向升压放电状态。电路正向工作在 Buck 状

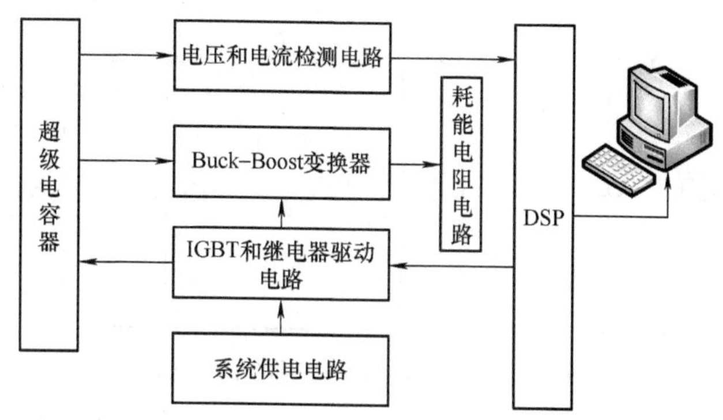

图 7-1　系统结构框图

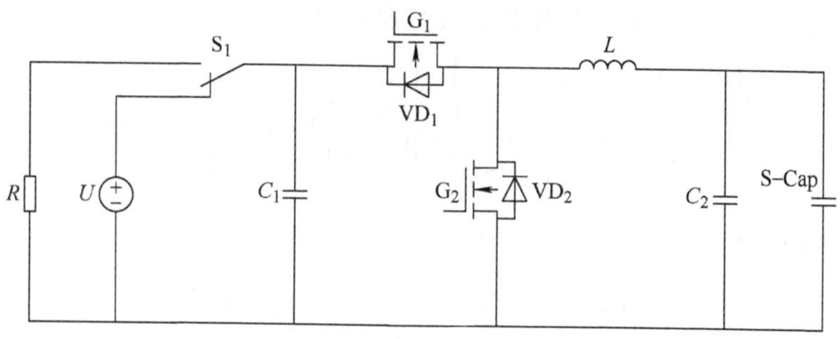

图 7-2　超级电容器充放电变换器拓扑结构

态，此时开关管 G_1 工作在 PWM 状态，G_2 截止，超级电容器处于充电状态。利用霍尔传感器反馈超级电容器充电电流，经 PI 运算后控制 G_1 占空比，以实现恒流充电。超级电容器充电时的等效电路如图 7-3 所示。

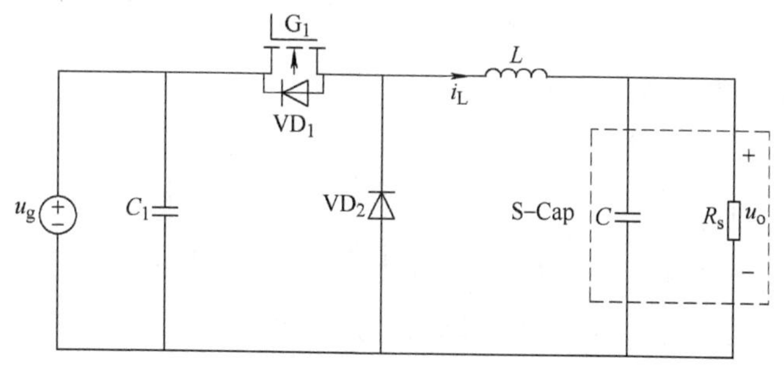

图 7-3　超级电容器充电时的等效电路

当超级电容器电压达到设定值时，控制继电器切换触点，控制开关管 G_2 工作在 PWM 状态，G_1 截止，超级电容器处于放电状态。此时采样超级电容器的放电电流，系统处于前馈状态，通过 PI 运算保证恒流放电。超级电容器放电时的等效电路如图 7-4 所示。

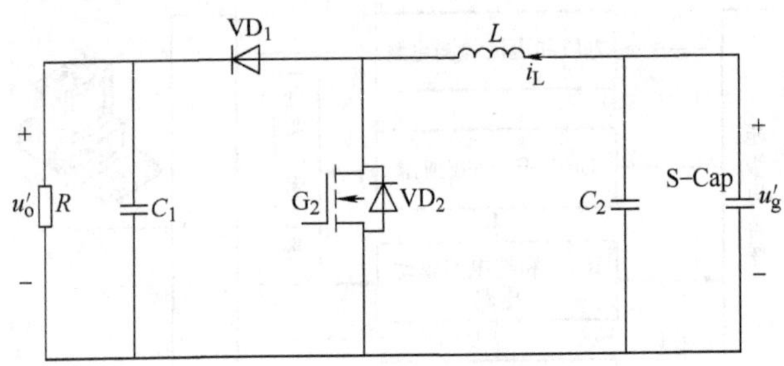

图 7-4　超级电容器放电时的等效电路

双向 Buck/Boost 变换器分为正向降压和反向升压两个工作状态。采用状态空间平均法分别对两个状态建立小信号模型。

系统变换器处于 Buck 状态时电路状态方程为

$$\begin{bmatrix} \dfrac{\mathrm{d}i_L(t)}{\mathrm{d}t} \\ \dfrac{\mathrm{d}u_o(t)}{\mathrm{d}t} \end{bmatrix} = \begin{bmatrix} 0 & -\dfrac{1}{L} \\ \dfrac{1}{C} & -\dfrac{1}{R_sC} \end{bmatrix} \begin{bmatrix} i_L(t) \\ u_o(t) \end{bmatrix} + \begin{bmatrix} \dfrac{d}{L} \\ 0 \end{bmatrix} [u_g(t)] \tag{7-1}$$

对系统添加扰动:

$$i_L(t) = I_L + \hat{i}_L(t) \qquad u_o(t) = U_o + \hat{u}_o(t) \tag{7-2}$$

$$u_g(t) = U_g + \hat{u}_g(t) \qquad d = D + \hat{d}(t) \tag{7-3}$$

消除无穷大和无穷小项可得

$$\begin{bmatrix} \dfrac{\mathrm{d}i_L(t)}{\mathrm{d}t} \\ \dfrac{\mathrm{d}u_o(t)}{\mathrm{d}t} \end{bmatrix} = \begin{bmatrix} 0 & -\dfrac{1}{L} \\ \dfrac{1}{C} & -\dfrac{1}{R_sC} \end{bmatrix} \begin{bmatrix} \hat{i}_L(t) \\ \hat{u}_o(t) \end{bmatrix} + \begin{bmatrix} \dfrac{u_g}{L} \\ 0 \end{bmatrix} [\hat{d}(t)] + \begin{bmatrix} \dfrac{D}{L} \\ 0 \end{bmatrix} [\hat{u}_g(t)] \tag{7-4}$$

设$\hat{d}(t)=0$，式(7-4) 可简化为

$$\begin{bmatrix} \dfrac{\mathrm{d}i_L(t)}{\mathrm{d}t} \\ \dfrac{\mathrm{d}u_o(t)}{\mathrm{d}t} \end{bmatrix} = \begin{bmatrix} 0 & -\dfrac{1}{L} \\ \dfrac{1}{C} & -\dfrac{1}{R_sC} \end{bmatrix} \begin{bmatrix} \hat{i}_L(t) \\ \hat{u}_o(t) \end{bmatrix} + \begin{bmatrix} \dfrac{D}{L} \\ 0 \end{bmatrix} [\hat{u}_g(t)] \tag{7-5}$$

同理，系统处于 Boost 状态时电路状态方程为

$$\begin{bmatrix} \dfrac{\mathrm{d}i_L(t)}{\mathrm{d}t} \\ \dfrac{\mathrm{d}u'_o(t)}{\mathrm{d}t} \end{bmatrix} = \begin{bmatrix} 0 & -\dfrac{1-d}{L} \\ \dfrac{1-d}{C_1} & -\dfrac{1}{RC_1} \end{bmatrix} \begin{bmatrix} i_L(t) \\ u'_o(t) \end{bmatrix} + \begin{bmatrix} \dfrac{1}{L} \\ 0 \end{bmatrix} [u'_g(t)] \tag{7-6}$$

对系统添加扰动:

$$i_L(t) = I_L + \hat{i}_L(t) \qquad u'_o(t) = U'_o + \hat{u}'_o(t) \tag{7-7}$$

$$u_g'(t) = U_g' + \hat{u}_g'(t) \qquad d = D + \hat{d}(t) \tag{7-8}$$

消除无穷大和无穷小项：

$$\begin{bmatrix} \dfrac{\mathrm{d}i_L(t)}{\mathrm{d}t} \\ \dfrac{\mathrm{d}u_o'(t)}{\mathrm{d}t} \end{bmatrix} = \begin{bmatrix} 0 & -\dfrac{1-D}{L} \\ \dfrac{1-D}{C_1} & -\dfrac{1}{RC_1} \end{bmatrix} \begin{bmatrix} \hat{i}_L(t) \\ \hat{u}_o'(t) \end{bmatrix} + \begin{bmatrix} 0 & U_o' \\ -\dfrac{I}{C_1} & 0 \end{bmatrix} [\hat{d}(t)] + \begin{bmatrix} \dfrac{1}{L} \\ 0 \end{bmatrix} [\hat{u}_g(t)] \tag{7-9}$$

设$\hat{d}(t)=0$，式(7-9)可化简为

$$\begin{bmatrix} \dfrac{\mathrm{d}i_L(t)}{\mathrm{d}t} \\ \dfrac{\mathrm{d}u_o'(t)}{\mathrm{d}t} \end{bmatrix} = \begin{bmatrix} 0 & -\dfrac{1-D}{L} \\ \dfrac{1-D}{C_1} & -\dfrac{1}{RC_1} \end{bmatrix} \begin{bmatrix} \hat{i}_L(t) \\ \hat{u}_o'(t) \end{bmatrix} + \begin{bmatrix} \dfrac{1}{L} \\ 0 \end{bmatrix} [\hat{u}_g'(t)] \tag{7-10}$$

应用MATLAB中的Simulink搭建电路，加入PI闭环控制，实现恒流充放电仿真。选取合理的参数：$K_p=5$，$K_i=0.1$，仿真结果表明开环和闭环特性良好，可以满足设计需求。

直接导通时间控制是指控制开关变换器的开关管，将其输出电压或输出电流稳定在设定值。本文使用TMS320F28335控制器采样充放电电流，利用直接导通时间控制方法控制开关管的占空比。

当系统正向工作处于Buck状态时，系统闭环反馈充电电流经过PI运算控制开关管G_1开关，以实现恒流充电；当系统反向工作处于Boost状态时，通过继电器切换触点，将放电电阻接入电路，此时系统处于前馈状态，通过电流传感器采样超级电容器的放电电流，经过PI运算控制开关管G_2开关，以达到恒流放电的目的。

7.3 测试系统硬件设计

7.3.1 控制芯片的选择

控制芯片选用DSP中TMS320F28335，专门设计了以TMS320F28335为主控芯片的最小系统。此控制芯片主要完成了控制算法处理、电参量的采集和PWM信号的输出。该最小系统主要包括晶振电路、复位电路、供电电路、JTAG仿真接口电路等。由于DSP的供电电源是3.3V，而TMS320F28335组成的应用系统内核电压（1.9V）与I/O供电电压（3.3V）不同，所以电源部分采用TPS63HD301（两路输出）来实现。在输入部分，由于所设计的系统供电电源与电源元器件距离小于10cm，为了滤除噪声，提高响应速度，在输入端接入0.1μF的贴片电容。在输出部分，通过将10μF的固体钽电容接地可有效保证满载情况下的稳定性。除此以

外，最小系统的模拟信号和数字信号全部由端子排引出，方便系统的拓展和外围电路的连接[108]。基于 TMS320F28335 的最小系统实物照片如图 7-5 所示。

图 7-5　基于 TMS320F28335 的最小系统实物照片

7.3.2　IGBT 和继电器驱动电路

绝缘栅双极型晶体管（Insulated Gate Bipolar Transistor，IGBT）是由双极型三极管（BJT）和绝缘栅型场效应晶体管（MOSFET）组成的复合全控型电压驱动式功率半导体器件[109]。IGBT 不但具有 GTR 的阻断电压高、载流量大的多项优点，又具有 MOSFET 的驱动电路简单、开关频率高、热温度性好、输入阻抗高和工作速度快的优点[110]。因此，IGBT 被广泛应用于直流斩波升降压电路。IGBT 的频率特性介于功率晶体管与 MOSFET 之间，在几千赫兹频率范围内仍然可以正常工作，得到了大范围的应用。IGBT 为整套测试系统的核心器件，直接影响了系统的性能参数，所以 IGBT 的驱动电路选择也相当重要。IGBT 驱动电路需要考虑以下方面：

1）具有合适的关断电压和导通电压。

2）根据系统的具体要求选择栅极驱动电阻 R_G。

3）在打开和关断的过程中会消耗驱动模块的功率，栅极的最小峰值电流计算方法由式(7-11) 所示：

$$I_{GP} = \frac{\Delta U_{GE}}{R_G + R_g} \tag{7-11}$$

式中　ΔU_{GE}——$\Delta U_{GE} = +U_{GE} + |-U_{GE}|$；

R_g——IGBT 的内部电阻；

R_G——IGBT 的栅极电阻。

如果 IGBT 的栅极电容为 C_{GE}，开关频率为 f，则驱动模块的平均功率可以表

示为

$$P_{AV}=C_{GE}\Delta U_{GE}^{2}f \tag{7-12}$$

4）当 IGBT 过电流或者负载出现短路时，驱动电路必须保证能够抑制故障电流，保护 IGBT 免受冲击。

主电路是通过 IGBT 的开关来控制充放电电流大小和是否充放电，进而完成恒流充电的过程。由于 DSP 的 I/O 口输出的高电平信号幅值过低（一般在 3.3V 以下），同时在 IGBT 关断时 DSP 不能提供相应的负电压来及时关断 IGBT，因此应用驱动电路来完成 IGBT 正常的开通和关断。此外，IGBT 是电压驱动型器件，其栅-源极之间有数千皮法的极间电容，为了快速形成驱动电压，要求驱动电路具有较小的驱动电阻，并进行隔离。所以 DSP 输出的电平信号必须借助光耦驱动电路才能顺利实现 IGBT 正常的开通和关断。本系统选用日本东芝公司生产的 TLP250 芯片驱动 IGBT，其具有 10～35V 的供电范围，输出电流最大可达 1.5A，开关时间 $t_{pLH}/t_{pHL}\leqslant 0.5$，可以满足 IGBT 的驱动要求。

IGBT 和继电器的驱动电路模块如图 7-6 所示。TLP250 的 2 脚接控制信号，用来接收 DSP 的 I/O 口输出电平作为驱动芯片的输入信号，3 脚通过 470Ω 电阻接地。TLP250 的 5 脚接地后接入一个稳压管，这个稳压管能够将 IGBT 的源级电压钳位在稳压管的击穿电压，当 DSP 输出低电平时，$U_{GE}<0V$，IGBT 关断；DSP 输出高电平时，$U_{GE}>0V$，且大于 IGBT 开启电压，IGBT 开通，用同样的方法驱动继电器。

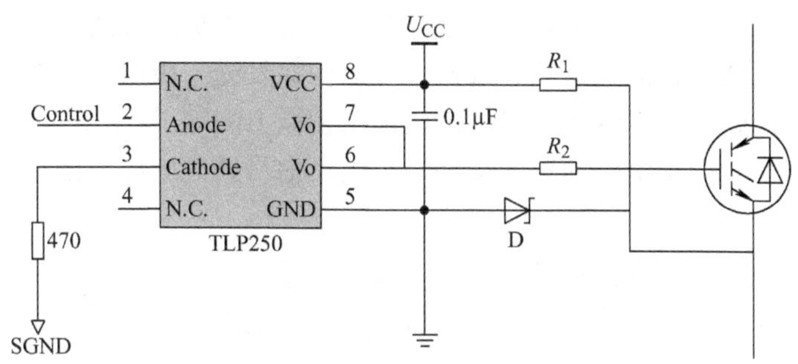

图 7-6 IGBT 和继电器的驱动电路模块

7.3.3 采样电路设计

1. 电压采样电路及调理电路

该部分设计包括电压传感器外围电路和信号调理电路。由于本系统设计的输入电压范围为 0～100V，并且该电压信号之间不共地，而单片机 AD 转换能识别的电压范围在 0～3.3V 之间，故在电压信号采集环节，使用霍尔电压传感器 TBV 10/

25A，该传感器的一、二次线圈是绝缘的，可将不共地的双极性电压信号转换为共地的单极性电压信号，并且响应时间为40μs，匝数比为2500∶1000，满足本系统设计的需求。电压采样模块电路结构图如图7-7所示。电压传感器TBV 10/25A利用霍尔闭环零磁通原理，在一次侧匹配外置电阻，阻值需要满足电流一次侧输入的要求。霍尔传感器要求原边输入电流为10mA左右，故选取电阻为$R_{in}=U_{in}/10mA=10k\Omega$。根据匝数比及二次电压$U_{out}=3.3V$，得到：

$$\frac{I_{in}}{I_{out}}=\frac{U_{in}}{R_{in}}:\frac{U_{out}}{R_o}=1000:2500 \tag{7-13}$$

经计算可得$R_o=132\Omega$。

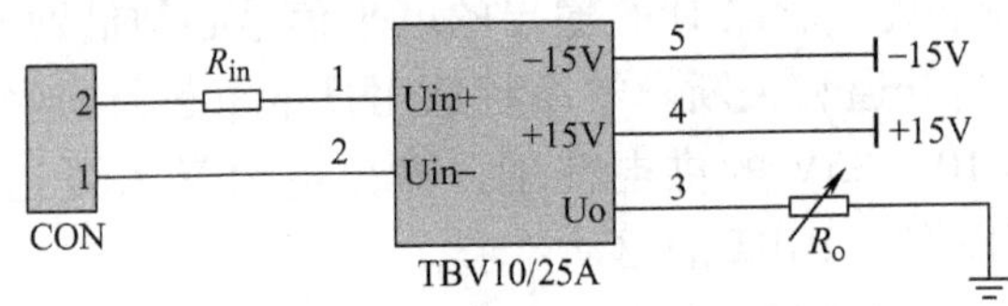

图7-7　电压采样模块电路结构图

为了使二次侧的电压信号精确地传输给AD转换器，应用信号调理电路来提高该模拟电压信号的稳定性并且进行隔离。本文选用安捷伦公司的线性光耦HC-NR201及其外围电路组成信号调理电路。

LM324是TI公司生产的具有差动输入的四运算放大器，单电源工作的范围为3～32V，HCNR201内部由2个光敏二极管和1个发光二极管组成，通过反馈通路的非线性抵消了直流通路的非线性，可以消除发光二极管的非线性和偏差带来的误差，以此达到了线性隔离的目的。由两个相同LM324芯片作为HCNR201芯片的前后级，即信号调理电路的输入级和输出级。信号调理电路如图7-8所示。

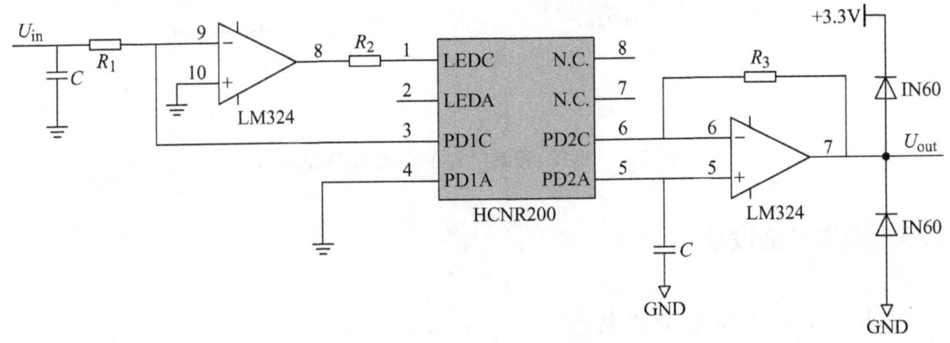

图7-8　信号调理电路

2. 电流采集电路及信号调理电路

采用型号为 ACS712－20A 的霍尔电流传感器组成采样电路，将其串联在电路中采集流过超级电容器的电流。电流采样模块电路结构图如图 7-9 所示。

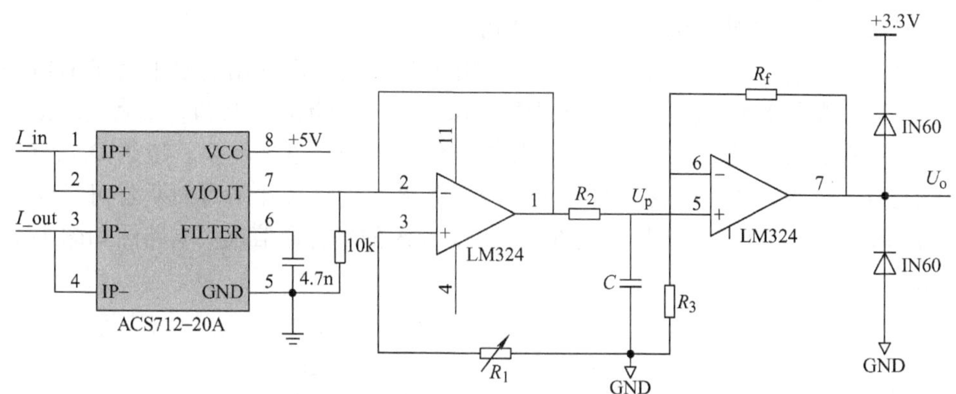

图 7-9　电流采样模块电路结构图

传感器的输出补偿电流信号由采样电阻 R_1 变成电压信号，并且改变 R_1 的大小可以改变传感器输出与输入之间的关系。输出端接入由运算放大器构成的电压跟随器来提高传感器输出的带载能力。增加电压跟随器是为了使输出阻抗降低和输入阻抗提高。霍尔传感器输出信号和采样信号通常受到外界干扰，使 AD 的转换数值不稳定，所以一般在电压跟随器输出端采用一阶 RC 有源滤波电路来滤除干扰。

图 7-9 中一阶有源滤波电路，电路增益为

$$A_u(s)=\frac{U_o(s)}{U_i(s)}=\left(1+\frac{R_f}{R_3}\right)\frac{1}{1+sRC} \tag{7-14}$$

当频率趋于 0 时，通带放大倍数为

$$\begin{cases}A_{up}=1+\dfrac{R_f}{R_3}\\ f_p=\dfrac{1}{2\pi R_2 C}\end{cases} \tag{7-15}$$

选取合理采样电阻可以改变采集电流信号范围，设定最大的允许电流为 10A，计算出对应电阻值。为了提高测试设备的精度，选择康铜丝绕制的电阻作为采样电阻，由于此种电阻温度漂移小，额定功率大和电流噪声低。可以提高系统稳定性。同时，为了提高反馈过程中增益的准确性，选用额定功率为 0. 25W，容差为 1% 的金属膜电阻。电流传感器输出信号经过两级运放调理后，输出的电压范围为 0 ~ 3. 3V，满足 TMS320F28335 对电压信号的需求。

7.3.4 通信模块设计

为了将采集到的充放电端电压和放电功率实时传送至上位机，并绘制出超级电容器的充放电曲线，需要相应的通信模块。选用简单的串行通信模块 USART 可以方便地完成 DSP 与计算机之间的数据通信。

此处的串行通信模块采用三线方式。由于 DSP 输入和输出的电平为 TTL 电平（晶体管—晶体管逻辑电平），计算机配置 RS－232C 标准串行接口，二者电气规范不一致，因此计算机与单片机的串行数据通信需要进行电平转换。考虑 DSP 电平范围为 0 ~3. 3V，故串行通信采用 SP3232EEN 芯片。该芯片是西伯斯公司（Sipex Corporation）开发生产，扩展电路方便简单，系统的串行通信模块电路图如图 7-10 所示。

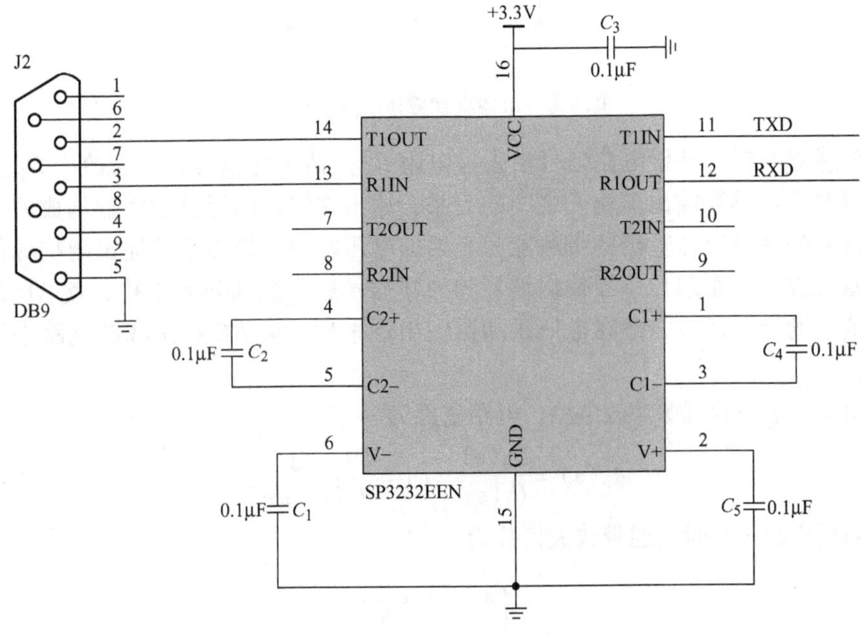

图 7-10　串行通信模块电路图

7.3.5 数据存储模块设计

测试系统的工作周期长，需要存储大量重要参数，而且存储数据在掉电情况下不能丢失。从经济和稳定性的角度考虑，系统采用金士顿公司生产的 TF/MICRO SD 卡。该 SD 卡采用单端 3. 3V 供电且只需外接少量元器件，具有功耗低、集成度高、读写速度快、数据存储量大和数据掉电保护等优点。数据存储模块电路图如图 7-11 所示。

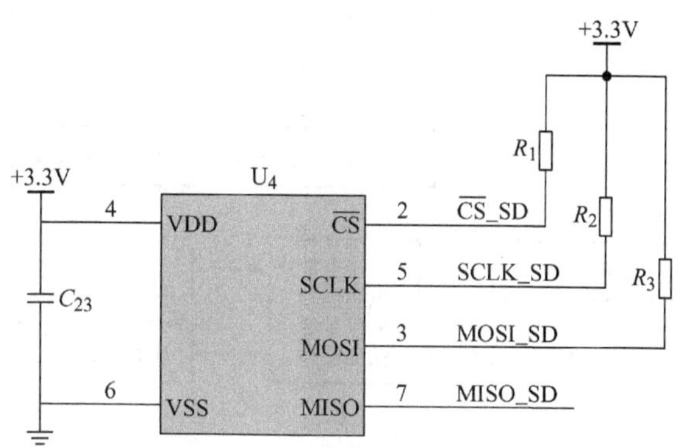

图 7-11 数据存储模块电路图

7.3.6 抗干扰设计

设计的过程中，需要具有合理的布局以及布线，要尽可能地抑制和消除，同时尽可能地切断电磁干扰的路和场。电源线的布置要遵循以下四个原则：一是要根据所导通电流的大小，尽量加宽导线；二是电路板中的电源输入和输出端要接合适的去耦电容；三是地线和电源线的走向应该同数据线的传递方向一致；四是对应单片机集成电路去耦，电源走线的末端去耦。通过以下几个措施进行实现：

1）增加 RC 滤波网络。

2）合理的一点接地。

3）屏蔽信号传输电路。

4）设置通道的隔离电路。

除此之外，每个元器件都需要经过严格的测试筛选，采用良好的焊、装和联的工艺措施。安装和测试过程是一项工艺要求很严的工作，这项工作直接影响着设备的精度。

7.4 测试系统软件设计

软件总体设计流程图如图 7-12 所示。

软件采用 PI 的双闭环控制，电流内环和电压外环参数通过仿真和实验调整优化而得。软件设计采用模块化，即以恒流源为控制核心，将其他环节如电压检测、电流检测、计算机和 DSP 的交互通信、数据处理等作为子模块。工作流程包括软件系统初始化，系统复位、I/O 口初始化、中断初始化、标志位设定、寄存器设定，随后进入主程序，主程序以恒流充放电为主体，实现电压数据的采集、A/D 转换、数据处理及控制信号的产生，同时调用复位程序来实现恒流充放电和恒功率放电。超级电容器恒流充放电测试系统流程图如图 7-13 所示。

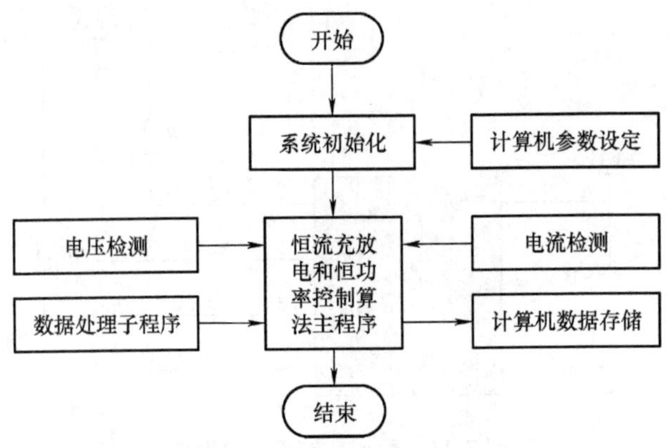

图 7-12　软件总体设计流程图

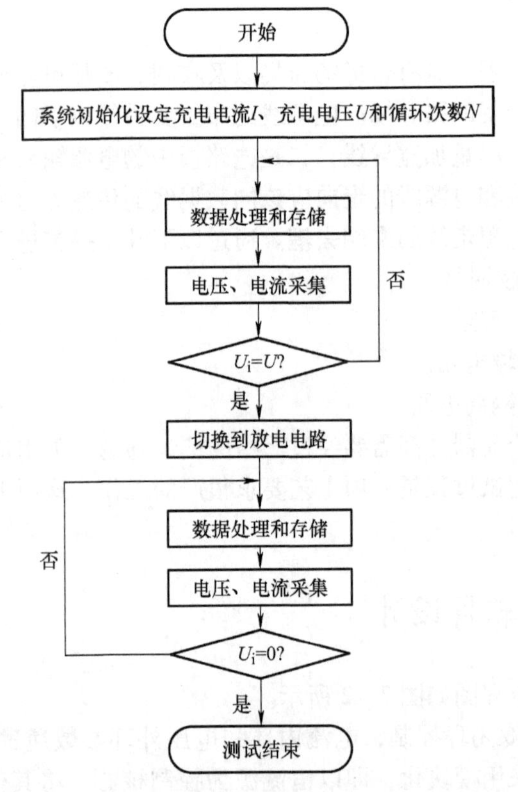

图 7-13　超级电容器恒流充放电测试系统流程图

为了提高系统的精度，在软件的设计中增加了温度补偿环节。随着电流输出增加，由于温度或元件电气特性等因素电流的输出特性不是成线性增长，这会造成恒流设定值与实际输出值之间产生偏差，为了消除偏差采用软件的方式进行参数补偿。补偿方法为，通过软件编程将设定值与采样返回值进行比较，采用步长变化的

多次比较动态调整进行参数补偿。

采用的软件补偿方法为，首先比较采集的数值与设定值的大小，计算误差率，并对输出参数进行增减补偿，有三种步长等级，分别为1mA、0.1mA、0.01mA，补偿步进的等级选择由每次补偿结束后计算的测试值与真实值之差的绝对值决定，参数补偿周期为5ms，补偿周期选用5ms是保证在有效值寄存器更新后立即读取有效值寄存器，保证参数补偿的实时性，每次参数补偿时都会读取有效值，并在读取的有效值基础上做增减补偿，当有效值没有更新时，补偿的幅度不会变化，而参数实际更新的周期为有效值更新周期，约为1/3s。通过软件比较参数动态调整维持恒流输出。

超级电容器恒功率放电流程图如图7-14所示。

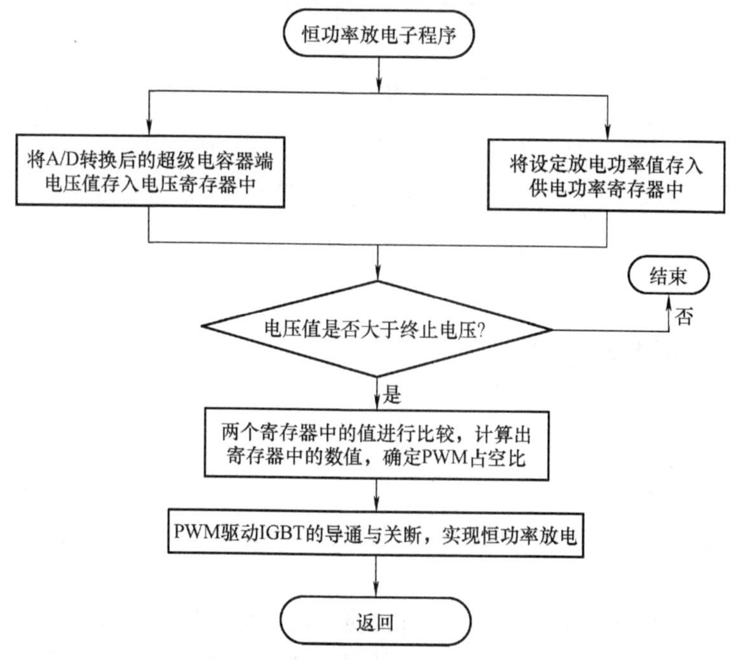

图7-14 超级电容器恒功率放电流程图

软件采用Visual Basic 6.0语言。该界面不仅可对每一步操作过程进行提示，而且实现操作流程的程序化和自动化，以达到准确、易用和稳定的效果。充放电测试系统界面如图7-15所示。

数据的处理和存储是超级电容器测试系统的核心环节。超级电容器的端电压和电流经过电压传感器和电流传感器、信号调理电路和模拟开关传送至DSP时，需要经过DSP将A/D转换后的数字量进行比较后处理，而由于电压信号在传递过程中存在一定的误差和脉动，因此在A/D采样程序的编写过程中采取多点求平均值的方法，来提高采样精确度。

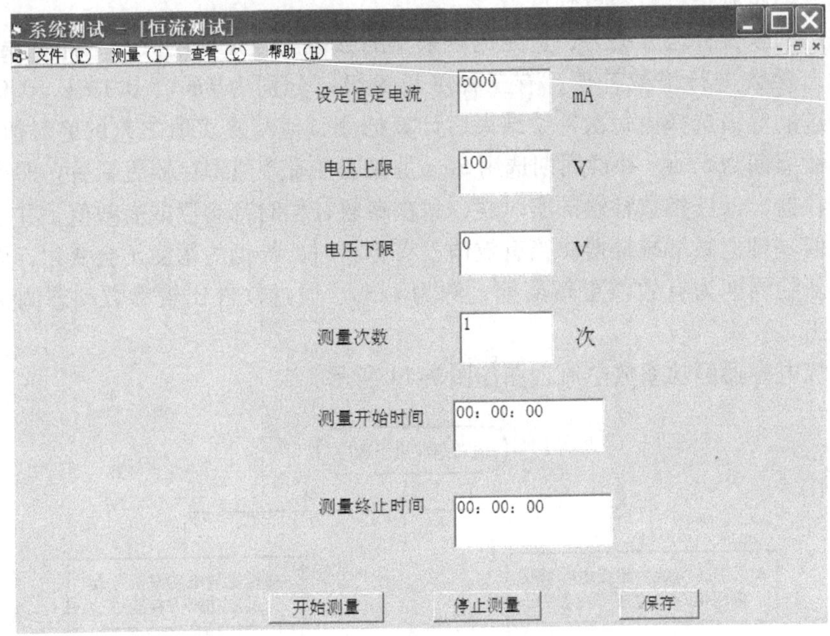

图 7-15　充放电测试系统界面

7.5　实验测试与结果

7.5.1　软件测试

软件测试主要检测控制电路的控制电压和输出结果。分两种情况进行测试，充电状态与放电状态。

充电状态：系统上电复位后，通过自检，符合充电条件，则通过键盘设定工作方式为充电模式，然后设定充电上限电压及充电电流值。设充电上限电压为 20V，充电电流为 1A。测试 D/A 芯片输出为 0.986V，转换到恒流电路为 0.986A 的输出电流。具体显示如图 7-16 所示。

放电状态：系统上电复位后，通过系统自检，符合放电条件，然后设定工作方式为放电模式，再设定放电下限电压及放电电流值。设放电下限电压为 1V，放电电流为 2.5A，经测试 D/A 芯片输出为 2.497V，转换到恒流电路为 2.497A 的输出电流。显示如图 7-17 所示。

测试结果分析：能够按着预先设定的控制电压输出，并将电压转换为输出电流，测试结果表明输出电流与设定电流有一定的误差，但仍在精度允许的范围内。误差产生的原因是由于 D/A 芯片输出量化的误差造成的，采用更高精度的 D/A 转

图 7-16 实际测试系统的充电状态

图 7-17 实际测试系统的放电状态

换芯片能减小误差。

7.5.2 硬件测试

本设计采用的是双并联结构，硬件测试主要对单个电路进行测试，控制电压为单片机输出的控制信号，采样电阻为0.1Ω/5W的高精度耐高温水泥电阻。测量不同的设定电流，得到控制电压和实际输出电流值见表7-1。从表中可以看出，在电流较小时，其绝对误差和相对误差都较小，恒流特性比较理想，电流越大，输出电流变化的绝对误差就越大，恒流特性变差。主要原因是当电流增大时，在功率管上的功耗就越大，同时采样电阻不够精确，其上的绝对误差也相应地随着电流的增大而增大，导致恒流电路性能下降。

表 7-1 输出电流与给定值采样数据

预定输出电流/A	控制电压/V	输出电流/A	绝对误差/mA	相对误差（%）
0.50	0.50	0.498	2	0.4
1.00	1.00	1.008	8	0.8
1.50	1.50	1.517	17	1.1
2.00	2.00	2.027	27	1.35
2.50	2.50	2.538	38	1.5

测试输出电流稳定度，设置0.5A、1A、1.5A三个点随时间的变换关系，测试数据如下，设采样电阻为0.1Ω。从图7-18中可以看出，恒流电路其输出电流的恒流特性较为理想，在电流较小时，如0.5A时，恒流特性较好，在电流较大时，如1A和1.5A时，输出电流的恒流特性变差，曲线有较大的起伏，波动达到0.9%和1.1%左右。这是因为，随着电流的增大，采样电阻阻值不够准确，其上的误差也越大，因此电流有较大的变化。

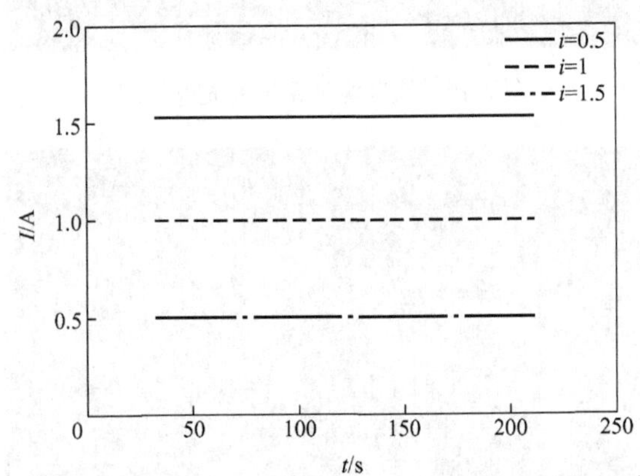

图7-18　设定输出电流为0.5A、1A、1.5A时的恒流特性

7.5.3　超级电容器恒流充放电实验验证

利用自制的恒流测试系统对超级电容器进行充放电测试，电容器为0.06F的混合型超级电容器模块，在充、放电的整个过程中，对电容器两端电压进行监测，所测电压波形如图7-19所示。预先设定充电电流及放电电流均为0.6A，充电到25V，经过短暂平稳后转换到放电状态。由于电流恒定，电容器端电压随时间线性变化。测试结果表明，恒流源满足充放电要求[111]。

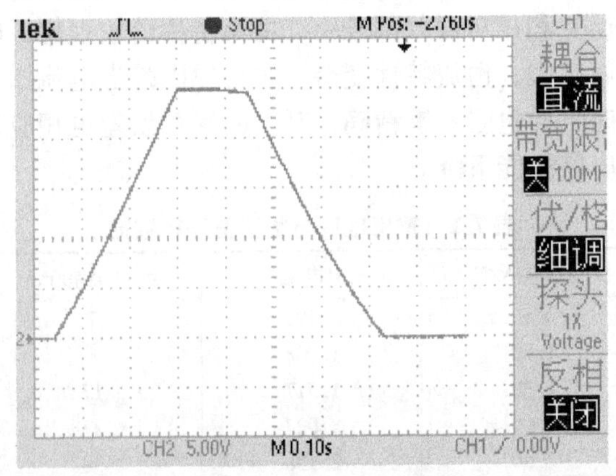

图7-19　充放电电压波形图

本书大部分实验曲线均由本章建立的测试系统完成，这里不再重复列出。

7.6　串联超级电容器组电压均衡系统的研究

超级电容器作为一种新型的储能元件，填补了蓄电池和常规电容器之间的空白，满足了一些负载对高功率放电的要求，如应用在太阳能光伏发电、混合动力汽车、电能武器等场合[112]。由于其单体电压过低，故在实际应用中需要将多个单体串联使用，以提高超级电容器储能系统的工作电压[113]。而由于电容自身的特点，大规模的串联使用降低了总体的容量，因此又需要在串联的同时并联一定数量的电容器，以弥补容量损失。但是由于制造工艺及环境因素的影响，各单体电容在电气参数上会存在一定差异，比如容量、内阻、绝缘性能等，因而在大规模串并联使用时，会引起各串联单体间的电压不一致，各并联单体间电流不一致的情况[114]。同时在储能系统工作期间，循环充放电会造成超级电容器电极的老化和电解液的劣化，从而使各串并联单体之间的电气参数存在一定差异，这些不一致性经过若干次的循环会逐渐严重[115]。所以在对超级电容器储能系统进行充放电时，如对各串并联单体间不采取一定的均压、均流措施，会影响储能系统的效率，严重时储能系统会因为某一单体电容的失效而崩溃。

所以，在对超级电容器储能系统进行充电时，在串联单体间进行电压均衡，使其单元端电压始终控制在额定电压以内，并减小各单元的电压差异，是提高储能系统效率并保证其安全稳定运行的有效手段之一[116]。

在针对超级电容器或者蓄电池组成的储能系统设计电压均衡电路时，目前通常使用的主要有如下两种方式：

1. 耗能法

在小功率的应用场合，如果对均衡精度和成本不做太高要求，常采用并联电阻、稳压管等方法来实现单体间的电压均衡，其示意如图 7-20 所示。如图 7-20a 所示，电容单体均并联等阻值的电阻后，超级电容器组在充放电过程中，其单元端电压与充放电电流在电阻上产生的压降一致。通过恒流源对电容进行充电时，由于电流的大小直接影响电阻上的压降，故此方法有很多局限性，即对不同的电容或者采用不同的电流进行充电时需要同步更换与电容并联的电阻。同时由于电阻上始终有电流通过，电能利用率低，此外电阻发热也会带来一定的安全隐患[117]。在图 7-20b 中，选择稳压管的稳定电压与电容器单体的额定电压相同，从而使得充电过程中，当单体电压接近额定电压时，其端电压被限制在稳压管的稳定电压。此种方法虽然较前一方法耗能较少，但均衡过程不可控，精度差。

2. 非耗能法

由于基于耗能法的均衡电路存在着能量利用率低，均衡精度差的特点，研究使

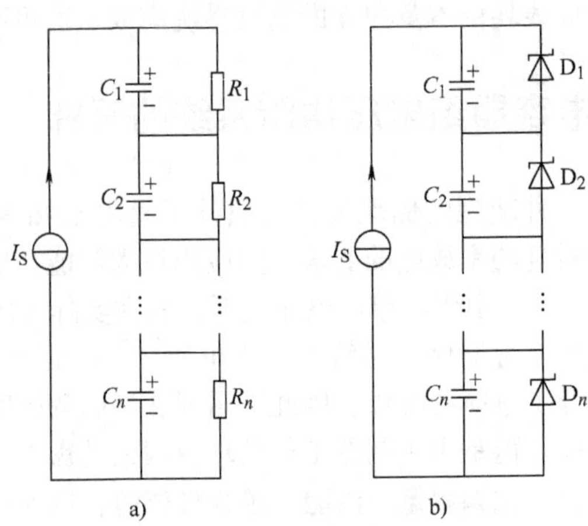

图 7-20　耗能法的电压均衡电路

用合理的电路拓扑，对串联超级电容器组在充放电过程中进行精确的电压控制，是非耗能法的基本思路。目前主要采用的方法包括飞渡电容法、直流变换器法、均衡变压器法等[118]。

飞渡电容法是利用独立的电容元件，将其作为串联超级电容器组的能量传递的中间环节，使得各串联超级电容器单体频繁与飞渡电容切换，其电路如图 7-21 所示，C_{f1}，C_{f2}，…，C_{fn}均为飞渡电容，在某一时刻，将双向开关同时向一侧动作，使得飞渡电容 C_{fi}分别与 C_i（$i=1$，2，3，…，n）并联，完成相应的电荷转移；在下一时刻，双向开关向另一侧动作，从而使得飞渡电容 C_{fi}与 C_{i+1}（$i=1$，2，3，…，n）并联，完成电荷转移，伴随着双向开关的连续切换，实现了相邻超级电容器单体间的能量均衡，从而电压也趋于一致。但是此种方法如果有 n 个飞渡电容，就需要（$2n+2$）个开关元件，需要耗费大量的开关元件，成本高且控制复杂。

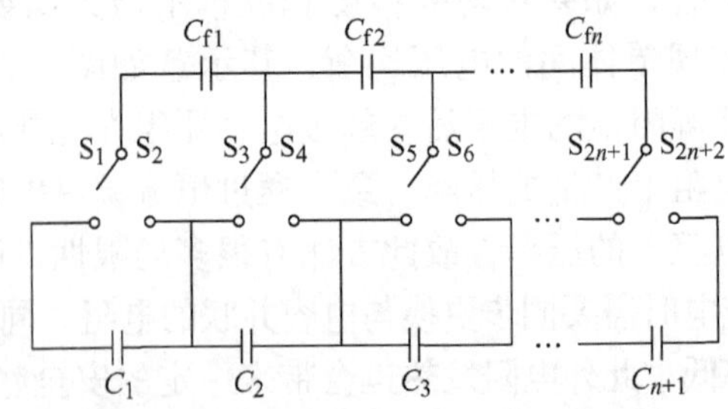

图 7-21　基于飞渡电容的电压均衡电路

直流变换器法主要是通过 DC－DC 变换器将各单体电容连接，使相邻的串联单体间的能量得到交换和传递，从而实现各单体之间的电压均衡，其电路如图 7-22 所示。

除以上几种方法以外，针对低功率低电压（一般在 100W、10V 以下）串联超级电容器组开发的均衡电路已日渐成熟，并取得了一定程度的集成化。例如芯片

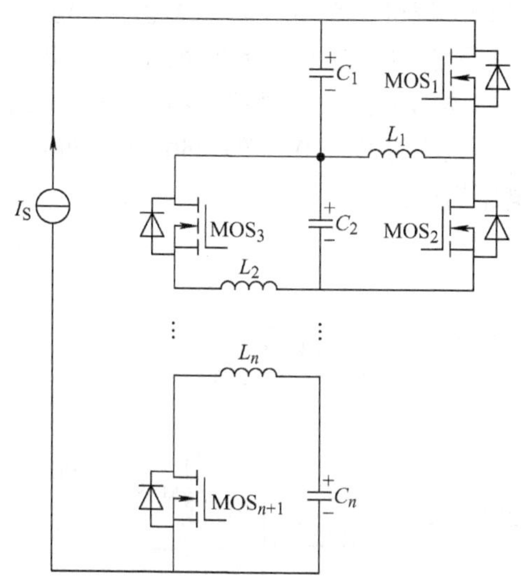

图 7-22 基于直流变换器的电压均衡电路

LTC6802、X3100 等，其在针对 4 ~5 组串联的超级电容器或者锂电池可以取得一定的均压效果，但是在众多高电压和高功率的应用场合，以上芯片皆不能满足要求。因此本文根据高压串联超级电容器组的特点，设计了一种基于 PIC 单片机的电压均衡系统，以满足高压电容器组之间的电压均衡，其具体的技术指标为

1）串联超级电容器单体电压均衡（输入）范围：DC 0 ~55V。
2）A/D 转换位数与精度：10 位，0.004V。
3）每 PCB 可均衡单体数量：5 个。
4）系统响应时间：1s。
5）系统误差：±3%。

7.6.1 电压均衡系统的总体设计

由于针对目前串联超级电容器组设计的电压均衡系统普遍存在功率较低[119]，输入电压范围窄的特点，本文采用具有 0 ~55V 输入范围的电压传感器作为串联单体输入电压的采集单元，使用大功率 MOSFET 作为电路的开关元件，具体设计主要包括电路的硬件设计和软件算法设计两个环节。

7.6.2 电压均衡主电路设计

该电压均衡系统的主电路如图 7-23 所示。当使用恒流源对串联超级电容器组进行充电时，将每个单体与一只 MOSFET（IRFP460）并联，同时单体的正极串联一只二极管 STTH30L06（其极性如图所示），其作用是避免与单体并联的 MOSFET 导通时引起单体电容的短路[120]。当与某单体并联的对应 MOSFET 导通时，恒流源输出的电流将沿着MOSFET流过，而不对该单体电容充电；当与单体并联的MOSFET关断时，MOSFET上没有电流通过，此时恒流源输出的电流对该单体电容充电。实时监测每一串联单体的电压，通过单片机根据一定的算法对MOSFET的开通关断进行相应的控制，就能对每一串联单体的端电压进行调节，从而实现整体串联电容器组单元间的电压均衡。

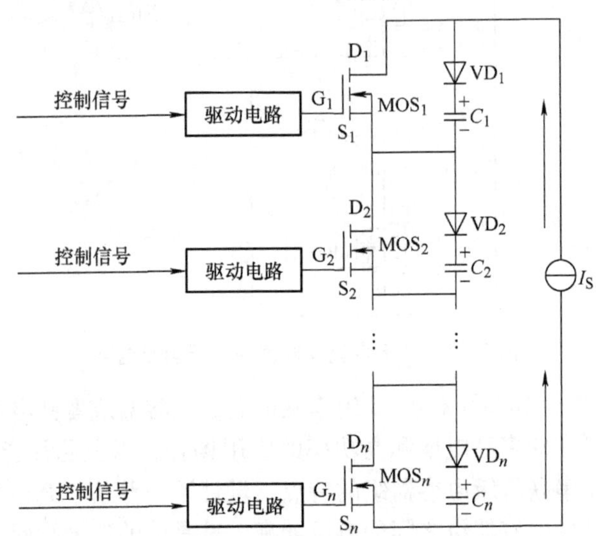

图7-23　串联超级电容器组电压均衡系统的主电路

7.6.3　算法设计

根据前述的主电路结构可知，通过调整与超级电容器单体并联MOSFET的开通与关断，可以根据一定的算法实时地对串联单体的电压进行控制，而采取简洁有效的算法设计，对于实现电压均衡具有重要的作用。

本文设计了“两阶段均衡”的算法，其具体思路为：以恒流方式对串联超级电容器组进行充电时，充电全程分为两个阶段，两阶段以一个转折电压U_t为转折点：第一阶段根据超级电容电压与充电时间之间的线性关系，在每个串联单体达到U_t之前，将各单体之间的电压差值限制在一个范围；在第二阶段，断开电压最高单体的充电电流，给其余单体充电，继续进一步缩小该单体与其他单体间的电压差，具体过程为

1）分析电容器（储能系统）的特点，设定转折电压$U_t=0.7U_r$，（U_r为单体电容的额定电压）开始第一阶段充电。设置检测的周期，此时实时检测每一单体的电压，记为U_{C1}，U_{C2}，U_{C3}，…，U_{Cn}。

2）计算每个单体电容与转折电压U_t之间的差值ΔU_i（$i=1, 2, 3, \cdots, n$），

即 $\Delta U_i = U_t - U_{Ci}$。找出初始电压最高的单体充电至转折电压的时间 t_h。且 $t_h = \frac{C \cdot \Delta U_h}{I_S}$，$\Delta U_h$ 为电压上升最快单体与转折电压之间的差值。

3）故在第一阶段开始之前，若每一单体电压均在转折电压 U_t以下，则继续第一阶段充电，即对各个单体恒流充电。若存在某一单体电压 U_h高于转折电压 U_t，则进入第二阶段。

4）在第一阶段完成后，继续比较 U_{C1}，U_{C2}，U_{C3}，…，U_{Cn}之间的大小，找出此时电压最大及最小的单体。假设 $\Delta U = U_{max} - U_{min}$，$U_s$为电压差容许值（在本文中取5% U_r），当 $\Delta U < U_s$ 时，即表明最大电压及最小电压单体之间的差值在容许值之内。此时，所有 MOSFET 关断，对所有单体充电；而当 $\Delta U \geqslant U_s$ 时，由控制单元输出相应的控制信号，使得具有最高电压的单体对应 MOSFET 导通，其余对应 MOSFET 均关断，即此时停止对电压最高单体的充电，对其余单体充电，直至满足 $\Delta U < U_s$。而当每一单体电压均接近于 U_r且 $\Delta U < U_s$ 时，充电结束。两阶段的电流流经路径图如图 7-24 所示（在第二阶段中，假设第一个串联电容的电压最高）。

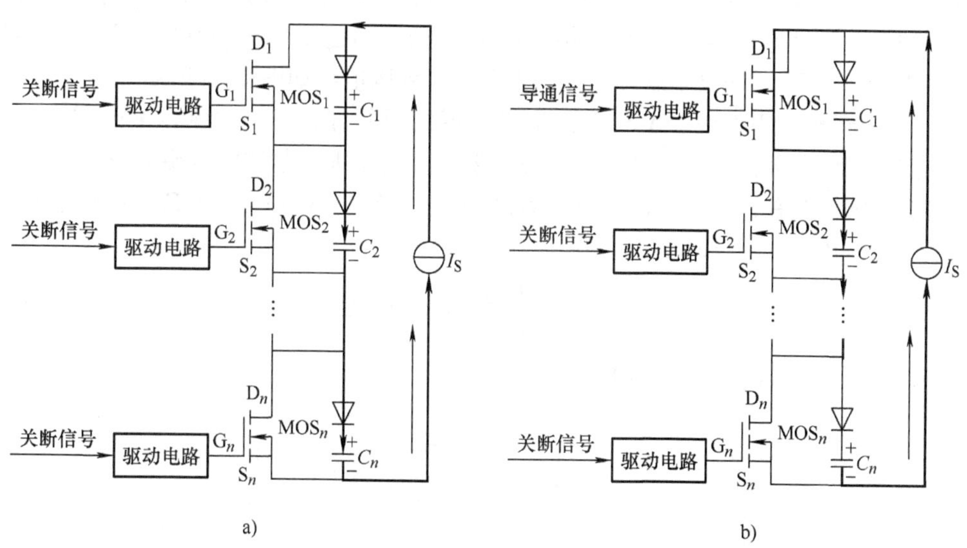

图 7-24 充电过程的电流流经路径图：a）第一阶段；b）第二阶段

7.6.4 电压均衡系统的硬件设计

均衡系统的硬件设计主要包括电压采集电路、单片机及其外围电路、开关管驱动电路及均衡主电路等。其具体的电路框图如图 7-25 所示。

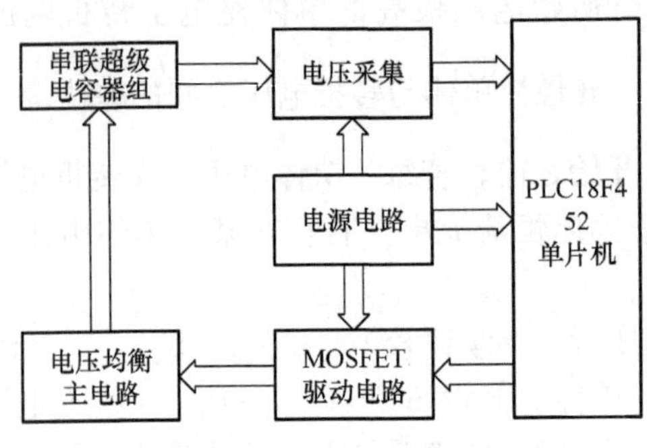

图 7-25　均衡系统框图

7.6.5　电压采集及信号调理电路

该部分的设计包括电压传感器外围电路和信号调理电路设计，由于本系统设计的单体输入电压范围为 0～55V，并且该电压信号之间不共地，而单片机 A/D 转换能识别的电压范围在 0～5V，故在电压信号采集环节，使用霍尔电压传感器 TBV10/25A，该传感器的一、二级是绝缘的，可以将不共地的双极性电压信号转换为共地的单极性电压信号，并且响应时间为 40μs，匝数比为 2500∶1000，输入电压范围为 0～55V，满足本系统设计的需要，其外围电路如图 7-26 所示。

电压传感器 TBV10/25A 利用霍尔闭环零磁通原理，在一次侧匹配外置电阻，该电阻的阻值需要满足一次侧输入电流的要求，由于本霍尔传感器要求一次侧输入电流为 10mA 左右，故选取该电阻值为 $R_{in} = R_{01} = 55V/10mA = 5.5k\Omega$。而根据匝数比及二次侧电压 $U_{out} = 5V$，有公式：

$$\frac{I_{in}}{I_{out}} = \frac{U_{in}}{R_{in}} : \frac{U_{out}}{R_{out}} = 1000 : 2500 \tag{7-16}$$

所以得出：$R_{out} = R_1 = 200\Omega$。

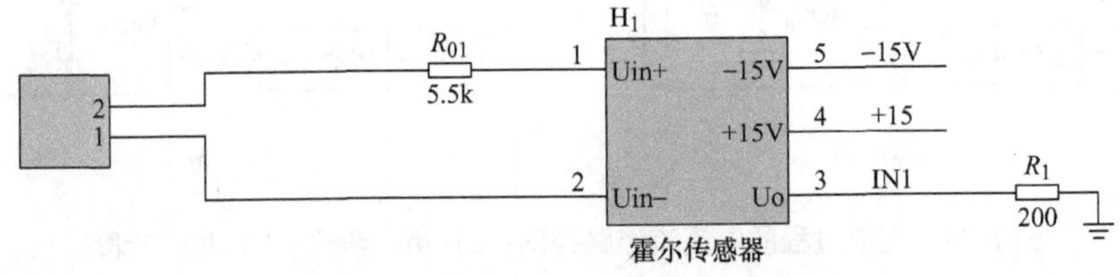

图 7-26　霍尔电压传感器及外围电路

当电压传感器将一次侧的单体电压输出至二次侧，为了使其二次侧的电压信号更精确地传输给 A/D 转换器，故需要使用信号调理电路以提高该模拟电压信号的稳定度并进行一定程度的隔离。本文利用安捷伦公司的线性光耦 HCNR201 及其外围电路组成信号调理电路，HCNR201 芯片的内部结构图如图 7-27 所示。

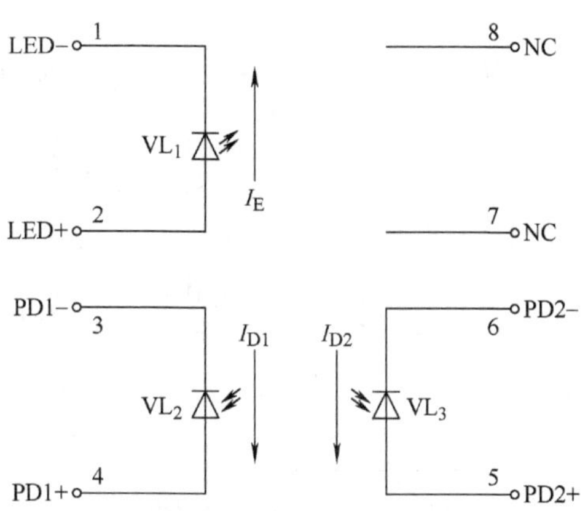

图 7-27 HCNR201 芯片的内部结构图

HCNR201 内部由一个发光二极管 VL_1 和两个光敏二极管 VL_2、VL_3 组成，每个光敏二极管均能从发光二极管上得到光照，当电流流过 VL_1 时，其发出的光被耦合到 VL_2 和 VL_3，因而在输出端 PD1 产生的电流可以反馈到 LED 端，对输入信号进行反馈控制，通过反馈通路的非线性抵消了直流通路的非线性，消除了发光二极管的非线性和偏差带来的误差，达到了线性隔离的目的。同时在 PD2 端产生与输入光强成正比的输出电流。

由 HCNR201 及运算放大器 LM324 组成的信号调理电路如图 7-28 所示。其由两个相同的 LM324 芯片作为 HCNR201 芯片的前后级，亦即信号调理电路的输入和输出级。LM324 是由 TI 公司生产的具有真差动输入的四运算放大器，其共模输入输出范围包括负电压，单电源工作的范围为 3～32V，其引脚结构如图 7-29 所示。具体的工作过程如下：

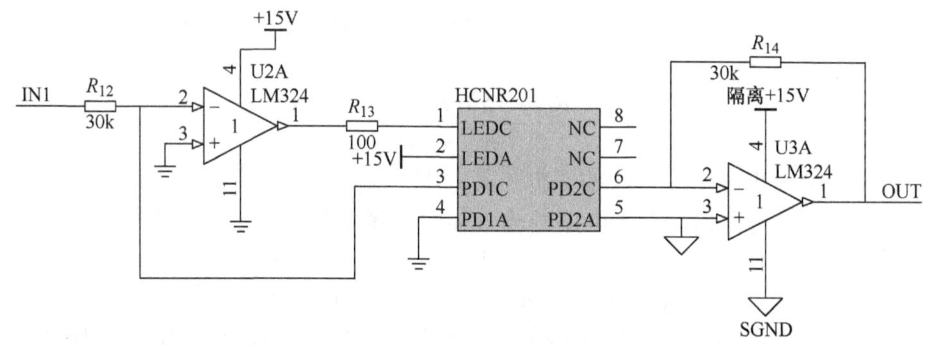

图 7-28 信号调理电路

根据运放虚断的原则，流过 R_{12} 的电流即为光耦中的反馈电流 I_{D1}，如图 7-29 所示，设输入端电压为 U_{IN1}，光耦 3 脚的电压为 U_{PD1C}，则

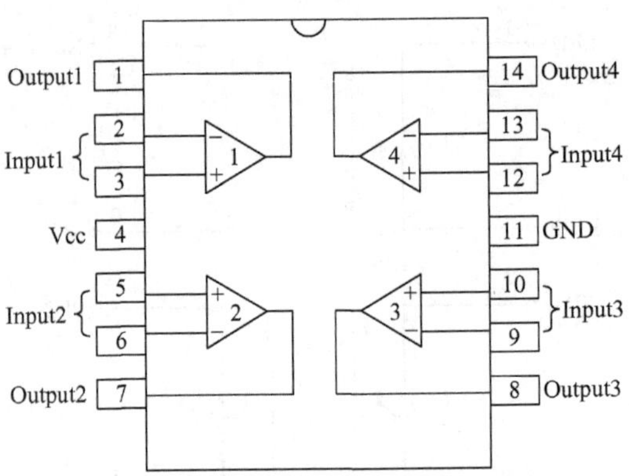

图 7-29　LM324 的引脚图

$$I_{D1}=\frac{U_{IN1}-U_{PD1C}}{R_{12}} \tag{7-17}$$

即有

$$U_{IN1}=I_{D1}R_{12}+U_{PD1C} \tag{7-18}$$

运放工作在非饱和状态下时，其输出电压即 1 脚的电压

$$U_1=U_{00}-GU_2=U_{00}-GU_{PD1C} \tag{7-19}$$

式中　U_{00}——运放输入差模为 0 时的输出电压；

U_2——前级运放 2 脚的电压。

对光耦而言，通过 LED 的电流

$$I_E=\frac{15-U_1}{R_{13}}=\frac{15-U_{00}+GU_{PD1C}}{R_{13}} \tag{7-20}$$

根据光耦的工作特性，设 $K_1=\frac{I_{D1}}{I_E}$，$K_2=\frac{I_{D2}}{I_E}$，且一般情况下 $K_1=K_2$ 则

$$I_{D1}=I_E\cdot K_1=\frac{K_1(15-U_{00}+GU_{PD1C})}{R_{13}} \tag{7-21}$$

$$U_{PD1C}=\frac{R_{13}-15K_1R_{12}+K_1R_{12}U_{00}}{R_{13}+K_1GR_{12}} \tag{7-22}$$

对于光耦输出级对应运放的 1 脚，其电压 $U_{OUT}=I_{D2}R_{14}$，如果考虑到运放增益 G 特别大，可以得到信号调理电路的输入和输出环节电压的比值 A 为

$$A=\lim_{G\to\infty}\frac{U_{OUT}}{U_{IN1}}=\lim_{G\to\infty}\frac{I_{D2}R_{14}}{I_{D1}R_{12}+U_{PD1C}}=\frac{R_{14}I_{D2}}{R_{12}I_{D1}}=\frac{R_{14}K_2}{R_{12}K_1}=\frac{R_{14}}{R_{12}} \tag{7-23}$$

所以选取恰当的 R_{14} 和 R_{12} 来调节 R_{14} 和 R_{12} 的比值就可以调整输入电压和输出电压之比，在本文中选取 $R_{12}=R_{14}=30\text{k}\Omega$。

7.6.6　模拟开关电路

由于本系统需要采集所有串联超级电容器单体的电压，而作为系统的控制核

心，PIC 单片机自身 A/D 转换器在同一时间只能接受一路单体电压的信号，所以需要采用多路转换器即模拟开关进行电压信号的选择和切换。本书选用 TI 公司的 CD4067 作为模拟开关芯片，其具有 3～18V 电源供电，16 路的高精度选择通道，通过 4 为地址编码进行通道选择，其具体的引脚分布及外围电路如图 7-30 所示。

引脚 15（INHIBIT）为使能端，低电平有效，通过在 10、11、13、14 脚进行高低电平的控制来选择 0～15 任意通道的数据，同时将选通的数据通过 1 脚（COMMON）输出至后级电路。在本设计中，模拟开关的输出后级接一电压跟随器，以提高信号的输入阻抗，提高其带负载能力，利于向后级的 A/D 转换器输入匹配的电压信号。

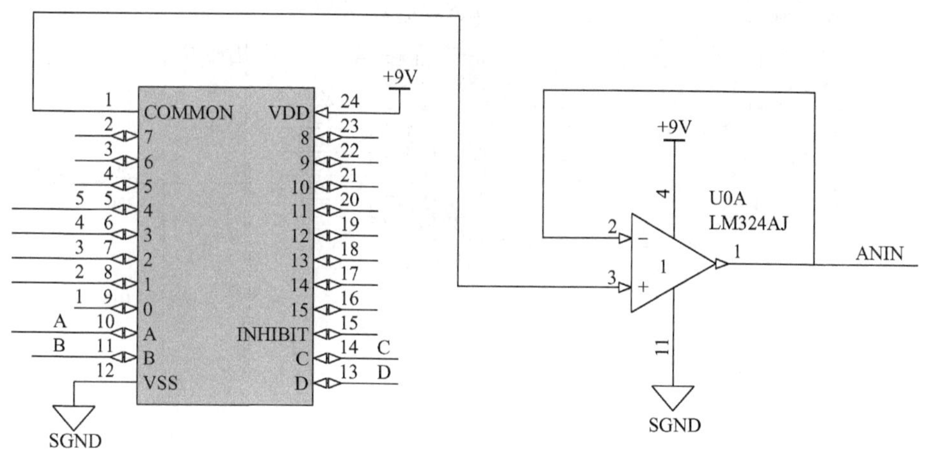

图 7-30 CD4067 引脚分布及其外围电路

7.6.7 PIC 单片机及 A/D 转换

PIC 单片机为美国微芯（Microchip）公司生产的 8 位/16 位单片机，本文采用 PIC18F452 作为该均衡系统的控制单元，其采用 16 位的 RISC 指令系统，内置 10 位 A/D 转换器、E^2PROM 存储器、比较输出、捕捉输入、PWM 输出（加上简单的滤波电路可以作为 D/A 输出）、异步串行通信（USART）接口电路、模拟电压比较器和 FLASH 程序存储器等多种功能，其具有以下特点：

1）2MB 的程序存储器及 4KB 的数据存储器，采用数据与指令总线分离的哈佛总线结构，执行速度高达 10MIPS（Million Instructions Per Second）。

2）4 个 8 位 I/O 口，10 位 8 通道的 AD 转换器，1Mbit/s 的 CAN 总线模块及捕捉/比较/脉宽调制模块，可寻址的 USART 模块，具有较低功耗及高速增强型 FLASH 技术及 2～5.5V 的电压工作范围。

本文采用单片机 PIC18F452 的最小系统如图 7-31 所示，主要由晶振、时钟及复位电路组成。

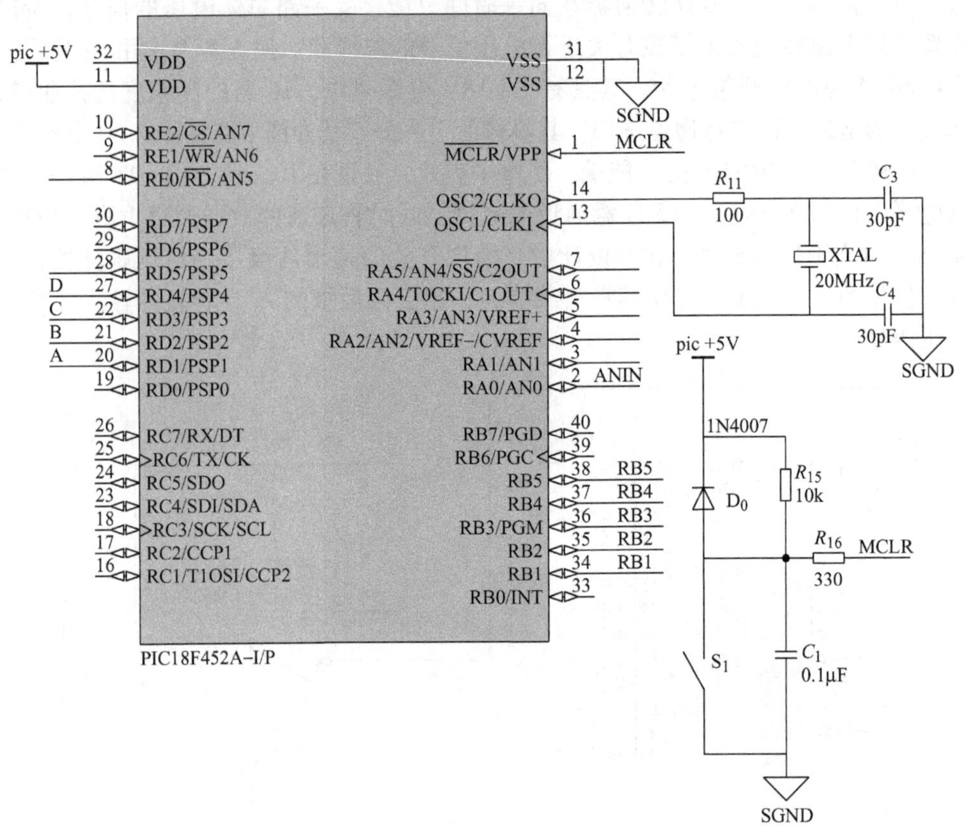

图 7-31　PIC18F452 的最小系统

在复位环节使用$\overline{\text{MCLR}}$低电平使能的复位方式，如图 7-31 所示，当开关 S_1 闭合时，引脚$\overline{\text{MCLR}}$被强制拉低，从而使得单片机复位。此外，在时钟信号环节，采用高速晶体/陶瓷振荡方式（HS 方式），选用 30pF 的陶瓷电容及 20MHz 晶振构成时钟电路。

经由模拟开关及电压跟随器输出的电压信号送至单片机的 A/D 进行处理。PIC18F452 自带 10 位 8 通道 A/D 转换器，其 I/O 口的 RA0 ~ RA7 为 A/D 转换的输入口，其具体的结构框图如图 7-32 所示。

由于在编程方面 A/D 输入通道的选择是由对寄存器的 CH2、CH1、CH0 三个位进行编码决定的，为了简化程序、提高系统的运行效率，本设计仅使用 RA0 口作为 A/D 转换的输入口，前级电压通道的选择由模拟开关来完成。同时，A/D 转换器的参考电压可以通过开关 PCFG0 来选定，参考电压可以是单片机的供电电压，也可以是外界参考源电压。为了简化设计的同时提高转换精度，本设计采用 TI 公司的 REF02 芯片组成的电路作为单片机供电电源，其引脚及外部电路如图 7-33 所

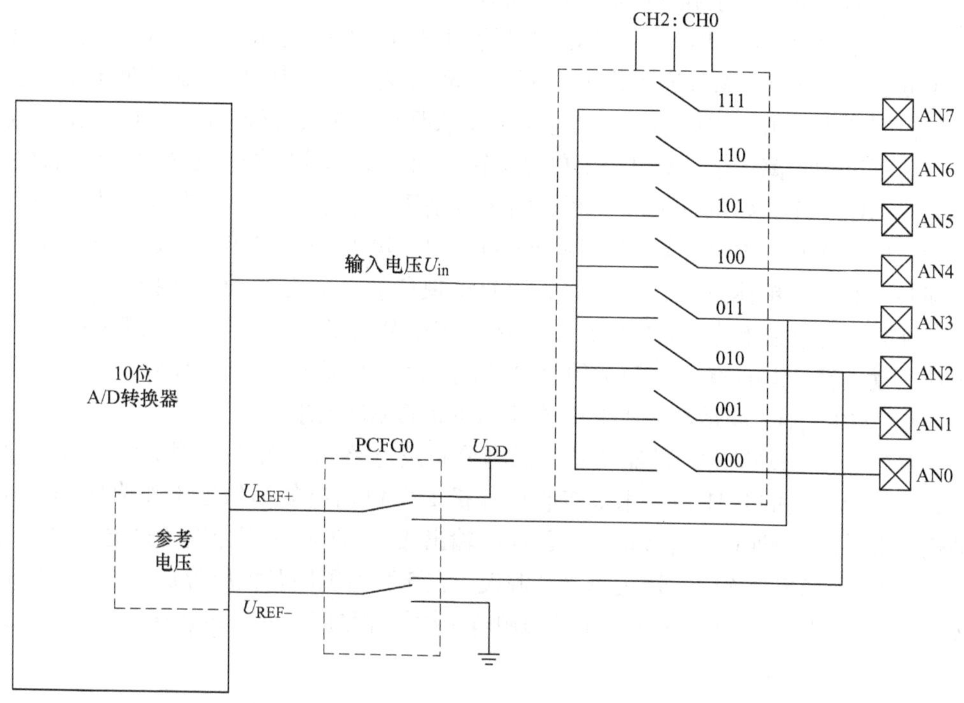

图 7-32 A/D 转换模块结构图

示。故此时选择单片机的电源 U_{DD} 作为 A/D 转换的参考电压，同时通过程序使得 PCFG0 寄存器置高电平。

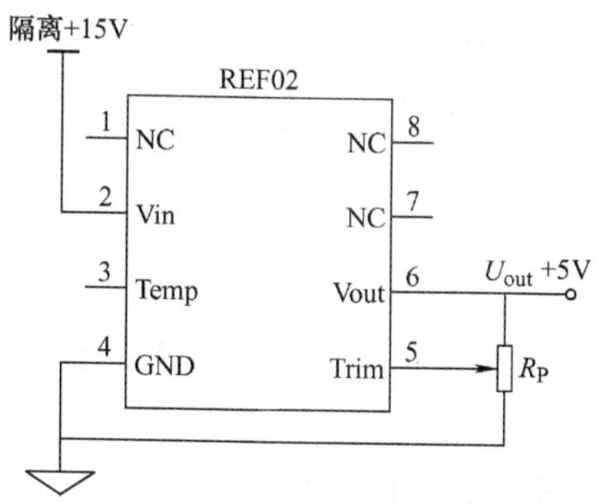

图 7-33 REF02 组成的单片机供电电源

7.6.8 MOSFET 驱动电路

由前述 7.2 节可知，在主电路中是通过 MOSFET 的通断来控制每一串联电容单体是否进行充电，进而完成均衡充电的过程的，在由单片机的 I/O 口输出的高电平信号其幅值过低（一般在5V以下），同时在MOSFET关断时单片机不能提供相应的负电压来及时关断MOSFET，因此需要借助驱动电路来完成MOSFET正常的开通和关断。另一方面，MOSFET作为一种电压驱动型器件，其栅-源极之间有数千皮法的极间电容，为了快速建立驱动电压，要求驱动电路具有较小的驱动电阻，并进行一定程度的隔离[121]。所以经由单片机输出的电平信号必须借助光耦驱动电路才能完成MOSFET正常的开通和关断。同时特别需要注意的是由于每个串联单体均与相应的MOSFET并联，在驱动各MOSFET时，其驱动的输出级不能共地，否则会使各串联电容单体由于正负极的短接而出现危险，故在驱动的选择上，每一个MOSFET需要单独驱动。在本设计中，选用东芝公司的TLP250芯片及其外围电路组成驱动电路，其具有10~35V的供电范围，输出电流最大可达1.5A，开关时间$t_{pLH}/t_{pHL}\leqslant 0.5\mu s$，满足本文所采用的IRFP460的驱动要求。

其任一MOSFET对应的驱动芯片引脚分布及电路图如图7-34所示。图中，芯片2脚接单片机的RB1口，用来接收单片机I/O口输出的高低电平作为驱动芯片的输入信号，3脚通过$R_{1.1}$接地。在驱动的输出级，5脚和6脚分别通过电阻$R_{1.3}$及稳压管D1.1输出至MOSFET的栅极和源极。在5脚右侧串联稳压管是为了在芯片前级无电平输入时，强制将MOSFET的栅源电压钳位在稳压管的击穿电压（-5V），以使MOSFET及时关断。

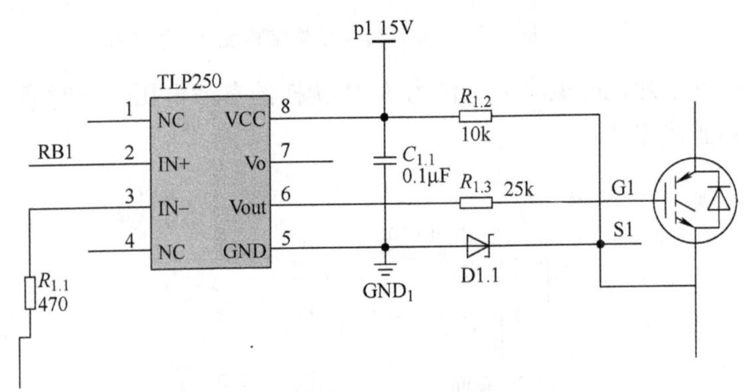

图7-34　TLP250组成的驱动电路

7.7　电压均衡系统的软件设计

根据上述硬件设计组成的均衡系统，提出相应的软件设计环节，软件设计采用模块化，即以电压均衡算法为核心，将其他环节如：电压检测、A/D转换、数据处理等作为核心模块的辅助模块即子程序。主要的工作流程包括软件系统初始化，包括系统复位、各I/O口初始化、中断初始化、标志位设定、寄存器设定，随后进入主程序，主程序以电压均衡控制为主体，运行过程中调用各子程序模块，依次实现电压数据的采集、A/D 转换、数据处理及控制信号的产生，同时调用复位程序以完成电压均衡的目的。其运行结构框图如图 7-35 所示。

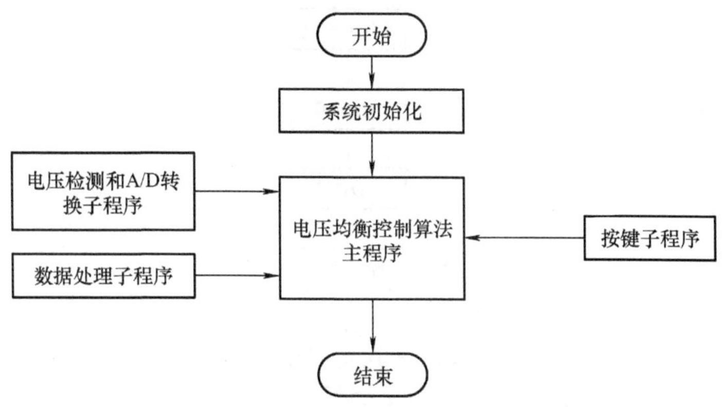

图 7-35 软件总体设计框图

在电压均衡主程序中，在初始化后先经由 A/D 转换来的电压数据转换为十六进制数据并进行存储、比较、处理，再根据所述的“两阶段均衡”方法，对每一串联超级电容器单体先进行电压检测，当单体电压最高的电容达到预设转折电压时，进行第二阶段电压检测及控制，以缩小各串联单体之间的电压差异，达到电压均衡的目的。其具体的主程序流程图如图 7-36 所示。

由以上主程序可以看出，电压数据的采集及 A/D 转换是主程序的核心环节。串联单体的电压信号经由电压传感器、信号调理电路和模拟开关传送至单片机 A/D 时，需要经过单片机将 A/D 转换后的数字量进行比较后处理，而由于电压信号在传递的过程中存在着一定的误差和脉动，故在 A/D 采样程序的编写过程中，使用取多点平均值的方法，以提高采样的成功率和精确度。具体的操作方法是，在依次采完 n 个串联单体的电压之后，完成一次采样周期，这样循环 5 次相同的采样，将采样的结果存入数组中，然后再求出数组的平均值，此记为 n 个单体的有效采样电压值，然后进行比较处理。

而由 PIC18F452 单片机的 A/D 转换原理可知，

$$\text{模拟量} = \frac{\text{参考电压} \times AD_{result}}{2^N} \tag{7-24}$$

其中模拟量是 A/D 采样得来的电压值，参考电压为 A/D 转换选取的参考电压的大小，本文中选取单片机的供电电源为参考源，故参考电压为 5V，AD_{result} 为 A/D 转换得来的十六进制数值，N 是 A/D 转换器的位数，本单片机为 10 位自带 A/D，故 $N=10$。

此外，在 PIC18F452 单片机的 A/D 转换器中，采样电路有一个电荷采样/保持电容（C_{HOLD}），只有此电容有足够的充电时间才能使 A/D 转换器满足一定的精度要求。另外，A/D 转换时钟的选择可以选 16 倍 T_{OSC}（T_{OSC} 为系统工作周期）。设

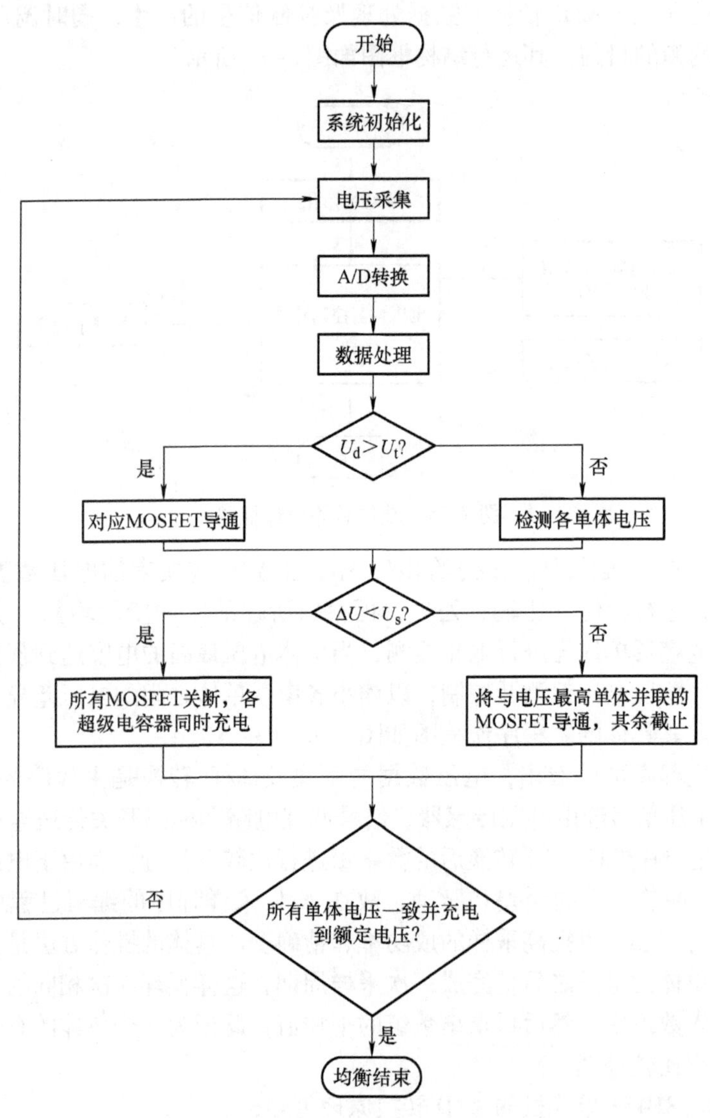

图 7-36　电压均衡主程序流程图

T_{AMP}、T_C、T_{COFF}分别为放大器延时时间、采样保持电容转换时间和温度系数，它们和最小采样时间 T_{ACQ}满足如下关系：

$$T_{ACQ} = T_{AMP} + T_C + T_{COFF} \tag{7-25}$$

根据经验值，可以计算一组电压值的最小采样时间约为 12μs。假设有 5 组串联单体参与采样，根据 5 次采样取平均值，单片机完成一次循环采样的时间为 300μs，满足系统的设计要求。

7.8 实验测试与结果分析

7.8.1 测试实例1

为了验证均衡系统的有效性，先选取三组 A、B、C 参数为 2.7V 100F 的超级电容器，分别将其预先充电至 0.7V、1.2V、1.7V，使其依次存在 0.5V 的电压差。串联后对其进行 300mA 恒流充电，电容 A、B、C 的端电压曲线如图 7-37a 所示。在充电过程中，各模块电压以恒定速率上升。随后停止充电后，各模块间的电压差仍依次维持在 1V 左右。由此可见，如果在串联超级电容器间未加入均衡系统时，一方面在具有最高电压的电容充至额定电压后，具有较低电压的电容尚未达到额定电压，从而降低了串联超级电容器组的能量利用率；另一方面如果具有最低电压的电容充至额定电压后，有可能导致具有最高电压的电容过充而导致串联储能系统的失效。

加入均衡系统后将充电过程划分为“两阶段均衡”。图 7-37b 为电容 A、B、C 的充电曲线。由图可以看出电压最高的电容 C 在 t_t 时刻达到预设电压值 $U_t=0.7U_r=0.7\times2.7V=1.89V$ 之后，第一阶段的充电结束，开启第二阶段，控制算法将恒流源中的能量率先充到电压较低的串联单体，以弥补与较高电压单体之间的电压差。随着充电过程的进行，在 t_s 时刻各电容的电压趋于一致，充电完成时，电容之间的电压差异最大值（即 A 和 C 之间的电压差）为 0.1V，电压差异率 $\eta_0=0.1/2.7=3.7\%$。

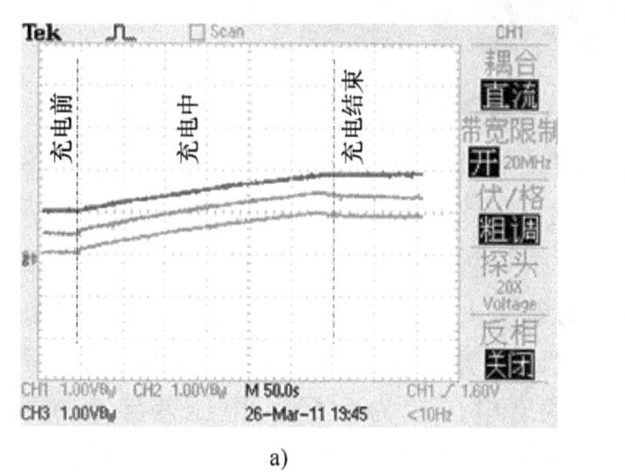

a)

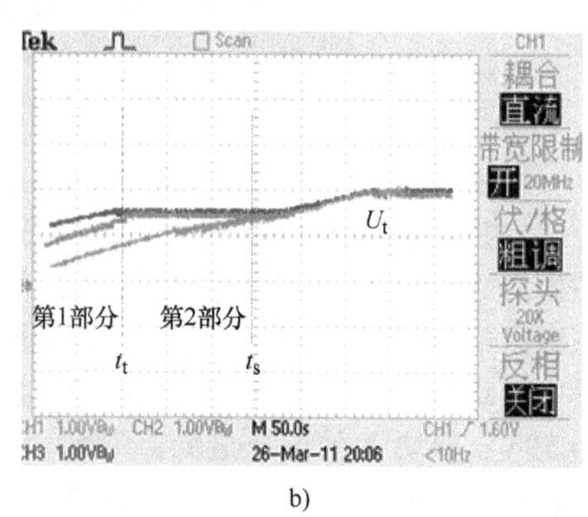

b)

图 7-37 加入均衡系统前后的各电容电压波形：
a）电容 A、B、C 未加入均衡系统时的充电波形；b）电容 A、B、C 加入均衡系统后的充电波形

7.8.2 测试实例2

为了在高压大电流范围内实现超级电容储能系统的电压均衡，均衡实验采用单

体模块电气参数为 9F，55V 的超级电容器组成 10 组串联储能系统。其具体的实物照片及均衡实验样机如图 7-38 所示。

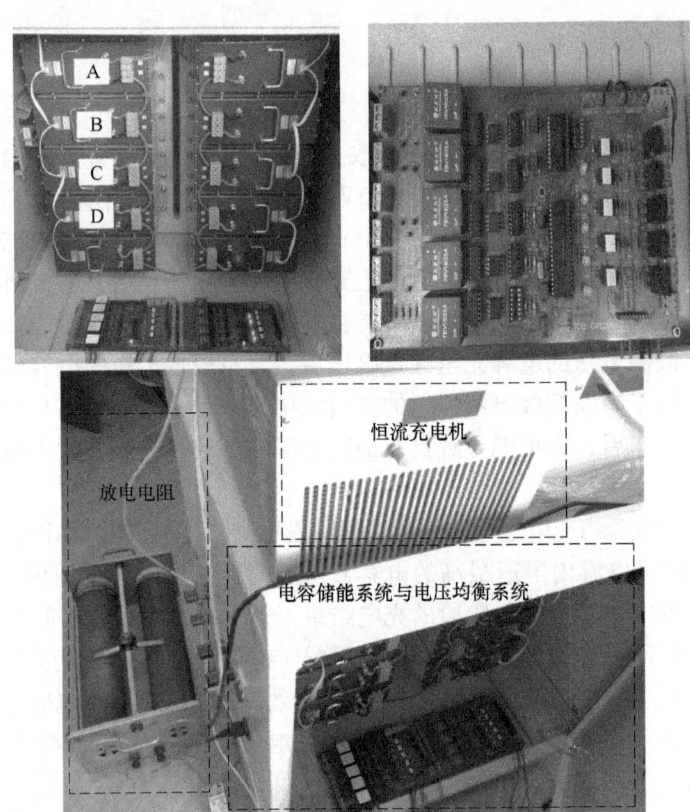

图 7-38　电容储能系统与电压均衡系统实物照片

在加入均衡系统之前，将储能系统在预设的 0～550V 电压区间进行 10A 恒流充电，并设定每组模块的理想终止电压为 $U_{ideal}=550V/10=55V$。选取其中四组串联模块 A、B、C、D 进行分析，未加入均衡系统时的充电波形如图 7-39a 所示。如图可以看出在加入均衡系统前，各模块间的电压上升速度存在明显不一致的现象，其中模块 D 的电压上升速度高于其他模块，在充电完成时模块 D 的电压最高，为 59V；模块 A 的电压最低，为 52.5V，两者电压差为 6.5V，电压差异率 $\eta_1=6.5/55\approx11.8\%$。由此可见，在大电流充电条件下，由于各模块参数的不一致性，会在充电完成时引起模块间的电压不均衡，从而影响整个储能系统的效率和安全性。

进一步地，加入均衡系统后同样选取电容模块 A、B、C、D 进行监测与分析，各单体的充电电压波形如图 7-39b 所示。

按照均衡算法，当电压最高的模块 D 在 t_t 时刻达到 $U_t=0.7\times55V=38.5V$ 时（选取每一模块的理想终止电压为 $U_r=550V/10=55V$），开始第二段均衡。在 t_s 时刻模块 A、B、C、D 的电压达到一致，各模块电压开始同步上升。充电结束时，模块 B 的电压最高，为 56.4V；模块 C 的电压最低，为 54.2V，模块间电压差最大为 2.2V，电压差异率 $\eta_2 = 2.2/55 \approx 4\%$，明显优于均衡前的电压差异率。

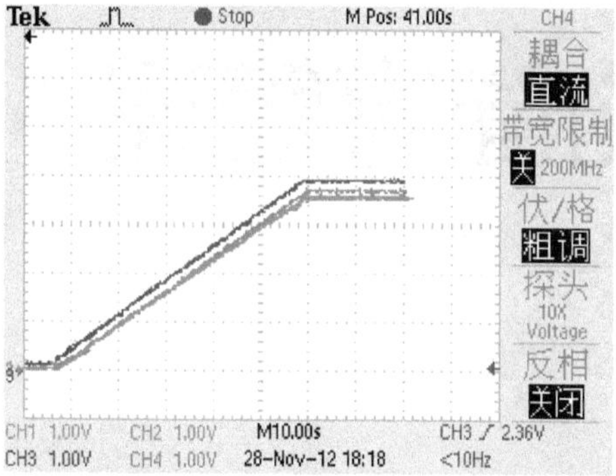

a) 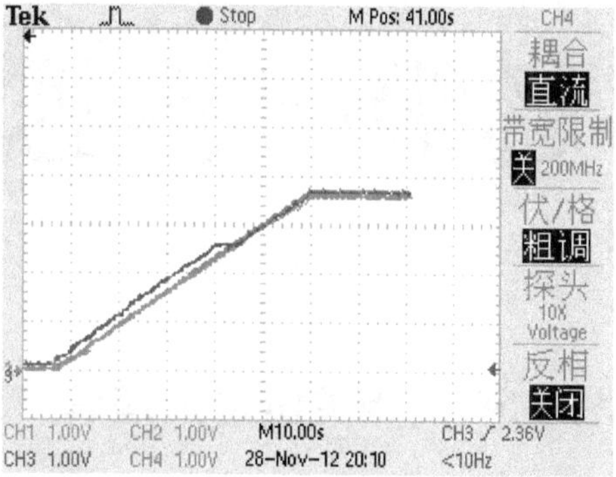　　b)

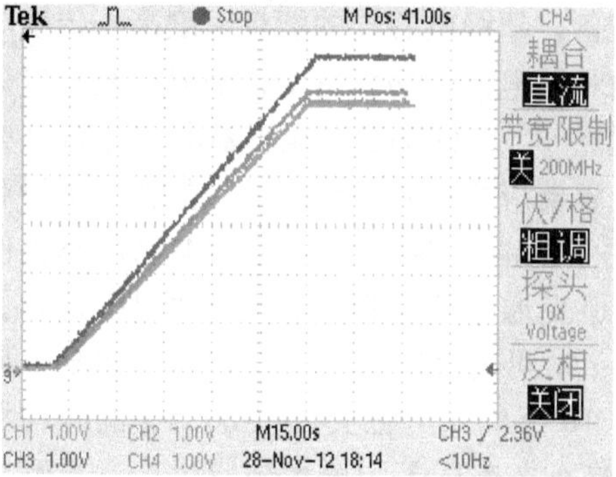

c) 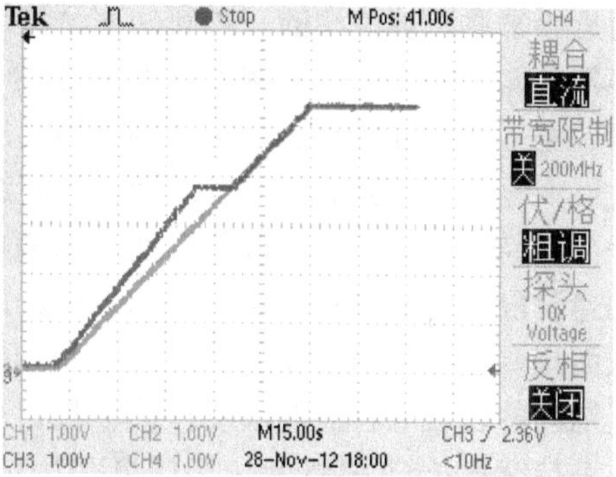　　d)

图 7-39　加入均衡系统前后串联模块在不同电流下的充电电压波形：
a）10A 充电电流下未均衡的电压波形；b）10A 充电电流下均衡后波形；
c）20A 充电电流下未均衡的电压波形；d）20A 充电电流下均衡后波形

在 20A 充电电流情况下，如图 7-39c 所示，模块 D 的电压上升速率明显高于其他三个模块。在充电完成时，模块 A、B、C、D 的电压分别为 54.2V、56.7V、57.8V、63.8V。此时模块间电压差最大为 9.6V，电压差异率 $\eta_3 = 17.5\%$。加入均衡系统后，如图 7-39d 所示，D 模块在 t_t 达到预设转折电压 $U_t = 38.5$V 时，停止对其充电。当在 t_s 时刻各模块电压达到一致时，充电机对各模块充电。

在充电终止时，各模块的电压分别为 54.4V、56.4V、53.8V 和 54.2V，模块间电压差最大为 2.6V，电压差异率 $\eta_4 = 4.7\%$。说明在大电流充电的情况下，如果不加入均衡系统，有可能会使某一模块的电压在充电过程中超出额定电压，充电电流越大，超出的范围也越大，从而会使串联单体失效进而造成储能系统的损坏。在加入均衡系统后，能够保证各单体电压在额定范围之内，避免过度充电；同时也能保持各单体模块间的电压均衡，从而有效提高储能系统的效率。

第 8 章 超级电容器的健康管理

8.1 SOH 相关概念及理解

超级电容器组储能设备的运行性能，包含两个指标：能量指标和功率指标。作为近年来逐渐被关注的一种新功率型储能设备，超级电容器的能量密度高于传统电容器的能量密度，功率密度远大于燃料电池和蓄电池的功率密度，辅以高充放电效率、宽工作温度范围、长循环寿命等突出优点[122]，使得超级电容器非常适合高频次、大电流快速充放电系统。因此，超级电容器应用场景十分广泛，如作为平滑和缓冲不稳定电能需求，改善电能质量而应用于智能电网[123-124]；为电动汽车提供加速阶段的瞬时高功率[125-126]；在城市轨道交通中用于制动能量的回收与利用，从而提高电能的利用效率等。据 BBC Research 调查[128]，2009～2014 年间全世界范围内的超级电容器的市场持续增长，从 2010 年的 4.7 亿美元以 20.6% 的年均增长率持续增长至 2015 年。2015 年后因电动汽车在美国等国家大规模生产，导致超级电容器的产量和需求逐年成倍增长。

随着超级电容器储能技术的快速发展和大规模应用，其作为独立或者辅助储能系统的运行安全问题日益受到重视，超级电容器的安全性和可靠性密切相关，因此，可靠性成为超级电容器在上述大规模储能领域应用的先决条件与最关注的问题[129-130]。而超级电容器的剩余使用寿命（Remaining Useful Life，RUL）是影响超级电容器可靠性的重要参数。超级电容器的剩余使用寿命与其老化程度密切相关，老化程度越深，剩余使用寿命越短。老化程度是衡量超级电容器的剩余使用寿命的重要指标。因此，对于超级电容器的老化程度预测，便成为电力储能领域的研究热点。

超级电容器从生产出厂的那一刻起，会存在不同程度的老化问题，在随后的使用过程中，也会因使用方式的不同而造成不同程度的老化，导致超级电容器老化程度的影响因素较多；再加上超级电容器本身的高复杂度（内部的电化学性质复杂）以及用于搭建超级电容器老化模型的真实数据的稀缺，造成超级电容器在单体级别或者系统级别的建模难度较大，而且因为在不同的应用场合下对超级电容器的使用要求不同，导致人们对超级电容器的老化程度的定义也不同。所以需要参数来衡量超级电容器的老化程度，进而预测其剩余使用寿命。

超级电容器的健康状态（State of Health，SOH）是衡量超级电容器老化程度的重要参数。超级电容器的 SOH 来源于电池的 SOH，其定义为在规定的环境条件下，将超级电容器按照厂商推荐的方式充满电后，按照一定的速率放电，计算超级电容器从放电开始到放电截止电压时放出的电量占其标称电量的百分比。SOH 为 100% 时，意味着超级电容器的各项健康状态指标严格匹配于超级电容器的出厂指标，随着超级电容器工作时间的增加，超级电容器的 SOH 会逐渐减小。SOH 低于 100% 时，不同的生产商对超级电容器 SOH 的定义以及 SOH 低于哪个阈值会导致超级电容器无法使用的标准也不同，通常由使用者根据自身需求限定。因此超级电容器使用者针对其 SOH 进行的准确估计可以准确衡量超级电容器的老化状态，进而预测其剩余使用寿命，判断其可靠性。不仅如此，对超级电容器 SOH 的准确估计不仅对电动车行驶里程预测和控制的提升有重要意义；还可以为超级电容器组均衡技术研发提供基础数据，因为超级电容器 SOH 能够反映其电压、内阻、容量等参数；根据超级电容器的 SOH 预测超级电容器剩余使用状况，用户或者厂家能够及时更换超级电容器。因此，对于超级电容器的 SOH 估计，成为一项研究热点。

超级电容器的 SOH 涉及早期失效与耗尽失效[131-132]，这里给出超级电容器耗尽失效，即因长时间工作而造成的超级电容器 SOH 退化问题，其失效过程如图 8-1 所示的“浴缸曲线”。

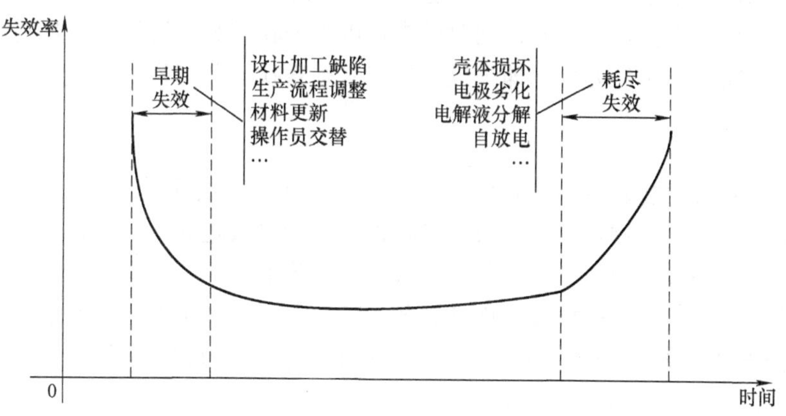

图 8-1 超级电容器失效曲线

目前，对于超级电容器的 SOH，常用等效串联电阻（ESR）或容量变化来进行表征。一般认为，ESR 增大 100% 或者容量衰退 20%，即达到寿命终止（End-of-Life，EoL）。

（1）从容量角度定义 SOH：

$$\mathrm{SOH} = \frac{C_{\mathrm{i}}}{C_0} \times 100\% \tag{8-1}$$

式中　C_0——电池标称容量；

C_i——第 i 次测得的放电容量。

其不仅能够反映电池的当前容量，更能有效地反映出随着电池的使用其容量所体现出的衰减情况。

（2）从 ESR 角度定义 SOH：

$$SOH = \frac{R_{ESR} - R}{R_{ESR} - R_{new}} \times 100\% \tag{8-2}$$

式中　R_{ESR}——超级电容器寿命终止时的等效串联电阻；

R_{new}——新超级电容器的等效串联电阻；

R——当前状态下超级电容器的等效串联电阻。

而超级电容器的容量与等效串联电阻的变化受到一系列因素的影响，最终导致超级电容器健康状态的下降，首先是内部因素：

1. 壳体损坏

超级电容器的老化源于其物理构造，如封闭壳体内存在的因水分解而产生的气体积聚使内部压力增大[133-135]，这在极端情况下会导致超级电容器壳体结构损坏。因壳体损坏而产生的老化可借助改进容器材质、增加减压装置等举措避免，但装有压阀的超级电容器在压阀打开后会导致等效容值的迅速下降与 ESR 的迅速增大，漏电流可能呈数量级上升，同时低沸点电解液在较高温度下也将加速挥发。虽然壳体非封闭并不引发元件立即失效，但仍必须替换该节电容以避免电解液析出。

2. 电极劣化

超级电容器性能衰减的主要原因是多孔活性炭电极的劣化[136-137]，其可由在特定频率范围内具有物理意义的模型进行说明。除电极随充放电过程产生不可逆的机械应力外，因炭表面氧化引起的活性炭部分结构的损坏，因乙腈聚合物等多种杂质在工作过程中沉积在电极表面而造成的炭孔堵塞，再加上电极出现的不对称劣化以及无序结构现象，引起了多孔炭电极的孔尺寸与表面积的大幅下降，进而导致超级电容器的等效容值的显著衰减。

3. 电解液的不可逆分解

电解液不可逆分解是超级电容器寿命老化的另一主要原因。除了电解液通过氧化还原反应生成 CO_2 或 H_2 等气体[138]导致容器内部压力的增加外，其分解产生的杂质还降低离子对孔的可达能力，造成活性炭电极表面劣化，进而导致 ESR 的上升和等效容值的下降。但是，电解液劣化特性非常复杂，老化过程产生杂质的数量一般难以确定。氟酸衍生物与聚合物等杂质通过电解液扩散到超级电容器各部件，从而导致超级电容器各部件受到影响，其中隔膜受影响最大：从白色变成深黄，甚至变为褐色，在阳极侧，这种现象更加明显。虽然杂质层厚度仅是纳米级，但其阻碍电极与电解液的电气连接，造成 ESR 上升。

4. 自放电现象

由超级电容器自放电现象产生的毫安级漏电流（代表通过电极的漏电荷）很大程度地降低了超级电容器的等效容值。该电流产生于被氧化的官能团，而官能团本身由电极表面电化学反应生成[139]，其也会加速元件老化。自放电现象源于因集流体与潮湿氧气接触，产生于阴阳两极的副反应，当超级电容器漏电流明显增加时，电极表面结构已经发生较大改变。

其次是外部因素：

1. 工作电压与环境温度

超级电容器内部的电解液离子浓度会随着氧化还原反应的进行而减小，进而引起超级电容器的最高工作电压的减小，会影响电流密度、温度等与超级电容器电解液稳定性有关的参数。工作电压和环境温度越高，氧化还原反应的速率越大，电解液浓度降低得越快，使得超级电容器等效容值降低的速率增大，部分电解液[140]如碳酸丙烯酯电解液存在额定电压每上升 0. 1V 或工作温度每升 10 K 则使用周期减半的规律。低温时单体电压增加对老化的影响将远大于温度升高引发的老化作用，特别是当电压接近电解液分解电压时，老化会迅速加速。此外，高温会加速因电解液分解产生的产物阻塞隔膜，降低电极多孔可达性。同时，与方均根电流（I_{rms}）相关的稳定自发热温升[142]、单体温度差异也将影响超级电容器的老化。

2. 厂商生产因素

厂商选用材料、制造工艺[143]对寿命同样存在一定作用，这是因为用于黏结电极的聚合物含有大量官能团，且随氧化还原反应分解[144]，多孔电极制备又不可避免地将引入导致该反应发生的水的残留；另一方面造成电化学现象的活性炭电极表面杂质原子，其数量同样取决于电极制作过程。此外，即使厂商生产工艺一致，不同超级电容器封装甚至单体差异也致使健康状态明显不同。

当前，和蓄电池一样，超级电容器的 SOH 与失效特征作为研究的热点，已在中国、美国、欧洲、日本等国家和地区得到了深入而又广泛的研究。截至目前，蓄电池管理系统（Battery Management System，BMS）已经逐渐加入单体状态估算功能，但是超级电容器在相关方面的研究却十分匮乏。究其原因，首先超级电容器属于新兴储能元件，应用范围和规模相对有限，因此老化与可靠性实验数据相对比较稀少，所以很难准确预测它的健康状态；二是制约超级电容器发展的瓶颈主要是能量密度小和单体电压低，因此现阶段重点的研究方向是通过改善电极和电解液材料的性能提高单体电压和储能密度；三是厂商声称超级电容器单体循环使用寿命可以达到 50 万次[145]，远大于蓄电池数千次的循环寿命，使用过程中无须维护，漫长的实验时间使得人们对其老化特征和健康状态的深入研究望而却步。

超级电容器单体电压和能量密度较低，应用在大规模储能系统中需要大量单体串并联组合工作，但是超级电容器存在单体参数不一致的问题，这将带来模块内部温度分布不均以及单体之间充电电压不均衡等问题，上述一系列问题共同作用于超级电容器的老化过程，增加了超级电容器老化过程的复杂性。因此，往往经过一段时间的使用，超级电容器的性能就已经开始明显下降，与厂商手册给出的循环使用寿命数据差别较大；此外，随着超级电容器应用场景的日益复杂化，一般情况下超级电容器又在厂商所规定限值的边界、甚至超过额定工作区间运行，综上所述，实际使用中超级电容器的循环寿命远小于厂商手册的给定值。因此，研究超级电容器的老化特征，预测其参数老化趋势以及估算它的健康状态，将成为超级电容器应用技术的研究重点之一。

随着超级电容器应用范围的日益广泛，其应用场景也逐渐多样化和复杂化，尤其是当超级电容器以模块成组的形式作为复杂电子系统的电源或者辅助电源系统的时候，其自身的 SOH 将直接影响着整个系统的可靠性和安全性。超级电容器的等效电容值和等效串联电阻值的老化状况是其 SOH 的直接体现。因此，通过预测超级电容器电容值和等效串联电阻值的老化趋势，评估超级电容器模块的 SOH，为系统运行提供决策性参考和预测性维护信息，对于提高系统的可靠性和稳定性，延长系统的使用寿命有着非常重要的意义。

8.2 基于模型的预测方法

8.2.1 等效电路模型

根据 8.1 节可以得知，超级电容器在使用过程中会出现老化现象，这会减少超级电容器的使用寿命。表 8-1 测出的数据均是 BCAP0350 型号的超级电容器的实际工作寿命。以表 8-1 的数据为例，分析超级电容器工作在不同温度和电压下的使用寿命，可以发现，当超级电容器的工作温度超过常温 25℃，使用电压超过 2.1V，在一定的区间内，随着电压及使用温度的升高，超级电容器的剩余使用寿命会呈现衰减的趋势。在超级电容器额定工作范围内，温度越接近于电解液的沸点温度，电压越接近电解质的分解电压，其剩余使用寿命越短。当环境温度和使用电压超出额定工作区间，超级电容器会因为内部压力的积聚而损坏。

在掌握超级电容器的使用寿命在不同温度和电压下的变化趋势后，可以建立基于超级电容器组的储能系统的 SOH 预测模型。在模型中，通过不断地调整外界的电压和温度，可以得到电容器的多个使用寿命的值。

表 8-1 不同温度和电压下超级电容器的使用寿命 （单位：h）

电压/V	温度/℃			
	25	40	50	65
2.1	250000	250000	160000	48000
2.2	250000	240000	80000	24000
2.3	250000	120000	40000	12000
2.4	200000	60000	20000	6000
2.5	100000	30000	10000	3000

因此，基于超级电容器组储能系统的广泛应用以及超级电容器自身的老化现象，预测超级电容器储能系统的使用寿命，从而在储能系统衰老之前完成修复或替换，便成为一项研究热点。而预测超级电容器组储能系统的使用寿命，除了 8.1 节阐述的 SOH，还需要另一个关键指标：荷电状态（State of Charge，SOC）。通过建立超级电容器的 SOH 预测模型和 SOC 预测模型，得到 SOH 状态曲线和 SOC 状态曲线，可以有效预测超级电容器组储能系统的使用寿命。因此，本章将会对超级电容器组储能系统的 SOH 和 SOC 进行估计。因为储能系统的运行环境不是理想环境，而是包含不同电压、不同温度、不同压力等因素下的多变量、多耦合环境，而电极板材料的性能、外电压、温度、压力等因素，均会影响到双电层电容器储能系统的使用寿命。因此，需要结合尽可能多的环境因素进行预测，让超级电容器组的 SOH 估计和 SOC 估计更加准确。

相对于蓄电池等现阶段主流的储能元器件，超级电容器具有循环使用寿命长的优点，但是也存在能量密度小和单体电压较低的问题。因此，现阶段国内外对其研究的重点，主要是通过制备具有更好特性的电极材料和电解液材料，而不是通过延长超级电容器的使用寿命来实现超级电容器储能技术研究的突破，导致国内外针对超级电容器健康状态和寿命状态研究的文献的数量较少。因此，本书在对超级电容器进行 SOH 估计和 SOC 估计的过程中，部分借鉴了蓄电池老化预测的研究方法。

根据超级电容器的电气性能或者储能原理建立等效电路模型和退化机理模型，是研究超级电容器老化特征的有效手段。

根据超级电容器的理想模型，结合超级电容器的储能原理，可以得到超级电容器单体的等效一阶线性模型，如图 8-2 所示。

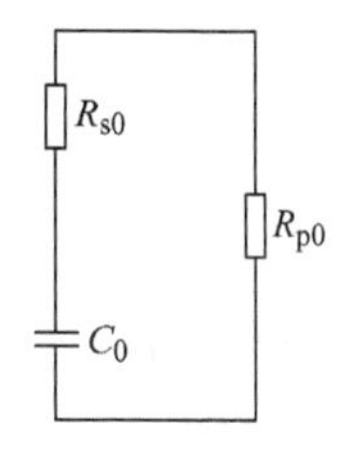

图 8-2 超级电容器单体的等效一阶线性模型

图 8-2 中，C_0 为超级电容器单体的等效电容，与超级电容器的内部材料的质量有关，刚出厂时等效电容的数值一般会标记在超级电容器的表面；R_{p0} 为等效并联电阻，等效并联电阻的阻值的大小决定超级电容器自放电电流的大小，R_{p0} 越大，超级电容器的自放电效应越弱，自放电电流越小；R_{s0} 为等效串联电阻，代表电容器本身内阻的大小，与极板材料、电容器结构等因素有关，R_{s0}

越小，超级电容器单体的内部损耗越小，超级电容器单体的充电时间越短。

因为超级电容器单体的标称端电压和储存的电荷量远低于工程要求，特别是大型工程的要求。为了满足电压等级和储存容量的要求，可以将多个超级电容器单体通过串联和并联的方式组成超级电容器组，达到增大端电压和提升储存容量的目的。

假设将 $m\times n$ 个超级电容器单体组合成超级电容器组，那么这个 $m\times n$ 超级电容器组有两种连接方式，分别如下所示：

1）将 m 个超级电容器单体串联成子模块，再由 n 个子模块并联成组，如图 8-3a 所示。

2）将 n 个超级电容器单体并联组成子模块，再由 m 个子模块串联成组，如图 8-3b 所示。

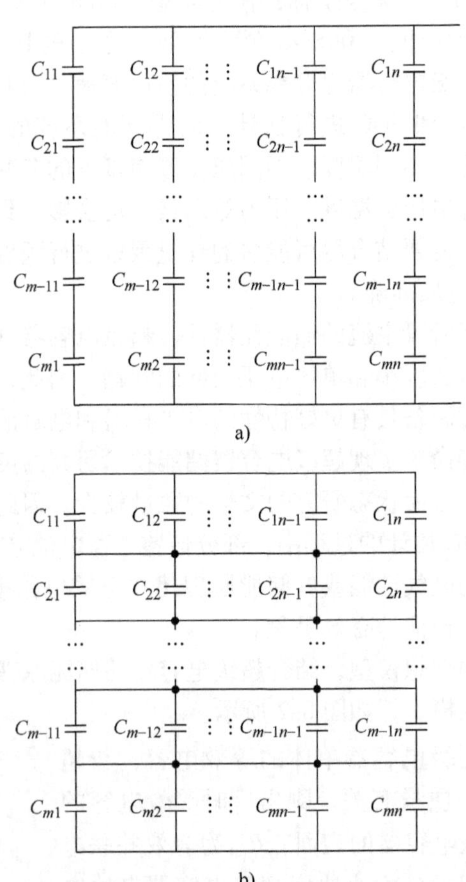

图 8-3　$m\times n$ 超级电容器组的两种连接方式：a）先串后并；b）先并后串

$m\times n$ 超级电容器组的等效电路模型主要有 3 种：等效一阶线性模型、等效一阶非线性模型和等效二阶非线性模型。以图 8-3a 为例，假设 $m\times n$ 超级电容器组的

串联支路数为 m，并联支路数为 n，那么等效一阶线性模型、等效一阶非线性模型和等效二阶非线性模型分别如图 8-4、图 8-6 和图 8-7 所示。

图 8-4 所示为超级电容器组的等效一阶线性模型。

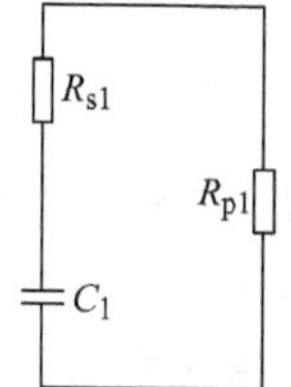

图 8-4 $m\times n$ 超级电容器组的等效一阶线性模型

图 8-4 中，C_1 为等效电容；R_{s1} 为 $m\times n$ 超级电容器组的等效串联电阻，R_{s1} 越小，$m\times n$ 超级电容器组的内部损耗越小，充电时间越短；R_{p1} 为 $m\times n$ 超级电容器组的等效并联电阻，即漏电阻，其值决定 $m\times n$ 超级电容器组的自放电电流的值。

等效电容 C_1、等效串联电阻 R_{s1} 和等效并联电阻 R_{p1} 的数学模型分别为

$$\begin{cases} C_1 = \dfrac{n}{m}C_0 \\ R_{s1} = \dfrac{m}{n}R_{s0} \\ R_{p1} = \dfrac{m}{n}R_{p0} \end{cases} \tag{8-3}$$

式中 C_0——图 8-2 所示的超级电容器单体的标称电容；

R_{s0}——图 8-2 所示的超级电容器单体的等效串联电阻；

R_{p0}——图 8-2 所示的超级电容器单体的等效并联电阻。

随着生产工艺水平和使用材料质量的提高，超级电容器本身的自放电现象得到较好的抑制，自放电电流越来越小。根据图 8-3 和图 8-4 所示的模型，我们可以认为超级电容器单体的等效并联电阻 R_{p0} 的阻值趋近于无穷大，根据式(8-3)，$m\times n$ 超级电容器组的等效并联电阻 R_{p1} 也趋于无穷大，因此我们可以忽略 R_{p1}，进而得到 $m\times n$ 超级电容器组的等效一阶线性简化模型，如图 8-5 所示。

$m\times n$ 超级电容器组在运行时，自身的电容值会受到外加电压的影响，不再符合标称电容。为了更好地模拟超级电容器组在不断变化的外部电压的作用下的工作状态，我们将图 8-3a 所示的 $m\times n$ 超级电容器组的等效一阶线性简化模型中的等效电容 C_1 替换成包含固定电容 C_2 与受开路电压 U_{oc} 控制的电容 C_3 在内的等效并联电容集合，可得到 $m\times n$ 超级电容器组的等效一阶非线性简化模型，如图 8-6 所示。

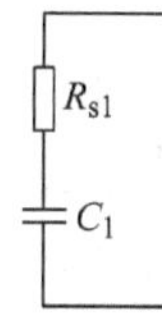

图 8-5 $m\times n$ 超级电容器组的等效一阶线性简化模型

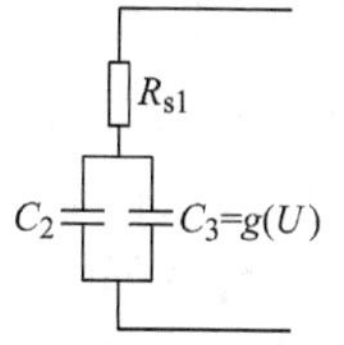

图 8-6 $m\times n$ 超级电容器组的等效一阶非线性简化模型

其中，等效并联电容集合满足公式

$$\begin{cases} C_1 = C_2 + C_3 \\ C_3 = g(U) \end{cases} \tag{8-4}$$

一阶非线性简化模型模拟了双电层电容器在外部电压变化下的等效模型。然而在多次的充放电过程中，充放电频率也是影响电容器状态的重要因素，充放电的频率越快，超级电容器内部元件老化的速度越快，超级电容器的内阻越大。考虑到充放电频率对 $m \times n$ 超级电容器组的影响，我们在压控电容 C_3所在的支路上串联电阻 R_{s2}，可以得到 $m \times n$ 超级电容器组的等效二阶非线性简化模型，如图 8-7 所示。

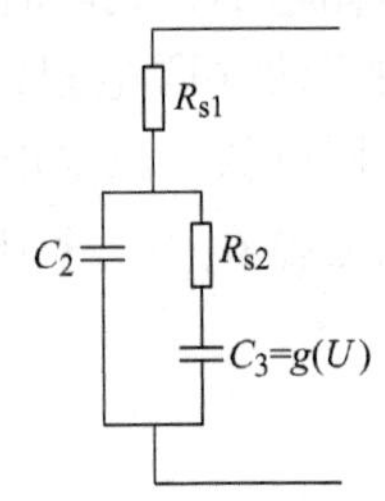

图 8-7　$m \times n$ 超级电容器组的等效二阶非线性简化模型

综上所述，我们以 $m \times n$ 超级电容器组为例，列举出了包含理想状态下的超级电容器组储能系统的等效一阶线性模型、忽略自放电电流现象的等效一阶线性简化模型、等效一阶非线性简化模型和等效二阶非线性简化模型在内的 3 种 4 个数学模型，为下一步超级电容器的退化机理模型的建立奠定基础。

8.2.2　退化机理模型

在得到超级电容器组的数学模型后，开始研究超级电容器组 SOH 的影响因素并建立超级电容器的退化机理模型。以超级电容器单体为例，研究超级电容器的退化机理模型。

对超级电容器施加外电压 U_{oc}，可以得到超级电容器单体在外加电压 U_{oc}的作用下工作时的运行模型，如图 8-8 所示。

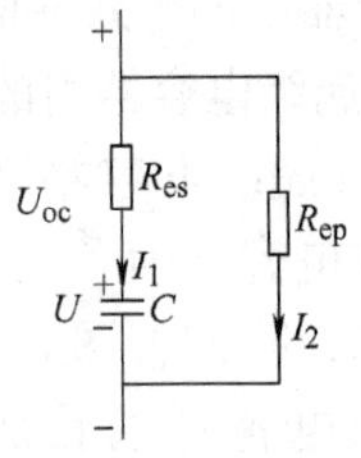

图 8-8　在外加电压工作下的超级电容器运行模型

图 8-8 中，R_{es}为超级电容器的串联电阻；I_1为流经串联电阻 R_{es}的电流；R_{ep}为超级电容器的并联电阻；I_2为流经并联电阻 R_{ep}的电流；C 为超级电容器的等效电容；U_{oc}为超级电容器外部的开路电压；U 是标称电容 C 两端的电压。

超级电容器在持续工作的过程中，基于外界电压、温度、湿度等因素的影响，氧化还原反应、催化反应对由碳元素、磷元素等材料组成的电极板的损伤以及电解液在不间断的电离过程中产生杂质等多种原因，超级电容器的内部结构发生老化。超级电容器在运行过程中产生的老化现象，会损坏超级电容器的电极板、外壳等材料，使得电极板和电解液之间的电荷传递速率下降，内阻增加，储能水平降低。因此，超级电容器的老化现象具有两个最显著的特征：超级电容器串联内阻 R_s的增

大和超级电容器等效电容 C 的减小。

假设超级电容器的运行时间为 T，那么串联内阻 R_s 随超级电容器工作时间 T 变化的函数关系可以表示为

$$R_s = R(T) \tag{8-5}$$

等效电容 C 随超级电容器工作时间 T 变化的函数关系可以表示为

$$C = C(T) \tag{8-6}$$

串联内阻 R_s 和等效电容 C 的函数曲线如图 8-9 所示。

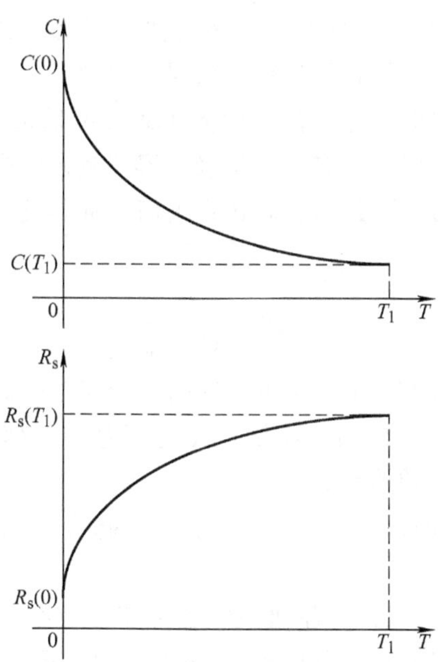

图 8-9 串联内阻 R_s 和等效电容 C 的函数曲线

由图 8-9 可以看出，在超级电容器刚开始运行时，超级电容器的串联内阻的阻值增长最快，等效电容下降最快，随着工作时间的增加，超级电容器的串联内阻的阻值的增长速度越来越慢，等效电容容值的下降速度越来越慢。由此可以得出，超级电容器在刚开始运行时，老化速度最快，随着运行时间的增加，超级电容器的老化速率越来越慢。

根据 8.1 节中关于 SOH 的定义，可以得到 SOH 的表达式

$$\mathrm{SOH} = \frac{Q_{\mathrm{remain}}}{Q_{\mathrm{rated}}} \tag{8-7}$$

式中 Q_{remain}——超级电容器在工作一段时间或者被搁置一段时间之后能容纳的最大电荷量；

Q_{rated}——超级电容器初始状态下的额定容量。

结合图 8-9 和式(8-7)，可以得到 SOH 和超级电容器的等效电容之间的关系

$$SOH=\frac{UC_{remain}}{U_{rated}C_{rated}}=\frac{(U_{oc}-I_1R_s)C_{remain}}{U_{rated}C_{rated}} \tag{8-8}$$

式中 C_{remain}——超级电容器在工作一段时间或者被搁置一段时间之后的等效电容；

C_{rated}——超级电容器初始状态下的额定电容；

U_{oc}——超级电容器单体外部两端的端电压；

U_{rated}——超级电容器初始状态下的额定电压。

当 SOH =100% 时，可以认为超级电容器处于初始状态，而在 SOH≤20% 时，可以认定超级电容器已经不能正常运行，需要被更换。

接着引入 8.2.1 节中提到的“荷电状态（State of Charge，SOC)”，其定义：工作一段时间或者被搁置一段时间之后，超级电容器剩余的可放电的电荷量与超级电容器在这个状态下能容纳的最大电荷量的比值。通过定义，可以得到 SOC 的表达式

$$SOC=\frac{Q_c}{Q_{remain}} \tag{8-9}$$

式中 Q_c——超级电容器在工作一段时间或者被搁置一段时间之后，在一次放电过程结束后剩余的电荷量，此电荷量和外部电路工作的设备功率相关，可以被检测到；

Q_{remain}——超级电容器在工作一段时间或者被搁置一段时间之后能容纳的最大电荷量。

当 SOC =100% 时，可以认为超级电容器处于满负荷状态，不需要充电，而当 SOC =0 时，可以认定超级电容器已经不能继续放电，需要对超级电容器进行充电。

根据图 8-8、式(8-8) 和式(8-9)，可以得到超级电容器的 SOC 和 SOH 之间的关系式

$$SOC=\frac{Q_c}{Q_{remain}}=\frac{Q_c}{Q_{rated}(SOH)}=\frac{Q_c}{U_{rated}C_{rated}(SOH)} \tag{8-10}$$

根据式(8-7) ~ 式(8-10)，我们可以认为，超级电容器的 SOC 和 SOH 存在函数关系，SOH 的大小会影响到 SOC 的大小。在剩余电量相同的情况下，超级电容器的老化程度越快，超级电容器的 SOH 越小，超级电容器的 SOC 越大，超级电容器的充电电荷量越少。换言之，超级电容器老化程度越深，超级电容器充电越困难。

综上所述，以数学模型为基础，模拟的超级电容器退化原理已经阐述完毕。接下来将讨论超级电容器的退化原理模型。

在工程中，超级电容器的老化过程，有两种表现形式：循环老化和日历老化。循环老化是指超级电容器在不断地充电和放电过程中出现的老化现象；日历老化是

指超级电容器在非工作状态下，因为时间的推移而出现的老化现象。循环老化的测试过程中的充放电倍率以及温度等因素是固定的。

目前国内外研究者已经建立的用于超级电容器参数老化趋势识别和预测的模型主要包括：基于故障机理模型，超级电容器梯形等效电路模型，基于 Arrhenius 方程的超级电容器老化模型，基于 Weibull 失效统计理论函数的超级电容器老化模型，以及基于大量实验数据统计得出的超级电容器老化规律等。

法国里昂大学学者 R. German 在日历老化和循环老化之外，提出了超级电容器存在的第三种老化现象——浮动老化（Floating Ageing），并且使用“老化法则（Ageing Law）”将老化动力学与电极表面和电解质之间的界面层的生长联系起来，建立了称为“固体电极界面（Solid Electrode Interface，SEI）”的层[146]。为了检测 SEI 的效果，对来自 3 个不同制造商的 81 个商用超级电容器在不同电压和温度的环境下的超级电容器进行浮动老化测试。R. German 所采用的超级电容器组件均采用应用领域最广泛的超级电容器制造技术制造（使用活性炭作为电极，使用乙腈作为电解液）。实现了超级电容器实验老化结果和 SEI 老化规律的拟合。然后，进行温度和电压对 SEI 老化定律参数的影响。

R. German 认为，超级电容器的浮动老化和传统的循环老化完全相反，这意味着在浮动老化中断后，再生效应（电容增加和串联电阻的降低）可以忽略不计。这表明诸如固体层等永久结构的产生是超级电容器的等效电容的容值降低的主要原因；而对于因为诸如气体吸附等原因而造成的电容容值降低，可以忽略不计，因为气体吸附等原因会导致可逆老化（因为表面上的气体吸附，主要是物理吸附是可逆的）。在浮动期间，电荷沿孔长度均匀分布，导致 SEI 层的形成和稳定。超级电容器的孔表示圆柱形，它们的长度被认为比它们的直径更重要。

界面层厚度（ΔZ）的增长通常由与时间（t）的二次方根成比例的公式表示。

$$\Delta Z(t) = A_z\sqrt{t} \tag{8-11}$$

SEI 模型在描述电池老化方面是众所周知的，但很少用于超级电容器。图 8-10 显示了 SEI 在孔隙度中的生长。

电极表面的损失［$\Delta S(t)$］与 SEI 的增长成比例。二者之间的关系式为

$$\Delta S(t) = -2\pi l_{pore}A_z\sqrt{t} \tag{8-12}$$

式中 l_{pore}——孔的长度。

d 在图 8-10 中为 SEI 的厚度（这意味着相反的符号电荷之间的距离被认为是恒定的）。这假设 SEI 层在 SC 界面条件下在电场梯度方面是导电的。SEI 层的厚度比我们正在研究的技术中通常为纳米尺度的孔的直径更差。考虑到每个电极存在 2.7V 电位损耗的一半，施加到 SEI 的电场数量级为 10V/m。在这种情况下，很少有物质不导电。因此，SEI 可以使电荷靠近于电解质的界面。然后超级电容器的容值损失与超级电容器的运行时间的二次方根成比例。表达式为

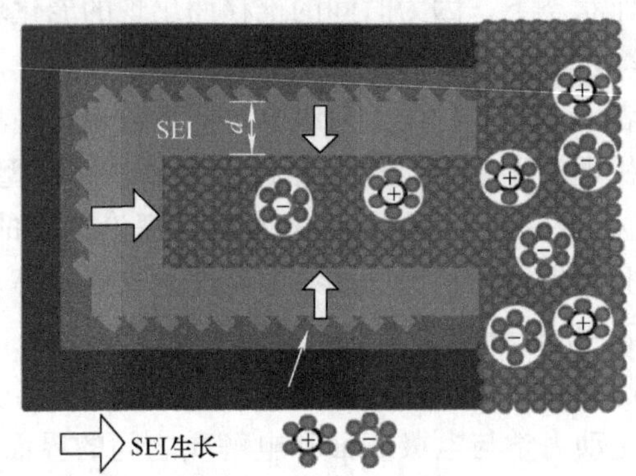

图 8-10 超级电容器孔中的 SEI 生长[85]

$$\Delta C_{100\mathrm{mHz}}(t)=\frac{\Delta S(t)}{d}\cdot\varepsilon=A_{\mathrm{c}}\sqrt{t} \tag{8-13}$$

R. German 测试了 36 个商用 3000F（即总量为 108000F）的超级电容器。所有经过测试的超级电容器在技术上都是等效的，证明 36 个超级电容器采用相同的电极和电解质技术制造。根据目前制造超级电容器最常见的技术，超级电容器的电解液应为乙腈和 Et_4NBF_4，电极板是活性炭材料。

表 8-2 列出了要测试的超级电容器的性能范围。

表 8-2 不同厂家乙腈/活性炭商用 3000F 超级电容器的电气特性

电　极	活性炭
电解液	乙腈/Et_4NBF_4
额定电容/F	3000
等效串联电阻/mΩ	0.20 < ESR 均 < 0.29
最大额定电压 U_{SC}/V	$2.7 < U_{SC} < 2.8$
1s 限制脉冲电流 I_{SC}/A	约 2000
最高工作温度 T_{SC}/℃	$60 < T_{SC} < 65$
单体重量 M_{SC}/g	$510 < M_{SC} < 650$
单体能量 W_{SCM}/(W · h/kg)	$5 < W_{SCM} < 6$

表 8-3 列出了每个制造商的每个加速老化测试的测试元素的重新分配。应用了在不同温度和电压下的 12 种不同的参数组合，每种均有 3 个超级电容器单体。

表 8-3 每个制造商的每个加速老化测试的测试元素数量

电压	40℃	50℃	60℃
2.3V	3	3	3
2.5V	3	3	3
2.7V	3	3	3
2.8V	3	3	3

在浮动老化期间，超级电容器在老化测试的电压和温度下通过阻抗谱周期性的表征。阻抗谱包括测量一系列不同频率的超级电容器的阻抗。图 8-11 显示了超级电容器的容值在不同的光谱仪信号频率下的变化。运用式(8-14）计算每个频率的电容。

$$C(\omega)=\frac{-1}{\omega \mathrm{Im}[Z_{SC}(\omega)]} \tag{8-14}$$

在低频（LF）区域中，电容几乎恒定，在高频（HF）区域中，电容急剧减小。孔隙度通常为纳米尺寸并影响毛孔中的大量离子渗透。这就是超级电容器的电容与频率有关的原因。事实上，在高频率下，离子没有足够的时间存储在整个孔隙中。随着频率的降低，离子可以更深地渗透到多孔结构中。因此，存储表面随着频率的降低而增加。

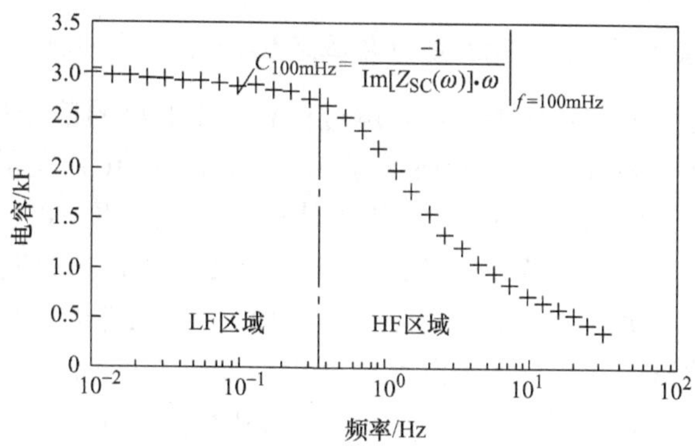

图 8-11　超级电容器的电容与频率的演变

根据前面的分析，可以确认温度和电压加速对老化的影响。事实上，温度和电压越高，电容减少越快。无论是什么约束水平，基于 SEI 的老化定律［参见式(8-10)］都非常适合实验结果。如果仔细观察结果，可以注意到测试结束时的电容在 70% ~ 90% 。这意味着所代表的老化从中等（电容的前 10% 对应于第一个老化阶段）到非常先进（制造商建议在电容损失高于 20% 后更换超级电容器）。因此，R. German 认为，基于 SEI 的老化定律能够描述超级电容器对于各种退化状态的老化估计。

综上所述，R. German 认为，超级电容器的浮动老化是由电极表面上存在的官能团引起的，这些官能团在超级电容器标称温度和电压条件下具有高反应性，反应产物呈现气态或固态。它们阻塞多孔活性炭的炭孔，再加上表面电极界面（SEI）的固体层的不断积累，导致超级电容器的电容随着工作时间的增加而减小。因为在恒定电压和温度下的浮动老化是不可逆的，因此超级电容器在浮动老化的情况下会出现电容值的持续下降。

在浮动老化的情况下，电容损耗表示为与时间的二次方根成比例的函数。此函数已经普遍应用于锂离子电池的老化，但用于超级电容器老化的案例较少。因此 R. German 决定对来自 3 个不同制造商的 36 个商业超级电容器进行测试，这些制造商具有不同的约束水平（电压和温度），以便对超级电容器的基于 SEI 的老化法的相关性有全面和准确的看法。

根据测试结果，R. German 认为，基于 SEI 的法则特别适合于在任何健康状态下模拟电容损失随时间的变化。老化定律的 A_C 参数具有约束水平的单调变化（温度和电压越高，A_C 越高）。因此，A_C 参数是描述 SEI 增长速度的良好参数，而且 A_C 参数与温度和电压之间呈现指数型相关性，因此可以通过 A_C 参数与温度和电压之间的关系来估计不同电压和温度下超级电容器电容的演变。

8.2.3 应用实例

1. 超级电容器粒子滤波在温度和电压老化条件下的预测

预测模型应适当考虑操作条件对降解过程和用于监测的信号测量的影响。充分考虑到操作条件这一因素，意大利科学家 Marco Rigamonti 开发了一种基于粒子滤波（Particle Filter，PF）的预测模型，用于估算电动汽车驱动器中使用的铝电解电容器的 RUL[147]，其运行的特点是连续变化的条件。通常通过观察超级电容器的 ESR 来监测电容器的劣化过程，该过程显著地取决于元件的温度。但是，ESR 测量受到进行测量的温度的影响，该温度根据操作条件而变化。为了解决这个问题，参考文献［147］引入了一种独立于测量温度的新型降解指示器。然后，这种指示器可用于预测电容器退化及其 RUL，并开发了一种粒子滤波器预测模型，其性能在模拟和实验降解测试中收集的数据上得到验证。

Marco Rigamonti 认为，考虑基于模型的预测方法，其使用设备退化过程的数学表示来预测设备 RUL。在基于模型的预测中，可以区分两种不同的情况：

1）操作条件对降解过程和测量信号的影响是已知的，并已经在数学模型中表示。

2）效果尚不完全清楚，没有可用的运行条件影响的数学模型。

在第一种情况下，可以直接使用基于模型的传统预测方法，例如基于贝叶斯过滤器的方法；而对于第二种情况，需要适当定制的后续预测方法。Marco Rigamonti 根据第二种情况建立预测模型来预测安装在全电动汽车（Fully Electric Vehicles，FEV）中的铝电解电容器的 RUL，这种超级电容器用于给 FEV 中的电动机逆变器提供电压，在电子工业中也起到非常关键的作用。

Marco Rigamonti 认为，超级电容器的故障次数几乎占电气系统故障总次数的 30%，因此，为超级电容器开发预测性维护方法至关重要。在发生突发性故障的情况下，电容器由于短路或开路而突然完全失去其功能；而在日常工作中，超级电容器会因为逐渐老化而导致其功能逐渐丧失。后一种老化机理的主要原因是超级电容器中电解质的蒸发，这是超级电容器中最常见的现象。这种老化过程受超级电容器工作条件的强烈影响，如电压、电流、频率和工作温度。对于安装在FEV中的电容器，由于季节、地理区域和驾驶风格等外部因素，这些条件会不断变化。特别是，初级电容器所经历的温度取决于所施加的负载和外部温度，对降解过程中超级电容器的演变具有显著影响：温度越高，蒸发速率越快；此外，超级电容器会伴随电压和频率的变化而变化。后者影响超级电容器内部的氧化物电介质：频率越高，由于偶极子的对准（极化）和流动引起的能量损失引起的退化越快。在恒定温度和负载下工作的超级电容器的直接老化指标是超级电容器的ESR，即8.1节中提到的超级电容器内部等效串联电阻。Marco Rigamonti认为，ESR与超级电容器自加热直接相关，因此可以指示电容器的老化状态。当超级电容器的ESR超过其初始值的两倍时，超级电容器即被认为无法工作，即无法正常完成其功能。

Marco Rigamonti建立预测模型的目的是提供一种可以预测在可变工作条件下工作的电容器的RUL的方法，特别是考虑在FEV上工作的电容器在不同温度下所产生的影响。该方法还能够估计RUL预测的影响因素。Marco Rigamonti所提出的预测方法的两个主要新颖之处在于：

1）建立了一种基于预测在不同温度下工作的超级电容器的新型老化指示器。

2）用于估计RUL影响因素的粒子滤波方法在超级电容器的实现和应用。

模型所要预测的超级电容器的老化指标是在工作一段时间后的超级电容器上测量的ESR与在相同温度下在新的超级电容器上预测的ESR之间的比率。由于该预测模型不受测量温度影响，因此可用于在可变操作条件下工作的超级电容器。Marco Rigamonti通过模型进行实验，以研究超级电容器中ESR、温度和测量频率之间的关系，并通过顺序贝叶斯方法来估计超级电容器的老化。采用贝叶斯方法来解释影响的不确定性，有以下三种：

1）ESR和温度测量过程。

2）退化模型可能的不准确性。

3）退化过程的随机性。

由于存在非加性噪声项，导致经典卡尔曼滤波器方法无法应用于此模型，因此Marco Rigamonti采用PF的方法。通过PF方法估计了组件退化状态概率分布，蒙特卡罗（Monte Carlo，MC）模型可以被用于预测超级电容器组件退化路径及其RUL。

MC模型允许适当地考虑当前退化状态估计的不确定性以及操作条件的未来演变的不确定性。所提出的预测方法的性能已经可以用于以下两种模拟：

1）电容器退化过程的数值模拟。

2）在实验室加速寿命测试中收集的降解数据进行了验证。

考虑到模型的老化趋势，假设超级电容器老化状态的指标为x，即其行为代表退化演变的物理或抽象参数是可用的参数 x，当老化指标 x 超过设定的阈值时，超级电容器被认为已经无法正常工作，需要被更换。假设退化过程的基于物理的模型已知存在，并且可以用一阶马尔可夫过程的形式表达。

$$x_t = g(x_{t-1}, \gamma_{t-1}) \tag{8-15}$$

式中 $g(x_{t-1}, \gamma_{t-1})$——时间 $t-1$ 时的非线性递归函数；

x_t——时间 t 时的设备老化状态指标；

γ_t——用于捕获老化过程中随机性和模型不准确性的过程噪声。

建立一个观察方程，用于描述数学模型 z_t 在时间 t 的变化下的函数关系。由传感器测量的可观察的过程参数和同时进行的设备老化状态的参数 x_t 是已知的，可以用式(8-16) 表达

$$z_t = h(x_t, \sigma_t) \tag{8-16}$$

式中 $h(x,\sigma)$——非线性函数；

σ_t——时间 t 的测量误差的随机噪声。

基于 PF 的预测方法依赖于以下三个步骤：

1）通过式(8-11) 和式(8-12)，初步估计当前超级电容器老化状态。

2）从模型运行开始，持续测量 $z_{1:t}$，并通过在步骤 1）得到的老化结果和式(8-11) 的后验概率密度函数（Probability Density Function，PDF）来进一步估计超级电容器的老化程度，得到的结果即为超级电容器已无法正常工作的老化指标。

3）根据在步骤 2）中得到的输出量，进行设备故障阈值的 RUL 预测。

Marco Rigamonti 认为，超级电容器的老化主要由超级电容器组件内部的化学反应引起，这种化学反应导致超级电容器的电解质溶液的蒸发。ESR 是工作过程中的超级电容器的重要的老化指标，从物理角度来看，ESR 可以被认为是构成电容器的材料的固有电阻的总和。

超级电容器在恒定温度 T^{ag} 下的 ESR 随时间 t 的老化程度，可由式(8-17) 给出

$$\mathrm{ESR}_t(T^{ag}) = \mathrm{ESR}_0(T^{ag})\mathrm{e}^{C(T^{ag})t} \tag{8-17}$$

式中 $\mathrm{ESR}_0(T^{ag})$——电容器在温度 T^{ag} 下的初始 ESR 值；

e——常数，$\mathrm{e}=2.718$；

$C(T^{ag})$——温度系数，决定电容器的老化程度并受环境温度的影响。

采用阿伦尼乌斯定律，温度系数 $C(T^{ag})$ 可以由式(8-18) 给出：

$$C(T^{ag}) = \frac{\ln 2}{\mathrm{Life_{nom}} \cdot \exp\left[\dfrac{E_a}{k}\dfrac{T_{nom}-T^{ag}}{T_{nom}T^{ag}}\right]} \tag{8-18}$$

式中 E_a——电解质的活化能特征；

k——玻尔兹曼常数；

T_{nom}——恒定标称温度；

Life_{nom}——在恒定标称温度下老化的电容器的标称寿命。

可以建立用于定义式(8-17)和式(8-18)的宏观物理模型。通过应用式(8-17)，可以获得在恒定温度下操作的超级电容器的剩余使用寿命 RUL，因此，温度 T^{ag}和 $\text{ESR}_t(T^{\text{ag}})$ 与当前时间 t 的关系可以通过式(8-19)得到

$$\text{RUL}_t = t_{\text{fail}} - t = \frac{1}{C(T^{\text{ag}})}\left[\ln\left(\frac{\text{ESR}_{\text{th}}(T^{\text{ag}})}{\text{ESR}_t(T^{\text{ag}})}\right)\right] \tag{8-19}$$

式中 t_{fail}——失效时间；

ESR_{th}——超级电容器无法工作时的 ESR 值，大小是其初始值 ESR_0的两倍；

ESR_t——正常工作的以时间为变量的等效串联电阻。

值得注意的是，模型式(8-19)不能应用于在可变温度下工作的超级电容器，因为测量不同温度 T^{ESR}下的同一个超级电容器的 ESR，可以获得不同的 $\text{ESR}(T^{\text{ESR}})$ 值。

通过研究在初始状态工作的超级电容器中 ESR 与测量温度 T^{ESR}的关系，Marco Rigamonti 提出了以下模型：

$$\text{ESR}_0(T^{\text{ESR}}) = \alpha + \beta e^{-\frac{T^{\text{ESR}}}{\gamma}} \tag{8-20}$$

式中 α，β 和 γ——常数。表示超级电容器的参数特征，可以通过查找出厂数据得到。

但是，此模型不适用于已经出现老化现象的超级电容器，因此，通过式(8-20)测量的 ESR 与超级电容器在参考温度下的 ESR 预测之间不存在相关性，不适用于在可变温度下工作的超级电容器的老化监测。为了解决这个问题，Marco Rigamonti 将降温指标 $\text{ESR}_t^{\text{norm}}$独立于其他 ESR 老化指标，并在温度 T^{ESR}下得到温度指标 $\text{ESR}_t^{\text{norm}}$，如式(8-21)所示与其的比值：

$$\text{ESR}_t^{\text{norm}} = \text{ESR}_t(T^{\text{ESR}})/\text{ESR}_0(T^{\text{ESR}}) \tag{8-21}$$

式中 $\text{ESR}_0(T^{\text{ESR}})$——温度 T^{ESR}下的预期初始 ESR 值，可以通过式(8-20)获得；

$\text{ESR}_t(T^{\text{ESR}})$——温度 T^{ESR}和时间 t 下的 ESR 值。

Marco Rigamonti 假设，超级电容器的工作温度恒定为 T^{ag}，并在时间 t 下测量其在两个不同温度 T_1^{ESR}和 T_2^{ESR}下的值 ESR（T_1^{ESR}）和 ESR（T_2^{ESR}），那么可以通过考虑超级电容器在恒定温度下老化的 ESR 时间演变来计算相应的老化指标，ESR 是在不同温度 T^{ESR}下测量的，由式(8-22)给出

$$\begin{aligned} K(k) &= P(k-1)h(k)[h^{\text{T}}P(k-1)h(k)+1]-1 \\ P(k) &= [I-K(k)h^{\text{T}}(k)]P(k-1) \\ \hat{\theta}(k) &= \hat{\theta}(k-1)+K(k)[z(k)-h^{\text{T}}(k)\hat{\theta}(k-1)] \end{aligned} \tag{8-22}$$

因此，可以获得降解指标 $\text{ESR}_t^{\text{norm}}$

$$\begin{aligned}
\mathrm{ESR}_t^{\mathrm{norm}} = (T_1^{\mathrm{ESR}}) = \frac{\mathrm{ESR}_t}{\mathrm{ESR}_0} = \frac{\mathrm{ESR}_0(T_1^{\mathrm{ESR}})\mathrm{e}^{C(T^{\mathrm{ag}})t}}{\mathrm{ESR}_0(T_1^{\mathrm{ESR}})} = \mathrm{e}^{C(T^{\mathrm{ag}})t} \\
\mathrm{ESR}_t^{\mathrm{norm}} = (T_2^{\mathrm{ESR}}) = \frac{\mathrm{ESR}_t}{\mathrm{ESR}_0} = \frac{\mathrm{ESR}_0(T_2^{\mathrm{ESR}})\mathrm{e}^{C(T^{\mathrm{ag}})t}}{\mathrm{ESR}_0(T_2^{\mathrm{ESR}})} = \mathrm{e}^{C(T^{\mathrm{ag}})t}
\end{aligned} \tag{8-23}$$

在实践中，Marco Rigamonti 通过考虑 ESR 在相同温度下的新电容器里的变化而提出的老化指示标准填补了关于温度与超级电容器 ESR 的测量之间关系的理论知识空白。Marco Rigamonti 认为，老化过程可以表示为离散时间间隔 t 和 $t-1$ 之间的一阶马尔可夫过程

$$\mathrm{ESR}_t^{\mathrm{norm}} = \mathrm{ESR}_{t-1}^{\mathrm{norm}}\mathrm{e}^{C(T_{t-1}^{\mathrm{ag}})} + \omega_{t-1} \tag{8-24}$$

式中　T_{t-1}^{ag}——时间 $t=t-1$ 时的老化温度；

ω_{t-1}——过程噪声，由温度 T_{t-1}^{ag} 和超级电容器的运行时间 $t-1$ 决定，与式(8-13) 中提到的顺序贝叶斯方法有关，与测量温度 T^{ESR} 无关。

由于 ESR 测量是在超级电容器起动期间执行的，而超级电容器老化发生在电动机运行期间，当超级电容器温度较高且与外部温度处于热平衡时，Marco Rigamonti 用两个不同的符号指示两个超级电容器温度 T^{ESR} 和 T^{ag}。降解指标 z_t 和退化指标 $\mathrm{ESR}_t^{\mathrm{norm}}$ 之间的关系由式(8-25) 给出

$$z_t = \mathrm{ESR}_t^{\mathrm{norm}}\left(\alpha + \beta\mathrm{e}^{-\frac{(T_t^{\mathrm{ESR}} - 273.15)}{\gamma}}\right) + \eta_t \tag{8-25}$$

式中　T_t^{ESR}——时间 t 时的测量温度；

η_t——测量噪声。

基于粒子滤波器的方法用于估计当前的组件劣化状态。然后，通过式(8-25) 来模拟执行对退化状态的未来演变的预测，其中从下面的分布中适当地采样老化温度上的噪声。

2. 基于 Gauss-Hermite 粒子滤波的预测

Gauss-Hermite 粒子滤波算法是一种应用范围广泛，效果明显的算法。在锂离子电池的寿命预测、模型的线性相关性计算等方面都有应用，但是将 Gauss-Hermite 粒子滤波应用于超级电容器的寿命预测，目前还没有取得令人完全满意的结果。尽管如此，基于超级电容器和锂离子电池在诸多方面的相似性，将 Gauss-Hermite 粒子滤波应用于锂离子电池的使用寿命预测，所得出的结果，对于超级电容器的寿命预测，也具有极大的参考价值。

吉林大学学者 Ma Yan 将 Thevenin 等效电路模型与可用容量的变化相结合，建立了基于 Gauss-Hermite 粒子滤波器（Gauss-Hermite Paricle Filter，GHPF）的锂离子电池的非线性和非高斯系统的剩余使用寿命（RUL）预测的集总参数模型，用于锂离子电池 SOC 和 SOH 的联合估计[148]。在集总参数模型中，为了提高准确度并降低超级电容器 SOH 的计算复杂度，Ma Yan 运用了多尺度扩展卡尔曼滤波器

（Multiscale Extended Kalman Filter，MEKF）。与双扩展卡尔曼滤波器（Dual-Extended Kalman Filter，DEKF）相比，MEKF 可以降低计算复杂度，提高 SOC 和 SOH 联合估计的精度。由于 MEKF 的运行速度慢，预测模型可以执行双时间尺度的锂离子电池 SOC 和 SOH 的联合估计，研究 SOH 的变化特性和 SOC 的快速变化特性。而 GHPF 可以实时更新容量劣化模型的参数，这有效提高了锂离子电池的 RUL 预测精度。因为锂离子电池的容量衰减趋势高度匹配于指数模型，所以 Ma Yan 选择指数模型作为容量退化模型。而 Ma Yan 在建模中，使用 Gauss-Hermite 滤波器（GHF）来生成重要概率密度函数以改善粒子滤波并进行仿真实验。仿真结果表明，与基于标准 PF 的方法相比，Ma Yan 所提出的 RUL 预测方法具有更好的性能和更高的精度。

模型包含两部分：用于 SOC 和 SOH 联合估计的参数模型，以及用于预测 RUL 的电池容量劣化模型。

Thevenin 等效电路模型是应用于锂离子电池 SOC 估计的最广泛的预测模型，其模型结构如图 8-12 所示。

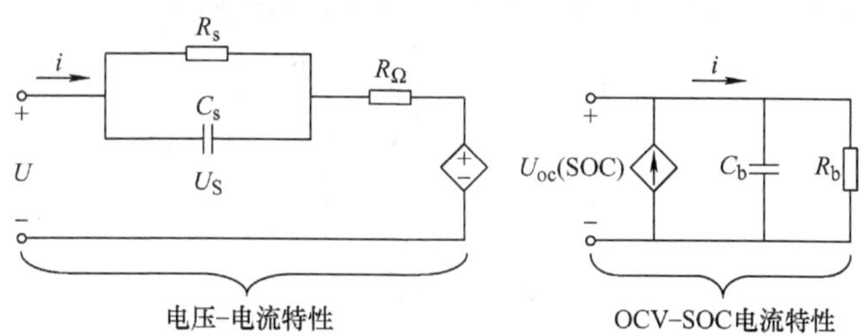

图 8-12　用于锂离子电池 SOC 估计的戴维南等效电路模型

图 8-12 中，*RC* 支路表示极化特性的网络由电阻 R_s和电容器 C_s组成；内部电池电阻为 R_Ω；U 表示 RC 网络所在支路电压；开路电压（Open Circuit Voltage，OCV）和 SOC 之间的关系由压控电压源 U_{oc}(SOC) 表示，该 U_{oc}(SOC) 相当于电流控制电流源；C_b为电池电容器；R_b为自放电电阻；U 是终端电压；i 是负载电流，并假设充电为正，放电为负。

安时积分法主要利用 Peukert 方程将实际电流变为标准电流，并采用积分时间来估算锂离子电池的 SOC。假设 $z(t)$ 表示为锂离子电池的 SOC，且令 $z(t)$ 为 0～100% 范围内的无单位数量，则 $z(t)$ 定义为

$$z(t) = z(0) + \int_0^t \frac{\eta i(\tau)}{Q} \mathrm{d}\tau \tag{8-26}$$

式中　$z(0)$——SOC 的初始值；

η——充电和放电效率；

Q——锂离子电池的可用容量。

根据基尔霍夫定律，电压-电流特性动态数学模型可以描述为

$$\dot{U}_{s} = -\frac{U_{s}}{R_{s}C_{s}} + \frac{i}{C_{s}} \tag{8-27}$$

$$U = U_{oc}(z) + U_{s} + iR_{\Omega} \tag{8-28}$$

由于可用容量在锂离子电池充放电循环期间几乎没有变化，因此 SOH 估算的容量改变模型如下：

$$Q_{k+1} = Q_{k} + r_{k} \tag{8-29}$$

式中 Q_k——时间 k 时的可用容量；

r_k——时间 k 时的过程噪声，并且是具有零均值的白高斯噪声。

然后，我们可以获得 SOH

$$\mathrm{SOH}_{k} = \frac{Q_{k}}{Q_{0}} \tag{8-30}$$

式中 Q_0——锂离子电池的额定容量。

选择 $[z\ U_s]^{\mathrm{T}}$作为系统状态变量 $\boldsymbol{x}$，其中 z 为锂离子电池的 SOC；i 作为输入；U 作为输出，可以获得状态转换和测量方程。在 SOC 估计中考虑可用容量的变化的离散化，锂离子电池的 SOC 和 SOH 联合估计的电池集总参数模型可表示为

$$\boldsymbol{x}_{k+1} = \begin{bmatrix} 1 & 0 \\ 0 & 1 - \dfrac{1}{R_{s}C_{s}} \end{bmatrix} \boldsymbol{x}_{k} + \begin{bmatrix} \dfrac{\eta T_{s}}{Q_{k}} \\ \dfrac{T_{s}}{C_{s}} \end{bmatrix} \boldsymbol{i}_{k} + \boldsymbol{\omega}_{k} \tag{8-31}$$

$$Q_{k+1} = Q_{k} + r_{k} \tag{8-32}$$

$$U_{k} = U_{oc}(z_{k}) + U_{s,k} + R_{\Omega} i_{k} + u_{k} \tag{8-33}$$

式中 T_s——模型抽样期；

$\boldsymbol{\omega}_k$——过程噪声；

u_k——测量噪声；

$U_{s,k}$——假设在时间 k 上的高斯白噪声。

综上所述，根据式(8-30)~式(8-33)，可以建立 SOC 和 SOH 联合估计的参数模型。

随着锂离子电池的老化，可用容量会降低，只有一个 SOC 和 SOH 的联合估计模型，无法准确预测出锂离子电池的老化程度，因此，还需要一个电池容量劣化模型，在本书中选择指数模型为电池容量劣化模型。

RUL 预测的指数模型可以根据经验建立

$$Q_{j} = a_{1}\mathrm{e}^{a_{2}j} + a_{3}\mathrm{e}^{a_{4}j} \tag{8-34}$$

式中 Q_j——通过 SOC 和 SOH 联合估计得到的电池容量；

a_1，a_2，a_3和 a_4——需要识别的模型参数，其中 a_1和 a_3与电池的内部阻抗有关，a_2和 a_4与电池的老化率有关；

j——充电和放电的循环次数。

综上所述，锂离子电池的电池容量劣化模型建立，自此，基于 Gauss - Hermite 粒子滤波算法的锂离子电池寿命预测模型已经建立。将这个方法应用于超级电容器，可以有效地提高超级电容器 SOH 的预测精度。

3. 基于无迹粒子滤波的预测方法

无迹粒子滤波（Unscented Particle Filter，UPF），是一种广泛应用于寿命预测、智能导航以及自动控制等领域的计算工具。西北工业大学学者 Peng Xi 等人，采用支持向量回归-无迹粒子滤波器（SVR - UPF）提出了一种改进的方法，提高了 RUL 预测结果的准确性[149]。

Peng Xi 认为，基于卡尔曼滤波（KF）、无迹卡尔曼滤波（UKF）和粒子滤波（PF）的算法，总是出现粒子兼并的现象。而且，与标准 KF 和 PF 相比，UPF 可以获得更好的提议函数，从而可以更好地估计非线性和非高斯过程。因此，Peng Xi 在前面这些方法的基础上，提出了一种通过集成 SVR 和 UPF 来预测电池 RUL 的改进方法。

UPF 算法集成了 UKF 算法和 PF 算法的优点。与 UK 算法以及 PF 算法中的数据采样不同，UPF 算法使用 UKF 算法生成提议分布并获得后验概率，这样可以更准确地估计结果。

对于非线性和非高斯过程，状态空间方程可表示为

$$\begin{cases} x_k = f(x_{k-1},\ U_{k-1}) \\ z_k = h(x_k,\ n_k) \end{cases} \tag{8-35}$$

式中 x_k——当前的系统状态；

z_k——测量值；

U_{k-1}——系统噪声；

n_k——测量噪声。

UPF 的基本理论描述如下：

（1）参数初始化：

$$\overline{\boldsymbol{x}_0} = E[x_0] \tag{8-36}$$

$$\boldsymbol{p}_0 = E[(x_0 - \overline{x_0})(x_0 - \overline{x_0})^{\mathrm{T}}] \tag{8-37}$$

$$\boldsymbol{x}_0^{\mathrm{a}} = [\overline{x_0}^{\mathrm{T}} \quad 0 \quad 0]^{\mathrm{T}} \tag{8-38}$$

$$\boldsymbol{P}_0^{\mathrm{a}} = \begin{bmatrix} P_0 & 0 & 0 \\ 0 & Q & 0 \\ 0 & 0 & R \end{bmatrix} \tag{8-39}$$

（2）无迹变换：

$$\boldsymbol{x}_k^{\mathrm{a}} = [x_k^{\mathrm{T}} \quad u_k^{\mathrm{T}} \quad n_k^{\mathrm{T}}]^{\mathrm{T}} \tag{8-40}$$

$$\boldsymbol{P}_k^{\mathrm{a}} = \begin{bmatrix} P_k & 0 & 0 \\ 0 & Q & 0 \\ 0 & 0 & R \end{bmatrix} \tag{8-41}$$

$$\boldsymbol{x}_{k-1}^{\mathrm{a}} = [\overline{x_{k-1}^{\mathrm{a}}} \quad \overline{x_{k-1}^{\mathrm{a}}} + \eta\sqrt{P_{k-1}^{\mathrm{a}}} \quad \overline{x_{k-1}^{\mathrm{a}}} - \eta\sqrt{P_{k-1}^{\mathrm{a}}}] \tag{8-42}$$

$$\eta = \sqrt{n+\lambda} \tag{8-43}$$

$$\lambda = \alpha^2(n+k) - n \tag{8-44}$$

$$\boldsymbol{x}_{k-1}^{\mathrm{a}} = [x_{k-1}^{\mathrm{x}} \quad x_{k-1}^{\mathrm{v}} \quad x_{k-1}^{\mathrm{n}}]^{\mathrm{T}} \tag{8-45}$$

$$W_0^{\mathrm{m}} = \frac{\lambda}{n+\lambda} \tag{8-46}$$

$$W_0^{\mathrm{c}} = \frac{\lambda}{n+\lambda} + (1-\alpha^2+\beta) \tag{8-47}$$

$$W_i^{\mathrm{m}} = \frac{1}{2(n+\lambda)} \qquad i = 1,2,3,\cdots,2n \tag{8-48}$$

$$W_i^{\mathrm{c}} = \frac{1}{2(n+\lambda)} \qquad i = 1,2,3,\cdots,2n \tag{8-49}$$

（3）状态和测量更新：

$$x_{k|k-1}^{\mathrm{x}} = f(x_{k-1}^{\mathrm{x}}, x_{k-1}^{\mathrm{v}}) \tag{8-50}$$

$$\overline{x_{k-1}} = \sum_{i=0}^{2n_{\mathrm{a}}} W_i^{\mathrm{m}} x_{i,k|k-1}^{\mathrm{k}} \tag{8-51}$$

$$P_{k|k-1} = \sum_{i=0}^{2n_{\mathrm{a}}} W_i^{\mathrm{c}} [x_{i,k|k-1}^{\mathrm{k}} - \overline{x_{k|k-1}^{\mathrm{x}}}][x_{i,k|k-1}^{\mathrm{k}} - \overline{x_{k|k-1}^{\mathrm{x}}}]^{\mathrm{T}} \tag{8-52}$$

$$Z_{k|k-1} = h(x_{k|k-1}^{\mathrm{x}}, x_{k|k-1}^{\mathrm{n}}) \tag{8-53}$$

$$\overline{Z_{k|k-1}} = \sum_{i=0}^{2n_{\mathrm{a}}} W_i^{\mathrm{c}} Z_{i,k|k-1} \tag{8-54}$$

$$P_{Z_{k|k-1}Z_{k|k-1}} = \sum_{i=0}^{2n_{\mathrm{a}}} W_i [Z_{i,k|k-1} - \overline{Z_{k|k-1}}][Z_{i,k|k-1} - \overline{Z_{k|k-1}}]^{\mathrm{T}} \tag{8-55}$$

$$P_{x_{k|k-1}Z_{k|k-1}} = \sum_{i=0}^{2n_{\mathrm{a}}} W_i [x_{i,k|k-1}^{\mathrm{x}} - \overline{x_{k|k-1}}][Z_{i,k|k-1} - \overline{Z_{k|k-1}}]^{\mathrm{T}} \tag{8-56}$$

$$K_k = P_{x_{k|k-1}Z_{k|k-1}} P_{Z_{k|k-1}Z_{k|k-1}}^{-1} \tag{8-57}$$

$$\overline{x_k} = \overline{x_{k|k-1}} + K_k(Z_k - \overline{Z_{k|k-1}}) \tag{8-58}$$

$$\hat{P} = P_{k|k-1} - K_k P_{Z_{k|k-1}Z_{k|k-1}} K_k^{\mathrm{T}} \tag{8-59}$$

（4）建立粒子模型：

$$\omega_k^{\mathrm{i}} = \frac{p(x_{0:k}^{\mathrm{i}} | z_{1:k})}{q(x_{0:k}^{\mathrm{i}} | z_{1:k})} = \omega_{k-1}^{\mathrm{i}} \frac{p(z_k | x_k^{\mathrm{i}}) p(x_k^{\mathrm{i}} | x_{k-1}^{\mathrm{i}})}{q(x_k^{\mathrm{i}} | x_{k-1}^{\mathrm{i}}, z_k)} \tag{8-60}$$

$$\omega_k^i = \frac{\omega_k^i}{\sum_{i=1}^{N} \omega_k^i} \tag{8-61}$$

式中 $p(x_{0:k}^i \mid z_{1:k})$——无迹粒子滤波之前的分布；

$q(x_{0:k}^i \mid z_{1:k})$——实际分布轨迹。

（5）重新采样如果有效样本量低于阈值，则应重新更新采样粒子。

$$\omega_k^i = \frac{1}{N} \tag{8-62}$$

（6）状态更新。循环数 k 的估计状态及其协方差如下：

$$x_k^i = \sum_{i=1}^{N} \omega_k^i x_k^i \tag{8-63}$$

$$P_k^i = \sum_{i=1}^{N} \omega_k^i [x_k^i - \tilde{x}_k^i][x_k^i - \tilde{x}_k^i]^{\mathrm{T}} \tag{8-64}$$

自此，基于无迹粒子滤波的锂离子电池 SOH 和 SOC 的预测模型建立完毕。

8.3 基于数据的预测方法

与基于模型的方法相比，基于数据的方法不需要复杂的数学模型来模拟超级电容器的内部老化机理，模型的精度要求不高，主要依赖于大量的数据。支持向量机和相关向量机是以支持向量或相关向量作为数据点，拟合数据达到预测目的[151-152]。Andre 等[153]采用支持向量机的方法对锂电池的 SOC 和 SOH 预测，通过标准卡尔曼滤波器与无迹卡尔曼滤波器相互作用组成的双滤波器，再与支持向量机耦合，结果表明估计误差在 1% 左右。Yang 等[154]提出了一种新的锂离子电池健康状态估计方法，其中电池模型通过结合开路电压和戴维宁等效电路模型来建立内部参数与电池状态之间的关系。该模型通过联合扩展卡尔曼滤波器和递归最小二乘算法来估计电池充电状态并同时识别模型参数和开路电压，然后采用粒子群优化的最小二乘支持向量机方法，给出了一种可靠的健康状态估计结果。但是，在实际应用中支持向量机计算复杂性很高且需要大量计算时间，而相关向量机方法减少了计算量和复杂度。Zhang 等[155]提出了一种多核相关向量机方法的电池容量预测方法，通过经验模式分解去噪方法处理测量的容量数据以产生无噪声容量数据，并使用多种异构内核学习方法来保持多样性。与此同时，使用粒子群优化算法生成基本核函数的稀疏权重，结果证明预测精度较高。Li 等[156]提出了一种基于相关向量机的锂电池剩余使用寿命预测模型。在相关向量机模型中引入小波去噪方法以减少不确定性并确定老化趋势信息，然后使用基于平均熵的方法来选择用于正确时间序列重建的最佳嵌入维度，最后相关向量机被用作一种新颖的非线性时间序列预测模型，用于预测未来的 SOH 和电池的剩余寿命。然而，相关向量机方法的高度稀疏性决定了其输出结果的不稳定性，因此人们寻求新的方法来实现稳定的预测效果。

循环神经网络（Recurrent Neural Network，RNN）被越来越多地应用于超级电容器的寿命预测[157]，但是RNN具有长期依赖性学习的缺点，如果长期存储信息，会导致梯度消失，RNN无法继续学习。Souallhi等[158]提出了新模糊神经网络的方法监测超级电容器的健康状态，基于模糊逻辑和神经网络来估计和预测超级电容器的等效串联电阻和电容。同时，该方法基于新模糊神经元模型，对加速老化测试提供的数据进行实时处理和时间序列预测。Chaoui等[159]提出了基于递归神经网络的锂电池健康状态估计方法，该方法的简单性和可靠性适用于电动汽车的电池管理系统。极限学习机方法被广泛应用于回归预测，尤其适用于前馈神经网络。Yang等[160-161]提出了粒子群算法优化的极限学习机方法对锂电池剩余使用寿命进行预测，与启发式卡尔曼算法优化的极限学习机方法相比，这两种优化的极限学习机方法都具有较好的预测精度。

长短时记忆循环神经网络（Long-Short Term Memory Recurrent Neural Network，LSTM RNN）是一种基于时间序列的神经网络，通过引入的记忆单元存储信息，遗忘门过滤冗余信息，能够长时期存储信息，不会出现梯度消失[162]，其广泛应用于自然语言处理、机器翻译、图片描述、环境预测、海浪预测、语音识别等[163]。Zhang等[164]研究了基于深度学习的电池RUL预测，将LSTM RNN用于学习锂离子电池退化容量的长期依赖性，选择弹性方均根反向传播方法自适应地优化LSTM RNN，并且使用dropout技术来解决过度拟合问题，将蒙特卡罗模拟方法结合起来以实现RUL预测。Li等[165]结合经验模型分解算法和Elman神经网络，提出了一种新的基于混合Elman-LSTM电池剩余使用寿命预测方法。该方法采用经验模型分解算法将记录的电池容量与循环次数数据分解为若干子层，通过建立长短时记忆神经网络和Elman神经网络来预测高低频率子层。Wang等[166]针对卫星锂离子电池RUL的预测，提出了一种基于动态长短时记忆神经网络的间接RUL预测方法。首先，从电池放电电压中提取基于斯皮尔曼相关分析方法的间接健康指数（Health Indicator，HI），并且使用多项式拟合方法建立间接HI与电池容量之间的关系。然后通过整合Adam方法、L_2正则化方法和增量学习方法，将其应用于锂离子电池RUL预测。

GRU（Gated Recurrent Unit，GRU）是一种门控循环神经网络，由Cho等在2014年提出[167]。GRU以LSTM为基础，融合了记忆单元和隐藏单元，将输入门和遗忘门简化成一个门，所以结构上更简单一些，收敛速度更快[168]，但不如LSTM强大和灵活，不适用于超大数据集。Zhao等[169]研究了基于递归神经网络的锂离子电池的建模，使用具有门控循环单元深度特征选择（Deep Feature Selection，DFS）结构的RNN来构建两个神经网络，一个以电流作为输入，另一个以电压作为输入，两种神经网络的形式都精确地模拟了锂离子电池的动态响应，包括电池在不同温度下的非线性行为。

文献［170］根据锂离子电池的实测值与估计值之间的非线性特性关系，提出了基于时间卷积网络（Temporal Convolutional Network，TCN）的锂离子电池 SOC 估计方法。该方法是基于数据驱动的方法，因此无需用到电池模型以及自适应滤波器。通过输入不同工况下采集到的数据集，进行自学习和参数更新，从而获得在不同工况下能够正确估计 SOC 的模型，可将锂离子电池在使用过程中的电压、电流和温度参数作为 TCN 的输入，SOC 作为输出。另外，基于数据的方法可以用于不同的锂离子电池，具有较强的泛化能力和可伸缩性。在不同的环境温度条件下，该方法对所有测试的平均绝对误差（Mean Absolute Error，MAE）估计为 0.67%，证明了 TCN 网络是估算锂离子电池 SOC 的有效工具。

研究者们在很多不同问题上尝试了这两种不同模型，希望比较出更好的模型，GRU 的优点在于它是个较简单的模型，所以更容易创建一个更大的网络，但是 LSTM RNN 更加强大和灵活，因为它有三个门而 GRU 只有两个门，如果选一个使用，那么 LSTM RNN 在历史进程上是个更优先的选择。在实际应用中，两个模型效果不相上下，因为效果的好坏与应用有很大的相关性。本章在超级电容器的 RUL 预测中应用了这两种算法。由于 GRU 是在 LSTM RNN 的基础上创建的一种网络，近几年才出现并引起了研究者们的注意，因此关于这两种方法还需要进一步的研究和实验。

8.4 模型与数据驱动方法的融合

将数据驱动与模型驱动相融合并试图将这两种方法取长补短来突破各自的局限性，从而更好地利用已知的信息来提高对未知状态的估计精度。文献［171］建立了二阶等效电路模型，利用扩展卡尔曼滤波算法对锂离子电池的 SOC 进行预测，利用双深度 Q 网络来优化扩展卡尔曼滤波的参数来解决深度学习中会出现的维数灾难和值函数高估问题。实验表明，在估计锂电池的 SOC 方面，双 Q 深度网络比传统的深度 Q 网络具有更好的预测精度和收敛性。文献［172］提出了一种动态条件下估计锂离子电池 SOC 的方法。该方法利用深度信念网络强大的非线性拟合功能，将锂离子电池的电流、端电压和温度作为输入，其输出为 SOC。利用 KF 算法将以上所得结果进行滤波去掉测量噪声的影响，最大平均估计误差小于 2.2%，表明该方法对复杂工况下电池 SOC 估计具有较好的应用前景。

8.5 小结

本章重点介绍了超级电容器的 SOH 以及不同的估算方法，值得注意的是，基于神经网络的机器学习预测算法随着目前计算机计算水平的不断增强，受到了人们的广泛关注，而神经网络预测由于其重数据而轻原理的特点大大减小了对于机理的掌握，使得在实际应用中具有广泛的前景。本文将在第 9 章中对目前使用较广泛的神经网络算法做出详细介绍。

第 9 章 基于数据驱动算法的超级电容器寿命预测

9.1 剩余使用寿命实验测试

9.1.1 引言

无论是超级电容器的老化特性分析还是寿命预测，都离不开大量的测量数据。而实验平台的精度和测试环境，都会造成不同程度的测量误差。考虑到数据的准确实用性，本章将设置对比实验，不仅对超级电容器进行稳态循环使用寿命测试，还结合实际情况设计非标准的动态混合脉冲功率特性测试，用来模拟电动汽车制动瞬间或其他高功率瞬态阶段时超级电容器的运行环境。另外，本章将针对不同测试下得到的超级电容器老化数据，分析老化趋势受温度和电压的影响。

9.1.2 超级电容器的老化机理

超级电容器的工作原理不同，导致其性能也各有优劣，本节主要研究以下两种电容器，不涉及化学反应的双电层电容器（Electrical Double - Layer Capacitor，EDLC）和法拉第反应存储电荷的赝电容器。

1. 双电层电容器

双电层电容器有两个被膜分离器隔开的电极，通过电解质实现连接功能，电解质中包括正负离子，膜分离器仅允许离子迁移，但阻止电接触，整个过程没有发生化学变化。在两个电极的每个表面处，液体电解质与电极的导电金属表面接触界面在物质的两个不同相之间形成公共边界，该边界上出现双电层，一层是吸附在电极表面，另一层是液体电解质中溶化的离子产生的，双电层电容器的储能机理如图 9-1 所示。

双电层电容器在不涉及任何法拉第反应的情况下就能可逆地吸附离子，因为在电极或电解质内没有发生化学变化，所以在某种程度上对双电层的充电和放电是无

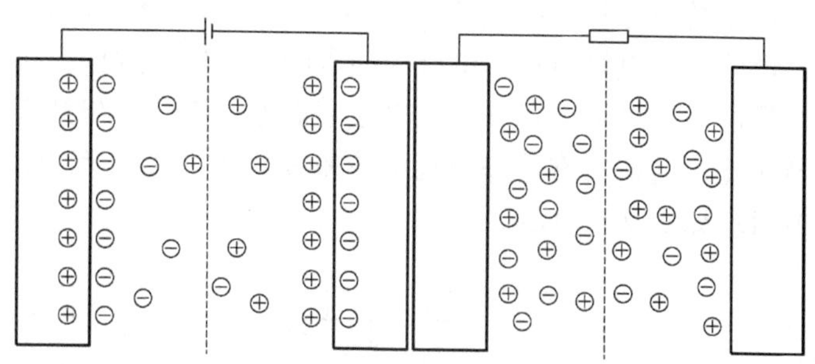

图 9-1 双电层电容器的储能机理

限的。因此，与赝电容器相比，双电层电容器的生命周期要高得多。除此之外，赝电容器通常使用液体电解质，这导致装置非常笨重。此外，使用有害和腐蚀性液体电解质的风险可能会导致安全问题。但是，双电层电容器采用了固态聚合物电解质膜，该膜提供较宽的工作温度范围，低挥发性，高能量密度，没有新技术要求且蒸气压可以忽略不计。其聚合物基体薄而有弹性，因此可以制成各种形状的甚至可弯曲的双电层电容器。双电层电容器由于其高功率密度、高循环稳定性而被广泛用于工业现场。但是，使用碳基电极材料的双电层电容器仍然面临严重的挑战，例如低能量密度。双电层电容器的电极材料大多由电化学性质不高的碳材料构成，两电极并没有发生电化学反应，从而导致双电层电容器容量低、能量密度低。因此，控制比表面积和孔径并提高电导率是实现高存储容量的有效方法。

与常规电容器相比，超级电容器的高电容容量源自电极的高比表面积，这在很大程度上取决于所用的电极材料及其物理性质，包括电导率和孔隙率。超级电容器中每单位电压存储的双层电容器的数量主要是电极表面积的函数。因此，超级电容器通常选用比表面积大的材料作为电极，例如活性炭，其比表面积较大且双层间距非常小。孔隙率参数（包括孔径和孔径分布）同样会对实际的超级电容器电容产生重要影响，因为这些参数可能会对电解液的活性电极表面产生重大影响。有专家指出，当电极的孔径接近电解质的离子尺寸时，电容达到最高点。通常，电极的孔越小，电容和比能量就越大。但是，较小的孔会导致等效串联电阻的增加，比功率的降低。具有高峰值电流的应用需要较低的内部损耗，因而选择较大的孔，而需要高比能量的应用则需要较小的孔。电解质是影响超级电容器性能的另一个重要成分，电解质包含的离子越多，导电性能越好。电解质不仅必须确保快速的离子传输以及令人满意的电化学稳定性，还需要消除由热不稳定性、易燃性和泄漏可能性引起的安全隐患。常规的离子液体电解质可能遭受高黏度和高成本的困扰，而用固体电解质代替液体电解质有望消除电池安全问题，并延长电池寿命，但是其制造过程过于复杂，无法实现大规模生产，还需要进一步研究。

2. 赝电容器

赝电容器作为一种电化学电容器，由于其比电容高达 1200F/g 和相应的扩展能量密度，因此已经成功地弥补了电化学双电层电容器相对较低的电容和能量密度。为了存储扩大的电能，赝电容器利用电极表面内的电子转移过程；相反，在双电层电容器中，电解质离子以静电方式分布在电极表面上。因此，与具有二维有源位置的双电层电容器相比，这些三维扩展的充电位置使赝电容器具有更高的充电容量。赝电容器的储能机理如图 9-2 所示。

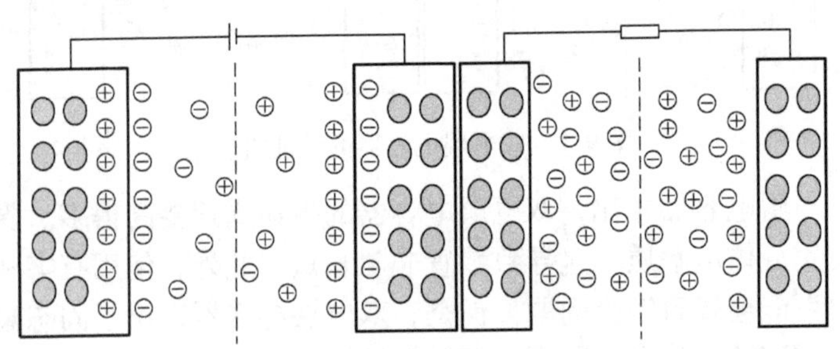

图 9-2　赝电容器的储能机理

赝电容器中使用的电极材料直接影响其储能效果，过渡金属氧化物储能是通过其电极电位连续改变价态电荷。由于过渡金属氧化物通常比导电聚合物表现出更高的比电容和更好的稳定性，因此就稳定性而言，它们被认为比导电聚合物更适合做电极材料。虽然氧化钌表现出巨大的比电容（600F/g），但是钌的成本太高，研究人员已经研究了 NiO_x、FeO_x、MnO_2、TiO_2 和 Nb_2O_5 作为赝电容器材料，并可能替代氧化钌。在这些过渡金属氧化物中，MnO_2 由于其生态友好、经济优质和较高的比电容，受到大家的认可。然而，众所周知赝电容器的电导率较低导致化学反应受限，存在使用寿命的问题，还需要进一步研究。

9.1.3　实验平台

超级电容器老化实验平台主要包括以下三个部分：测试系统为 LAND CT2001A，超级电容器的型号为 BCAP0010T01，恒温箱为超级电容器的老化测试提供恒定的环境温度，上位机 CPU 型号为 Intel i7 7700 用来处理数据。本实验选择麦斯威 BCAP0010 P270 T01 超级电容器，其具体规格参数如下：额定容量 10F，最小容量 8F，最大 ESR 75mΩ，额定电压 2.7V，电压最大不能超过 2.85V，电流最大不能超过 7.2A，泄漏电流 0.030mA，工作温度处在 -40 ~ 85℃，储能温度最低 -40℃，最高 70℃。超级电容器老化平台如图 9-3 所示。

9.1.4　循环使用寿命测试

实际应用中，超级电容器的老化影响因素众多，本节只研究温度、工作电压的影响。在不同的温度和电压下，采用 CC-CV 充电协议，选取相同规格的超级电容器进行实验。超级电容器的额定容量为 10F，以 3A 的恒流模式对超级电容器充电

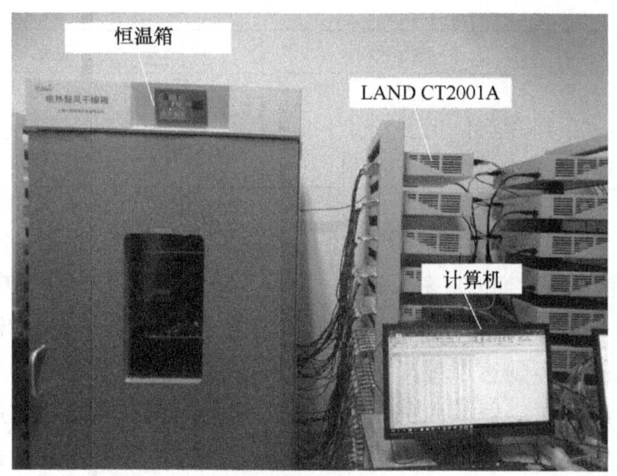

图 9-3 超级电容器老化平台

直到电压达到 2.7V，然后继续以恒压模式充电。在不同温度和电压下进行多组充放电测试，放电深度控制在 50%，在相同的环境下测试，不考虑振动的影响，循环几十万次，由于可以基于测量的电流和电压实时估计电池容量，因此认为容量可用于指示电池的 SOH。直到容量降至初始容量的 80%，因为超级电容器的报废标准为 SOH 低于 80%。超级电容器循环测试工况见表 9-1，选取其中最具有代表性的 8 组不同温度、电压下的超级电容器来观察其老化趋势，具体如图 9-4 所示。明显看出，当循环次数增加时，超级电容器容量不断减少，其老化速度与温度、电压有关。

表 9-1 超级电容器循环测试工况

超级电容器编号	电压/V	温度/℃
SC1	8～15	25
SC2	8～15	50
SC3	8～15	65
SC4	8～15	80
SC5	2.7	65
SC6	2.7	80
SC7	2.7	50
SC8	8～14	25
SC9	8～14	50
SC10	8～14	65
SC11	2.7	25
SC12	8～14	80
SC13	2.9	25

（续）

超级电容器编号	电压/V	温度/℃
SC14	2.9	50
SC15	2.9	80
SC16	2.9	65

当电压为2.9V时，超级电容器在不同温度下老化趋势如图9-4a所示。超级电容器经历10万个循环周期时，在25℃、50℃、65℃工况下的超级电容器电容值分别下降到原来的92%、88%、85%，而温度升高到80℃时，超级电容器经历6万个循环周期左右就已经到达了报废标准。由此看出，超级电容器的老化速度随温度升高而加快，由超级电容器的内部工作原理可知，电解液中离子的运动以及电极表面发生的各种反应都会受到温度的影响，因此，超级电容器的老化速度是内部老化机理的外在体现。

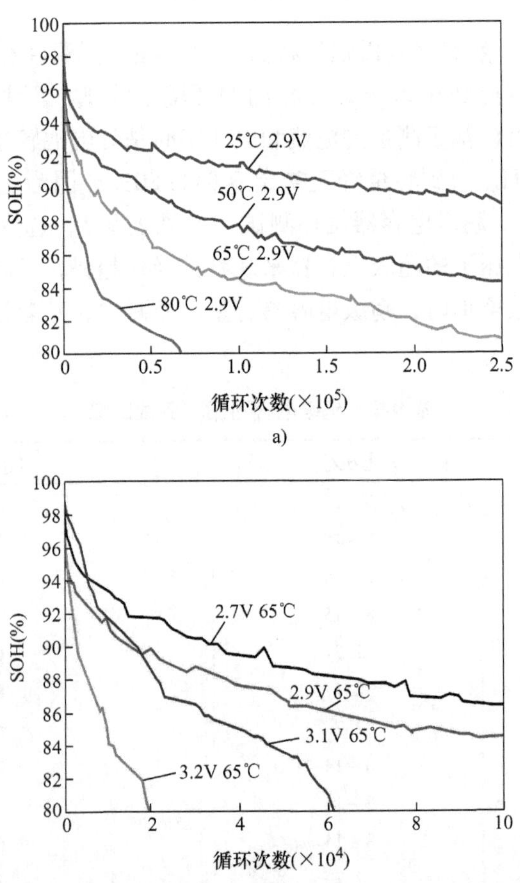

图9-4　超级电容器在不同温度、电压下的老化趋势：

a）SOH与温度的关系；b）SOH与电压的关系

当温度为65℃时，超级电容器在不同电压下的老化趋势如图9-4b所示。从图中可以看出，SOH降到80%时，超级电容器的工作电压越高，报废得越早。工作电压为8～15V时，超级电容器仅仅循环了2万次，工作电压为8～14V，超级电容器可以循环6万次，而2.7V和2.9V工况下的超级电容器循环远远大于10万次。因此，超级电容器不能长期在过电压下工作，会大大缩短超级电容器的使用寿命。

虽然超级电容器可能在不同的电压和温度下工作，但是容量退化趋势是相似的，即SOH遵循类似的变化规律，因此，本节中提出的预测方法可用于评估其他工作环境下的超级电容器SOH以及性能测试。

9.1.5 HPPC测试

超级电容器具有更高的可循环性和更高的比功率，因此在需要短时功率提升的应用（例如制动能量的再生或停止和启动系统）中经常采用超级电容器。实际上，车辆的电池组通常通过主电网以CC-CV方式充电。然而，车载超级电容器的工作周期通常具有非常快的高功率瞬态阶段，因此，除了进行稳态测试外，本节还进行了动态工作周期测试，将非标准的HPPC测试用作动态工作周期，超级电容器HPPC测试如图9-5所示。

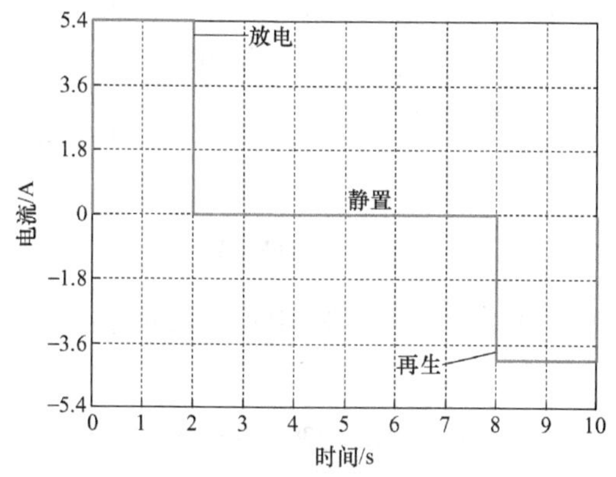

图9-5 超级电容器HPPC测试

该测试合并了放电脉冲和再生脉冲，它们等效于实际操作周期中的高功率瞬态阶段。为了加快老化测试的速度，本节缩短了标准HPPC测试的时间，超级电容器HPPC测试参数见表9-2。

表9-2 超级电容器HPPC测试参数

时间增量/s	累计时间/s	电流/A
2	2	8～230
6	8	0
2	10	-4.05

完整的 HPPC 测试序列如图 9-6 所示，由先前定义的单个 HPPC 测试叠加组成，中间相隔 10% DOD（放电深度）恒流放电段。完整的 HPPC 测试过程步骤如下：

1）对超级电容器进行完全充电，充到额定电压。

2）执行 HPPC 测试。

3）以 0.225A 的恒定电流放电，以去除等于超级电容器初始参考容量的 10% 的电荷。

4）在开路电压下静置 38s，从而使电压达到稳定状态。

5）重复步骤 2）、3）和 4）共 9 次。

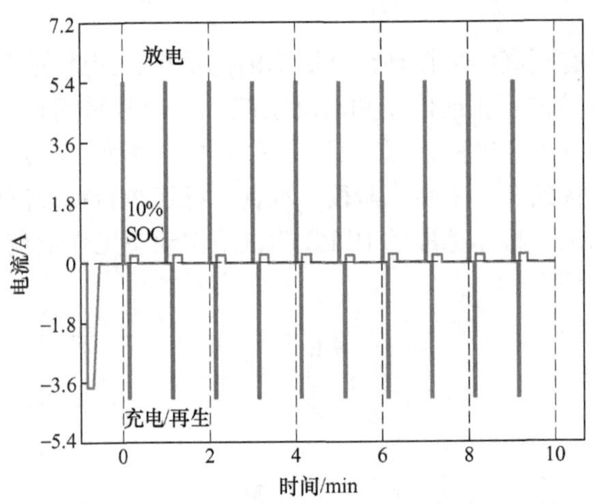

图 9-6　完整的 HPPC 测试序列

为了与稳态循环测试作对比，本节对相同工作环境下的超级电容器进行 HPPC 测试，具体见表 9-3。

表 9-3　超级电容器 HPPC 测试工况

样本编号	电压/V	温度/℃
SC16*	2.9	65
SC7*	2.7	50
SC11*	2.7	25

9.1.6　小结

本节介绍了超级电容器老化测试的实验平台，考虑到实际工作情况，对超级电容器分别进行了循环使用寿命测试和 HPPC 测试，并对老化因素进行了分析，得出结论，超级电容器的老化状态受其外界温度、电压影响，归根结底是因为内部储能机理发生变化，导致超级电容器寿命衰减。因此，要想延长超级电容器使用寿命，在使用过程中必须保证超级电容器各项参数处在正常工作区间内。

9.2 循环神经网络预测超级电容器的剩余使用寿命

9.2.1 基本人工神经网络

1. BP 神经网络

BP 神经网络由于结构简单、训练参数少等优点，已经成为目前应用较广泛的人工神经网络模型。BP 神经网络由三个层组成，分别是输入层、隐藏层和输出层，如图 9-7a 所示。其中，输入层的主要职责是接收信息并将信息传递到隐藏层神经元，输出层的功能则是将隐藏层处理过的信息进行输出，隐藏层则处于输入层和输出层之间，对外不可见。隐藏层神经元的数目可以根据输入信息的大小进行调整。正是因为 BP 神经网络结构简单，所以无记忆功能，因此处理长序列的输入信息时，往往会表现出训练时间长、拟合效果较差的情况。隐藏层和输出层的输出计算公式如下

$$H_j = g\left(\sum_{i=1}^{n} w_{ij}x_i + a_j\right) \tag{9-1}$$

$$O_k = h\left(\sum_{j=1}^{l} H_j w_{jk} + b_k\right) \tag{9-2}$$

式中 H_j——隐藏层的输出值同时还是输出层的输入值；

O_k——输出层的输出值；

$g(\cdot)$——非线性激活函数；

$h(\cdot)$——非线性激活函数；

w_{ij}——不同的输入神经元与隐藏神经元之间的连接权重；

w_{jk}——不同的隐藏神经元与输出神经元之间的连接权重；

x_i——隐藏层的输入值；

a_j——输入层到隐藏层的偏置值；

b_k——隐藏层到输出层的偏置值。

输入层与隐藏层以及隐藏层与输出层之间的权重更新通过相同的更新方式进行迭代为

$$\text{new}(w_{ij}) = \text{old}(w_{ij}) - \eta\frac{\partial E}{\partial w_{ij}} \tag{9-3}$$

$$\text{new}(w_{jk}) = \text{old}(w_{jk}) - \eta\frac{\partial E}{\partial w_{jk}} \tag{9-4}$$

式中 η——学习率；

E——误差值，计算公式为 $E=\frac{1}{2}\sum_{k=1}^{m}(Y_k-O_k)^2$，$Y_k$ 代表真实值，O_k 代表输出层的输出值。

2. Simple RNN（Simple Recurrent Neural Network，简单循环神经网络）

Simple RNN 的简单神经元模型如图 9-7b 所示，与以往神经元相比其不同点在于包含了一个反馈输入。在将其按照时间变化序列展开时，Simple RNN 对一系列权值共享前馈神经元进行依次连接，连接后的传统神经元也会随着时间的变化输入和输出而发生相应变化，但不同的是循环神经网络上一时刻神经元的历史信息会通过权值与下一时刻的神经元相连接，这样就会导致循环神经网络在 t 时刻的输入完成了与输出的映射，并且同时也参考了 t 之前所有输入数据对网络的影响，如此便形成了反馈网络结构。虽然反馈结构的循环神经网络能够做到参考背景信号，但信号所需要参考的背景信息与目标信息之间的时间相隔也成为影响网络性能的一大因素。一旦两者之间时间间隔增大，在实际应用中通常会造成参考信息无法反馈。

$$\begin{aligned}O_t&=g(Vs_t)\\&=Vf(Ux_t+Ws_{t-1})\\&=Vf(Ux_t+Wf(Ux_{t-1}+Ws_{t-2}))\\&=Vf(Ux_t+Wf(Ux_{t-1}+Wf(Ux_{t-2}+Ws_{t-3})))\\&=Vf(Ux_t+Wf(Ux_{t-1}+Wf(Ux_{t-2}+Wf(Ux_{t-3}+\cdots))))\end{aligned}\tag{9-5}$$

式中 O_t——输出值；

x_t、x_{t-1}、$x_{t-2}\cdots$——输入值；

U——输入 x 的权重矩阵；

W——前一次迭代时隐藏层的输出值，同时作为本次隐藏层输入值的权重矩阵；

V——输出层的权重矩阵；

$f(\cdot)$ 和 $g(\cdot)$——非线性激活函数。

从式(9-5) 可知，Simple RNN 的输出值 O_t 受到前面输入值 x_t、x_{t-1}、$x_{t-2}\cdots$ 的影响，因此 Simple RNN 是有记忆的。

3. LSTM RNN（长短时记忆循环神经网络）

Simple RNN 中隐藏层不同神经元之间是互相联系的，而隐藏层的输出不仅由当前输入决定，同时还由上一个时间点的隐藏层输出决定，这样就会造成 Simple RNN 具有记忆功能。但是，由于存在梯度爆炸和梯度消失，Simple RNN 不能记忆太前或者太后的信息。而 LSTM RNN 就是在 Simple RNN 的基础上创造出来的，具体方法是在隐藏层神经元中增加记忆门控结构，其功能是可以控制之前信息和当前信息的记忆和遗忘程度。因此，LSTM RNN 可实现长期依赖关系以及可控记忆能力，如图 9-7d 所示。LSTM RNN 在 Simple RNN 的基础上增加新的单元状态 c 使其保存长期状态。增加三个门控结构，遗忘门控制将之前时刻的单元状态 c_{t-1} 输入当前单元状态 c_t，输入门决定当前时刻的输入 x_t 有多少进入当前单元状态 x_t，输出门组合当前记忆和长期状态来实现当前时刻的输出，具体计算如下

$$f_t = \sigma(W_f[h_{t-1}, x_t] + b_f) \tag{9-6}$$

$$i_t = \sigma(W_i[h_{t-1}, x_t] + b_i) \tag{9-7}$$

$$\tilde{c}_t = \tanh(W_c[h_{t-1}, x_t] + b_c) \tag{9-8}$$

$$o_t = \sigma(W_o[h_{t-1}, x_t] + b_o) \tag{9-9}$$

$$c_t = f_t \times c_{t-1} + i_t \times \tilde{c}_t \tag{9-10}$$

$$h_t = o_t \times \tanh(c_t) \tag{9-11}$$

式中 f_t——遗忘门的输出；

i_t——输入门的输出；

o_t——输出门的输出；

x_t——当前时刻网络的输入值；

h_{t-1}——上一时刻网络的输出值；

h_t——当前时刻网络的输出值；

c_{t-1}——上一时刻的单元状态；

c_t——当前时刻的单元状态；

$\tilde{c}_t$——当前的网络记忆；

W_f 和 b_f——遗忘门的权重矩阵和偏置项；

W_i 和 b_i——输入门的权重矩阵和偏置项；

W_o 和 b_o——输出门的权重矩阵和偏置项；

W_c 和 b_c——计算单元状态的权重矩阵和偏置项；

σ（·）和 tanh（·）——非线性激活函数。

其中 LSTM RNN 中所用到的激活函数及其导数如下

$$\sigma(z) = y = \frac{1}{1 + \mathrm{e}^{-z}} \tag{9-12}$$

$$\sigma'(z) = y(1 - y) \tag{9-13}$$

$$\tanh(z) = y = \frac{\mathrm{e}^{z} - \mathrm{e}^{-z}}{\mathrm{e}^{z} + \mathrm{e}^{-z}} \tag{9-14}$$

$$\tanh'(z) = 1 - y^2 \tag{9-15}$$

4. GRU RNN（门控循环单元循环神经网络）

GRU RNN 将 LSTM RNN 复杂的三个门简化为重置门和更新门，如图 9-7c 所示。

$$r_t = \sigma(W_r[h_{t-1}, x_t] + b_r) \tag{9-16}$$

$$z_t=\sigma(W_z[h_{t-1},x_t]+b_z) \tag{9-17}$$

$$\tilde{h}_t=\tanh\ (W[r_t \circ h_{t-1},x_t]+\tilde{b}_h) \tag{9-18}$$

$$h_t=z_t \circ \tilde{h}_t+(1-z_t) \circ h_{t-1} \tag{9-19}$$

式中　r_t 和 z_t——重置门和更新门的输出；

$\tilde{h}_t$——候选隐藏状态；

W_r 和 b_r——重置门的权重和偏置；

W_z 和 b_z——更新门的权重和偏置；

W 和 $\tilde{b}_h$——计算隐藏状态的权重和偏置；

$\circ$——对应的元素之间相乘。

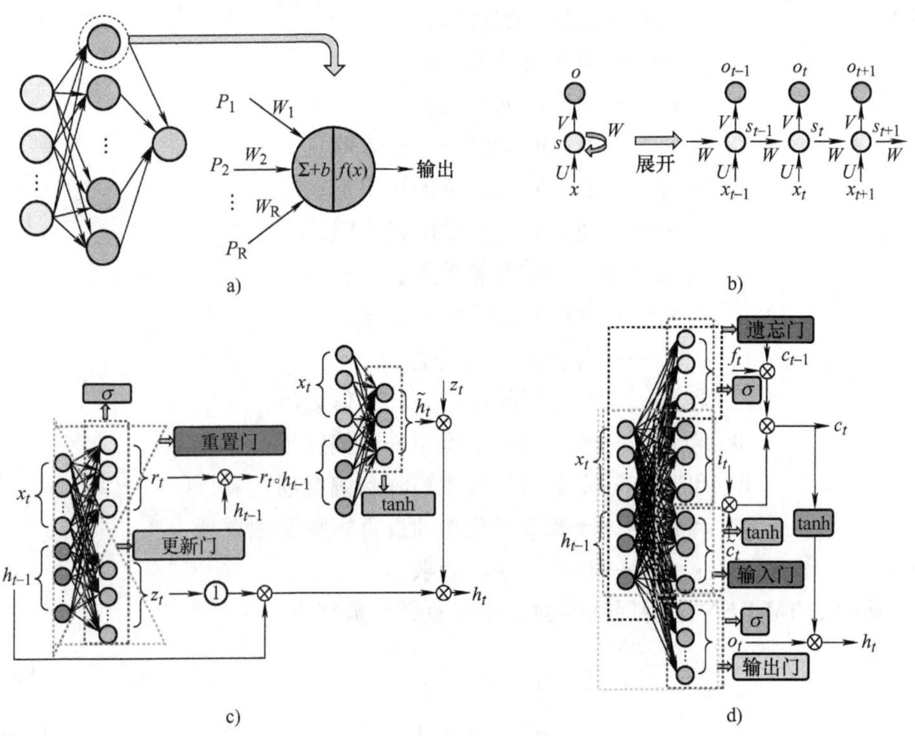

图 9-7　四种人工神经网络示意图

9.2.2　双向循环神经网络

1. 双向循环神经网络结构

单向循环神经网络只能依据一个方向处理输入序列信息，双向循环神经网络可以从正反两个方向读取时间序列数据，综合权衡两个方向的结果再输出，如图 9-8 所示。而正向隐藏层和反向隐藏层的状态如下

$$\overrightarrow{H}_t = \phi(X_t W_{xh}^{(f)} + \overrightarrow{H}_{t-1} W_{hh}^{(f)} + b_h^{(f)}) \tag{9-20}$$

$$\overleftarrow{H}_t = \phi(X_t W_{xh}^{(b)} + \overleftarrow{H}_{t+1} W_{hh}^{(b)} + b_h^{(b)}) \tag{9-21}$$

输出层计算为

$$O_t = H_t W_{hq} + b_q \tag{9-22}$$

式中 $\overrightarrow{H}_t$——正向隐藏层的状态且$\overrightarrow{H}_t \in \mathbb{R}^{n\times h}$(样本数为 n，隐藏单元个数为 h)；

$\overleftarrow{H}_t$——反向隐藏层的状态且$\overleftarrow{H}_t \in \mathbb{R}^{n\times h}$；

X_t——输入且 $X_t \in \mathbb{R}^{n\times h}$(样本数为 n，输入个数为 d)；

ϕ（·）——隐藏层激活函数；

$W_{xh}^{(f)}$——权重且 $W_{xh}^{(f)} \in \mathbb{R}^{d\times h}$；

$W_{hh}^{(f)}$——权重且 $W_{hh}^{(f)} \in \mathbb{R}^{h\times h}$；

$W_{xh}^{(b)}$——权重且 $W_{xh}^{(b)} \in \mathbb{R}^{d\times h}$；

$W_{hh}^{(b)}$——权重且 $W_{hh}^{(b)} \in \mathbb{R}^{h\times h}$；

$b_h^{(f)}$——偏置且 $b_h^{(f)} \in \mathbb{R}^{1\times h}$；

$b_h^{(b)}$——偏置且 $b_h^{(b)} \in \mathbb{R}^{1\times h}$；

O_t——输出层的输出；

H_t——结合正反两个方向的隐藏层的状态$\overrightarrow{H}_t$和$\overleftarrow{H}_t$得到的最终隐藏层的状态且 $H_t \in \mathbb{R}^{n\times 2h}$；

W_{hq}——权重且 $W_{hq} \in \mathbb{R}^{2h\times q}$；

b_q——偏置且 $b_q \in \mathbb{R}^{1\times q}$。

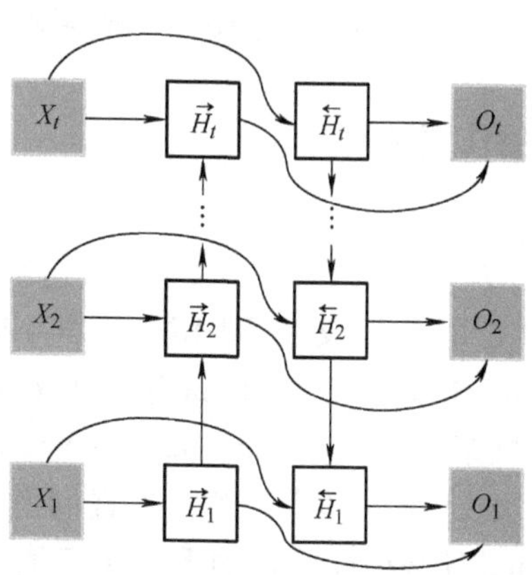

图 9-8 双向循环神经网络示意图

2. 双向循环神经网络用于超级电容器的剩余使用寿命预测

对 Simple RNN 的结构进行改进就产生了 LSTM RNN，在网络结构内部增加神经元门控结构，使得 Simple RNN 长期依赖的问题得到了有效的解决，同时使得梯度爆炸和梯度消失的问题得到了有效的控制。基于上述原因，LSTM RNN 能实现更加精确的时间序列数据的预测和评估。堆叠神经网络会提高网络的表示能力，充分利用输入信息完成超级电容器剩余使用寿命的预测，双向循环神经网络可综合两个方向的输出进行调整权重，提高了网络的训练速度和精度。

在不同的电压、电流以及温度的实验条件下获得随着充放电循环次数增加其容量衰减的超级电容器老化数据集。训练集和预测集的数量比为 8∶2，在训练集上用于神经网络的训练，在预测集上评估超级电容器的剩余使用寿命。本节利用不同循环单元 GRU RNN 与 Simple RNN 和 LSTM RNN 进行比较，仿真结果表明 LSTM RNN 模型具有更高的预测精度和鲁棒性，如图 9-9 所示。

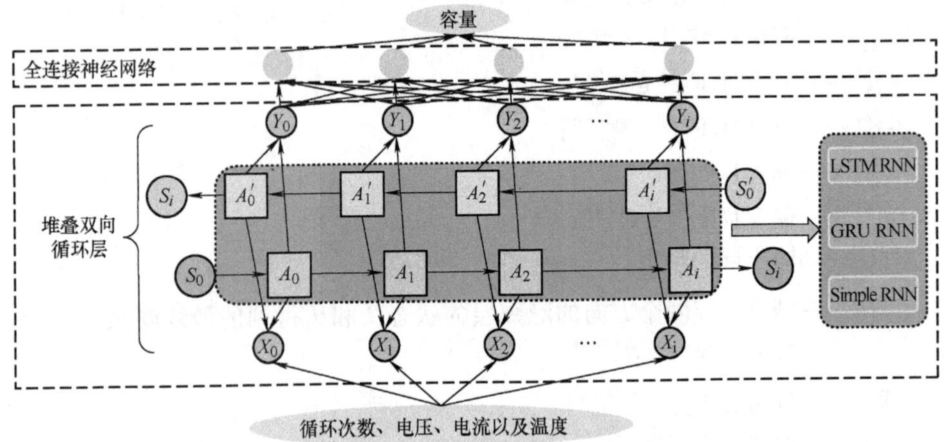

图 9-9　双向循环神经网络用于超级电容器的剩余使用寿命预测

9.2.3　双向循环神经网络仿真结果

1. 不同单元仿真对比

利用 Simple RNN、GRU RNN 以及 LSTM RNN 三种不同的循环单元构成双向简单循环神经网络（Bidirectional Simple Recurrent Neural Network，BSimple RNN）、双向门控循环单元循环神经网络（Bidirectional Gated Recurrent Units Recurrent Neural Network，BGRU RNN）以及双向长短时记忆循环神经网络（Bidirectional Long Short-term Memory Recurrent Neural Network，BLSTM RNN）三种不同的双向循环神经网络用于 SC2（2.9V 3A 50℃）和 SC12（2.9V 3A 65℃）的剩余使用寿命预测，如图 9-10 所示。与 LSTM RNN 相比，Simple RNN 无法解决长期依赖的问题，GRU RNN 结构较为简单，稳定性不强。因此，BLSTM RNN 对预测超级电容器的剩余使用寿命性能最佳，具体误差见表 9-4。

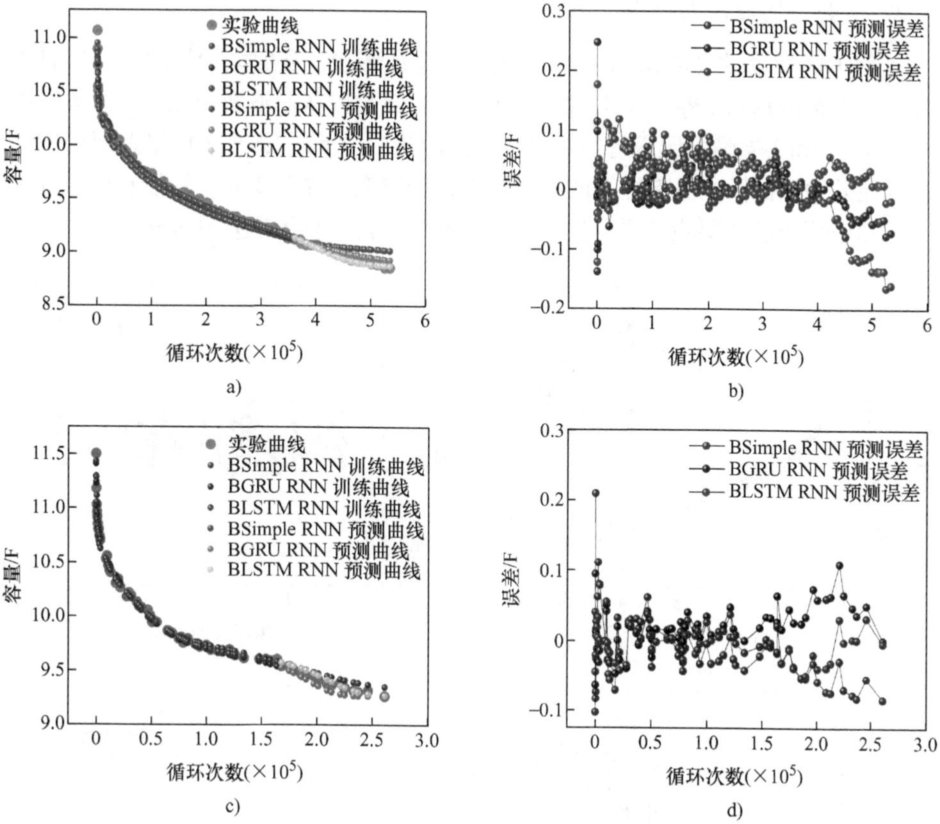

a)

b)

c)

d)

图 9-10 BLSTM RNN、BGRU RNN 与 BSimple RNN 仿真结果比较：
a）SC2 预测结果；b）SC2 预测误差；c）SC12 预测结果；d）SC12 预测误差

表 9-4 BLSTM RNN、BGRU RNN 与 BSimple RNN 应用于 SC2 及 SC12 的预测误差

	方法	误差	RMSE	MAE
SC2	BLSTM RNN	训练集	0.0274	0.0166
		测试集	0.0277	0.0239
	BGRU RNN	训练集	0.0359	0.0201
		测试集	0.0369	0.0302
	BSimple RNN	训练集	0.0586	0.0526
		测试集	0.0928	0.0764
SC12	BLSTM RNN	训练集	0.0257	0.0179
		测试集	0.0311	0.0256
	BGRU RNN	训练集	0.0287	0.0224
		测试集	0.0554	0.0493
	BSimple RNN	训练集	0.0482	0.0343
		测试集	0.0606	0.0566

2. 堆叠不同隐藏层数仿真对比

堆叠不同隐藏层数对 BLSTM RNN 的性能有所影响，层数太少导致网络容量不足难以接收全部的输入信息，层数过多导致网络容量过大从而浪费记忆资源。本节中选择堆叠 1、2 和 3 层隐藏层进行仿真比较，如图 9-11 所示。具有 2 层隐藏层的网络模型比 1 层隐藏层的网络具有更高的拟合精度，当层数增加至 3 时，性能有所下降。因此，仿真表明堆叠 2 层隐藏层时误差最小，性能最佳，具体误差见表 9-5。

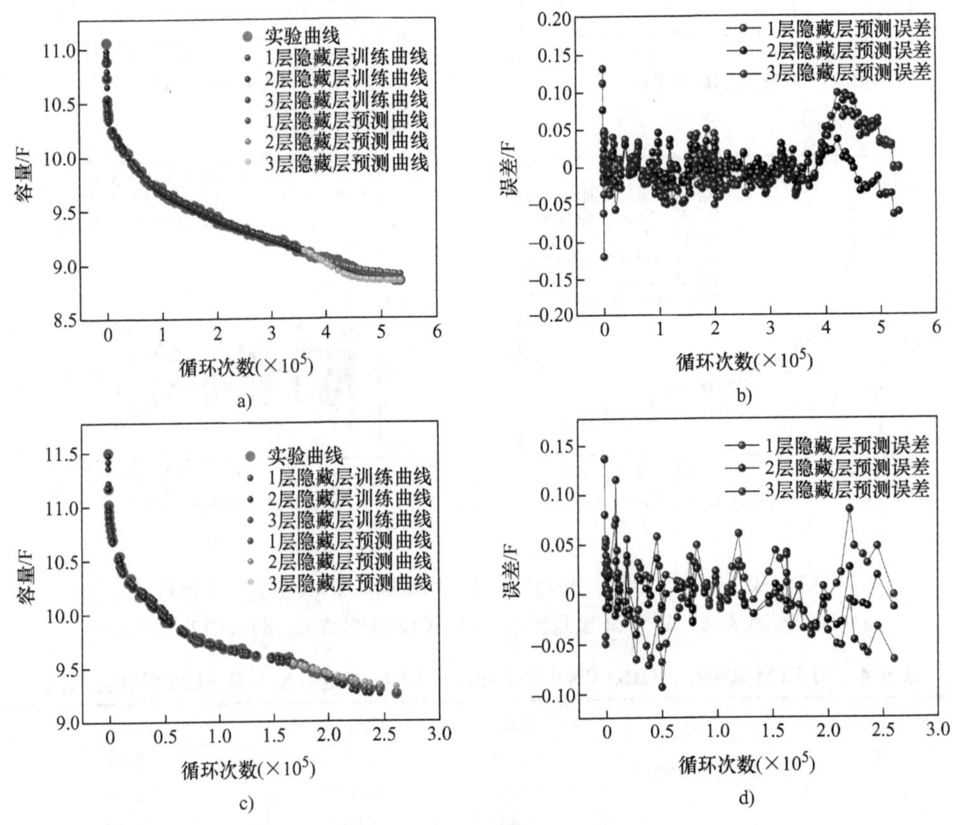

图 9-11　堆叠不同隐藏层数的仿真结果比较：

a）SC2 预测结果；b）SC2 预测误差；c）SC12 预测结果；d）SC12 预测误差

表 9-5　堆叠不同隐藏层数的 BLSTM RNN 应用于 SC2 及 SC12 的预测误差

	隐藏层层数	误差	RMSE	MAE
SC2	1	训练集	0.0270	0.0188
		测试集	0.0451	0.0393
	2	训练集	0.0166	0.0124
		测试集	0.0287	0.0245
	3	训练集	0.0276	0.0223
		测试集	0.0570	0.0486

（续）

	隐藏层层数	误差	RMSE	MAE
SC12	1	训练集	0.0281	0.0208
		测试集	0.0370	0.0297
	2	训练集	0.0172	0.0138
		测试集	0.0212	0.0190
	3	训练集	0.0434	0.0334
		测试集	0.0407	0.0361

3. BLSTM RNN 与 LSTM RNN 仿真对比

利用 BLSTM RNN 和 LSTM RNN 模型分别预测 SC2 和 SC12 的剩余使用寿命，并将其预测结果和预测误差进行比较。BLSTM RNN 其双向结构可使得神经网络从正反两个方向学习输入信息并综合调整权重。因此，可实现更加准确、高效的超级电容器剩余使用寿命预测，如图 9-12 所示。BLSTM RNN 拟合 SC12 训练数据集的 RMSE 和 MAE 分别为 0.0311 和 0.0236，分别比 LSTM RNN 低 0.0024 和 0.0019；

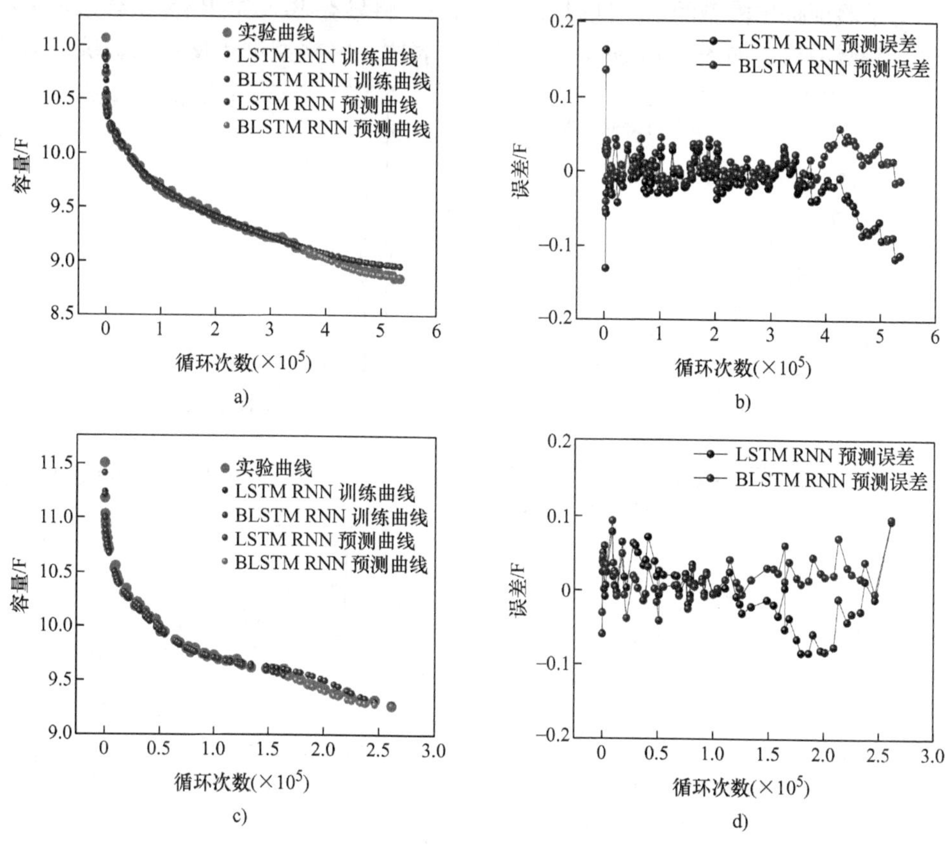

图 9-12 BLSTM RNN 与 LSTM RNN 仿真结果比较：

a）SC2 预测结果；b）SC2 预测误差；c）SC12 预测结果；d）SC12 预测误差

对于预测数据集，BLSTM RNN 的预测 RMSE 和 MAE 分别是 0.0319 和 0.0260，均比 LSTM RNN 预测误差低。同样地，对于 SC2 剩余使用寿命的评估，BLSTM RNN 均比 LSTM RNN 具有更高的预测精度和稳定性，具体误差见表 9-6。

表 9-6　BLSTM RNN 和 LSTM RNN 应用于 SC2 及 SC12 的预测误差

	方法	误差	RMSE	MAE
SC2	BLSTM RNN	训练集	0.0221	0.0150
		测试集	0.0275	0.0241
	LSTM RNN	训练集	0.0282	0.0195
		测试集	0.0655	0.0571
SC12	BLSTM RNN	训练集	0.0311	0.0236
		测试集	0.0319	0.0260
	LSTM RNN	训练集	0.0335	0.0255
		测试集	0.0574	0.0504

4. 离线数据验证模型的泛化能力

为了验证提出模型的通用性以及泛化能力，将堆叠 BLSTM RNN 拟合未经训练的容量衰减曲线，如图 9-13 所示。仿真结果表明，将模型进行良好的训练以后具

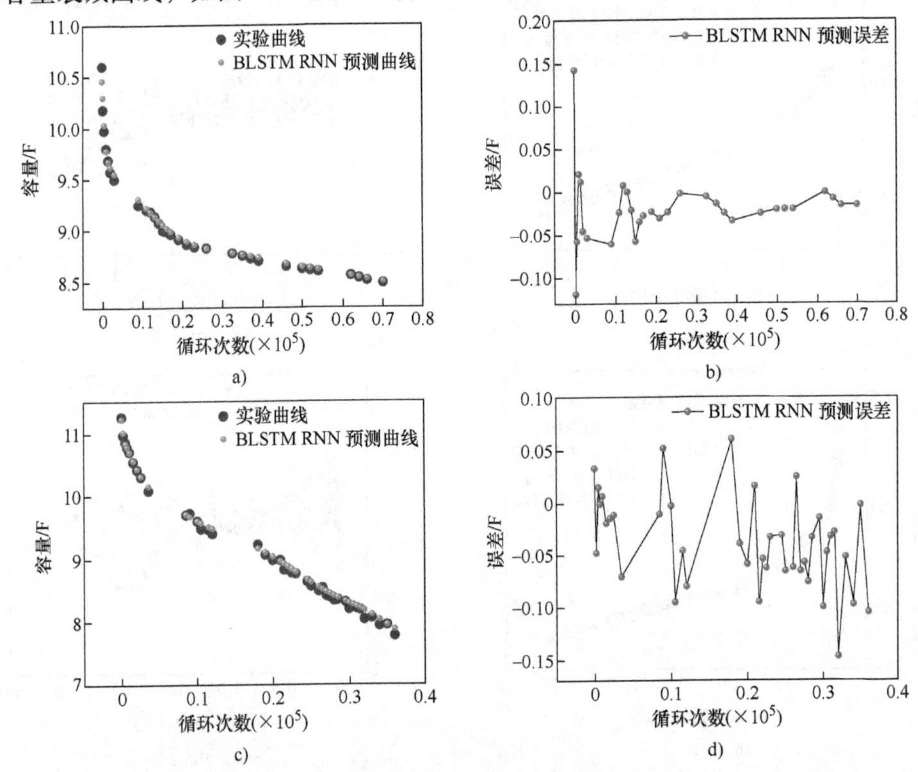

图 9-13　堆叠不同隐藏层数的仿真结果比较：
a）SC3 预测结果；b）SC3 预测误差；c）SC6 预测结果；d）SC6 预测误差

有相对较好的可扩展性，能够解决在不同实验条件下需要建立不同模型的问题。SC3 和 SC6 应用于离线数据的预测误差见表 9-7。

表 9-7 SC3 和 SC6 应用于离线数据的预测误差

	RMSE	MAE
SC3	0.0438	0.0309
SC6	0.0579	0.0477

9.3 长短时记忆循环神经网络及其优化方法

9.3.1 引言

在超级电容器的众多预测方法中，LSTM 具有独特的长时间记忆优势并且能够得到较高的预测精度，但由于某些参数需要人工设置使其最优化，因此采用混合遗传算法（Hybrid Genetic Algorithm，HGA）对其进一步改进，实现自动最优以便提高系统的稳定性和可靠性。本节将主要介绍 LSTM 的基本原理以及用到的参数优化算法，同时分析 HGA 的构成和基本原理。最后，构建 HGA-LSTM 模型，并详细介绍其预测超级电容器寿命的流程。

9.3.2 LSTM 及其优化

1. LSTM 的基本原理

Simple RNN 无法解决长期依赖性问题，而 LSTM RNN 比 Simple RNN 更易于学习长期依赖。Simple RNN 的隐藏层只有一个状态 h，它适用于短期的输入，但是对于长期的输入效果欠佳。为了改善该情况，LSTM RNN 通过加入一个状态 c，用来保存更加长期的状态。新增加的状态 c，称为单元状态。

在 t 时刻，LSTM RNN 有三个输入：当前时刻网络的输入值 x_t、上一时刻 LSTM RNN 的输出值 h_{t-1}、以及上一时刻的单元状态 c_{t-1}；LSTM RNN 有两个输出：当前时刻 LSTM RNN 的输出值 h_t 和当前时刻的单元状态 c_t。LSTM RNN 的时间维度示意图如图 9-14 所示。

LSTM RNN 的关键是控制单元状态 c。LSTM RNN 通过调节器来控制单元状态内的信息流，该调节器又称为“门”。LSTM RNN 共有三个门，其中，输入门用来控制新的数值流入单元状态的程度，遗忘门控制数值在单元状态中保留的比例，输出门控制单元状态中的值用于计算 LSTM 单元的输出激活函数的程度。输入门、遗忘门和输出门用公式表示如下

$$\boldsymbol{i}_t = \sigma_g(\boldsymbol{W}_i\boldsymbol{x}_t + \boldsymbol{U}_i\boldsymbol{h}_{t-1} + \boldsymbol{b}_i) \tag{9-23}$$

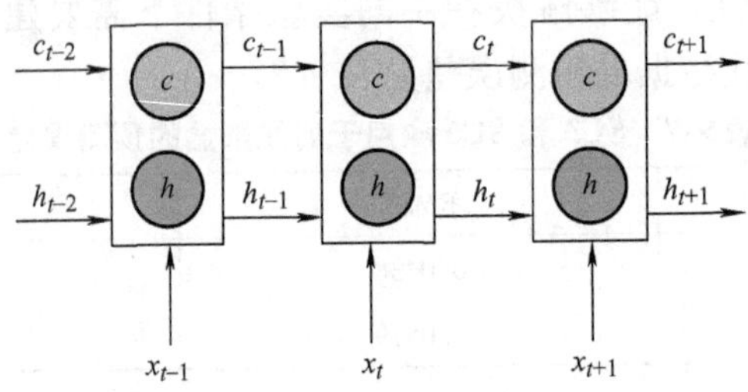

图 9-14　LSTM RNN 的时间维度示意图

$$\boldsymbol{f}_t=\sigma_g(\boldsymbol{W}_f\boldsymbol{x}_t+\boldsymbol{U}_f\boldsymbol{h}_{t-1}+\boldsymbol{b}_f) \tag{9-24}$$

$$\boldsymbol{o}_t=\sigma_g(\boldsymbol{W}_o\boldsymbol{x}_t+\boldsymbol{U}_o\boldsymbol{h}_{t-1}+\boldsymbol{b}_o) \tag{9-25}$$

式中　$\boldsymbol{x}_t$——LSTM 单元的输入向量且 $x_t\in R^{\mathrm{d}}$；

$\boldsymbol{i}_t$、$\boldsymbol{f}_t$、$\boldsymbol{o}_t$——输入门、遗忘门与输出门的激活向量且 $\boldsymbol{i}_t\in\boldsymbol{R}^h$，$\boldsymbol{f}_t\in\boldsymbol{R}^h$，$\boldsymbol{o}_t\in\boldsymbol{R}^h$；

$\boldsymbol{h}_t$——隐藏状态向量且 $\boldsymbol{h}_t\in\boldsymbol{R}^h$，也称为 LSTM 单元的输出向量；

$\boldsymbol{W}$、$\boldsymbol{U}$、$\boldsymbol{b}$——训练中需要学习的权重矩阵和偏置向量且 $\boldsymbol{W}\in\boldsymbol{R}^{h\times d}$，$\boldsymbol{U}\in\boldsymbol{R}^{h\times h}$，$\boldsymbol{b}\in\boldsymbol{R}^h$；

σ_g——sigmoid 激活函数。

根据上一次的输出和本次输入来计算用于描述当前的单元输入激活向量 $\boldsymbol{c}_t'$:

$$\boldsymbol{c}_t'=\sigma_h(\boldsymbol{W}_c\boldsymbol{x}_t+\boldsymbol{U}_c\boldsymbol{h}_{t-1}+\boldsymbol{b}_c) \tag{9-26}$$

式中　σ_h——双曲正切（tanh）激活函数。由当前的单元输入激活向量 $\boldsymbol{c}_t'$与前一时刻的单元状态 $\boldsymbol{c}_{t-1}$ 可以得到当前时刻的单元状态 $\boldsymbol{c}_t$:

$$\boldsymbol{c}_t=\boldsymbol{f}_t\circ\boldsymbol{c}_{t-1}+\boldsymbol{i}_t\circ\boldsymbol{c}_t' \tag{9-27}$$

式中　$\circ$——Hadamard 乘积（按元素乘积）。最后可以得到 LSTM 单元的输出为

$$\boldsymbol{h}_t=\boldsymbol{o}_t\circ\sigma_h(\boldsymbol{c}_t) \tag{9-28}$$

LSTM RNN 的结构如图 9-15 所示，表示 LSTM RNN 最终输出的计算。

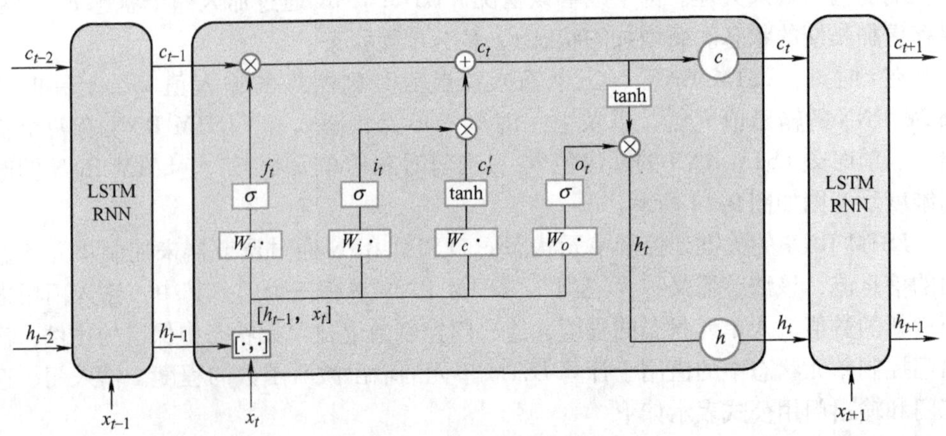

图 9-15　LSTM RNN 的结构

LSTM RNN 可以在一组序列数据上以有监督的方式进行训练，通过时间反向传播来计算优化过程中所需的梯度，以改变 LSTM 网络的每个权值，使其与对应权值的误差（在 LSTM 网络的输出层）的导数成比例。

在反向传播过程中需要用到 sigmoid 激活函数及其导数，同时用到双曲正切激活函数及其导数，定义如下

$$\sigma_g'(z)=y(1-y) \tag{9-29}$$

$$\sigma_h(z)=y=\frac{\mathrm{e}^{z}-\mathrm{e}^{-z}}{\mathrm{e}^{z}+\mathrm{e}^{-z}} \tag{9-30}$$

$$\sigma_h'(z)=1-y^2 \tag{9-31}$$

2. Dropout

通常，深度学习算法使用一组“训练数据”进行训练，算法训练的目标是，当输入训练中没有遇到“验证数据”时，它也能很好地预测输出。在机器学习中，过拟合是指使用违反 Occam 剃刀原理的模型或程序，例如，模型或程序包含比最优模型更多的可调整参数，或使用了比最优模型更复杂的方法。过拟合在学习时间过长或训练实例较少的情况下特别容易发生，导致模型更加适应训练数据中非常具体的随机特征，而这些特征与目标函数没有因果关系。在过拟合的过程中，模型在训练样本数据上的性能仍在提高，但在新的数据上的性能却在下降。

通常想要算法在训练集与测试集上都有较好的表现，应该避免发生过拟合现象，为此需要在算法中加入正则化的方法，Dropout 是一种效果较好的正则化方法。Dropout 是指在神经网络训练过程中随机消除或者保留神经网络中某个单元的正则化方法。具体的做法是，在每次迭代调整时，随机选取一部分单元将其输出设置为0，计算误差时原本是使用所有单元的输出值，但是由于有部分单元被丢弃，所以从结果来看，Dropout 起到了与均一化方法类似的作用，但是，对被舍弃的单元进行误差反向传播计算时，仍要使用被舍弃之前的原始输出值。

利用训练好的模型进行预测时，需要输入测试数据并进行正向传播。此时进行过 Dropout 处理的层，其输出值需要在原始输出的基础上乘以训练时的 Dropout 概率。虽然在训练时网络通过 Dropout 舍弃了一定概率的单元，但是在识别时仍要使用所有单元，所以，有输出值的单元个数会增加 Dropout 概率的倒数倍。由于单元之间通过权重系数相连接，所以需要乘以概率。

标准的反向传播学习建立了脆弱的协同适应机制，这种机制适用于训练数据集，但不适用未参与训练的数据，Dropout 通过随机隐藏任意隐藏层单元打破了这种协同适应机制。使得神经网络不过度依赖于某个特定的输入特征，从而达到了抑制过拟合的目的。神经网络应用 Dropout 前后对比图如图 9-16 所示。

3. Adam

深度学习的优化算法对模型的训练至关重要。Adam 是一种自适应学习速率优

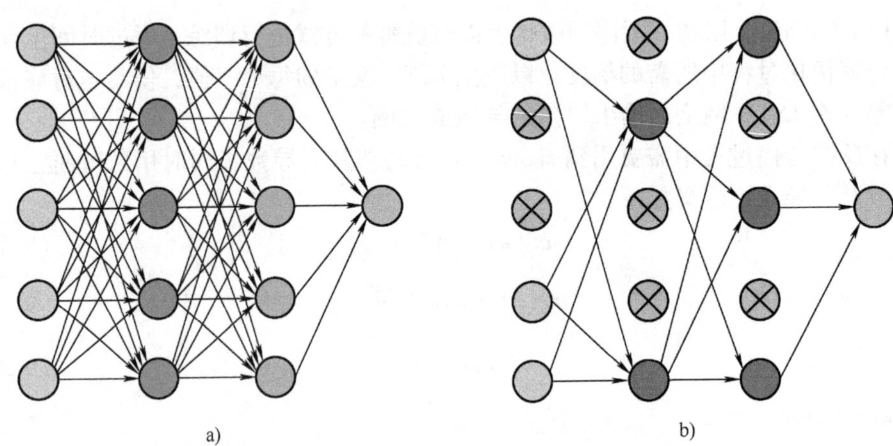

图 9-16　神经网络应用 Dropout 前后对比图：
a）标准神经网络；b）应用 Dropout 之后的神经网络

化算法，是专门为训练深度神经网络而设计的，通过梯度的矩估计来调节神经网络中每个权值的学习率。该算法利用自适应学习率方法的强大功能，能够针对不同的参数设计单独的学习率。它还兼具了 Adagrad 和 RMSprop 的优点，Adagrad 在稀疏梯度的情况下工作得很好，但在神经网络的非凸优化方面存在问题，RMSprop 解决了 Adagrad 的一些问题，能够较好地处理在线工作。

为了估计动量，Adam 利用指数移动均值，计算当前 mini-batch 的梯度：

$$
\begin{aligned}
m_t &= \beta_1 m_{t-1} + (1-\beta_1) g_t \\
v_t &= \beta_2 v_{t-1} + (1-\beta_2) g_t^2
\end{aligned}
\tag{9-32}
$$

式中　m_t 和 v_t——移动均值；

g_t——当前 mini-batch 的梯度；

β_1 和 β_2——算法新引入的超参数，它们的默认值分别为 0.9 和 0.999。

由于移动均值的影响，上述得到的估计是有偏的，其修正估计值为

$$
m_t' = \frac{m_t}{1-\beta_1} n
$$

$$
v_t' = \frac{v_t}{1-\beta_2} n \tag{9-33}
$$

这样，在更新权重时可以通过下式完成：

$$
w_t = w_{t-1} - \eta \frac{m_t'}{\sqrt{v_t'} + o'} \tag{9-34}
$$

9.3.3　混合遗传算法

随着遗传算法被广泛应用到各个领域，对遗传算法的速度和精度提出了更高的要求，因此，遗传算法的改进和优化也成为人们研究的热点。本节提出了混合遗传

算法（HGA），通过采用序列二次规划算法对遗传算法进行优化，使其性能得到了明显的改善，同时为 LSTM RNN 的参数选择提供更精确更快速的解决方案，下面介绍其具体原理。

1. 遗传算法

为深度学习任务选择最优参数十分具有挑战性，学习参数初始值选取不当，可能导致数据产生噪声或使用的学习算法的学习能力较弱，因此，可以借助遗传算法来自动寻找最优的学习参数。遗传算法是一种基于随机的经典进化算法，这里的随机指的是为了找到一个使用遗传算法的解，对当前的解进行随机变化来产生新的解。

遗传算法作用于由若干解组成的种群，其中种群大小等于解的数量。每个解都被认为是独立的，且每个个体解都有一条染色体，染色体用一组能够定义个体的参数（特征）来表示。每条染色体都有一组基因，每个基因由 0 或 1 的字符串来表示，遗传算法示意图如图 9-17 所示。

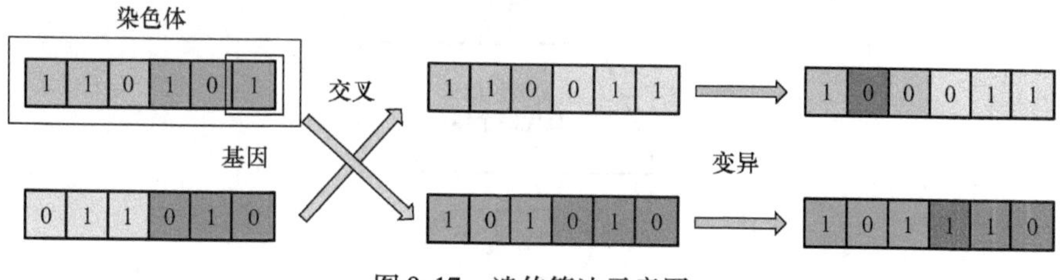

图 9-17　遗传算法示意图

为了选择最好的个体，需要用到适应度函数。适应度函数的结果代表解的质量，即个体的适应度，适应度越高代表解的质量越好。

遗传算法通常包括以下几个步骤：

1）初始化种群：即选择个体的编码方式和种群大小。

2）计算适应度：根据适应度函数计算适应度值。

3）选择：根据“优胜劣汰”法则，从交配池中选择一些个体。根据先前计算的适应度值，再根据阈值选择最佳个体。

4）交叉、突变：根据交配池中被选择的个体，父母被选择进行交配。即通过交叉、突变等方式将基因传递到下一代中。

5）如果满足终止条件，则输出最优适应度，否则，重复上述步骤直至满足终止条件。

遗传算法流程图如图 9-18 所示。

2. 序列二次规划（Sequental Quadratic Programming，SQP）算法

序列二次规划算法适用于求解约束非线性优化问题，其结合了用于解决非线性优化问题的两种基本算法：主动集方法和牛顿法，有着深厚的理论基础，为解决大

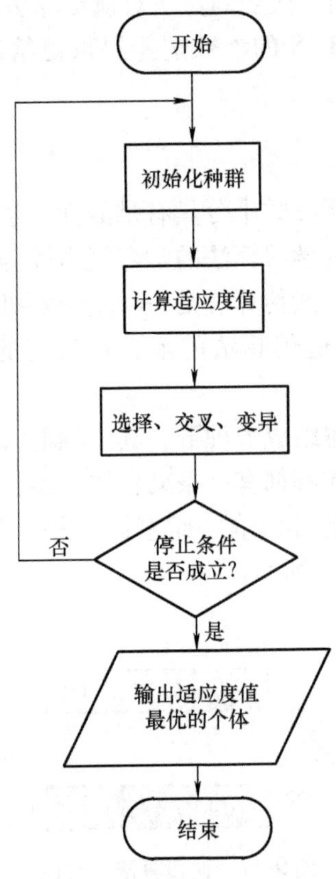

图 9-18　遗传算法流程图

规模技术相关问题提供了强大的算法工具。

带约束的非线性优化问题可以写为

$$\begin{cases} \min f(\boldsymbol{x}) \\ h(\boldsymbol{x})=0 \\ g(\boldsymbol{x})\leqslant 0 \end{cases} \tag{9-35}$$

式中　f: $\boldsymbol{R}^n\to\boldsymbol{R}$——目标函数；

h: $\boldsymbol{R}^n\to\boldsymbol{R}^m$，$g$: $\boldsymbol{R}^n\to\boldsymbol{R}^p$——等式约束与不等式约束。

非线性优化的拉格朗日方程如下

$$L(\boldsymbol{x},\boldsymbol{\lambda},\boldsymbol{\mu})=f(\boldsymbol{x})+\sum_{i=1}^{m}\lambda_i h_i(x)+\sum_{j=1}^{p}\mu_j g_j(x) \tag{9-36}$$

式中　λ_i，μ_j——拉格朗日乘子。

$$\min\frac{1}{2}d^{\mathrm{T}}H_K d+\nabla f(x_k)^{\mathrm{T}}d \tag{9-37}$$

在第 k 次迭代中，将非线性约束的目标函数 $f(\boldsymbol{x})$ 进行二次近似后得到：

$$f(\boldsymbol{x}) \approx f(\boldsymbol{x}^k) + \nabla f(\boldsymbol{x}^k)(\boldsymbol{x}-\boldsymbol{x}^k) + \frac{1}{2}(\boldsymbol{x}-\boldsymbol{x}^k)^{\mathrm{T}} H(\boldsymbol{x}^k)(\boldsymbol{x}-\boldsymbol{x}^k) \tag{9-38}$$

式中 ∇——梯度，$\nabla f(\boldsymbol{x})$ 定义如下

$$\nabla f(\boldsymbol{x}) := \left(\frac{\partial f(\boldsymbol{x})}{\partial x_1}, \frac{\partial f(\boldsymbol{x})}{\partial x_2}, \cdots, \frac{\partial f(\boldsymbol{x})}{\partial x_n}\right)^{\mathrm{T}} \tag{9-39}$$

$H(\boldsymbol{x})$ 表示 $f(\boldsymbol{x})$ 关于 $\boldsymbol{x}$ 的 Hessian 矩阵，定义如下

$$H(\boldsymbol{x})_{ij} := \frac{\partial^2 f(\boldsymbol{x})}{\partial x_i \partial x_j}, 1 \leqslant i, j \leqslant n \tag{9-40}$$

约束函数的二阶近似如下

$$\begin{aligned} g(\boldsymbol{x}) &\approx g(\boldsymbol{x}^k) + \nabla g(\boldsymbol{x}^k)(\boldsymbol{x}-\boldsymbol{x}^k) \\ h(\boldsymbol{x}) &\approx h(\boldsymbol{x}^k) + \nabla h(\boldsymbol{x}^k)(\boldsymbol{x}-\boldsymbol{x}^k) \end{aligned} \tag{9-41}$$

令 $d(\boldsymbol{x}) = \boldsymbol{x}-\boldsymbol{x}^k$，则优化问题转化为如下 QP 子问题：

$$\begin{aligned} &\text{minimize} \quad \nabla f(\boldsymbol{x}^k)^{\mathrm{T}} d(\boldsymbol{x}^k) + \frac{1}{2} d(\boldsymbol{x})^{\mathrm{T}} H(\boldsymbol{x}^k) d(\boldsymbol{x}^k) \\ &s.\,t. \quad h(\boldsymbol{x}^k) + \nabla h(\boldsymbol{x}^k)^{\mathrm{T}} d(\boldsymbol{x}^k) = 0 \\ &\qquad\; g(\boldsymbol{x}^k) + \nabla g(\boldsymbol{x}^k)^{\mathrm{T}} d(\boldsymbol{x}^k) \leqslant 0 \end{aligned} \tag{9-42}$$

由上式解得当前迭代的搜索方向 $d(\boldsymbol{x}^k)$，从而得出新的迭代点

$$\boldsymbol{x}^{k+1} = \boldsymbol{x}^k + \boldsymbol{\alpha}^k d(\boldsymbol{x}^k) \tag{9-43}$$

式中 α——步长参数，可通过合适的线性搜索方法来确定，得到新的迭代点后对 Hessian 矩阵的二阶近似矩阵 $\boldsymbol{H}_k$ 更新，计算公式如下

$$\boldsymbol{H}_{k+1} = \boldsymbol{H}_k + \frac{q_k q_k^{\mathrm{T}}}{q_k^{\mathrm{T}} s_k} - \frac{\boldsymbol{H}_k \boldsymbol{H}_k^{\mathrm{T}}}{s_k^{\mathrm{T}} \boldsymbol{H}_k s_k} \tag{9-44}$$

其中

$$s_k = \boldsymbol{x}^{k+1} - \boldsymbol{x}^k \tag{9-45}$$

$$\begin{aligned} q_k = {} & \nabla f(\boldsymbol{x}^{k+1}) + \sum_{i=1}^{m} \lambda_i \nabla h_i(x^{k+1}) + \sum_{j=1}^{p} \mu_j \nabla g_j(x^{k+1}) - \\ & \left(\nabla f(\boldsymbol{x}^k) + \sum_{i=1}^{m} \lambda_i \nabla h_i(x^k) + \sum_{j=1}^{p} \mu_j \nabla g_j(x^k)\right) \end{aligned} \tag{9-46}$$

3. 混合遗传算法（HGA）

遗传算法倾向收敛于局部最优解而非全局最优解，采取较大的种群可以有所改善，但是如果采用较大的初始种群数量，将会大大增加算法的计算量；如果采用较小数量的种群，则算法可能无法找到最优解。尽管遗传算法可以很快地收敛到最优解附近的区域，但是想要实现最终收敛，在附近区域还需要花费巨大的计算量。而序列二次规划算法具有计算速度较快、善于边界搜索的优点。因此选择将遗传算法与序列二次规划算法相结合的 HGA，先用遗传算法运行到最优解附近，然后通过序列二次规划算法进行更加高效和快速的局部搜索，以找到全局最优解。

因此遗传算法与序列二次规划算法相结合的 HGA 的思想是：首先利用遗传算法出色的全局寻优能力进行初始计算，当算法迭代至最优点附近时，再将计算结果作为序列二次规划算法的初值进行迭代计算，这样就可以结合遗传算法出色的全局寻优能力和序列二次规划算法优秀的局部搜索能力，使算法性能得到改善。

HGA 的具体步骤如下：首先确定一组满足约束条件的种群作为初始种群，采用二进制编码，然后计算种群的适应度函数，对其进行判断，当不满足终止条件时，需要重新生成初始种群。因此需要对种群进行轮盘赌选择、分散交叉、均匀随机变异及淘汰和精英保留，直到保留最优个体作为求解二次规划子问题的初始值，构造乘子函数，判断是否满足终止条件，不满足时根据其结果确定局部搜索方向与步长，并沿该方向进行搜索逼近约束优化问题的解，从而求得该方向一个极小点，用以代替种群中最差的个体。其中，H_k 为二次规划子问题中随迭代次数增加而改变的一个近似 Hessian 矩阵。HGA 流程图如图 9-19 所示。

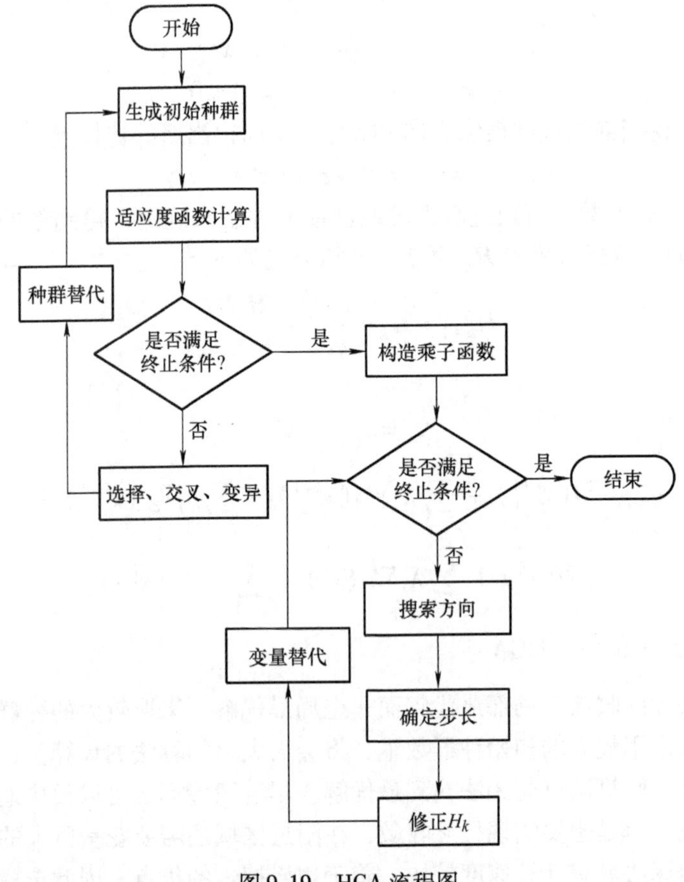

图 9-19　HGA 流程图

9.3.4 HGA-LSTM 相关原理

为了将寿命预测问题转换为回归建模问题，本研究提出了一种 HGA 优化的 LSTM 网络的方法 HGA-LSTM，以寻求超级电容器寿命预测的最佳隐藏层单元数量和 Dropout 概率。通常数据集越大，可以使用更多隐藏层和神经元进行建模而不会过拟合，由于该实验的数据集足够大，可以实现更高的准确性。如果每层神经元太少，该预测模型将在训练期间难以适应。使用更多的隐藏层单元可以更好地更新权重，但也意味着更大的计算量和更长的训练时间，所以隐藏层单元个数并非越多越好，而是要与数据集的数量相适应。由于 LSTM 更易于学习长期依赖，为了防止梯度消失和爆炸，选择适当的 Dropout 概率，可以有效地避免数据的过拟合问题。良好的 Dropout 层可以很好地防止过拟合，但是 Dropout 概率太低会产生欠拟合，太高则失去了添加该层的意义。因此，为了使预测模型达到较理想的预测效果，需要选择最优的模型参数，其中隐藏层单元数量和 Dropout 学习率是关键因素。HGA-LSTM 模型的流程图如图 9-20 所示。

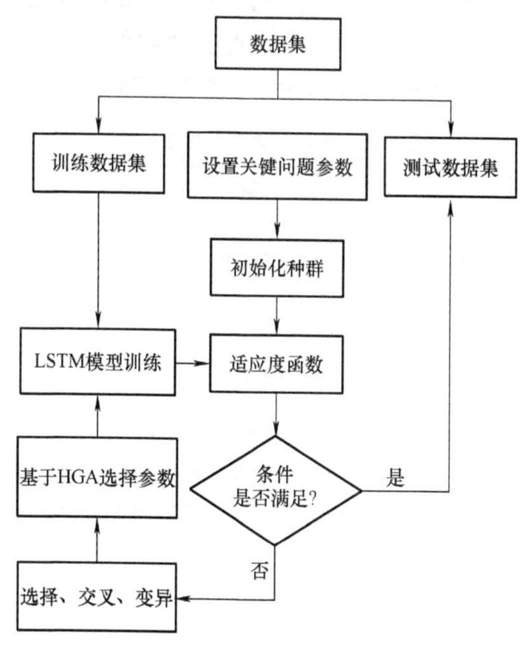

图 9-20 HGA-LSTM 模型的流程图

该研究包括两个阶段，如下所述。实验的第一阶段为 LSTM 网络设计适当的网络参数。通过 HGA 优化 Dropout 概率和每个隐藏层中的最佳神经元数量。在 LSTM 网络中，包含两个激活函数，分别是状态激活函数（State Activation Function）和门激活函数（Gate Activation Function）。本节选择双曲正切函数作为状态激活函数，用于更新单元状态和隐藏单元状态，而应用于门的激活函数是 sigmoid 函数。在大量数据参加训练的过程中，传统的深度学习算法使用的是随机梯度下降法，学习率是固定值。而本节选用的 Adam 算法根据参数的类型，可以为其设定独特的学习率，并随着优化进行迭代更新，使该算法具有更好的收敛性。在该算法中，初始 Adam 算法学习率为 0.005，一阶矩估计的指数衰减率 β_1 为 0.9，二阶矩估计的指数衰减率 β_2 为 0.999，ε 为 10^{-8}。

在第二阶段，用不同的优化参数来评估 HGA 的适应度函数。在遗传算子开始探索之前，对群体进行随机值初始化。关键问题参数为 Dropout 概率的大小和 LSTM 隐藏层单元的数量，对其采用二进制进行染色体编码，基于选择、交叉和变异寻找最优解决方案。通过预定义的适应度函数来评估解决方案，在本研究中，使用预测的方均根误差（Root Mean Square Error，RMSE）来计算每条染色体的适应度，并返回最小 RMSE 作为最优解。如果输出满足终止标准，则将导出的最优或近似最优解应用于预测模型。如果不是，则再次重复选择、交叉和变异的整个过程。遗传算法的收敛速度较快，但是需要占用较大空间，本研究选用序列二次规划算法二次优化遗传算法，将遗传算法收敛的值作为序列二次规划算法的初始条件，可以实现较精确的收敛。在本研究中，实验中设置的初始种群大小为 50，交叉率为 0.8，突变率为 0.01，代数设为 100 作为停止条件，HGA-LSTM 算法过程见表 9-8。

表 9-8　HGA-LSTM 算法过程

HGA-LSTM 算法过程
步骤 1　随机初始化种群 p
步骤 2　将 LSTM 算法得到的方均根误差 RMSE 作为适应度函数
步骤 3　do
a）从种群中选择父代
b）通过交叉形成新的种群
c）变异以产生突变后代
d）将隐藏层单元的数量和的 Dropout 概率引入 LSTM 算法以评估适应度函数 While 不满足停止条件
步骤 4　输出遗传算法的结果 x_0，该结果作为序列二次规划算法的初始点，并设置 $k=0$
步骤 5　使用 BFGS 方法计算拉格朗日函数 Hessian 矩阵的正定柯西牛顿近似值
步骤 6　求解二次规划问题，确定搜索方向 d_k
步骤 7　选择步长参数 α_k 以在优值函数中产生足够下降
步骤 8　如果收敛，停止计算
否则令 $x_{k+1}=x_k+\alpha_k d_k$，$k=k+1$ 并返回步骤 5
步骤 9　输出 LSTM 隐藏层单元个数和 Dropout 概率的最优解
步骤 10　使用 HGA 的最佳结果来训练 LSTM 网络
步骤 11　使用训练好的 LSTM 网络预测超级电容器的 RUL 并评估预测结果

9.3.5 误差评价指标

为了表征预测模型的精度，需要用到误差评估指标，常用的误差评估指标有方均根误差、平均绝对误差（Mean Absolute Error，MAE）、平均绝对百分比误差（Mean Absolute Percentage Error，MAPE）和 R^2 决定系数等。

方均根误差能较好地反映模型的稳定性。标准差容易受数据中离群值的影响，当数据中含有较大或者较小的数据时，对整体的估计会产生较大影响，方均根误差则可以消除该影响，所以，方均根误差能够很好地反映出整体的测量精度。

平均绝对误差表示数据集的平均绝对误差或平均绝对偏差，是与中心点的绝对偏差的平均值。在一般形式下，中心点可以是平均值、中值、模或其他趋近于给定数据集中心的度量。平均绝对误差直接反映误差大小，但是缺乏其他信息。

平均绝对百分比误差的取值范围为 0 到正无穷，当接近于 0 时表示模型预测能力较好；当大于 100% 时，表示预测精度较差。

R^2 系数又称为决定系数，反映了模型对数据的解释能力。R^2 决定系数的取值范围为 0 ~ 1，其值越接近于 1 表示模型的预测效果越好。$R^2=1$ 表示拟合模型解释了因变量中所有的变化；$R^2=0$ 表示响应变量和回归量之间没有线性关系。本节使用 RMSE、MAE、R^2 来评估预测准确度。

$$\mathrm{RMSE}=\sqrt{\left(\sum_{n=1}^{N}|x_{(n)}-\hat{x}_{(n)}|^2\right)/(N-1)} \tag{9-47}$$

$$\mathrm{MAE}=\left(\sum_{n=1}^{N}|x_{(n)}-\hat{x}_{(n)}|\right)/N \tag{9-48}$$

$$\mathrm{MAPE}=\left(\sum_{n=1}^{N}\frac{|x_{(n)}-\hat{x}_{(n)}|}{|x_{(n)}|}\right)100\%/N \tag{9-49}$$

$$R^2=1-\sum_{1}^{N}(x_{(n)}-\hat{x}_{(n)})^2/\sum_{1}^{N}(x_{(n)}-\bar{x}_{(n)})^2 \tag{9-50}$$

式中 $x_{(n)}$——实际值；

$\hat{x}_{(n)}$——预测值。

9.4 基于 HGA-LSTM 的超级电容器寿命预测

9.4.1 引言

实验得到的超级电容器老化数据经过预处理后，送入 HGA-LSTM 模型不断训练学习可以得到预测模型，训练过程中用到的隐藏层单元个数、Dropout 概率和滑动窗口的大小，对预测精度产生重要影响。因此，本节设置了相同参数下的对比实验，以便于选择出最优参数，建立 HGA-LSTM 预测模型。为了证明该模型的预测精度，对同一个超级电容器的同一组温度和电压环境下测试的老化数据采用不同模型进行预测。为了证明该模型的泛化能力和稳定性，将该预测模型进行分组预测，分别对经过训练和未经过训练的超级电容器进行寿命预测，将预测结果与实际测量数据进行比较。另外，本节对动态脉冲功率测试下的超级电容器数据也设计了预测实验，进一步说明该模型的预测效果与超级电容器的测试环境无关，只取决于学习数据的数量和优化参数的设置。

9.4.2 模型建立

1. 数据预处理

（1）确定模型的输入输出参数

在对超级电容器进行寿命测试的实验过程中，记录了温度、充放电的电压和电流，此外，还记录了充放电对应的循环次数，这些数据都与超级电容器的剩余使用寿命有关，因此将这些变量作为长短时记忆网络的输入特征变量，每一个输入特征变量对应一个该时刻的剩余使用寿命，通过电容器的容值进行表征，因此超级电容器的容值即为深度神经网络预测的输出值。

（2）特征归一化

归一化是深度学习中常用的数据预处理方法之一，归一化的目的是为了消除数据集中输入特征的不同取值范围对预测结果的影响，例如在本节中，充放电电压的取值范围在 0 ~ 5V 之间，而循环次数的取值范围则为 0 ~ 50000 甚至更高，由于数量级差别巨大，若不进行归一化操作，则在深度神经网络的训练过程中会导致循环次数所占的权重过大，影响预测结果。归一化可以将不同的输入特征变换到相同的尺度范围但是并不会改变同一特征内部的相对数量关系，对于数据集中的一个特征 X，具体的计算方式如下

$$\mu_i = \frac{1}{m}\sum_{i=1}^{m} x_i \tag{9-51}$$

$$\sigma_i^2 = \frac{1}{m}\sum_{i=1}^{m} (x_i - \mu_i)^2 \tag{9-52}$$

$$\hat{x}_i = \frac{x_i - \mu_i}{\sqrt{\sigma_i^2}} \tag{9-53}$$

式中 m——特征 X 中包含的特征数量；

x_i——特征 X 中第 i 个分量；

$\hat{x}_i$——归一化后的特征值。

2. Dropout 对比预测

在 LSTM RNN 中如果没有任何防止过拟合的方法，会导致其出现高拟合精度、

低预测精度的现象，甚至无法实现超级电容器的 RUL 预测功能。为解决神经网络中过拟合的问题，在 LSTM RNN 的基础上，选取两个超级电容器分别采用 Dropout 前后的对比预测结果说明该方法的有效性。

SC16 在 2.9V、3A、65℃工况下测试，其采用 Dropout 的对比图如图 9-21 所示，可以看出采用 Dropout 算法的 LSTM RNN 的预测效果明显较好。SC16 的 RUL 预测结果见表 9-9，未采用任何防止过拟合算法的训练集和测试集的 RMSE 分别为 0.0402 和 0.0992，测试集误差为训练集的 2.47 倍，表明存在明显的过拟合现象。从采用 Dropout 的误差数据来看，训练集预测误差为 0.0214，测试集误差为 0.0270，测试集误差与训练集误差之比为 1.26。与之前的预测结果相比，加入 Dropout 的 RMSE 整体误差从 0.0578 降到 0.0261，同时训练集与测试集之间的误差差距大大缩小。综上所述，在 LSTM RNN 中加入 Dropout 有效地解决了 LSTM RNN 过拟合的问题，提高了预测精度。

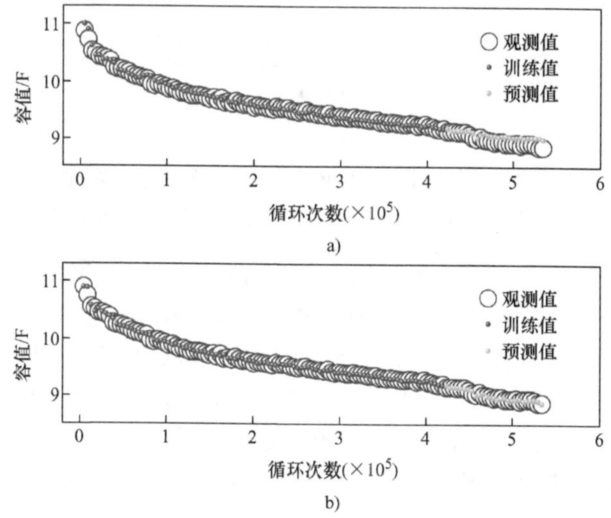

图 9-21 SC16 基于 LSTM RNN 的 RUL 预测结果对比图：
a) 不加任何防止过拟合方法的预测结果；b) 加入 Dropout 的预测结果

表 9-9 SC16 的 RUL 预测结果

方法	误差	RMSE	MAPE（%）	MAE	R^2
无 Dropout	整体误差	0.0578	0.4494	0.0423	0.9827
	训练集误差	0.0402	0.3049	0.0299	0.9891
	测试集误差	0.0992	0.9943	0.0888	0.9757
有 Dropout	整体误差	0.0261	0.1955	0.0188	0.9965
	训练集误差	0.0214	0.1933	0.0173	0.9985
	测试集误差	0.0270	0.1946	0.0190	0.9951

SC7 的工况条件为 2.7V、3A、50℃，采用 Dropout 防止过拟合的前后对比图如图 9-22 所示，SC7 的 RUL 预测结果见表 9-10。

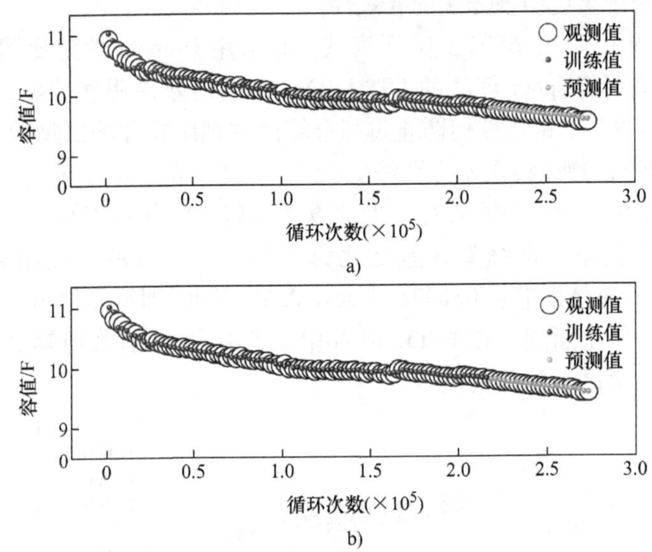

图 9-22　SC7 基于 LSTM RNN 的 RUL 预测结果对比图：
a）不加任何防止过拟合方法的预测结果；b）加入 Dropout 的预测结果

从表 9-10 中可以看出，未采用任何防止过拟合算法的预测结果中，训练集的 RMSE 为 0.0295，测试集的 RMSE 为 0.0629，误差之比达到了 2.13，表明没加 Dropout 的预测方法拟合精度过高，出现了严重的过拟合问题。从基于 Dropout 的预测结果可以看出，训练集的 RMSE 为 0.0261，测试集的 RMSE 为 0.0305，与没加入 Dropout 相比，训练集与测试集的 RMSE 之比变为 1.17 倍，差距明显缩小。同时，加入 Dropout 前后的 RMSE 整体误差分别为 0.0359、0.0276，表明 Dropout 提高了超级电容器 LSTM RNN 预测的准确度，因此，本节选取 Dropout 来防止 LSTM RNN 过拟合。

表 9-10　SC7 的 RUL 预测结果

方法	误差	RMSE	MAPE（%）	MAE	R^2
无 Dropout	整体误差	0.0359	0.3049	0.0302	0.9845
	训练集误差	0.0295	0.2435	0.0246	0.9867
	测试集误差	0.0629	0.5266	0.0507	0.9761
有 Dropout	整体误差	0.0276	0.1881	0.0190	0.9917
	训练集误差	0.0261	0.1449	0.0139	0.9997
	测试集误差	0.0305	0.2112	0.0212	0.9898

3. 滑动窗口对比预测

在设计 LSTM 网络时，由于 LSTM 网络在训练过程中学习过去的信息，下一时刻的预测不仅取决于上一时刻，还取决于之前许多时刻的值，因此选择适当的滑动时间窗口大小非常必要。如果时间窗口太小，则可能忽略重要信息；而如果时间窗口太大，则模型会出现过拟合。当预测结果达不到理想的预测精度时，可以通过更新滑动时间窗口大小不断迭代更新预测结果。分别对三个超级电容器进行实验，不同滑动时间窗口大小的 HGA-LSTM 网络性能如图 9-23 所示。

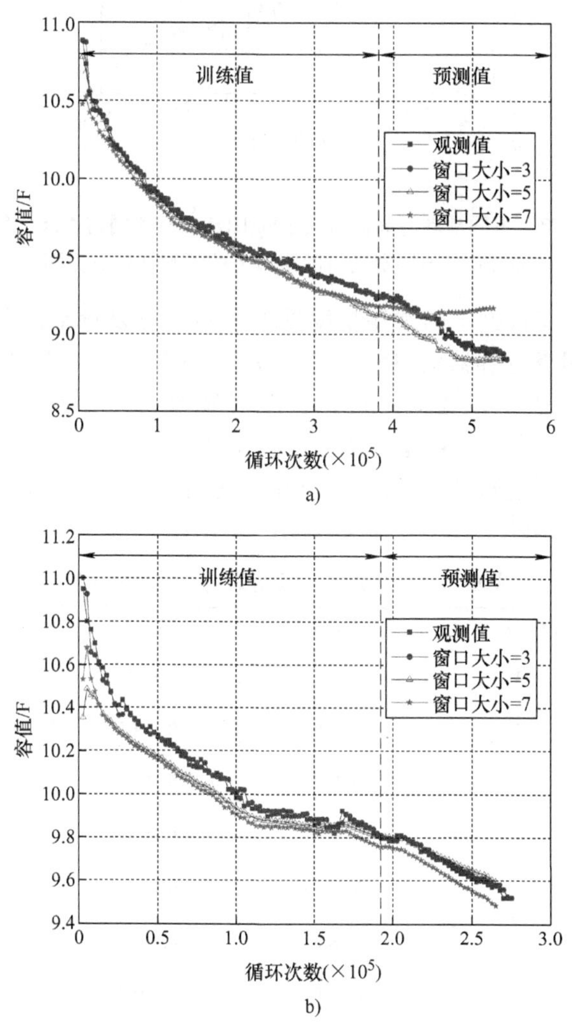

图 9-23　不同滑动时间窗口大小的 HGA-LSTM 网络性能：a）SC16 不同滑动时间窗口下的预测结果对比图；b）SC7 不同滑动时间窗口下的预测结果对比图

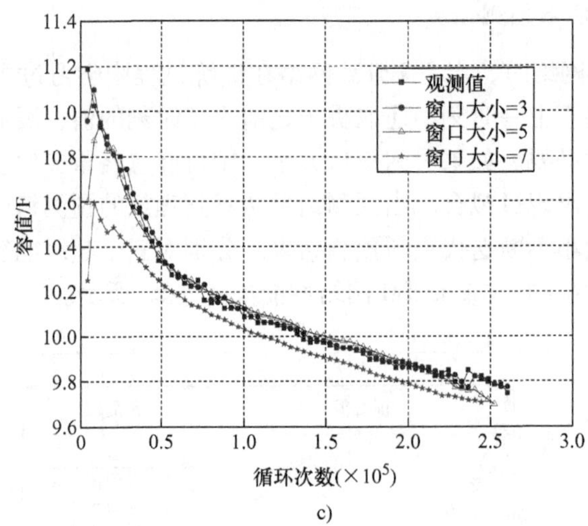

c)

图 9-23 不同滑动时间窗口大小的 HGA-LSTM 网络性能（续）：
c）SC11 不同滑动时间窗口下的预测结果对比图

不同滑动时间窗口大小的预测精度见表 9-11，可以看出，当时间窗口大小设置为 3 时，三个超级电容器的 RMSE 都在 0.02 左右，与实测数据拟合效果较好。但是，当时间窗口大小设置为 5 时，误差明显增大，未参加过训练的 SC11 的 RMSE 为 0.0766，拟合效果最差。当时间窗口大小设置为 7 时，在 SC16 数据集的预测阶段，预测值严重偏离实测数据，RMSE 达到了 0.1017。综上所述，滑动时间窗口大小不是越大越好，需要与数据相适应。

表 9-11 不同滑动时间窗口大小的预测精度

超级电容器	窗口大小	RMSE	MAE	R^2
SC16	3	0.0214	0.0173	0.9985
	5	0.0787	0.0501	0.9631
	7	0.1017	0.0703	0.9323
SC7	3	0.0161	0.0139	0.9997
	5	0.0515	0.0332	0.9608
	7	0.0668	0.0398	0.9298
SC11	3	0.0264	0.0199	0.9993
	5	0.0766	0.0402	0.9304
	7	0.0897	0.0493	0.9154

4. HGA-LSTM 预测模型

对于超级电容器的 RUL 预测，通过遗传算法、HGA 对 LSTM 的 Dropout 概率和隐藏层单元个数进行优化，不同滑动时间窗口大小的预测精度见表 9-12。LSTM 的 Dropout 设为 0.80，隐藏层包含 200 个单元，epoch 次数设为 200，学习率初始值设为 0.005，学习率的下降因子设为 0.8，下降周期为 100。HGA-LSTM 优化后的 Dropout 为 0.58，隐藏层包含 156 个单元。滑动时间窗口大小设为 3。HGA-LSTM 的其他参数设置与 LSTM 相同。将超级电容器测试数据分为训练集和测试集，其中前 60% 作为训练集，40% 作为预测集。将训练好的模型分别用于 SC7、SC11 的预测，为了推广该模型，随机选择测试数据未参加过训练的 SC16 进行预测。通过 RMSE、MAE、R^2 评价三种模型的预测效果。

表 9-12 不同滑动时间窗口大小的预测精度

参数	LSTM	HGA-LSTM
Dropout 概率	0.80	0.58
隐藏层单元个数	200	156

9.4.3 预测结果与分析

1. 经过训练的超级电容器 RUL 预测结果及分析

基于不同温度、电压下进行实验的超级电容器数据集，采用 Simple RNN、GRU RNN、LSTM RNN、HGA-LSTM 模型进行训练并用于容量预测。将超级电容器数据集的前 70% 用于模型训练，随机选取 16 号和 7 号超级电容器的实验数据作为模型验证的测试数据。

SC16 在 2.9V、3A、65℃工况下测试 Simple RNN、GRU RNN、LSTM RNN、HGA-LSTM 的预测结果及误差如图 9-24 所示。在图 9-24a 中，Simple RNN 的偏差较大，训练集 RMSE 为 0.0455，测试集 RMSE 为 0.1369，整体 RMSE 比 GRU RNN 高 0.0361，比 LSTM RNN 高 0.0488，比 HGA-LSTM 高 0.0535。与 GRU RNN、LSTM RNN、HGA-LSTM 相比，Simple RNN 的误差都比较大，这是由于 Simple RNN 存在长期依赖性问题，因此随着预测时间间隔的增加，该模型的预测精度明显较低。在图 9-24b 中，GRU RNN 的预测数据与实际值比较存在一定误差，但预测效果比 Simple RNN 有所提高，训练集 RMSE 为 0.0366，测试集 RMSE 为 0.0463。在图 9-24c 中，训练的数据经 LSTM RNN 预测效果较好，基于 LSTM RNN 预测的训练集和测试集 RMSE 分别为 0.0214、0.0270。原因是 GRU RNN 只有两个门而 LSTM RNN 有三个门，因此 LSTM RNN 更加强大和灵活。明显看出，该模型在测试集上取得的预测精度较好。从图 9-24d 可以看出，HGA-LSTM 的误差大部分都在 x 坐标轴附近，浮动较小。HGA-LSTM 的整体 RMSE 比 GRU RNN 提高了 0.0174，比 LSTM 提高了 0.0047，R^2 更接近于 1，证明 HGA 优化后的 LSTM 在超级电容器的 RUL 预测中表现出优异性能，测试集与训练集预测效果相近。

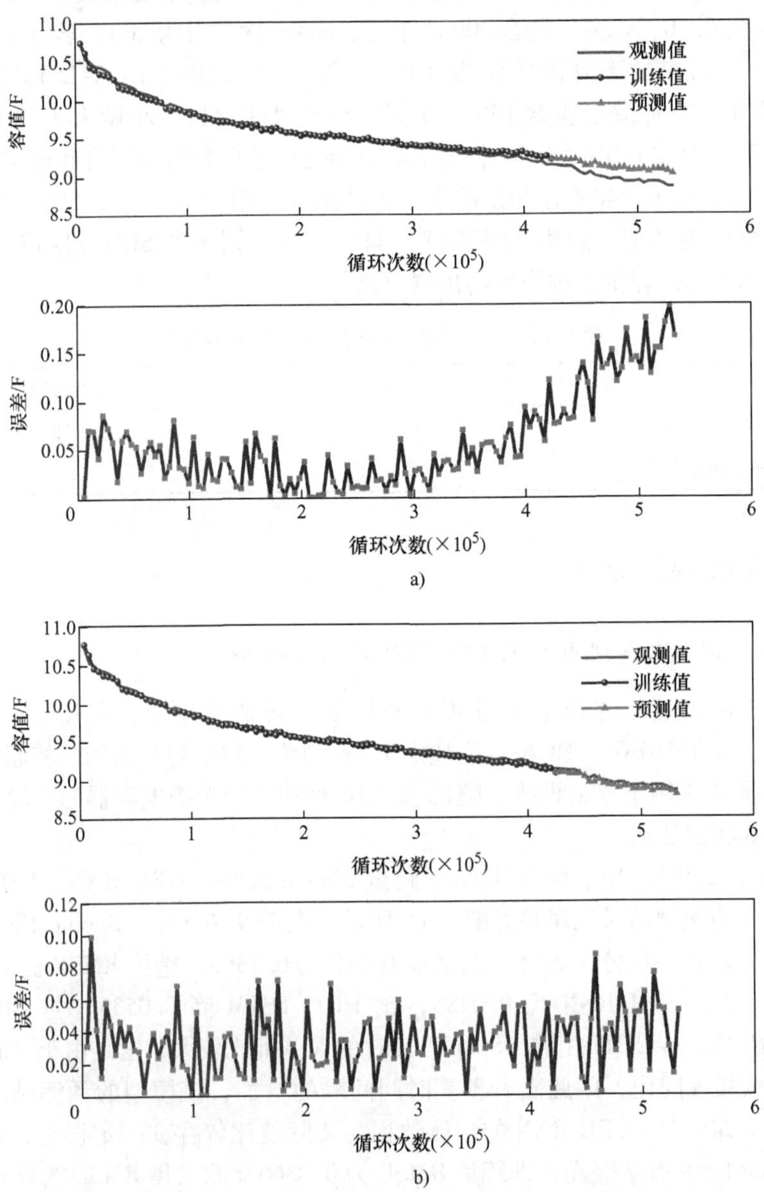

图 9-24　SC16 在 2.9V、3A、65℃工况下三种模型的预测结果及误差：
a）使用 Simple RNN 模型的 RUL 预测；b）使用 GRU RNN 模型的 RUL 预测

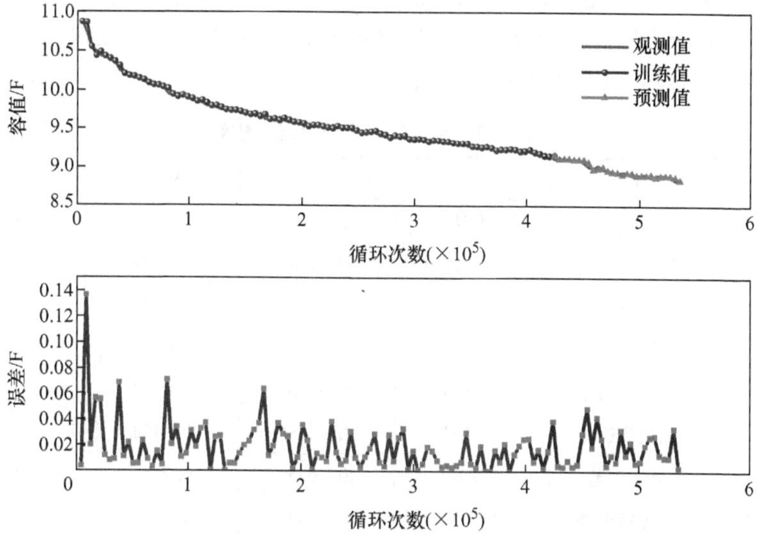

c)

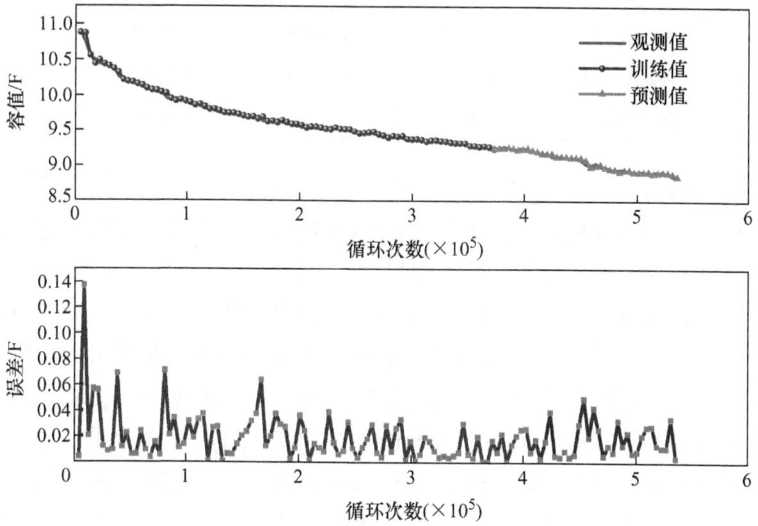

d)

图 9-24　SC16 在 2.9V、3A、65℃工况下三种模型的预测结果及误差（续）：c）使用 LSTM RNN 的 RUL 预测；d）使用 HGA-LSTM 的 RUL 预测

SC16 的 RUL 预测精度见表 9-13。在训练阶段，HGA-LSTM 和 GRU RNN 的 RMSE 误差分别为 0.0194、0.0366，基于 HGA-LSTM 的 RUL 预测比 GRU RNN 的 RMSE 误差低 0.0172，表明 HGA-LSTM 在训练集的预测精度较高。在测试阶段，基于 HGA-LSTM 的 RMSE 误差和 R^2 分别为 0.0270、0.9951，RMSE 误差比使用 GRU RNN 少了 0.0193，并且 R^2 比使用 GRU RNN 高了 0.0300，表明 LSTM RNN 预测精度高且稳定性较好。这些结果表明，基于 HGA-LSTM 的方法在训练集和测试

集上均有比 GRU RNN 更加优越的表现。Simple RNN 无法学习长期依赖性，训练集 RMSE 比 HGA-LSTM 高 0.0261，测试集 RMSE 高 0.1099。从各项误差来看，HGA-LSTM 为超级电容器 RUL 预测提供了最佳性能。

表 9-13　SC16 的 RUL 预测精度

方法	误差	RMSE	MAPE (%)	MAE	R^2
Simple RNN	整体误差	0.0749	0.6191	0.0575	0.9687
	训练集误差	0.0455	0.3918	0.0377	0.9846
	测试集误差	0.1369	1.4776	0.1324	0.9552
GRU RNN	整体误差	0.0388	0.3506	0.0332	0.9916
	训练集误差	0.0366	0.3236	0.0312	0.9931
	测试集误差	0.0463	0.4548	0.0408	0.9651
LSTM RNN	整体误差	0.0261	0.1955	0.0188	0.9965
	训练集误差	0.0214	0.1933	0.0173	0.9985
	测试集误差	0.0270	0.1946	0.0190	0.9951
HGA-LSTM	整体误差	0.0214	0.1933	0.0173	0.9985
	训练集误差	0.0194	0.1883	0.0163	0.9993
	测试集误差	0.0270	0.1956	0.0190	0.9951

图 9-25 所示为 SC7 在 2.7V、3A、50℃工况下三种模型的预测结果及误差。在图 9-25a 中，Simple RNN 对长期依赖性的学习表现出较差的准确度，整体 RMSE 为 0.0468，训练集和测试集的 RMSE 分别是 0.0414 和 0.0638，与实际值相差甚远，R^2 分别是 0.9738 和 0.9671，稳定性较差。在图 9-25b 中，GRU RNN 用于训练集预测时，RMSE 是 0.0286，比基于 Simple RNN 的 RMSE 降低 0.0128，但 R^2 是 0.9875，比基于 Simple RNN 的稳定性高出 0.0137，这些结果表明，在训练集上，基于 GRU RNN 的预测模型比基于 Simple RNN 的预测模型误差低，稳定性好；在测试集基于 GRU RNN 的 RMSE 和 R^2 分别为 0.0380、0.9883，误差比 Simple RNN 降低 0.0258，稳定性增加 0.0212。表明 GRU RNN 比 Simple RNN 预测精度高，稳定性强。图 9-25c 中，LSTM RNN 训练集 RMSE 是 0.0261，测试集 RMSE 是 0.0305，并且 MAPE 从 0.1449 增加到 0.2112，MAE 从 0.0139 增加到 0.0212，R^2 从 0.9997 降到 0.9898。表明训练集误差比测试集误差小，稳定性高，但不存在过拟合情况，证明尽管 LSTM RNN 和 GRU RNN 这两种模型的性能不差上下，但是在本节的超级电容器 RUL 预测的研究方面，LSTM RNN 比 GRU RNN 表现出的预测性能更优异。从图 9-25d 中可以看出，预测集的拟合效果明显较好。与 LSTM RNN 相比，HGA-LSTM 的整体 RMSE 减少 0.0115，R^2 高达 0.9997，说明 HGA-LSTM 预测准确性有了较大提高。

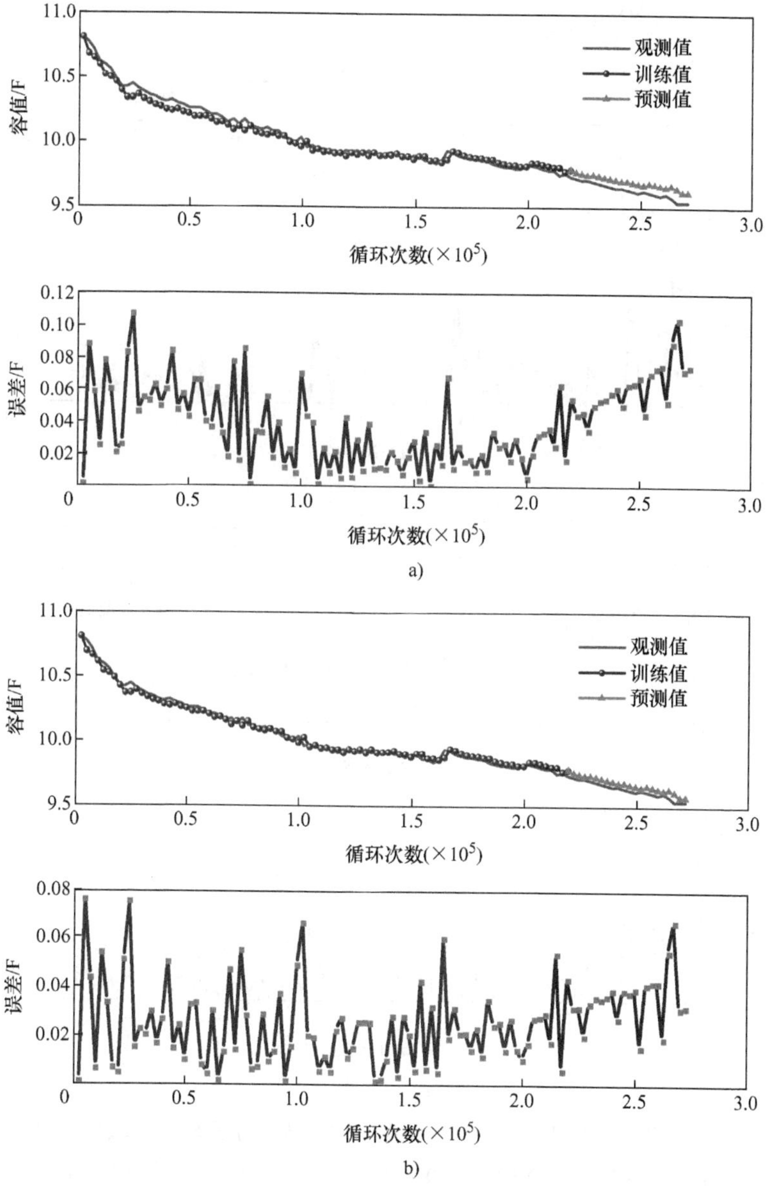

a)

b)

图 9-25 SC7 在 2.7V、3A、50℃工况下三种模型的预测结果及误差：a）使用 Simple RNN 模型的 RUL 预测；b）使用 GRU RNN 模型的 RUL 预测

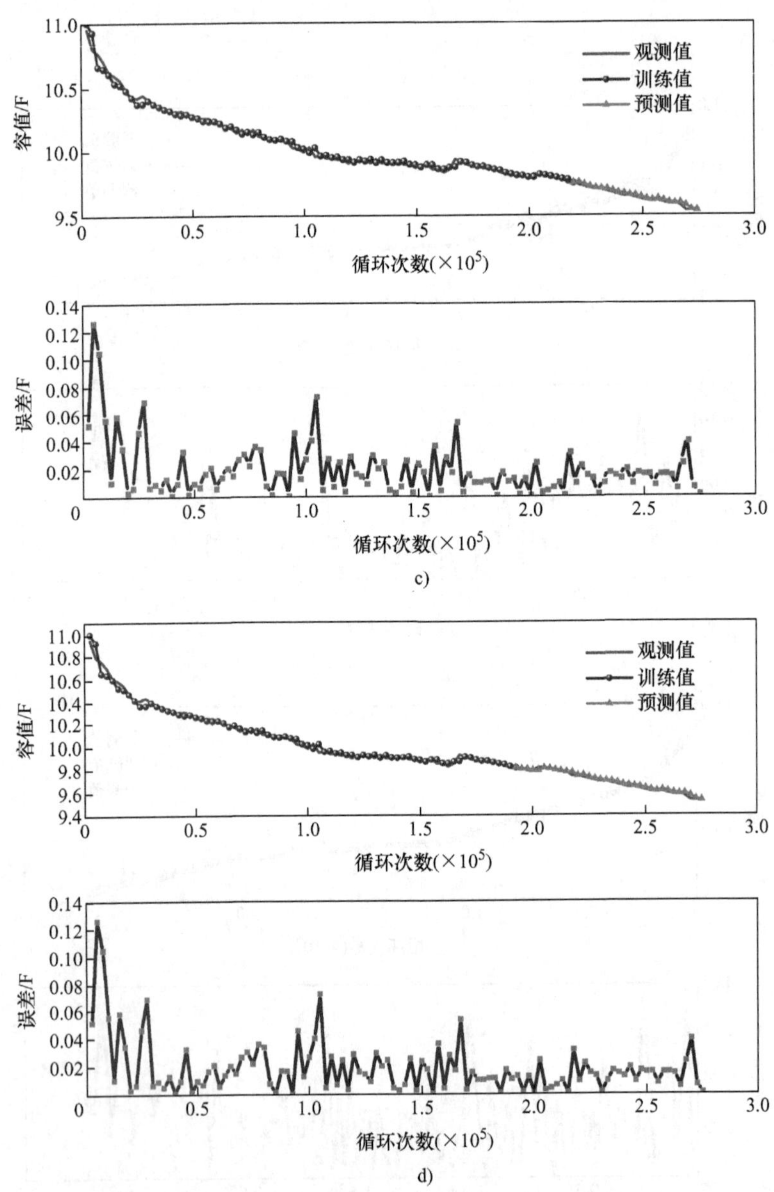

图 9-25　SC7 在 2.7V、3A、50℃工况下三种模型的预测结果及误差（续）：
c）使用 LSTM RNN 的 RUL 预测；d）使用 HGA-LSTM 的 RUL 预测

SC7 的 RUL 预测精度见表 9-14，整体可以看出，在不同的温度和电压下，与用于超级电容器 RUL 预测的 GRU RNN 和 Simple RNN 相比，LSTM RNN 更能有效地学习电池老化的长期依赖性，而优化后的 HGA-LSTM 对超级电容器 RUL 预测精度更高，稳定性更好。

表 9-14 SC7 的 RUL 预测精度

方法	误差	RMSE	MAPE（%）	MAE	R^2
Simple RNN	整体误差	0.0468	0.3949	0.0394	0.9737
	训练集误差	0.0414	0.3318	0.0337	0.9738
	测试集误差	0.0638	0.6441	0.0619	0.9671
GRU RNN	整体误差	0.0336	0.2558	0.0255	0.9888
	训练集误差	0.0286	0.2261	0.0228	0.9875
	测试集误差	0.0380	0.3607	0.0347	0.9883
LSTM RNN	整体误差	0.0276	0.1881	0.0190	0.9917
	训练集误差	0.0261	0.1449	0.0139	0.9997
	测试集误差	0.0305	0.2112	0.0212	0.9898
HGA-LSTM	整体误差	0.0161	0.1449	0.0139	0.9997
	训练集误差	0.0132	0.1208	0.0116	0.9998
	测试集误差	0.0204	0.1670	0.0154	0.9962

2. 未经过训练的超级电容器 RUL 预测结果及分析

为了推广模型，验证其泛化能力，将 Simple RNN、GRU RNN、LSTM RNN、HGA-LSTM 分别用于未参加训练的离线数据进行预测，选择 2.7V、3A、25℃工况下的 11 号超级电容器数据集进行预测，计算与实测数据的误差，比较不同模型的预测精度和鲁棒性能。

图 9-26 所示为 SC11 在 2.7V、3A、25℃工况下三种模型的预测结果及误差，表 9-15 列出了 SC11 的 RUL 预测精度。由于该工况下的超级电容器数据没有经过训练，初期预测误差较大，经过一段时间以后，由于 LSTM RNN 和 GRU RNN 都有记忆功能，因此，这两种模型预测效果相对较好，但是 LSTM RNN 在指数级数据的处理上适用性更强，预测误差更小。而 Simple RNN 不存在记忆单元，预测效果较差。

在图 9-26a 中，Simple RNN 的 RMSE 和 MAE 为 0.0646 和 0.0462，分别比 HGA-LSTM 的误差高 0.0382 和 0.0263。整体上看，后期预测误差较前期相对较小，与 LSTM RNN 和 GRU RNN 相比，误差起伏较大，稳定性不高。基于 GRU RNN 的方法预测超级电容器的寿命结果如图 9-26b 所示，RMSE 是 0.0528，比 HGA-LSTM 高 0.0264，R^2 是 0.9711，比 HGA-LSTM 低 0.0282。从图 9-26b 中可以看出，循环 100000 次之后，预测误差才有所减小，但是与 LSTM RNN 相比，误差仍然较大。由图 9-26c 可知，LSTM RNN 预测值接近实际数据，误差较小，RMSE 和 R^2 分别是 0.0338、0.9881，RMSE 比 HGA-LSTM 高出 0.0074，R^2 比 HGA-LSTM 低 0.0112。同时可以看出，在循环 2000 次之前，预测误差较大，随着循环次数的增加，预测误差逐渐减小，验证了 LSTM RNN 良好的预测能力，不需要重复训练依然可以预测新的超级电容器寿命且预测精度较高。图 9-26d 表示基于 HGA-LSTM 的实验结果，RMSE 最低，R^2 最高，预测数据拟合效果较好，以上表明 HGA-LSTM 在预测的准确性和稳定性方面比其他三个模型性能更优异。

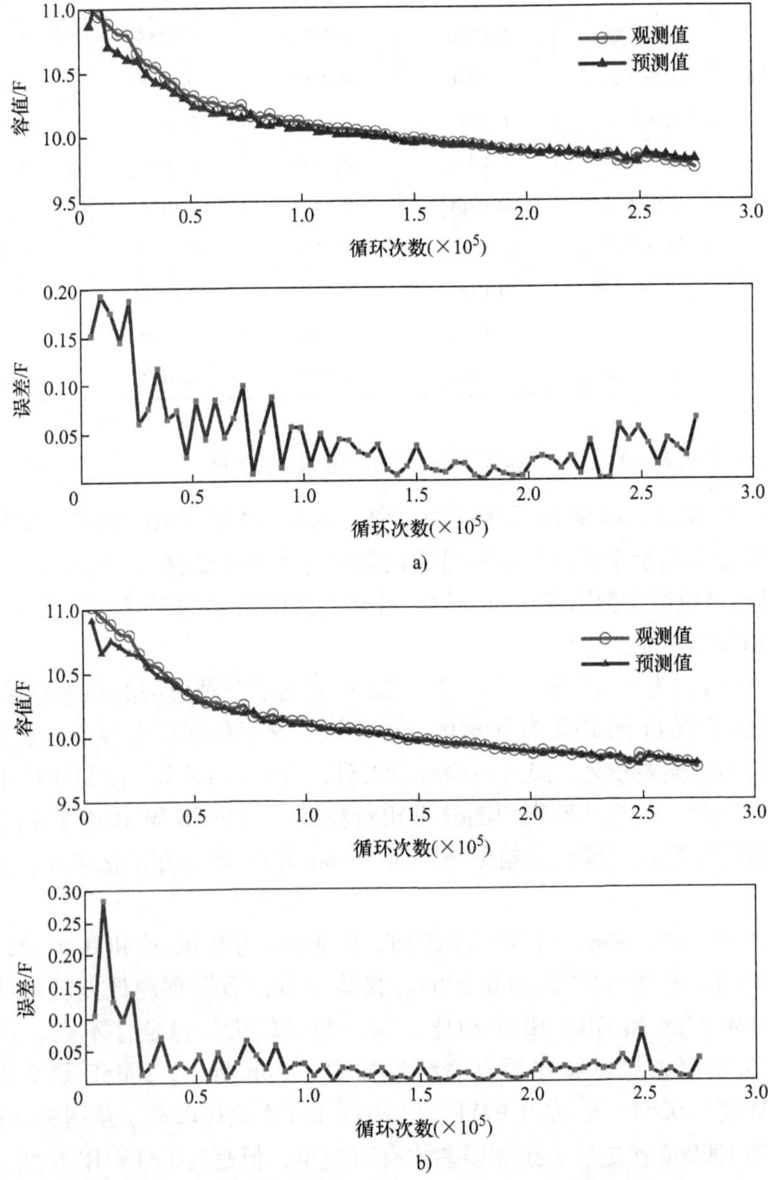

图 9-26 SC11 在 2.7V、3A、25℃工况下三种模型的预测结果及误差：
a）使用 Simple RNN 模型的 RUL 预测；b）使用 GRU RNN 模型的 RUL 预测

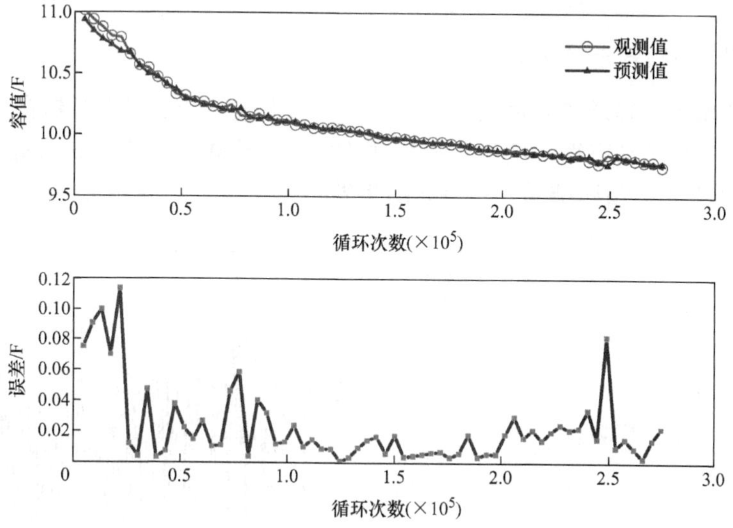

图 9-26 SC11 在 2.7V、3A、25℃工况下三种模型的预测结果及误差（续）：
c）使用 LSTM RNN 的 RUL 预测；d）使用 HGA-LSTM 的 RUL 预测

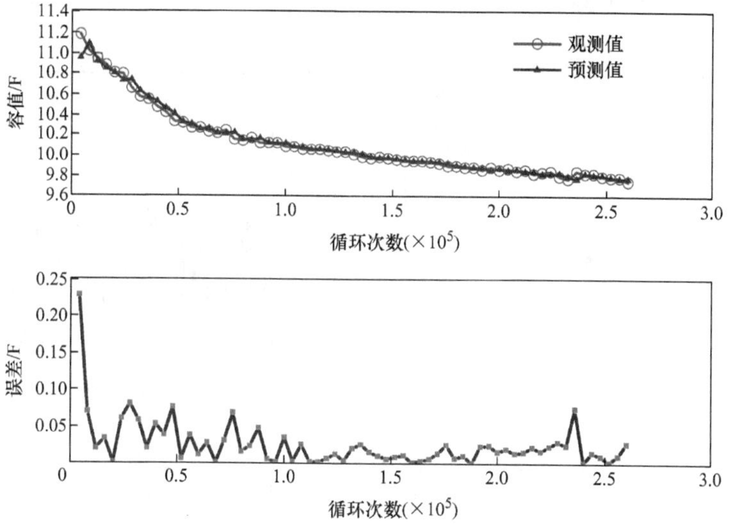

表 9-15 SC11 的 RUL 预测精度

方法	RMSE	MAPE（%）	MAE	R^2
Simple RNN	0.0646	0.4471	0.0462	0.9567
GRU RNN	0.0528	0.2940	0.0305	0.9711
LSTM RNN	0.0338	0.2234	0.0230	0.9881
HGA-LSTM	0.0264	0.2023	0.0199	0.9993

3. HPPC 预测结果及分析

考虑到超级电容器的实际应用情况，本节对上述三个超级电容器在相同的温度电压条件下进行了动态循环测试，并使用 HGA－LSTM 对动态测试数据进行预测，基于 HGA-LSTM 的预测结果与误差如图 9-27 所示。

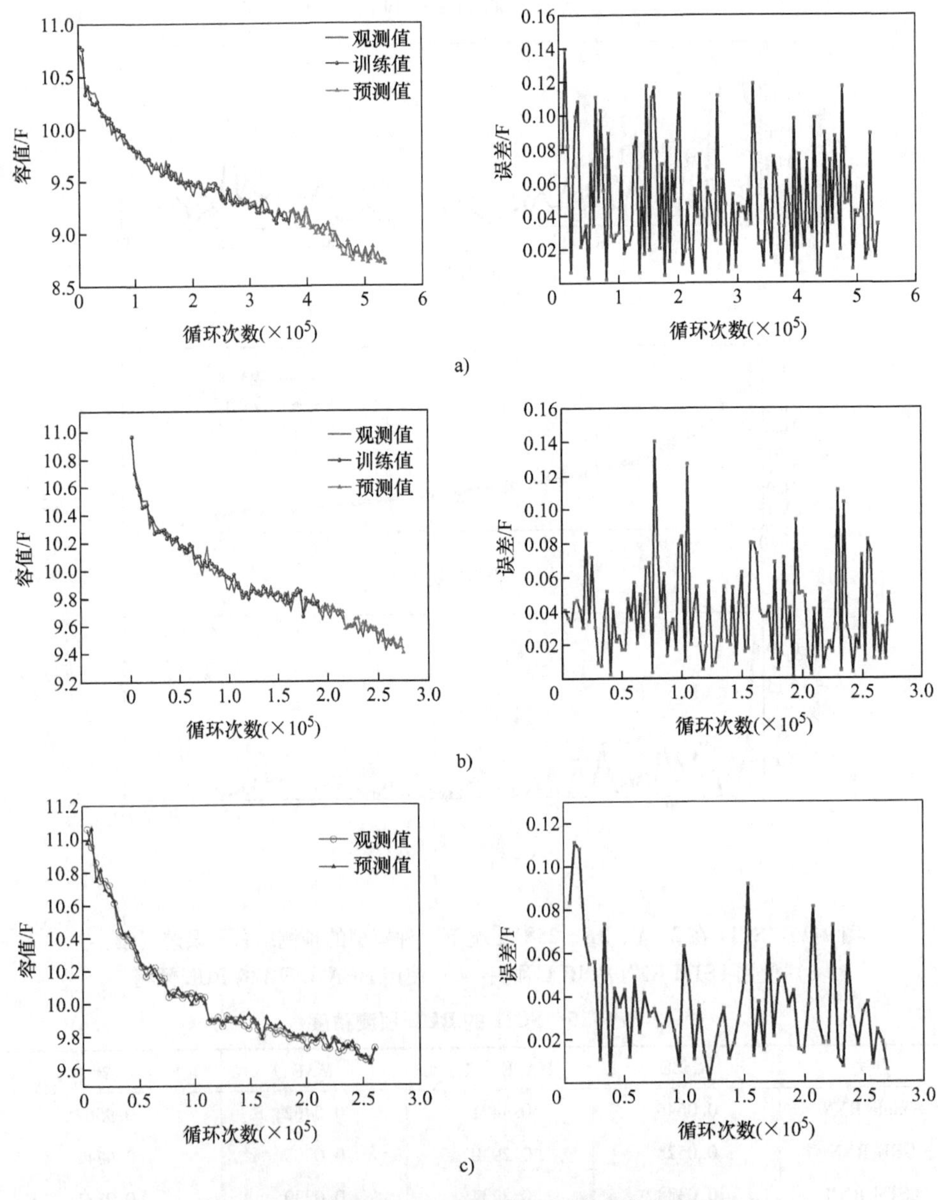

图 9-27　基于 HGA-LSTM 的预测结果与误差：

a）SC16＊预测结果；b）SC7＊预测结果；c）SC11＊预测结果

不同超级电容器 RUL 预测精度见表 9-16。SC16 * 的 RMSE 为 0.0482，SC7 * 的整体 RMSE 误差大约是 0.0502，同时，SC11 * 未经训练的离线数据的 RMSE 预测误差为 0.0546，与 CC-CV 测得的数据经 HGA-LSTM 预测的精度相比，虽然误差偏大，但是就动态测试数据的预测而言，本节提出的方法已经取得了较高的预测精度，再次验证了该算法的泛化能力。

表 9-16　不同超级电容器 RUL 预测精度

超级电容器	RMSE	MAE	R^2
SC16 *	0.0482	0.0452	0.9844
SC7 *	0.0502	0.0401	0.9719
SC11 *	0.0546	0.0402	0.9791

9.4.4　预测的超级电容器老化趋势

超级电容器在实际应用中工况条件十分复杂，样本实验有限，本节采用 HGA-LSTM 对其他不同温度和电压工况下做了预测。由 HGA-LSTM 预测 2.7V 下，不同温度下 SOH 的变化趋势如图 9-28 所示，图中黑色曲线是经过训练的预测值，其余部分是直接预测值，可见整体预测效果较好。当温度小于 60℃时，该区间内预测曲面的倾斜角度较小，说明老化速度较缓慢，60℃以内对于超级电容器来说，处于正常工作温度范围。当超过该温度范围时，预测曲面下降较快，说明超出正常工作温度范围时，老化速度随温度的升高而加快。

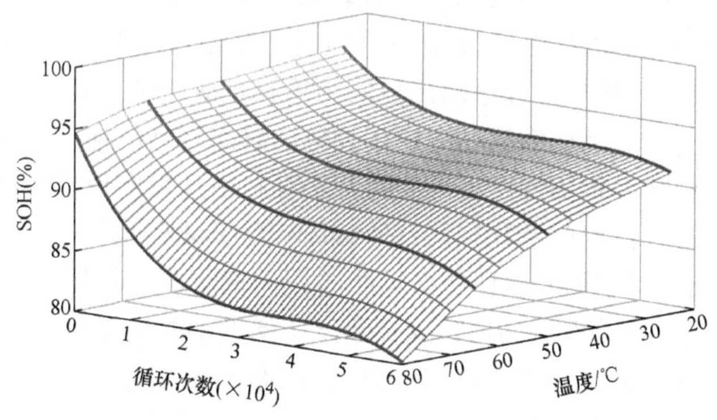

图 9-28　不同温度下 SOH 的变化趋势

由 LSTM RNN 预测 65℃下，不同电压下 SOH 的变化趋势如图 9-29 所示，图中黑色曲线是经过训练的预测值，可以看出当工作电压在 2.7 ~ 2.9V 时，预测曲面倾斜角度极小，说明该工作电压区间对老化速度的影响较小。当工作电压超过该电压区间时，预测曲面倾斜角度增大，说明过电压也会影响超级电容器内部储能机理导致超级电容器加速老化。

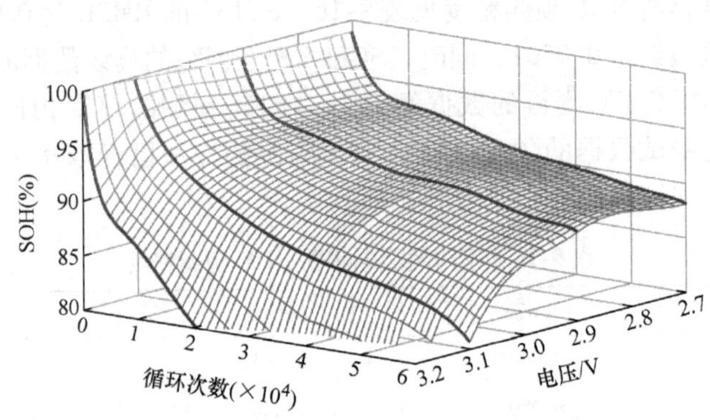

图 9-29　不同电压下 SOH 的变化趋势

9.5　基于改进时间卷积网络的超级电容器剩余使用寿命预测

9.5.1　时间卷积模型与算法

反向传播神经网络（Back Propagation Neural Network，BPNN）的功能是正方向的输入信号的传播和反方向的误差传播，训练网络是用 BP 算法实现的。由于 BP 算法只考虑前一时刻的输入，捕捉不到输入序列之间的联系，因此在时间序列问题上表现不佳。Simple RNN 由于有着记忆功能，可利用之前的信息影响后面节点的输出，因此对处理时间序列的数据问题有着独到的优越性。为解决 Simple RNN 的长期依赖、减少梯度爆炸以及梯度消失等问题，Simple RNN 的变体 LSTM RNN 和 GRU RNN 通过增加门控单元和激活函数门结构在训练过程中有选择性地保存和遗忘信息，可提取先前时间的数据信息应用到较后时间序列的神经元中，这在一定程度上解决了长期依赖。但对深度网络来讲，仍存在由连乘实现误差反向传播引起的梯度爆炸和梯度消失。时间卷积网络（Temporal Convolutional Network，TCN）模型跳出 RNN 的框架，其中的残差模块由扩张卷积、权重归一化层、Relu 非线性函数以及 Dropout 正则化堆叠两层而成，这导致产生梯度消失的条件更加严苛，从而削弱上述问题。再者，跳跃连接的存在可克服堆叠网络层的退化问题。除此之外，TCN 可接受并且并行处理任意长度的输入序列，提高了预测精确度和预测效率。

1. 因果卷积

本节实验所得的超级电容器的循环寿命曲线是不同电压、电流和温度环境下随着循环次数的增加其容量下降的曲线，所以超级电容器的剩余使用寿命预测问题是典型的时间序列预测问题，并且要求模型的输出长度和输入长度相同，如下式

$$y_0,\cdots,y_T=f(x_0,\cdots,x_T) \tag{9-54}$$

式中 x_T——T 时刻的输入特征值；

y_T——T 时刻的输出值。

为实现上述问题，TCN 使用 1D 全连接卷积网络（Fully Convolutional Network，FCN）其每个隐藏层是相同的长度作为输入层。在序列问题的研究上，模型无法感知未来信息，因此无法使用非因果结构适应时间序列数据的预测问题。在 TCN 模型中，因果卷积被应用于上述问题，即：仅下一层 t 时刻及其之前的值对当前层 t 时刻的值有贡献。因果卷积与非因果卷积的区别在于其具有严格的时间约束且为单向结构，卷积网络可视化如图 9-30 所示。总之，TCN = 1D FCN + 因果卷积。

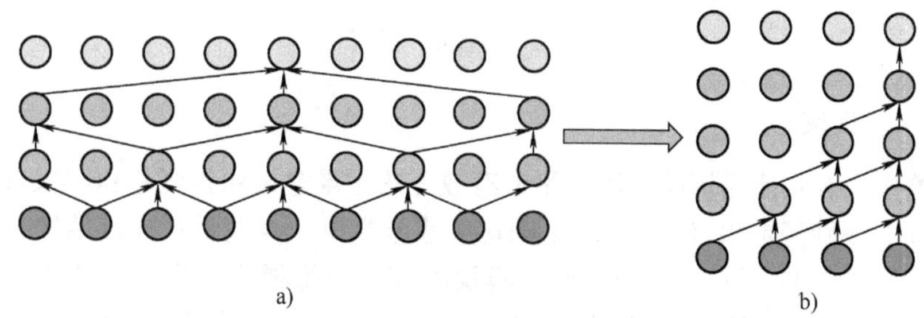

图 9-30 卷积网络可视化：
a）非因果卷积可视化；b）因果卷积可视化

2. 膨胀卷积

单纯的因果卷积还是存在传统卷积神经网络的问题，感受野受限于卷积核的大小，若要增大感受野从而抓取更多的时间序列则需要线性堆叠很多层，为了解决这一问题，提出了膨胀卷积，如图 9-31 所示。膨胀卷积在普通卷积的基础上引入扩张率参数，由于扩张率参数的存在，在相同大小卷积核的情况下，膨胀卷积相较于普通卷积的感受野更大。在超级电容器剩余使用寿命预测这类需要较长的信息依赖的序列预测问题中，应用膨胀卷积是有效的。膨胀卷积是对卷积核进行 0 填充，膨胀后的卷积核大小可用下式计算：

$$\text{kernal}'_{\text{size}} = \text{dilation}_{\text{rate}} \times (\text{kernal}_{\text{size}} - 1) + 1 \tag{9-55}$$

$$\text{kernal}'_{\text{size}} = \text{kernal}_{\text{size}} + (\text{kernal}_{\text{size}} - 1) \times (\text{dilation}_{\text{rate}} - 1) \tag{9-56}$$

式中 $\text{dilation}_{\text{rate}}$——扩张率；

$\text{kernal}_{\text{size}}$——原始卷积核的大小；

$\text{kernal}'_{\text{size}}$——膨胀后卷积核的大小。

当前层感受野的计算公式如下

$$RF_{i+1} = RF_i + (k' - 1) \times S_i \tag{9-57}$$

式中 RF_{i+1}——当前层的感受野；

RF_i——上一层的感受野；

k'——卷积核的大小；

S_i——之前所有层的步长的乘积且 $S_i = \prod_{i=1}^{i} \text{Stride}_i$。

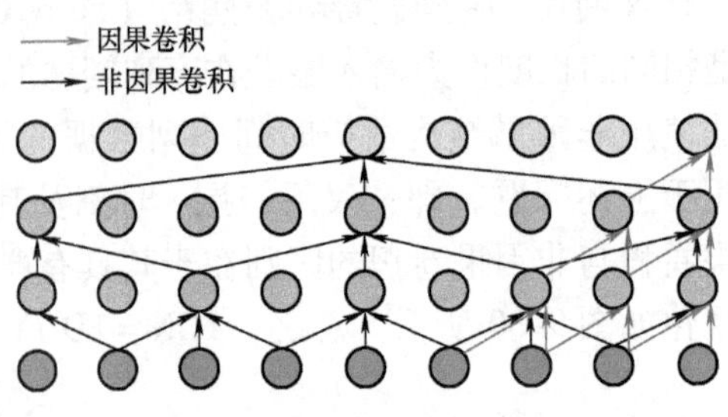

图 9-31 膨胀卷积可视化

3. 残差模块

残差模块被验证为训练深度网络的有效方法，堆叠两层扩张卷积、权重归一化层、Relu 非线性函数以及 Dropout 正则化成残差模块，并设跳跃连接结构，残差模块可视化如图 9-32 所示。其中，残差模块的存在使得梯度消失产生的条件更加严苛，跳跃连接结构克服了堆叠网络的退化问题。在跳跃连接结构中，利用额外的 1×1 卷积保证输入数据 x 与输出数据 $F(x)$ 的可加性，计算公式如下

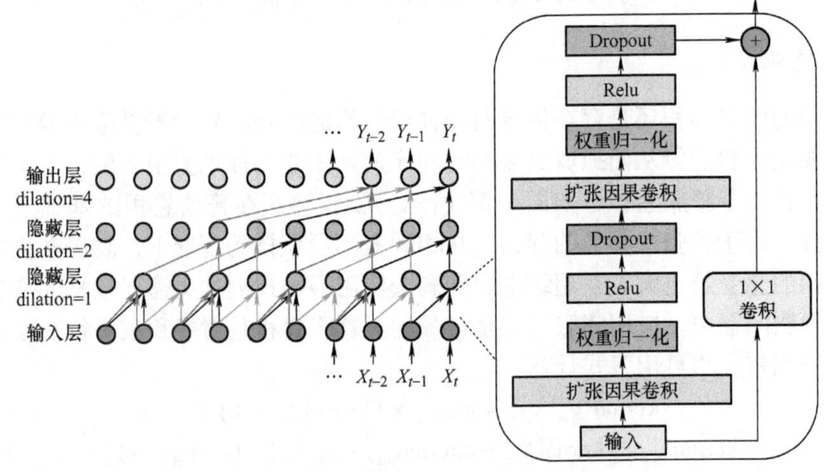

图 9-32 残差模块可视化

$$o = \text{Activation}(x + F(x)) \tag{9-58}$$

式中 x——输入；

$F(x)$——输出；

Activation——激活函数；

o——残差模块输出。

总的来讲，TCN 具有以下几方面的优势：

1）TCN 可以并行处理序列数据，而非 RNN 那样顺序处理。

2）TCN 因可调节的卷积核大小以及膨胀系数的引入，具有灵活的感受野以适应不同的任务。

3）TCN 模型的残差模块以及跳跃连接结构可解决在不同时间段上共用参数导致的梯度爆炸和梯度消失。

4）内存占有率低以及处理序列数据的长度范围较宽泛。

9.5.2 早停法防止过拟合

为防止过拟合导致的预测精度下降，在模型训练过程当中加入早停法技术，该技术可用 callbacks 函数实现。该技术可监控训练过程中的 loss 值，当 loss 不再下降时，经过 patience 个训练轮次后提前终止训练，避免模型因过拟合训练数据而使泛化能力降低，从而降低预测精度的情况。应用早停法技术防止过拟合以及不使用任何防止过拟合算法的预测结果比较如图 9-33 所示，早停法技术防止过拟合的预测结果比较见表 9-17。

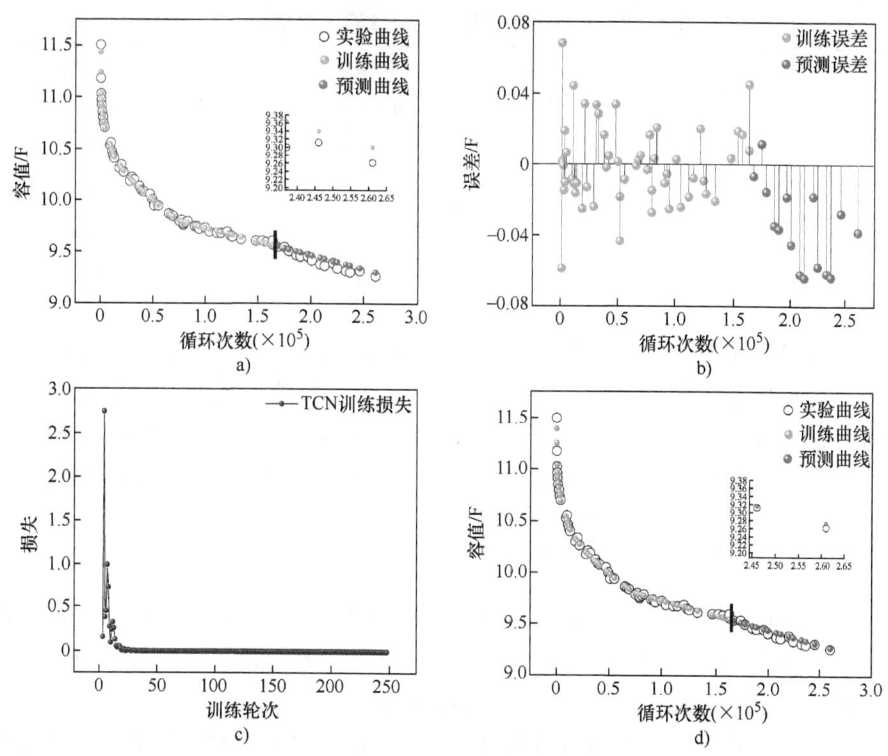

图 9-33 SC12（2.9V 3A 65℃）应用早停法技术防止过拟合以及不使用任何防止过拟合算法的预测结果比较：
a）不使用早停法技术的预测结果；b）不使用早停法技术的预测误差；
c）不使用早停法技术的训练过程 loss 变化曲线；d）使用早停法技术的预测结果

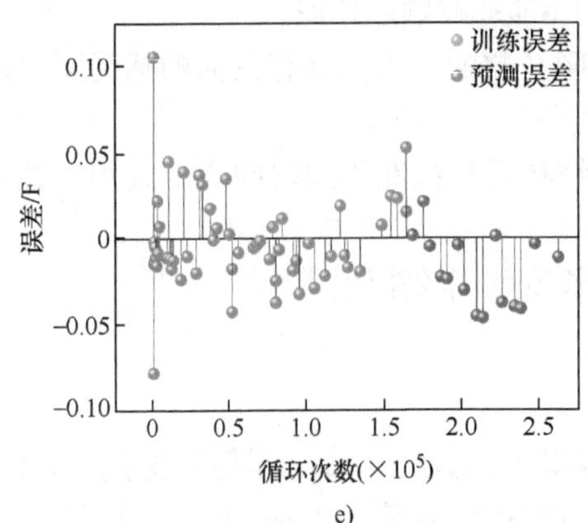

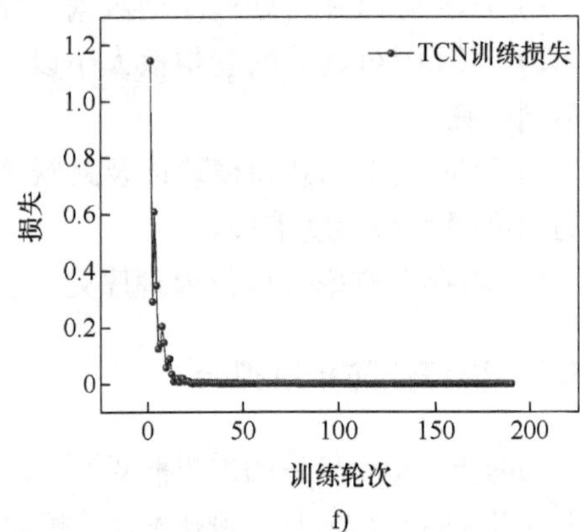

图 9-33　SC12（2.9V 3A 65℃）应用早停法技术防止过拟合以及不使用任何防止过拟合算法的预测结果比较（续）：
e）使用早停法技术的预测误差；f）使用早停法技术的训练过程 loss 变化曲线

表 9-17　早停法技术防止过拟合的预测结果比较

		早停法	不使用早停法
训练集	RMSE	0.0215	0.0187
	MAE	0.0167	0.0142
预测集	RMSE	0.0297	0.0449
	MAE	0.0248	0.0406
训练轮次		190	250

由仿真结果可知，使用早停法技术防止过拟合的 TCN 模型的预测精度明显高于不使用任何防止过拟合算法的 TCN 模型。不使用早停法技术时模型训练轮次为设置数，即 250；使用早停法技术时，模型训练轮次提前停止在 190。这使得模型不再过拟合训练数据，导致训练集的预测误差增大，但可有效提高预测精度。

9.5.3　基于不同模型预测结果的比较与分析

利用 LSTM RNN、GRU RNN、BPNN 以及 TCN 模型来预测超级电容器的 RUL，采用 RMSE 和 MAE 来衡量预测的精确度。不同条件下的超级电容器的剩余使用寿命预测结果及其误差如图 9-34 所示，见表 9-18。

由图 9-34 可得，相比较于 LSTM RNN 模型、GRU RNN 模型、BPNN 模型，TCN 模型能更好地拟合超级电容器容量衰退的整体趋势，预测稳定性也更高，从而可获得更高的 RUL 预测精度。SC1（2.9V 3A 25℃）基于各模型的预测结果如图 9-34a 所示，预测误差如图 9-34b 所示。BPNN 由于没有记忆功能在处理前后有关联的序列数据时很难挖掘数据之间的关联，所以 BPNN 在超级电容器剩余使用寿命预测的问题上表现不佳。表 9-18 中的数据也说明了这点，其 RMSE 为 0.0411，MAE 为 0.0347。LSTM RNN 和 GRU RNN 由于具有记忆功能并且在原有的 Simple RNN 的基础上增加门的结构有效解决了长期依赖、梯度消失以及梯度爆炸的问题，相比于 BPNN 预测精确度有所提高。其中，LSTM RNN 的预测 RMSE 和 MAE 分别为：0.0308、0.0220，GRU RNN 的预测 RMSE 和 MAE 分别为 0.0301、0.0205。TCN 模型打破了传统的 RNN 模型，将 RNN 只可顺序处理的序列数据实现并行处理，这大大缩短了网络训练和验证的时间，从而提高了效率。对于输入时间序列数据的处理，相较于 RNN，TCN 会对所有过去时间步长的信息并行处理并且 TCN 因膨胀系数的存在使捕获的输入长度可调。除此之外，TCN 的残差模块使产生梯度消失的条件更严苛，其中的跳跃连接阻止了深度网络在训练过程中的退化问题。同时，仿真结果表明 TCN 模型的预测精度优于上述模型，其 RMSE 和 MAE 分别为：

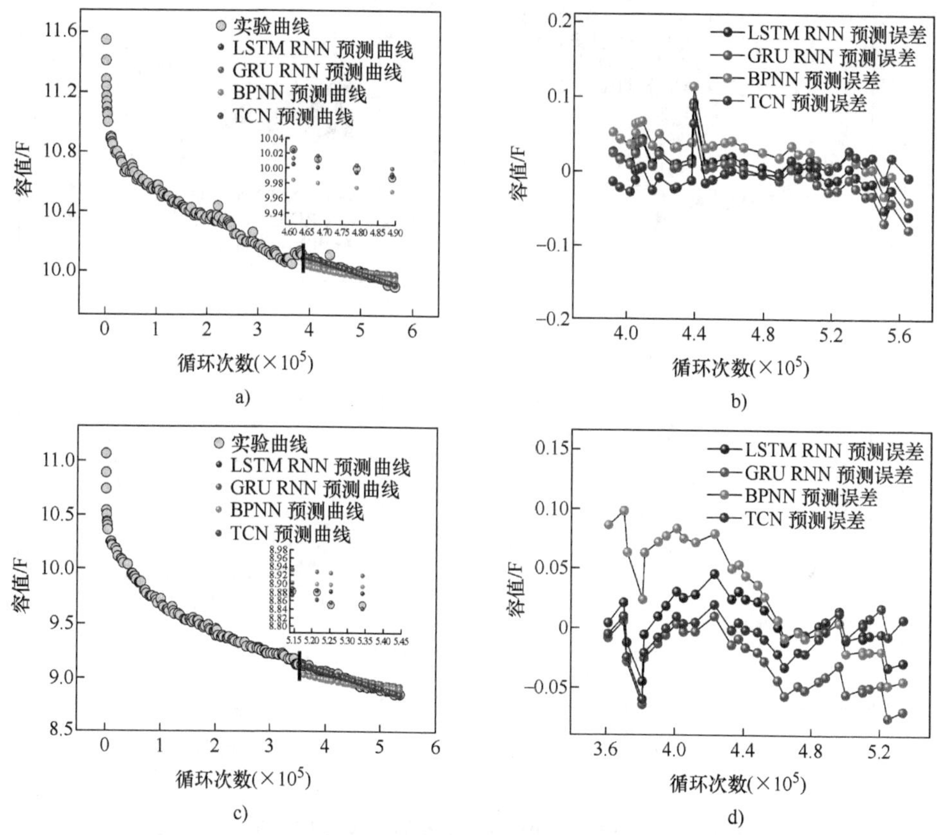

图 9-34 LSTM RNN、GRU RNN、BPNN 以及 TCN 模型对不同条件下的超级电容器的剩余使用寿命预测结果及其误差：
a）四种不同模型对 SC1（2.9V 3A 25℃）的预测结果；b）四种不同模型对 SC1（2.9V 3A 25℃）的预测误差；c）四种不同模型对 SC2（2.9V 3A 50℃）的预测结果；d）四种不同模型对 SC2（2.9V 3A 50℃）的预测误差

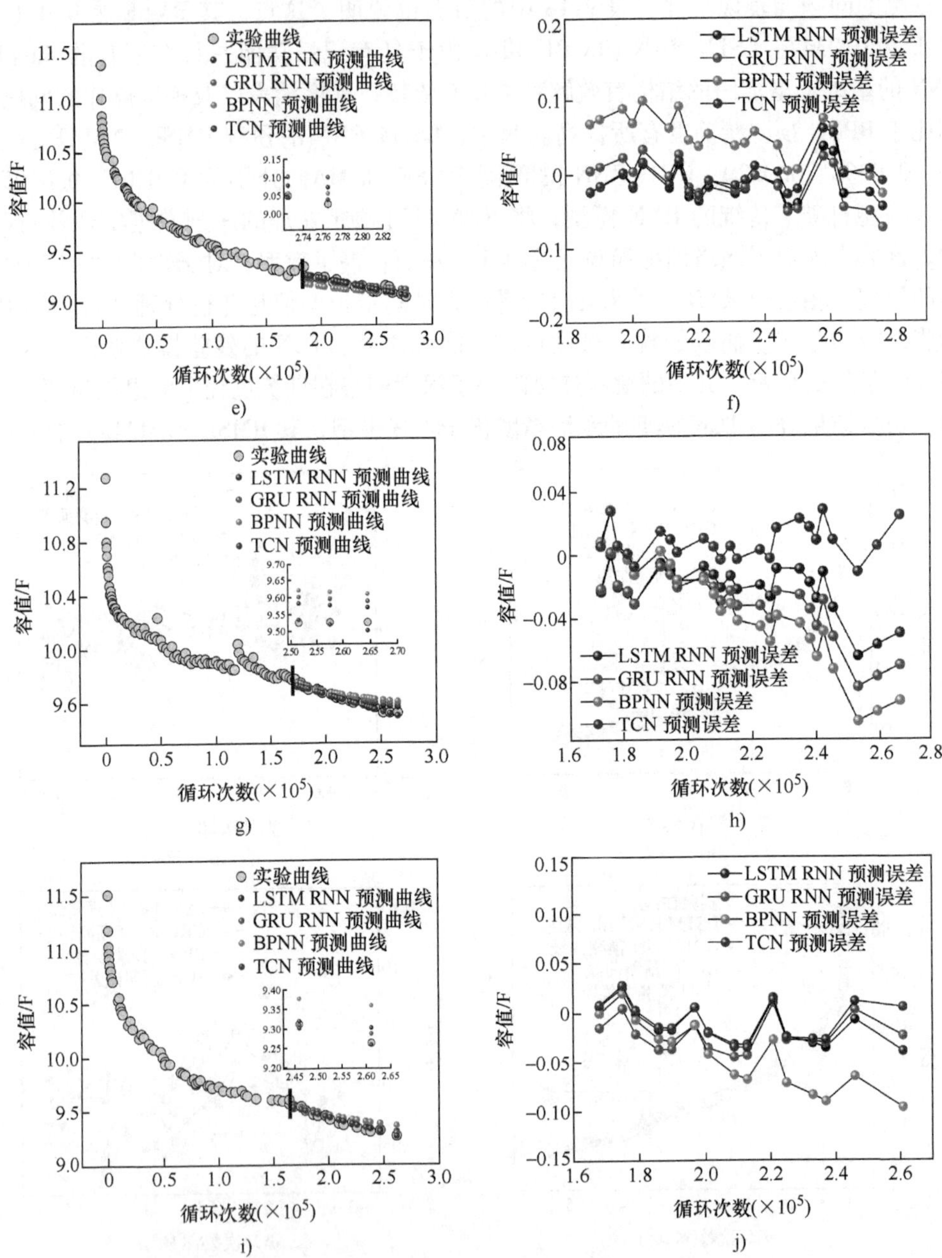

图 9-34 LSTM RNN、GRU RNN、BPNN 以及 TCN 模型对不同条件下的超级电容器的剩余使用寿命预测结果及其误差（续）：

e）四种不同模型对 SC4(2.7V 3A 65℃）的预测结果；f）四种不同模型对 SC4(2.7V 3A 65℃）的预测误差；g）四种不同模型对 SC11(2.7V 3A 50℃）的预测结果；h）四种不同模型对 SC11(2.7V 3A 50℃）的预测误差；i）四种不同模型对 SC12(2.9V 3A 65℃）的预测结果；j）四种不同模型对 SC12(2.9V 3A 65℃）的预测误差

0.0185 和0.0116。由图9-35 可知，基于TCN 模型的SC1(2.9V 3A 25℃)、SC2(2.9V 3A 50℃)、SC4(2.7V 3A 65℃)、SC11(2.7V 3A 50℃) 和SC12(2.9V 3A 65℃) 的RUL 预测精确度和稳定性明显高于其他几种模型。

表9-18 不同条件下的超级电容器的剩余使用寿命预测误差

	方法	RMSE	MAE
SC1	LSTM RNN	0.0308	0.0220
	GRU RNN	0.0301	0.0205
	BPNN	0.0411	0.0347
	TCN	0.0185	0.0116
SC2	LSTM RNN	0.0400	0.0343
	GRU RNN	0.0440	0.0361
	BPNN	0.0450	0.0373
	TCN	0.0177	0.0124
SC4	LSTM RNN	0.0467	0.0378
	GRU RNN	0.0552	0.0453
	BPNN	0.0637	0.0553
	TCN	0.0247	0.0182
SC11	LSTM RNN	0.0189	0.0132
	GRU RNN	0.0369	0.0312
	BPNN	0.0380	0.0313
	TCN	0.0146	0.0124
SC12	LSTM RNN	0.0263	0.0234
	GRU RNN	0.0459	0.0410
	BPNN	0.0578	0.0501
	TCN	0.0192	0.0175

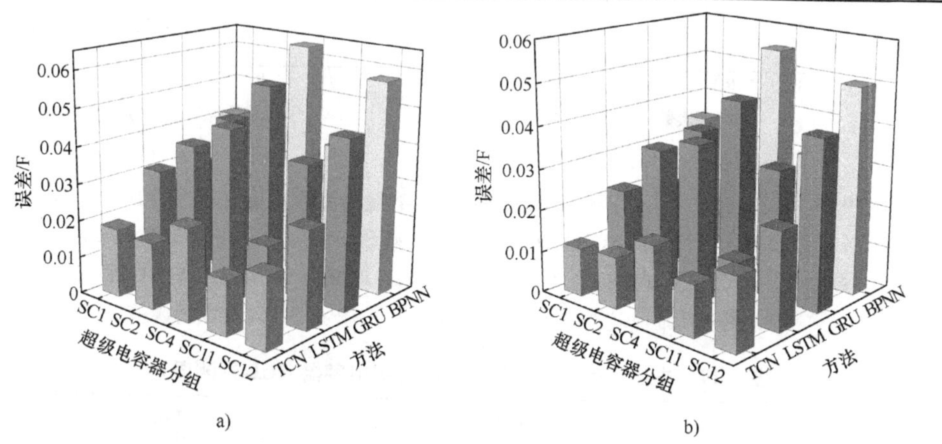

图9-35 TCN、LSTM RNN、GRU RNN 以及BPNN 模型的预测误差：
a）各方法预测的方均根误差；b）各方法预测的平均绝对误差

9.5.4 离线数据用于验证模型的泛化能力

为验证模型的泛化能力，使用 TCN 模型直接预测离线数据。由图 9-36 可知，由于数据未经训练，起始位置的预测误差较大，但是已经训练好的 TCN 模型其模型参数均已经调整到最佳值，所以后面能较好地拟合超级电容器的容量退化曲线，未经训练的不同条件下的超级电容器 RUL 预测误差见表 9-19。SC3（2.9V 3A 80℃）的 RUL 预测 RMSE 为 0.0216，MAE 为 0.0161。SC6（8～15V 3A 65℃）的剩余使用寿命预测 RMSE 为 0.0462，MAE 为 0.0359。

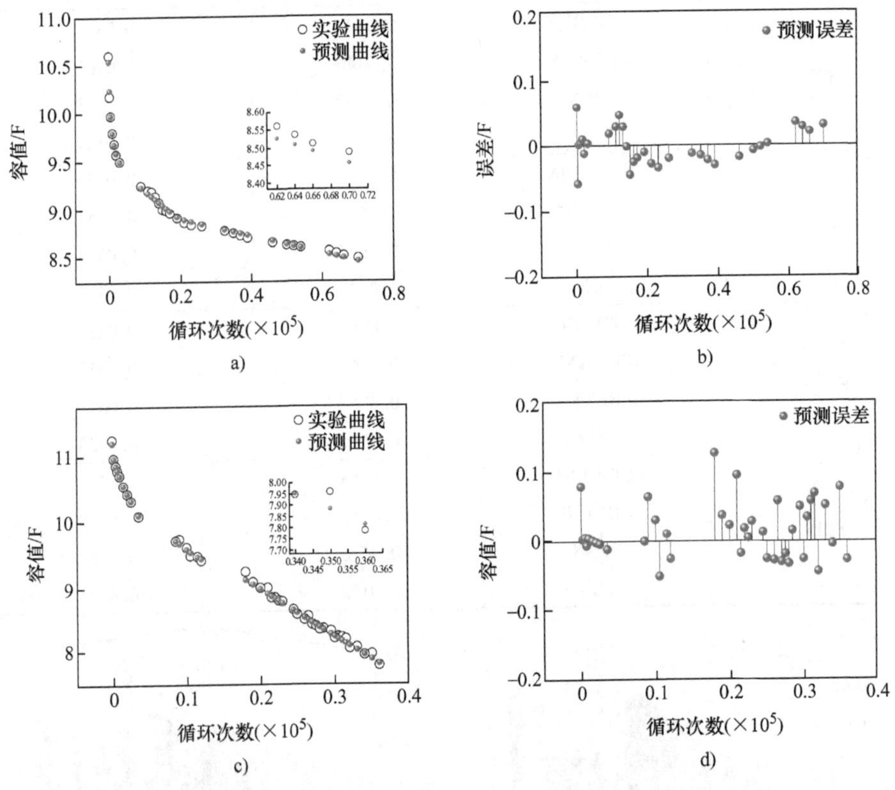

图 9-36 未经训练的不同条件下的超级电容器容量衰减数据集用来验证 TCN 模型：a）TCN 模型预测未经训练的 SC3（2.9V 3A 80℃）剩余使用寿命；b）SC3（2.9V 3A 80℃）剩余使用寿命预测误差；c）TCN 模型预测未经训练的 SC6（8～15V 3A 65℃）剩余使用寿命；d）SC6（8～15V 3A 65℃）剩余使用寿命预测误差

表 9-19 未经训练的不同条件下的超级电容器 RUL 预测误差

	RMSE	MAE
SC3	0.0216	0.0161
SC6	0.0462	0.0359

9.5.5 TCN模型与双向循环神经网络的比较

理论上来讲，由于TCN模型的残差模块对训练深度网络方面的优势以及并行处理序列数据、具有灵活的感受野以及低内存占有率等突出特点，对于超级电容器剩余使用寿命的预测问题会有更优越的表现。为了验证上述结论，本节对BLSTM RNN模型和TCN模型的仿真预测结果进行比较，预测误差如图9-37所示，不同条件下的剩余使用寿命预测误差比较见表9-20，未经训练的不同条件下的剩余使用寿命预测误差比较见表9-21。评价指标RMSE及MAE均表明TCN模型具有更高的预测精度。

表9-20 不同条件下的剩余使用寿命预测误差比较

方法		RMSE	MAE
TCN	SC2	0.0177	0.0124
BLSTM RNN		0.0221	0.0150
TCN	SC12	0.0192	0.0175
BLSTM RNN		0.0212	0.0190

表9-21 未经训练的不同条件下的剩余使用寿命预测误差比较

方法		RMSE	MAE
TCN	SC3	0.0216	0.0161
BLSTM RNN		0.0438	0.0309
TCN	SC6	0.0462	0.0359
BLSTM RNN		0.0579	0.0477

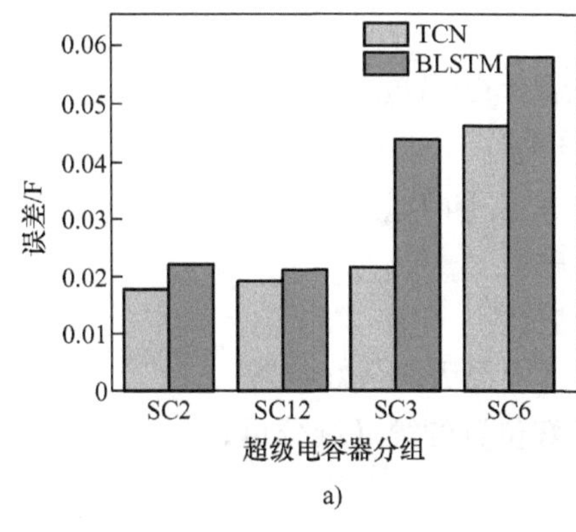

a)

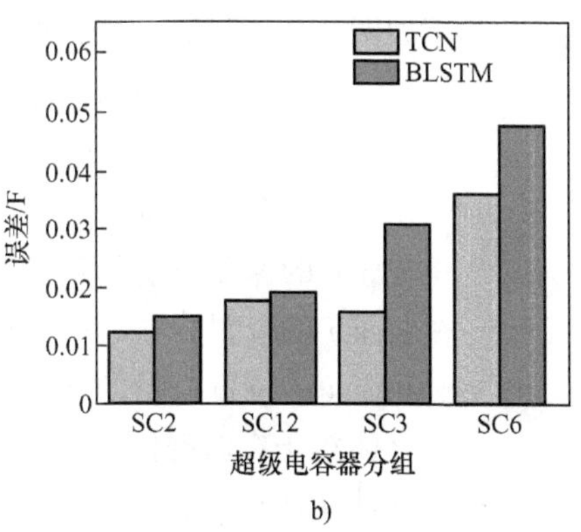

b)

图9-37 TCN、BLSTM RNN模型的预测误差：
a）各方法预测的方均根误差；b）各方法预测的平均绝对误差

9.6 基于改进粒子群算法优化 TCN 的超级电容器 RUL 预测

9.6.1 粒子群优化算法

自然界中各个物种均具有各自的群体行为，人工智能受自然界生物的群体行为的启发，在计算机上建立模拟生物行为的算法模型。1995 年心理学家 James Kennedy 和工程师 Russell Eberhart 在之前提出的模拟鸟群飞行现象的鸟群聚集模型的基础上，共同提出了对鸟群建模并仿真的粒子群优化（Particle Swarm Optimization，PSO）算法，该算法修正了 Frank Heppner 的模型使粒子更好地在全部解空间寻优并在最优值处降落。PSO 算法可定义为：在一个 D 维空间上，由 N 个粒子组成一个种群，用以下公式表示出第 i 个粒子的位置为

$$X_i = (x_{i1}, x_{i2}, \cdots, x_{iD})\, i = 1, 2, \cdots, N \tag{9-59}$$

该粒子的移动速度可用以下公式表示：

$$V_i = (v_{i1}, v_{i2}, \cdots, v_{iD})\, i = 1, 2, \cdots, N \tag{9-60}$$

该粒子当前在该 D 维空间中搜索到的最佳位置定义为个体极值，可用以下公式表示：

$$P_{\text{ibest}} = (p_{i1}, p_{i2}, \cdots, p_{iD})\, i = 1, 2, \cdots, N \tag{9-61}$$

粒子群中全体粒子可以搜索到的最佳位置定义为全局极值，可用以下公式表示：

$$P_{\text{gbest}} = (p_{g1}, p_{g2}, \cdots, p_{gD}) \tag{9-62}$$

上述公式中的 g 具有全局意义。

粒子群中全体粒子可以通过不断优化本身位置以及速度来得到全局最优解，粒子优化示意图如图 9-38 所示，公式如下

$$v_{id}^{t+1} = wv_{id}^{t} + c_1 r_1 (p_{id} - x_{id}^{t}) + c_2 r_2 (p_{gd} - x_{id}^{t}) \tag{9-63}$$

$$x_{id}^{t+1} = x_{id}^{t} + v_{id}^{t+1} \tag{9-64}$$

$$w = w_{\max} - (w_{\max} - w_{\min})\, t / T_{\max} \tag{9-65}$$

式中 v_{id}——粒子 i 的速度矢量的第 d 维分量；

x_{id}——粒子 i 的位置分量的第 d 维分量；

p_{id}——粒子 i 的位置矢量的第 d 维分量所经历的最好位置；

p_{gd}——全体粒子在解空间所经历的最好位置的第 d 维分量；

t——累计迭代次数；

c_1 和 c_2——学因子；

r_1 和 r_2——［0，1］范围内的随机数；

w——惯性权重；

$w_{\min}$——惯性权重的最小值；
$w_{\max}$——惯性权重的最大值；
$T_{\max}$——最大迭代次数。

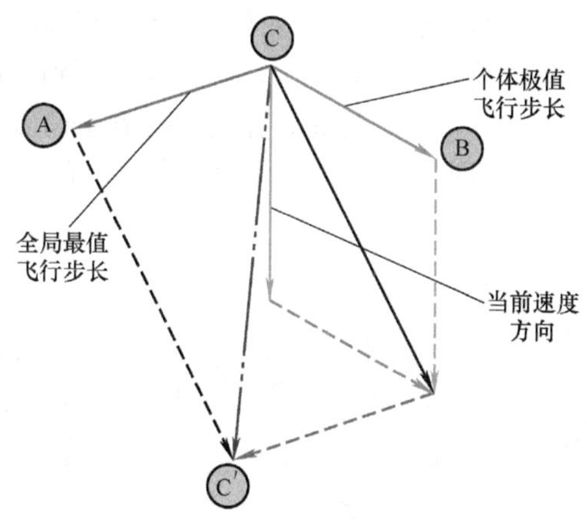

图 9-38 粒子优化示意图

通常，在第 d（$1 \leqslant d \leqslant D$）维的位置变化范围限定在 $[X_{\min,d},\ X_{\max,d}]$ 之内，速度变化范围限定在 $[-V_{\max,d},\ V_{\max,d}]$ 之内，即：若在迭代过程中 v_{id}、x_{id} 超出了边界值，则该维的速度和位置被限制在该维的最大速度和边界位置上，即

$$P_{i\text{best}}(k+1)=\begin{cases}P_{i\text{best}}(k),\ f(x_i(k))\leqslant f(P_{i\text{best}}(k))\\ x_i(k+1),\ f(x_i(k))>f(P_{i\text{best}}(k))\end{cases} \tag{9-66}$$

$$P_{g\text{best}}(k+1)=\begin{cases}P_{g\text{best}}(k),\ f(P_{i\text{best}}(k))\leqslant f(P_{g\text{best}}(k))\\ P_{i\text{best}}(k),\ f(P_{i\text{best}}(k))>f(P_{g\text{best}}(k))\end{cases} \tag{9-67}$$

基本 PSO 算法存在易早熟收敛至局部最优解的弊端，模拟退火算法中的 Metropolis 准则可以在温度下降的迭代过程当中以一定概率选择适应度较差的解，这会使得该算法在迭代过程中以更大的概率跳出局部最优解，从而增强其全局寻优能力。PSO 算法流程见表 9-22。

表 9-22 PSO 算法流程

步骤 1：初始化粒子群体，包括随机位置和速度。
步骤 2：评价每个粒子的适应度。
步骤 3：对每个粒子，将其当前适应值与其个体历史最佳位置对应的适应值做比较，若当前的适应值更高，则将用当前位置更新历史最佳位置。
步骤 4：对每个粒子，将其当前适应值与全局最佳位置对应的适应值做比较，若当前的适应值更高，则将用当前位置更新全局最佳位置。
步骤 5：更新每个粒子的速度和位置。
步骤 6：如未满足结束条件，则返回步骤 2，通常算法达到最大迭代次数 $G_{\max}$ 或者最佳适应度值的增量小于某个给定阈值时算法停止。

9.6.2 模拟退火算法

模拟退火（Simulated Annealing，SA）算法是在 1953 年被 Metropolis 提出的一种模拟物理退火过程而设计的优化算法。固体升温到一定程度，其内部粒子由于温度升高而呈杂乱状态，可认为此时内能增大。再让其冷却到一定温度，这一过程中固体内部的粒子逐步趋于有序状态，在每个温度都达到平衡态，最后在常温时达到基态，此时内能减为最小，即算法结果已趋于全局最优解，退火过程示意图如图 9-39 所示。

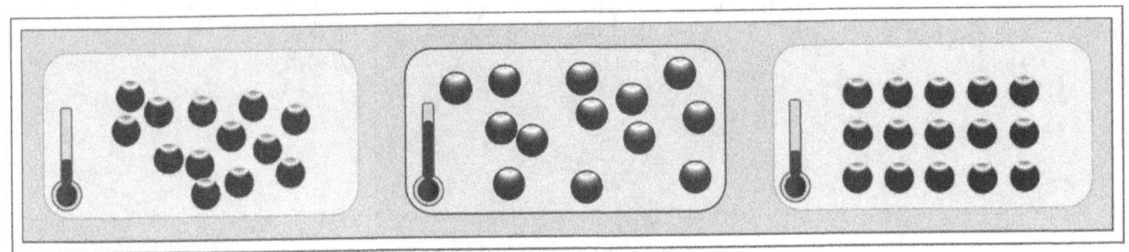

图 9-39 退火过程示意图

与同为贪心算法的爬山算法相比，SA 算法以一定的概率接受一个劣于当前解的解，这使算法以更大的概率在全局范围内寻优。SA 算法源于对固体退火过程的模拟，采用 Metropolis 准则进行概率性的接受，在以设定步长模拟物理降温的过程中，SA 算法结合计算概率突跳特性在全局解空间内进行寻优操作，降低了结果落于局部最优区域的概率，模拟退火算法流程如图 9-40 所示，表达式如下所示

$$p_i(k)=\begin{cases}1, & E_i(k)<E_g\\ \exp\left(-\dfrac{E_i(k)-E_g}{T_i}\right), & E_i(k)\geqslant E_g\end{cases} \tag{9-68}$$

式中 $E_i(k)$ ——粒子 i 在第 k 次迭代时的函数值；

E_g——当前种群的函数值，即适应度；

T_i——当前温度。

上述的寻优过程是随着温度衰减，逐渐降温和计算新解的不断迭代过程。$E_i(k)$ 完全决定了下次迭代的新解 $E_i(k+1)$。经过不断的迭代寻优，在温度 T_i 下的分布为

$$p_i(k)=\mathrm{e}^{\frac{-E_i(k-1)}{T}}/\sum_{j\in S}\mathrm{e}^{\left(\frac{-E_i(k)}{T_i}\right)} \tag{9-69}$$

$$p_i=\begin{cases}\dfrac{1}{|S_{\min}|}, & x_i\in S_{\min}\\ 0, & \text{其他}\end{cases}, \text{且} \sum_{x_i\in S_{\min}}p_i=1 \tag{9-70}$$

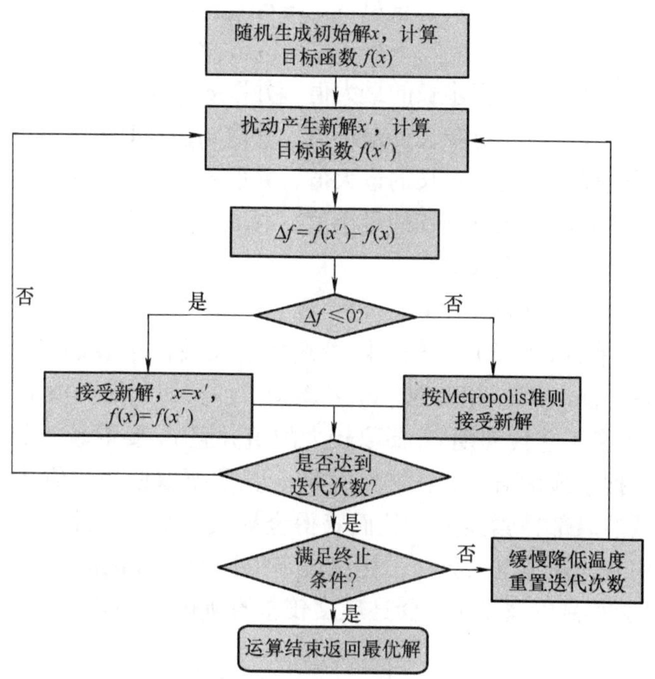

图 9-40 模拟退火算法流程

9.6.3 SA-PSO 算法

PSO 算法具有参数少、原理较简单以及容易实现等优点，因此在各个领域都有广泛的应用。但是，由于标准粒子群算法的参数是固定的，易导致早熟收敛至局部最优值以及出现迭代后期收敛速度变慢的情况。因此，在标准的 PSO 算法的基础上进行改进，会使得该算法的性能进一步优化。ω 描述粒子的“惯性”，在进化前期 ω 应该尽量大一点，保证各个粒子独立飞行充分搜索空间，后期应该小一点，在其他粒子方向的学习程度加强一些。c_1 和 c_2 分别指向个体极值和全局极值最大的飞行步长。前期 c_1 应该大一些，后期 c_2 应该大一些，这样就能平衡粒子的全局搜索能力和局部搜索能力。为实现惯性权重 ω 的理想行为，即迭代初期下降其值较大，后期下降较慢其值较小，可用以下公式解决：

$$\omega' = a(\omega_{\max} - \omega_{\min})[\operatorname{arccot}(t/T_{\max})]^3 + b\omega_{\min} \tag{9-71}$$

式中 $\omega_{\max}$——惯性权重的最大值，并取 $\omega_{\max}=0.9$；

$\omega_{\min}$——惯性权重的最小值，并取 $\omega_{\min}=0.4$；

$T_{\max}$——迭代的最大数值，并取 $T_{\max}=1500$；

a 和 b——调节曲线的参数，并取 $a=0.3$，$b=0.8$。

根据 c_1 和 c_2 的理想行为，可用以下公式改进：

$$c_1 = c_{1\max} - k(c_{1\max} - c_{1\min})/k_{\max} \tag{9-72}$$

$$c_2 = c_{2\min} - k(c_{2\min} - c_{2\max})/k_{\max} \tag{9-73}$$

式中 $c_{1\max}$——个体极值飞行步长的最大值，并取 $c_{1\max}=2.5$；

$c_{1\min}$——个体极值飞行步长的最小值，并取 $c_{1\min}=1.25$；

$c_{2\max}$——全局极值飞行步长的最大值，并取 $c_{2\max}=1.25$；

$c_{2\min}$——全局极值飞行步长的最小值；并取 $c_{2\min}=2.5$；

k——目前的迭代数值；

$k_{\max}$——迭代次数的最大值。

由式(9-72) 和式(9-73) 可知，随着迭代的发展，c_1 会逐步递减，即从最大值 2.5 减小至最小值 1.25。相反地，c_2 会逐步增加，即从最小值 1.25 增至最大值 2.5。这一改进平衡了迭代初期 c_1 要取较大的值并且 c_2 要取较小的值以保证在更广阔的全局空间搜索最优值，而在迭代后期 c_1 又需要取偏小的值并且 c_2 要取较大的值以加强细致的局部搜索能力，从而获得全局最优解。除此之外，应用 PSO 的迭代优化过程中融入模拟退火算法，初温设定依据拥有最优值的初始粒子来确定，以式(9-68) 计算得到的概率来接受适应度较差的新解，模拟退火公式如下：

$$T(k) = \begin{cases} \dfrac{E(P_{\text{gbest}})}{\log(0.2)}, & k=1 \\ T(k-1)\mu, & k>1 \end{cases} \tag{9-74}$$

式中 T——退火过程中的温度；

P_{gbest}——种群最佳位置；

$E(P_{\text{gbest}})$——种群最佳位置的适应度；

k——迭代次数；

μ——退火系数，并取 $\mu=0.95$。

本节提出的 SA-PSO 算法，在自适应调节 ω、c_1 以及 c_2 等参数的基础上融合模拟退火算法的 Metropolis 准则，使得传统 PSO 算法以更大的概率跳出收敛至局部最优解的结果，实现了快速、强鲁棒性以及高精度的寻优。

9.6.4 SA-PSO 算法优化 TCN 用于超级电容器 RUL 预测

由上述仿真结果可知，TCN 具有并行处理数据、稳定的梯度、内存占用率低以及可处理任意长度的序列数据等特点，在超级电容器的 RUL 预测这一问题上相较于传统的 RNN 表现出强鲁棒、高精度以及高效率的优势。但是，TCN 在训练以及预测过程中与其他人工神经网络一样仍旧会随机选取初始权重和阈值，这不利于保证序列数据的预测稳定性。因此，使用 SA-PSO 算法确定一组最优的网络初始权重和阈值很有必要，使用 SA-PSO 算法优化 TCN，本节定义为 SA-PSO-TCN 算法，SA-PSO-TCN 用于预测超级电容器的 RUL 流程见表 9-23。

表 9-23 SA-PSO-TCN 用于预测超级电容器的 RUL 流程

步骤1：确定 TCN 的结构，设定 TCN 的卷积核规模和卷积核数量，这是确定 TCN 网络权重参数和偏置参数的基础。
步骤2：初始化粒子群参数，如粒子群的规模 M 以及维度 D。卷积核的规模为 4×1，卷积核的数量为 128。因此，粒子群的维度：D＝卷积核的规模×卷积核的数量＋卷积核的数量＝4×1×128＋128＝640。设定迭代数的最大值 T_{max}、速度的边界值［v_{max}，v_{min}］以及位置的边界值［x_{max}，x_{min}］。本节规定 TCN 的输出与实测值的方均误差作为适应度函数，公式如下 $$F_n = \frac{1}{n}\sum_{i=1}^{m} w_i(y_i - \hat{y}_i)^2$$
步骤3：在粒子位置和速度的边界范围内，随机生成粒子的位置和速度矢量。同时，对于个体极值点和全局极值点的设定，将当前粒子的位置设为粒子个体极值点，计算当前粒子种群最佳位置的适应度，并将其设为全局极值点。
步骤4：分别根据式(9-55)和式(9-56)更新粒子的速度和位置，其中惯性权重 ω、个体极值的最大飞行步长 c_1 以及全局极值的最大飞行步长 c_2 分别按式(9-66)～式(9-68)给出的改进方法进行迭代运算。
步骤5：计算更新位置与速度之后的粒子适应度值。
步骤6：计算更新位置与速度后的粒子个体适应度，并将其与个体极值点相比较，采用式(9-68)计算以新解更新当前解的概率。
步骤7：比较全局粒子当前适应度和以往最佳适应度，按 Metropolis 准则进行判断是否由当前粒子群的最优位置代替粒子群的全局历史最好位置。
步骤8：判断是否达到终止迭代的标准，一般将终止条件设置为步骤 2 中的达到迭代次数的最大值或适应度函数值收敛至设定的值域范围之内。
步骤9：1）若达到终止迭代的标准则应该停止迭代，输出全局最优粒子，即：TCN 的一组最优权重和偏置参数。2）若未达到终止迭代的标准则应该返回步骤 4 继续寻优操作。
步骤10：将输出的一组最优权重和阈值赋值给 TCN，并训练 TCN 得到训练误差。
步骤11：将训练误差值与设定的目标误差值比较。若该误差已经达到目标设定值则应结束训练，若未达到目标设定值则应继续训练网络至收敛到目标阈值范围内。

9.6.5 改进的 TCN 预测超级电容器 RUL 仿真结果

为进一步验证基于 SA-PSO 算法改进的 TCN 预测超级电容器 RUL 的性能。本节仿真试验在之前离线验证的几组超级电容器的基础上改变电压、电流的实验工况得到另外一组超级电容器的容量退化曲线，即新增 SC7(2.7V 1A 25℃)以增强验证可信度和说服力。TCN 模型、PSO-TCN 模型以及 SA-PSO-TCN 模型对 SC1(2.9V 3A 25℃)、SC2(2.9V 3A 50℃)、SC4(2.7V 3A 65℃)、SC11(2.7V 3A 50℃)、SC12(2.9V 3A 65℃)的 RUL 预测结果及其误差分别如图 9-41～图 9-45 所示。各方法预测 SC1、SC2、SC4、SC11、SC12 的 RUL 的误差值分别见表 9-24～表 9-28。SA-PSO-TCN 模型对离线数据的预测结果及其误差如图 9-46 所示。SA-PSO-TCN 模型预测离线数据的误差值见表 9-29。

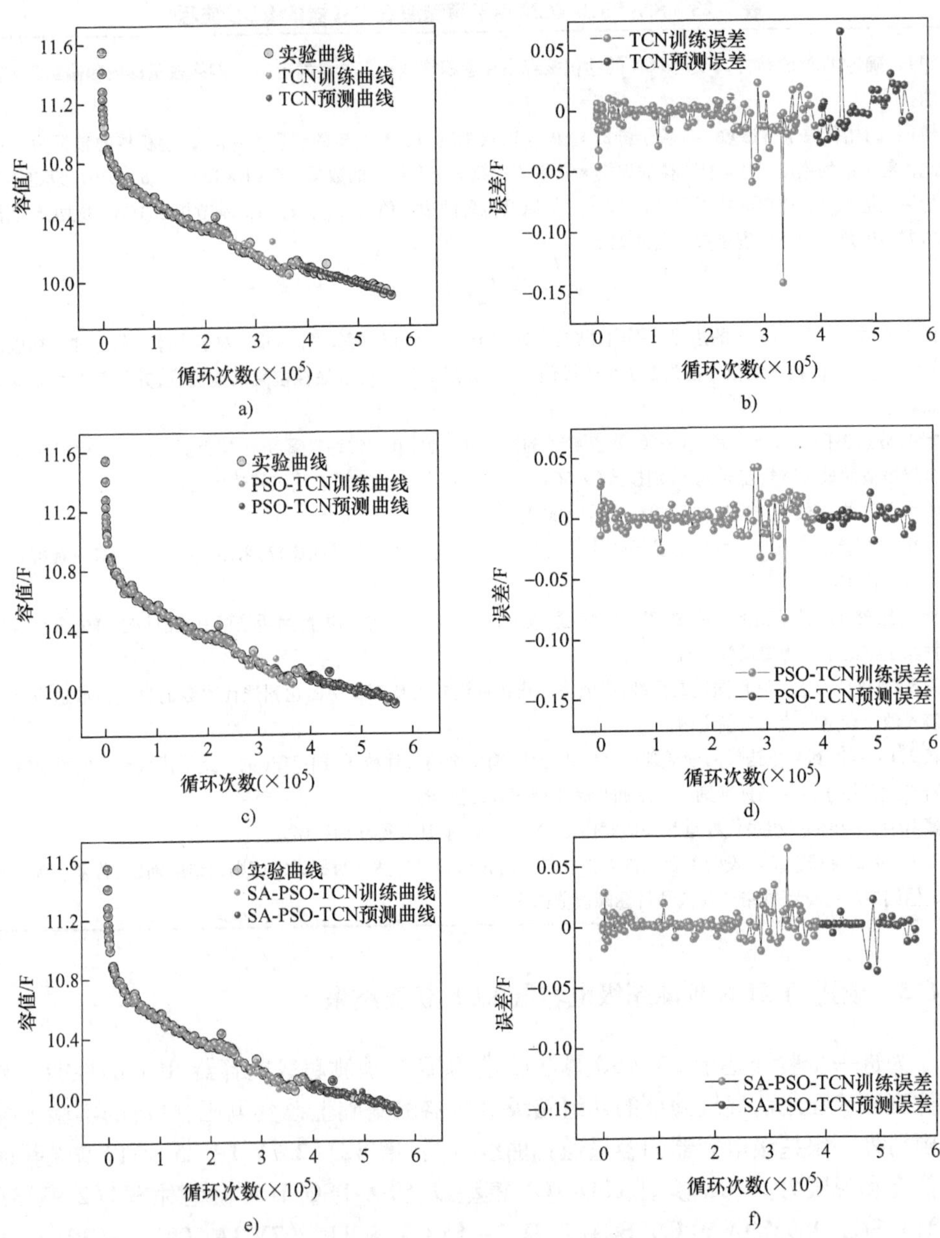

图 9-41　TCN 模型、PSO-TCN 模型以及 SA-PSO-TCN 模型
对 SC1（2.9V 3A 25℃）的 RUL 预测结果及其误差：
a）TCN 模型对 SC1（2.9V 3A 25℃）的预测结果；b）TCN 模型对 SC1（2.9V 3A 25℃）的预测误差；c）PSO-TCN 模型对 SC1（2.9V 3A 25℃）的预测结果；d）PSO-TCN 模型对 SC1（2.9V 3A 25℃）的预测误差；e）SA-PSO-TCN 模型对 SC1（2.9V 3A 25℃）的预测结果；f）SA-PSO-TCN 模型对 SC1（2.9V 3A 25℃）的预测误差

表 9-24 各方法预测 SC1 的 RUL 的误差值

	方法	误差	RMSE	MAE
SC1	TCN	训练集	0.0181	0.0093
		测试集	0.0185	0.0116
	PSO-TCN	训练集	0.0130	0.0076
		测试集	0.0141	0.0064
	SA-PSO-TCN	训练集	0.0101	0.0060
		测试集	0.0105	0.0048

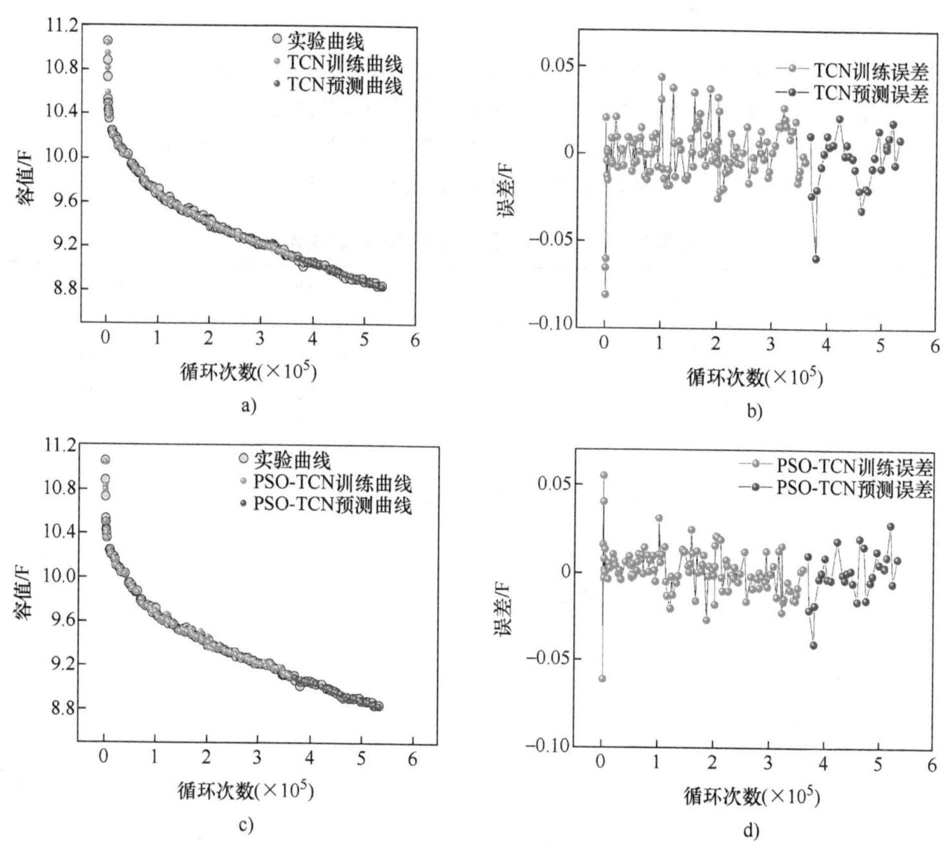

图 9-42 TCN 模型、PSO-TCN 模型以及 SA-PSO-TCN 模型对 SC2（2.9V 3A 50℃）的 RUL 预测结果及其误差：

a）TCN 模型对 SC2（2.9V 3A 50℃）的预测结果；b）TCN 模型对 SC2（2.9V 3A 50℃）的预测误差；c）PSO-TCN 模型对 SC2（2.9V 3A 50℃）的预测结果；d）PSO-TCN 模型对 SC2（2.9V 3A 50℃）的预测误差

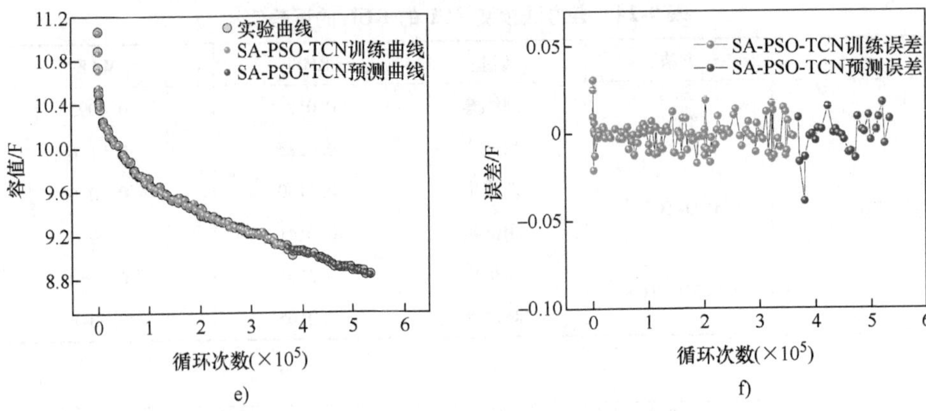

图 9-42　TCN 模型、PSO-TCN 模型以及 SA-PSO-TCN 模型对 SC2（2.9V 3A 50℃）的 RUL 预测结果及其误差（续）：e）SA-PSO-TCN 模型对 SC2（2.9V 3A 50℃）的预测结果；f）SA-PSO-TCN 模型对 SC2（2.9V 3A 50℃）的预测误差

表 9-25　各方法预测 SC2 的 RUL 的误差值

	方法	误差	RMSE	MAE
SC2	TCN	训练集	0.0176	0.0122
		测试集	0.0177	0.0124
	PSO-TCN	训练集	0.0133	0.0092
		测试集	0.0135	0.0099
	SA-PSO-TCN	训练集	0.0084	0.0060
		测试集	0.0109	0.0075

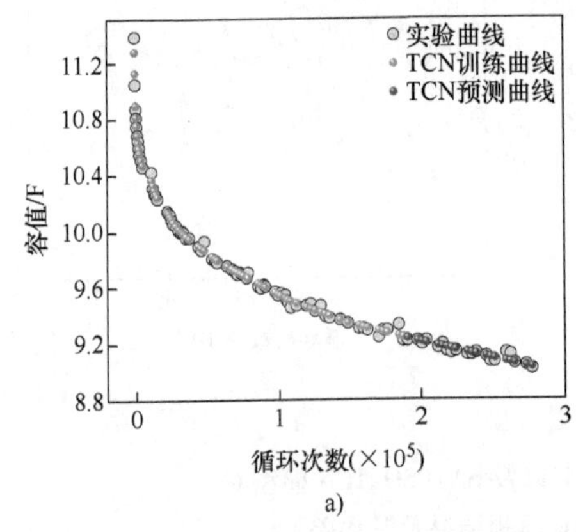

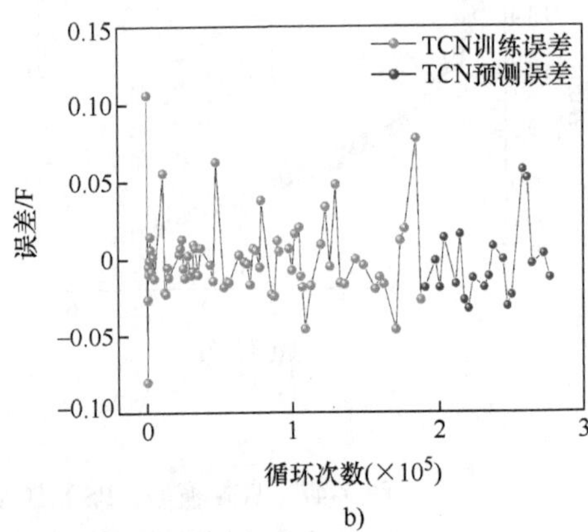

图 9-43　TCN 模型、PSO-TCN 模型以及 SA-PSO-TCN 模型对 SC4（2.7V 3A 65℃）的 RUL 预测结果及其误差：a）TCN 模型对 SC4（2.7V 3A 65℃）的预测结果；b）TCN 模型对 SC4（2.7V 3A 65℃）的预测误差

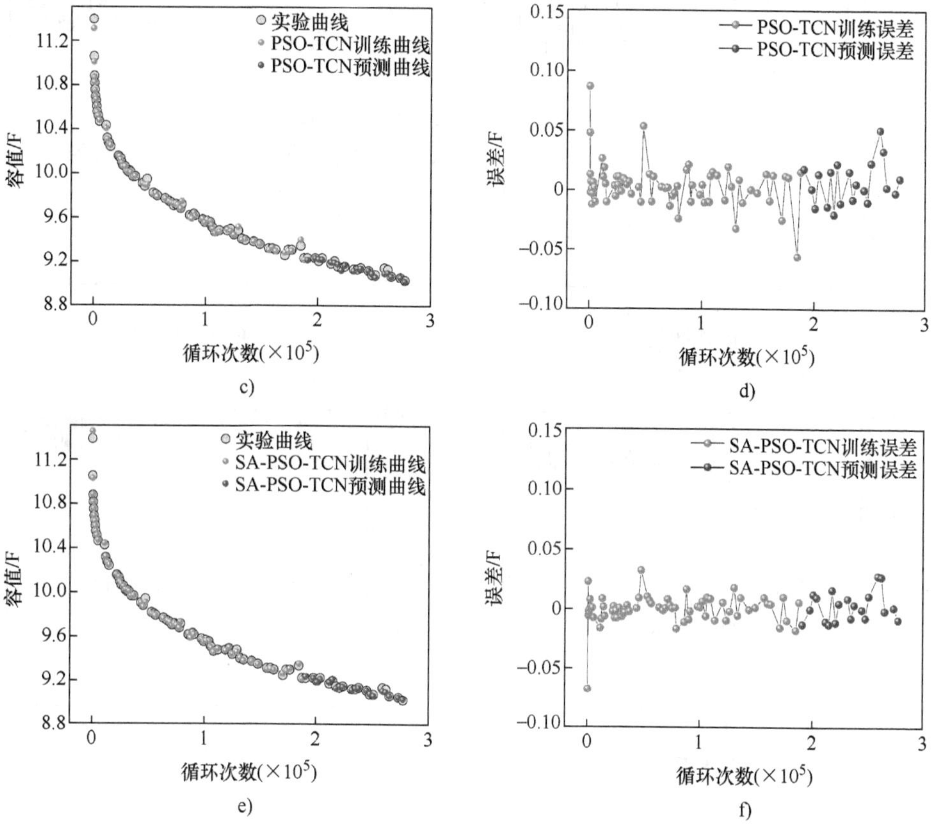

c)

d)

e)

f)

图 9-43 TCN 模型、PSO-TCN 模型以及 SA-PSO-TCN 模型对 SC4（2.7V 3A 65℃）的 RUL 预测结果及其误差（续）：

c）PSO-TCN 模型对 SC4（2.7V 3A 65℃）的预测结果；d）PSO-TCN 模型对 SC4（2.7V 3A 65℃）的预测误差；e）SA-PSO-TCN 模型对 SC4（2.7V 3A 65℃）的预测结果；f）SA-PSO-TCN 模型对 SC4（2.7V 3A 65℃）的预测误差

表 9-26 各方法预测 SC4 的 RUL 的误差值

	方法	误差	RMSE	MAE
SC4	TCN	训练集	0.0267	0.0180
		测试集	0.0247	0.0182
	PSO-TCN	训练集	0.0186	0.0122
		测试集	0.0184	0.0143
	SA-PSO-TCN	训练集	0.0119	0.0075
		测试集	0.0123	0.0097

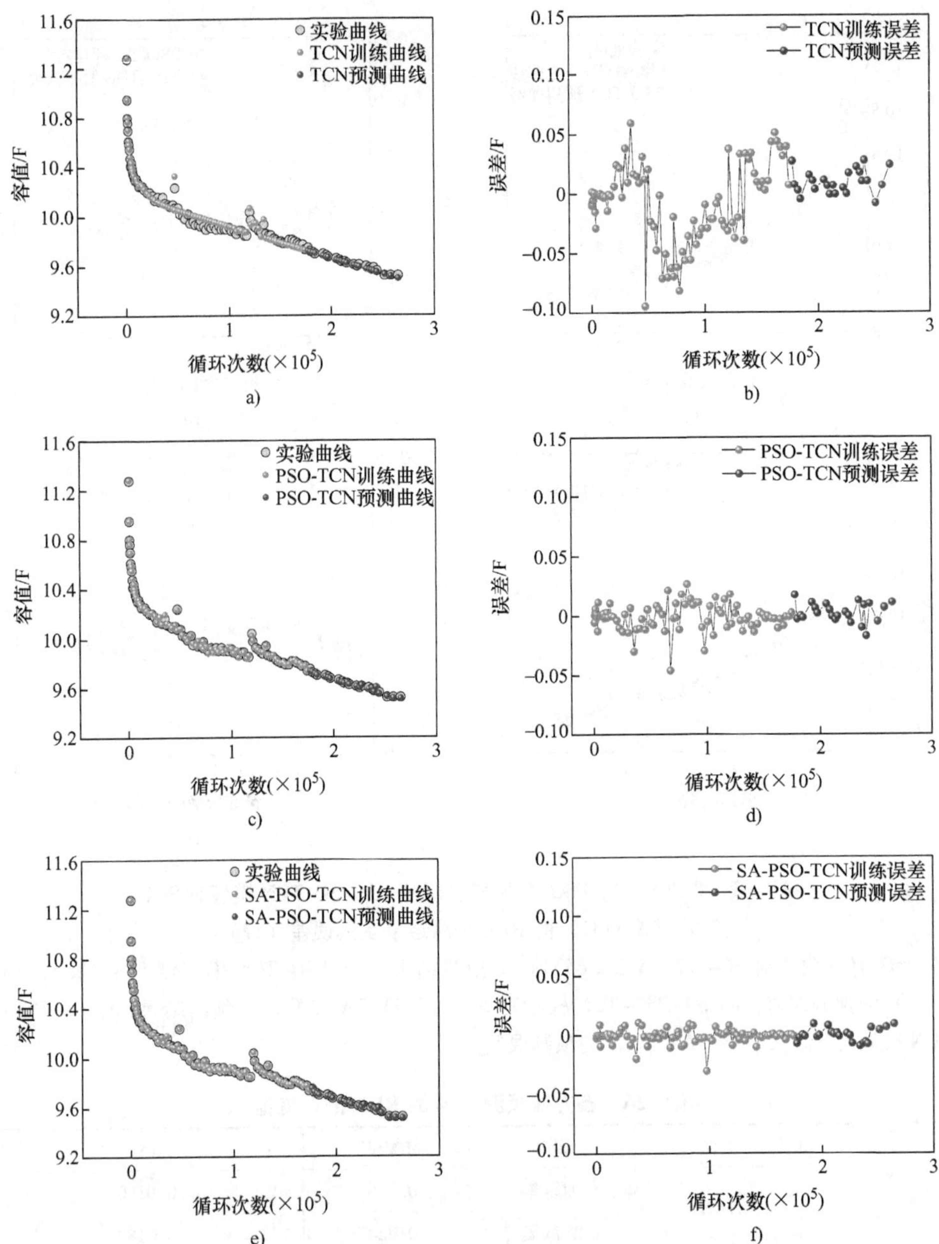

图 9-44　TCN 模型、PSO-TCN 模型以及 SA-PSO-TCN 模型对 SC11（2.7V 3A 50℃）的 RUL 预测结果及其误差：

a）TCN 模型对 SC11（2.7V 3A 50℃）的预测结果；b）TCN 模型对 SC11（2.7V 3A 50℃）的预测误差；c）PSO-TCN 模型对 SC11（2.7V 3A 50℃）的预测结果；d）PSO-TCN 模型对 SC11（2.7V 3A 50℃）的预测误差；e）SA-PSO-TCN 模型对 SC11（2.7V 3A 50℃）的预测结果；f）SA-PSO-TCN 模型对 SC11（2.7V 3A 50℃）的预测误差

表 9-27 各方法预测 SC11 的 RUL 的误差值

	方法	误差	RMSE	MAE
SC11	TCN	训练集	0.0324	0.0241
		测试集	0.0146	0.0124
	PSO-TCN	训练集	0.0107	0.0074
		测试集	0.0081	0.0065
	SA-PSO-TCN	训练集	0.0057	0.0035
		测试集	0.0055	0.0044

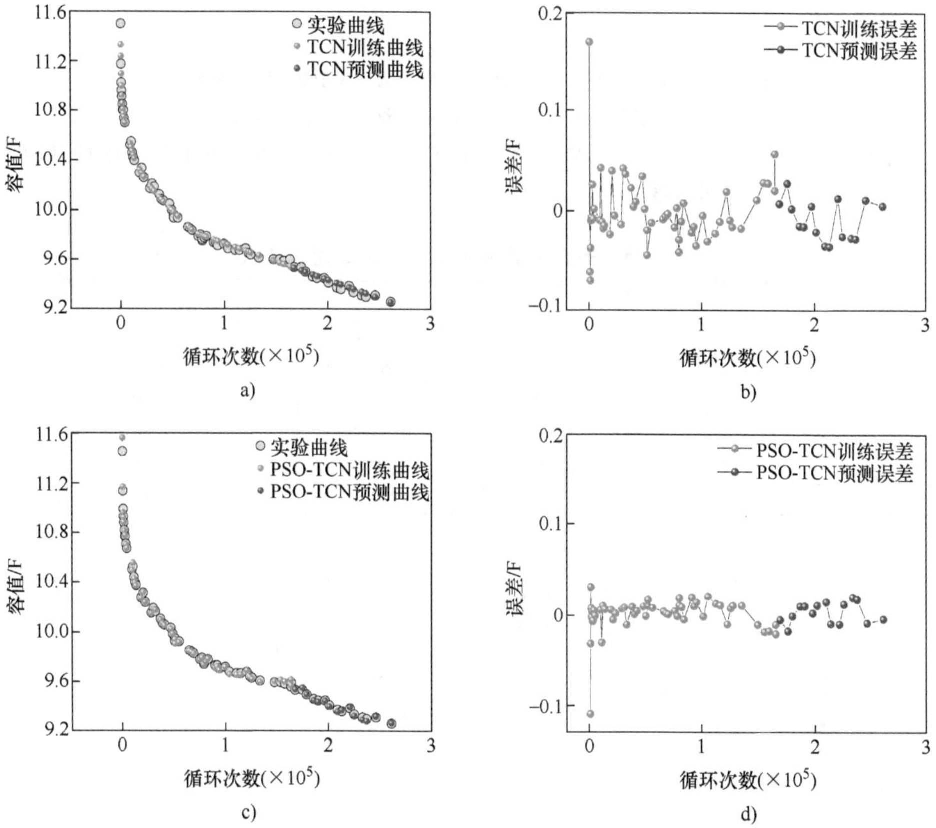

图 9-45 TCN 模型、PSO-TCN 模型以及 SA-PSO-TCN 模型对 SC12（2.9V 3A 65℃）的 RUL 预测结果及其误差：

a）TCN 模型对 SC12（2.9V 3A 65℃）的预测结果；b）TCN 模型对 SC12（2.9V 3A 65℃）的预测误差；c）PSO-TCN 模型对 SC12（2.9V 3A 65℃）的预测结果；d）PSO-TCN 模型对 SC12（2.9V 3A 65℃）的预测误差

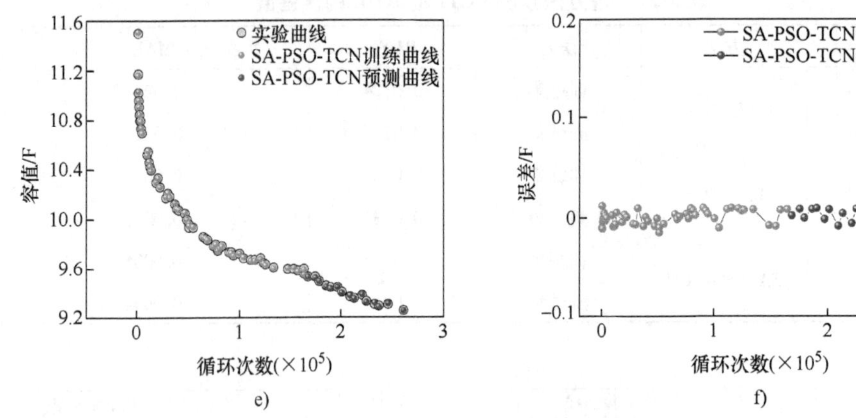

图 9-45　TCN 模型、PSO-TCN 模型以及 SA-PSO-TCN 模型对 SC12（2.9V 3A 65℃）的 RUL 预测结果及其误差（续）：
e）SA-PSO-TCN 模型对 SC12（2.9V 3A 65℃）的预测结果；f）SA-PSO-TCN 模型对 SC12（2.9V 3A 65℃）的预测误差

表 9-28　各方法预测 SC12 的 RUL 的误差值

	方法	误差	RMSE	MAE
SC12	TCN	训练集	0.0349	0.0239
		测试集	0.0192	0.0175
	PSO-TCN	训练集	0.0193	0.0117
		测试集	0.0117	0.0103
	SA-PSO-TCN	训练集	0.0069	0.0059
		测试集	0.0072	0.0063

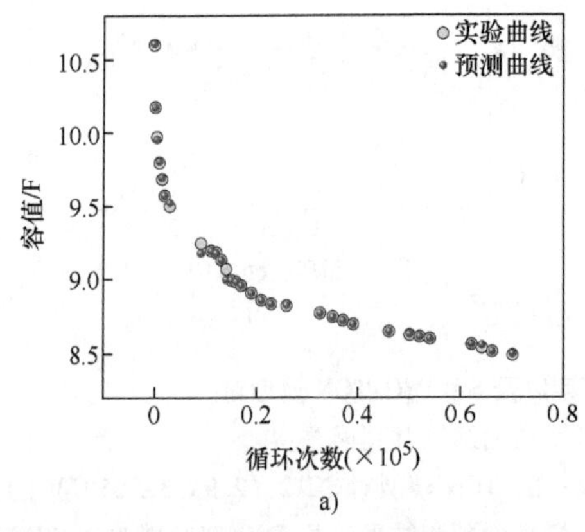

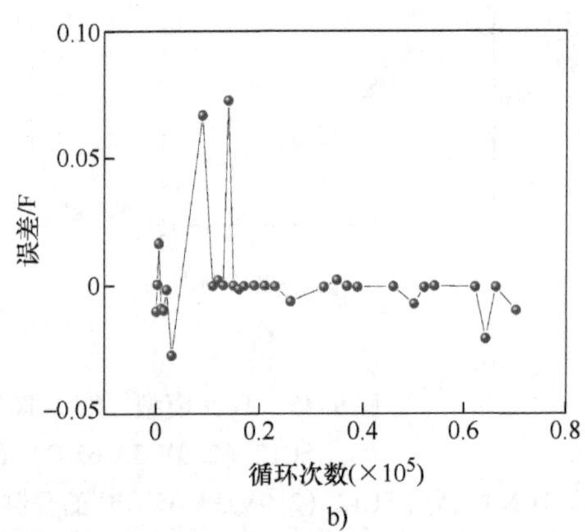

图 9-46　SA-PSO-TCN 模型对离线数据的预测结果及其误差：
a）SC3（2.9V 3A 80℃）的预测结果；b）SC3（2.9V 3A 80℃）的预测误差

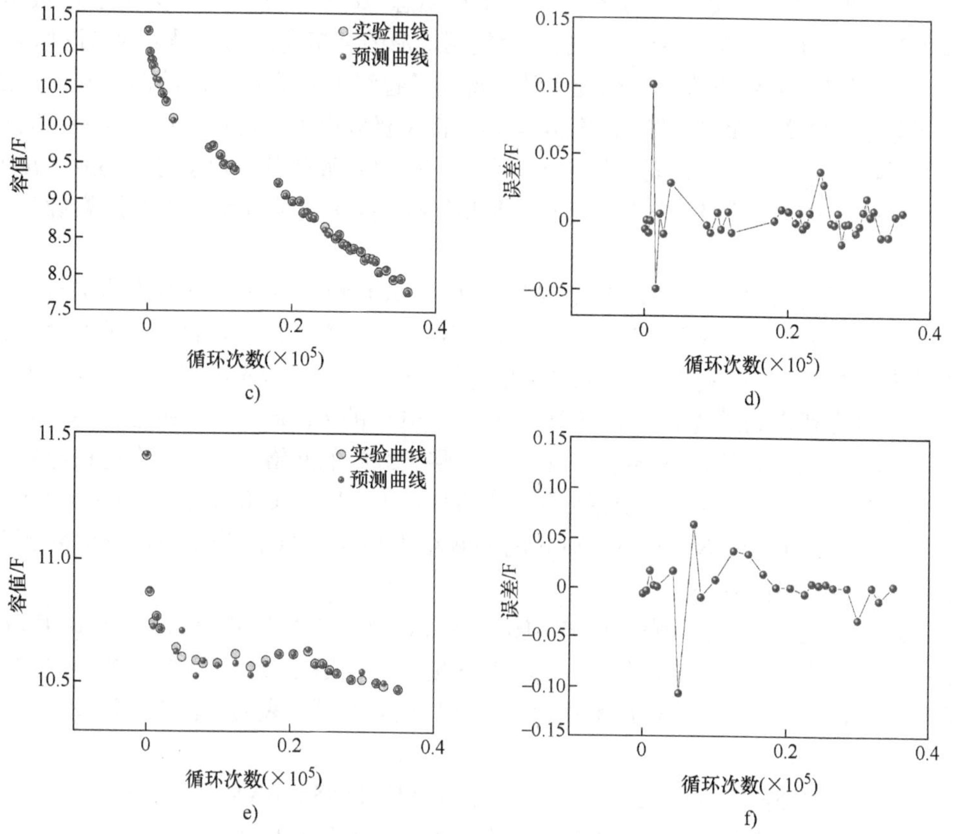

图 9-46 SA-PSO-TCN 模型对离线数据的预测结果及其误差（续）：
c）SC6（8～15V 3A 65℃）的预测结果；d）SC6（8～15V 3A 65℃）的预测误差；e）SC7（2.7V 1A 25℃）的预测结果；f）SC7（2.7V 1A 25℃）的预测误差

表 9-29 SA-PSO-TCN 模型预测离线数据的误差值

	RMSE	MAE
SC3	0.0194	0.0086
SC6	0.0208	0.0113
SC7	0.0283	0.0152

9.7 小结

由于人们对能量存储系统的要求越来越高，近年来对高能量和高功率电化学能量装置的研究逐渐增加。超级电容器作为新型储能元件，其老化趋势的研究和剩余使用寿命的预测具有十分重要的意义。本章在深入研究超级电容器储能机理、等效电路模型的基础上，进行了稳态循环测试和动态 HPPC 测试，得到大量老化数据，基于 HGA-LSTM 实现了超级电容器剩余使用寿命的高精度预测，得到的结论如下：

1）分析了超级电容器的储能机理，得到了超级电容器在不同的温度和电压条件下老化速度变化曲线，发现超级电容器内部电极和电解液的反应都会受到不同程度的影响，例如其表面官能团的氧化还原反应和电解液的分解速度等。另外，深入了解其储能机理为超级电容器的 RUL 预测提供了参考，结合老化影响因素确定了深度学习的学习变量。

2）提出了基于 HGA-LSTM 的超级电容器 RUL 预测方法，将遗传算法与非线性优化算法序列二次规划算法相结合，既利用了遗传算法的多样性和快速收敛到近似最优解的优点，又利用了序列二次规划算法出色的局部搜索能力，使算法能够更加高效地找到全局最优解。通过 HGA 优化 LSTM 的 Dropout 概率和隐藏层单元个数，并将优化结果用于 LSTM 网络的训练，将训练好的网络分别对三个超级电容器进行寿命预测，得到的预测误差分别为 0.0214、0.0161、0.0264，与 Simple RNN、GRU RNN、LSTM RNN、HGA-LSTM 的预测结果相比，结果证明 HGA-LSTM 预测精度最高，鲁棒性最好。

3）开展了稳态循环测试和动态 HPPC 测试，将 HGA-LSTM 模型用于 HPPC 测试条件下的超级电容器寿命预测，其结果表明，不论是经过训练的还是未经过训练的超级电容器老化数据，最后都取得了良好的预测效果，表明该模型的泛化能力较强，适应性较好。

从人工神经网络方向入手，搭建基础 BP 神经网络、RNN 以及改进的 RNN 模型来监测超级电容器的 RUL。RNN 框架仍存在梯度爆炸和梯度消失的问题。TCN 是由残差模块堆叠而成的深度网络并在最后几层使用全卷积层代替全连接层，其中的每一个残差模块封装两层扩展卷积、权重归一化层、Relu 非线性函数以及 Dropout 正则化，TCN 的跳跃连接结构使得该模型具有和序列时间方向不同的传播路径，因此可解决上述问题。另外，对于 TCN 模型的训练过程采用早停法以防止模型过拟合从而提高泛化能力。通过筛选网络最优初始权重和阈值，改进传统 PSO 算法中的固定参数：惯性权重 ω、个体极值的最大飞行步长 c_1 以及全局极值的最大飞行步长 c_2，使其能够自适应调整参数以平衡粒子的全局搜索能力和局部搜索能力。引入模拟退火算法中的 Metropolis 准则，以一定的概率接受稍差解，提高跳出局部最优解空间并最终趋于全局最优的概率，并仿真验证了该改进方法能够优化 TCN 模型的精确度和鲁棒性。

参考文献

[1] 黄晓斌，张熊，韦统振，等．超级电容器的发展及应用现状［J］．电工电能新技术，2017，36（11）：63-70.

[2] 王超，苏伟，钟国彬，等．超级电容器及其在新能源领域的应用［J］．广东电力，2015，28（12）：46-52.

[3] MUZAFFAR A，B AHAMED M，DESHMUKH K，et al. A review on recent advances in hybrid supercapacitors：Design，fabrication and applications［J］. Renewable and Sustainable Energy Reviews，2019（101）：123-145.

[4] 陈雪丹，陈硕翼，乔志军，等．超级电容器的应用［J］．储能科学与技术，2016，5（6）：800-806.

[5] RAMYA R，SIVASUBRAMANIAN R，SANGARANARAYANAN M V. Conducting polymers-based electrochemical supercapacitors—Progress and prospects［J］. Electrochimica Acta，2013（101）：109-129.

[6] IKE I S，SIGALAS I，IYUKE S，et al. RETRACTED：An overview of mathematical modeling of electrochemical supercapacitors/ultracapacitors［J］. Journal of Power Sources，2015（273）：264-277.

[7] 刘云鹏，李雪，韩颖慧，等．锂离子超级电容器电极材料研究进展［J］．高电压技术，2018，44（4）：1140-1148.

[8] 殷权，李洪娟，秦占斌，等．金属化合物超级电容器电极材料［J］．化工进展，2016，35（S2）：200-208.

[9] 宋维力，范丽珍．超级电容器研究进展：从电极材料到储能器件［J］．储能科学与技术，2016，5（6）：788-799.

[10] POONAM，SHARMA K，ARORA A，et al. Review of supercapacitors：Materials and devices［J］. Journal of Energy Storage，2019，21：801-825.

[11] LU X F，LI G R，TONG Y X. A review of negative electrode materials for electrochemical supercapacitors［J］. Science China Technological Sciences，2015，58（11）：1799-1808.

[12] ANDER GONZÁLEZ，EIDER GOIKOLEA，JON ANDONI BARRENA，et al. Review on supercapacitors：Technologies and materials［J］. Renewable and Sustainable Energy Reviews，2016，58：1189-1206.

[13] WANG Y，SONG Y，XIA Y. Electrochemical capacitors：mechanism，materials，systems，characterization and applications［J］. Chemical Society Reviews，2016，45（21）：5925-5950.

[14] SHAO Y，EL-KADY M F，SUN J，et al. Design and mechanisms of asymmetric supercapacitors［J］. Chemical Reviews，2018，118（18）：9233-9280.

[15] ZOU K，CAI P，CAO X，et al. Carbon materials for high-performance lithiumion capacitor［J］. Current Opinion in Electrochemistry，2020，21：31-39.

[16] BOKHARI S W，SIDDIQUE A H，PAN H，et al. Nitrogen doping in the carbon matrix for Li-ion hybrid supercapacitors：state of the art，challenges and future prospective［J］. RSC Advances，2017，7（31）：18926-18936.

[17] XIE J，LU Y C. A retrospective on lithium-ion batteries［J］. Nature Communications，2020，11

(1): 2499.

[18] RAUHALA T, LEIS J, KALLIO T, et al. Lithium-ion capacitors using carbide-derived carbon as the positive electrode - A comparison of cells with graphite and $Li_4Ti_5O_{12}$ as the negative electrode [J]. Journal of Power Sources, 2016, 331: 156-166.

[19] AJURIA J, REDONDO E, ARNAIZ M, et al. Lithium and sodium ion capacitors with high energy and power densities based on carbons from recycled olive pits [J]. Journal of Power Sources, 2017, 359: 17-26.

[20] LI B, DAI F, XIAO Q, et al. Nitrogen-doped activated carbon for A high energy hybrid supercapacitor [J]. Energy & Environmental Science, 2016, 9 (1): 102-106.

[21] CHO M-Y, KIM M-H, KIM H-K, et al. Electrochemical performance of hybrid supercapacitor fabricated using multi-structured activated carbon [J]. Electrochemistry Communications, 2014, 47: 5-8.

[22] PUTHUSSERI D, ARAVINDAN V, MADHAVI S, et al. Improving the energy density of Li-ion capacitors using polymer-derived porous carbons as cathode [J]. Electrochimica Acta, 2014, 130: 766-770.

[23] LI Z, CAO L, CHEN W, et al. Mesh-like carbon nanosheets with high-level nitrogen doping for high-energy dual-carbon lithium-ion capacitors [J]. Small, 2019, 15 (15): 1805173.

[24] WANG H, ZHU C, CHAO D, et al. Nonaqueous hybrid lithium-ion and sodiumion capacitors [J]. Advanced Materials, 2017, 29 (46): 1702093.

[25] LEYVA-GARCíA S, LOZANO-CASTELLÓ D, MORALLON E, et al. Silica-templated ordered mesoporous carbon thin films as electrodes for micro-capacitors [J]. Journal of Materials Chemistry A, 2016, 4 (12): 4570-4579.

[26] RYOO R, JOO S H, JUN S: Synthesis of highly ordered carbon molecular sieves via template-mediated structural transformation [J]. The Journal of Physical Chemistry B, 1999, 103 (37): 7743-7746.

[27] WANG Z, BALKUS K J. Synthesis of wrinkled mesoporous carbon [J]. Materials Letters, 2017, 195: 139-142.

[28] WANG T, LIU X, ZHAO D, et al. The unusual electrochemical characteristics of a novel three-dimensional ordered bicontinuous mesoporous carbon [J]. Chemical Physics Letters, 2004, 389 (4-6): 327-331.

[29] ZHANG Y, CHEN L, MENG Y, et al. Lithium and sodium storage in highly ordered mesoporous nitrogen-doped carbons derived from honey [J]. Journal of Power Sources, 2016, 335: 20-30.

[30] WEI J, ZHOU D, SUN Z, et al. A controllable synthesis of rich nitrogen-doped ordered mesoporous carbon for CO_2 capture and supercapacitors [J]. Advanced Functional Materials, 2013, 23 (18): 2322-2328.

[31] WANG X, LEE J S, ZHU Q, et al. Ammonia-treated ordered mesoporous carbons as catalytic materials for oxygen reduction reaction [J]. Chemistry of Materials, 2010, 22 (7): 2178-2180.

[32] WU Z, WEBLEY P A, ZHAO D. Post-enrichment of nitrogen in soft-templated ordered mesoporous carbon materials for highly efficient phenol removal and CO_2 capture [J]. Journal of Mate-

rials Chemistry, 2012, 22 (22): 11379.

[33] JI X, LEE K T, NAZAR L F. A highly ordered nanostructured carbon-sulphur cathode for lithium-sulphur batteries [J]. Nature Materials, 2009, 8 (6): 500-506.

[34] BI Z, HUO L, KONG Q, et al. Structural evolution of phosphorus species on graphene with a stabilized electrochemical interface [J]. ACS Appl Mater Interfaces, 2019, 11 (12): 11421-11430.

[35] LI F, AHMAD A, XIE L, et al. Phosphorus-modified porous carbon aerogel microspheres as high volumetric energy density electrode for supercapacitor [J]. Electrochimica Acta, 2019, 318: 151-160.

[36] KANNAN A G, CHOUDHURY N R, DUTTA N K. Synthesis and characterization of methacrylate phospho-silicate hybrid for thin film applications [J]. Polymer, 2007, 48 (24): 7078-7086.

[37] CHEN H, ZHOU M, WANG Z, et al. Rich nitrogen-doped ordered mesoporous phenolic resin-based carbon for supercapacitors [J]. Electrochimica Acta, 2014, 148: 187-194.

[38] ELAKKIYA T, MALARVIZHI G, RAJIV S, et al. Curcumin loaded electrospun bombyx mori silk nanofibers for drug delivery [J]. Polymer International, 2014, 63 (1): 100-105.

[39] CATTO V, FARÈ S, CATTANEO I, et al. Small diameter electrospun silk fibroin vascular grafts: mechanical properties, in vitro biodegradability, and in vivo biocompatibility [J]. Materials Science and Engineering: C, 2015, 54: 101-111.

[40] ANTON F. Process and apparatus for preparing artificial threads [P]. US: 1975504, 1934-10-2.

[41] TAYLOR G I. Disintegration of water drops in an electric field [J]. Proceedings of the Royal Society of London Series A Mathematical and Physical Sciences, 1964, 280 (1382): 383-397.

[42] TAYLOR G I, VAN DYKE M D. Electrically driven jets [J]. Proceedings of the Royal Society of London A Mathematical and Physical Sciences, 1969, 313 (1515): 453-475.

[43] SHIN Y M, HOHMAN M M, BRENNER M P, et al. Electrospinning: A whipping fluid jet generates submicron polymer fibers [J]. Applied Physics Letters, 2001, 78 (8): 1149-1151.

[44] FRIDRIKH S V, YU J H, BRENNER M P, et al. Controlling the fiber diameter during electrospinning [J]. Physical Review Letters, 2003, 90 (14): 144502.

[45] HOHMAN M M, SHIN M, RUTLEDGE G, et al. Electrospinning and electrically forced jets. I. stability theory [J]. Physics of Fluids, 2001, 13 (8): 2201-2220.

[46] LARSEN G, VELARDE-ORTIZ R, MINCHOW K, et al. A method for making inorganic and hybrid (organic/inorganic) fibers and vesicles with diameters in the submicrometer and micrometer range via sol-gel chemistry and electrically forced liquid jets [J]. Journal of the American Chemical Society, 2003, 125 (5): 1154-1155.

[47] CHEN Y, LU Z, ZHOU L, et al. Triple-coaxial electrospun amorphous carbon nanotubes with hollow graphitic carbon nanospheres for high-performance Li ion batteries [J]. Energy & Environmental Science, 2012, 5 (7): 7898-7902.

[48] FAN L, SUN P, YANG L, et al. Facile and scalable synthesis of nitrogen-doped ordered mesoporous carbon for high performance supercapacitors [J]. Korean Journal of Chemical Engineering, 2020, 37 (1): 166-175.

[49] GAO Y, WANG Q, JI G, et al. Doping strategy, properties and application of heteroatom-doped ordered mesoporous carbon [J]. RSC Advances, 2021, 11 (10): 5361-5383.

[50] ZHOU Z, LAI C, ZHANG L, et al. Development of carbon nanofibers from aligned electrospun polyacrylonitrile nanofiber bundles and characterization of their microstructural, electrical, and mechanical properties [J]. Polymer, 2009, 50 (13): 2999-3006.

[51] YUNG K C, LIEM H, CHOY H S, et al. Laser direct patterning of a reduced-graphene oxide transparent circuit on a graphene oxide thin film [J]. Journal of Applied Physics, 2013, 113 (24): 244903.

[52] PENG Z, LIN J, YE R, et al. Flexible and stackable laser-induced graphene supercapacitors [J]. ACS Applied Materials & Interfaces, 2015, 7 (5): 3414-3419.

[53] GAO J, SHAO C, SHAO S, et al. Laser-assisted multiscale fabrication of configuration-editable supercapacitors with high energy density [J]. ACS Nano, 2019, 13 (7): 7463-7470.

[54] LIU G., Mu X, SUI X, et al. Laser-induced conductive nanofibers for microsupercapacitors [J]. Materials Letters, 2019, 246: 203-205.

[55] YAN Y, YAN J, GONG X, et al. All-in-one asymmetric micro-supercapacitor with negative poisson's ratio structure based on versatile electrospun nanofibers [J]. Chemical Engineering Journal, 2022, 433: 133580.

[56] DU J, MA J, LIU Z, et al. Fabrication of Si@ mesocarbon microbead (MCMB) anode based on carbon texture for lithium-ion batteries [J]. Materials Letters, 2022, 315 (15): 131921.

[57] WANG D, LI L, ZHANG Z, et al. Mechanistic insights into the intercalation and interfacial chemistry of mesocarbon microbeads anode for potassium ion batteries [J]. Small, 2021, 17 (44): 2103557.

[58] QI Y, LU Y, DING F, et al. Slope-dominated carbon anode with high specific capacity and superior rate capability for high safety Na-ion batteries [J]. Angewandte Chemie Internation Edition in English, 2019, 58 (13): 4361-4365.

[59] WANG T, VILLEGAS R, JALILOV A, et al. Ultrafast charging high capacity asphalt - lithium metal batteries [J]. ACS Nano, 2017, 11 (11): 10761-10767.

[60] LIANG W, ZHANG Y, WANG X, et al. Asphalt-derived high surface area activated porous carbons for the effective adsorption separation of ethane and ethylene [J]. Chemical Engineering Science, 2017, 162: 192-202.

[61] LI P, LIU J, WANG Y, et al. Synthesis of ultrathin hollow carbon shell from petroleum asphalt for high-performance anode material in lithium-ion batteries [J]. Chemical Engineering Journal, 2016, 286: 632-639.

[62] GUAN L, PAN L, PENG T, et al. Green and scalable synthesis of porous carbon nanosheet-assembled hierarchical architectures for robust capacitive energy harvesting [J]. Carbon, 2019, 152: 537-544.

[63] LIU X, FECHLER N, ANTONIETTI M. Salt melt synthesis of ceramics, semiconductors and carbon nanostructures [J]. Chemical Society Reviews, 2013, 42 (21): 8237-8265.

[64] PAN L, QIU J S, WANG Y X, et al. Preparation of carbon nanosheets from petroleum asphalt via recyclable molten-salt method for superior lithium and sodium storage [J]. Carbon, 2017, 122: 344-351.

[65] 刘仕涛. 石油沥青基一维碳纳米材料的制备及其电化学性能研究 [D]. 乌鲁木齐：新疆大学，2017.

[66] SHAO J，MA F，WU G，et al. In-Situ MgO（$CaCO_3$）Templating coupled with KOH activation strategy for high yield preparation of various porous carbons as supercapacitor electrode materials [J]. Chemical Engineering Journal，2017，321：301-313.

[67] YUAN S，HUANG X，WANG H，et al. Structure evolution of oxygen removal from porous carbon for optimizing supercapacitor performance [J]. Journal of Energy Chemistry，2020，51：396-404.

[68] ZHAO Q，XIA Z，QIAN T，et al. PVP-assisted synthesis of ultrafine transition metal oxides encapsulated in nitrogen-doped carbon nanofibers as robust and flexible anodes for sodium-ion batteries [J]. Carbon，2021，174：325-334.

[69] LU C，HUANG Y，WU Y，et al. Camellia pollen-derived carbon for supercapacitor electrode material [J]. Journal of Power Sources，2018，394：9-16.

[70] YAN W，MENG Z，ZOU M，et al. Neutralization reaction in synthesis of carbon materials for supercapacitors [J]. Chemical Engineering Journal，2020，381：122547.

[71] CHEN A，FU X，LIU L，et al. Synthesis of nitrogen-doped porous carbon monolith for binder-free all-carbon supercapacitors [J]. ChemElectroChem，2019，6（2）：535-542.

[72] LIU W，ZHANG S，DAR S，et al. Polyphosphazene-derived heteroatoms-doped carbon materials for supercapacitor electrodes [J]. Carbon，2018，129：420-427.

[73] XU H，WANG L，ZHANG Y，et al. Pore-structure regulation of biomass-derived carbon materials for an enhanced supercapacitor performance [J]. Nanoscale，2021，13（22）：10051-10060.

[74] MA W，CHEN S，YANG S，et al. Flexible all-solid-state asymmetric supercapacitor based on transition metal oxide nanorods/reduced graphene oxide hybrid fibers with high energy density [J]. Carbon，2017，113：151-158.

[75] 焦琛，张卫珂，苏方远，等. 超级电容器电极材料与电解液的研究进展 [J]. 新型炭材料，2017，32（2）：106-115.

[76] 易锦馨，霍志鹏，ABDULLAH M. ASIRI，等. 电解质在超级电容器中的应用 [J]. 化学进展，2018，30（11）：1624-1633.

[77] 李作鹏，赵建国，温雅琼，等. 超级电容器电解质研究进展 [J]. 化工进展，2012，31（08）：1631-1640.

[78] 张之逸，李曦，张超灿. 离子液体在混合超级电容器中的应用进展 [J]. 储能科学与技术，2017，6（6）：1208-1216.

[79] LIAN K，LI C M. Solid polymer electrochemical capacitors using heteropoly acid electrolytes [J]. Electrochemistry communications，2009，11（1）：22-24.

[80] 蒋玮，陈武，胡仁杰，等. 基于超级电容器储能的微网统一电能质量调节器 [J]. 电力自动化设备，2014，34（1）：85-90.

[81] 刘树林，马一博，刘健. 基于超级电容器储能的配电自动化终端直流电源设计及应用 [J]. 电力自动化设备，2016，36（6）：176-181.

[82] 亢敏霞，周帅，熊凌亨. 金属有机骨架在超级电容器方面的研究进展 [J]. 材料工程，2019，47（8）：1-12.

[83] 宋维力，范丽珍．超级电容器研究进展：从电极材料到储能器件［J］．储能科学与技术，2016，5（6）：788-799.

[84] 李磊，赵卫，柳成，等．超级电容器储能系统电压均衡模块研究［J］．电力电子技术，2015，52（3）：72-74，81.

[85] 景燕，李建玲，李文生，等．35V 混合超级电容器的性能研究［J］．电池，2007，37（2）：137-138.

[86] 张巨瑞，吴俊勇，田明杰，等．一种蓄电池和超级电容器混合储能系统及其能量分配策略［J］．华北电力技术，2015（12）：8-12.

[87] 曹增新，王登政，李威．智能电网储能元件超级电容器研究［J］．中国科技信息，2015（17）：26-30.

[88] TILIAKOS，ATHANASIOS，TREFILOV，et al. Space-filling supercapacitor carpets：highly scalable fractal architecture for energy storage［J］. Journal of Power Sources，2018（384）：145-155.

[89] 冯骁，张建成．超级电容器储能系统在两端供电直流微网中的电压控制方法研究［J］．中国电力，2016（3）：154-159.

[90] 康忠健，李鑫．基于超级电容器储能的修井机供电策略研究［J］．电气应用，2018（20）：65-70.

[91] MA T，YANG H，LU L. Development of hybrid battery-supercapacitor energy storage for remote area renewable energy systems［J］. Applied Energy，2015（153）：56-62.

[92] 李岩松，郑美娜，石云飞．卷绕式超级电容器封装单元结构对其热行为影响的研究［J］．中国电机工程学报，2016，36（17）：4762-4769.

[93] 郑美娜，李岩松，刘君．超级电容器的热电化学耦合研究［J］．电源技术，2016，40（7）：1382-1384.

[94] LYSTIANINGRUM V，HREDZAK B，AGELIDIS V G，et al. On estimating instantaneous temperature of a supercapacitor string using an observer based on experimentally validated lumped thermal model［J］. IEEE Transactions on Energy Conversion，2015，30（4）：1438-1448.

[95] BERRUETA ALBERTO，SAN MARTÍN IDOIA HERNÁNDEZ ANDONI. Electro-thermal modelling of a supercapacitor and experimental validation［J］. Journal of Power Sources，2014，259：154-165.

[96] 夏国廷，朱磊，王凯，等．新能源汽车混合储能系统中超级电容器的热行为研究［J］．电源世界，2018（7）：35-41.

[97] 高希宇，吕玉祥，杨平，等．超级电容器恒流恒压充放电热特性的研究［J］．功能材料与器件学报，2014（1）：57-62.

[98] 张莉，金英华，王凯．卷绕式超级电容器工作过程热分析［J］．中国电机工程学报，2013，33（9）：162-166.

[99] LI MAO. Modeling and optimization of an enhanced battery thermal management system in electric vehicles［J］. Frontiers of Mechanical Engineering，2019，14（1）：65-75.

[100] LAI Y Q，HU X W，LI Y L. Influence of Bi addition on pure Sn solder joints：interfacial reaction，growth behavior and thermal behavior［J］. Journal of Wuhan University of Technology-Mater Sci Ed，2019，34（3）：668-675.

[101] GU Y Y，SUM W C，WEI C. Thermal management of a Li-ion battery for electric vehicles using PCM and water-cooling board［J］. Key Engineering Materials，2019（814）：307-313.

[102] DENG T, ZHANG G D, RAN Y. Study on thermal management of rectangular Li-ion battery with serpentine-channel cold plate [J]. 2018 (125): 143-152.

[103] SHIN D, PONCINO M, MACII E. Thermal management of batteries using supercapacitor hybrid architecture with idle period insertion strategy [J]. IEEE Transactions on Very Large Scale Integration (VLSI) Systems, 2018 (99): 1-12.

[104] EVANS A, STREZOV V, EVANS T J. Assessment of utility energy storage options for increased renewable energy penetration [J]. Renewable and Sustainable Energy Reviews, 2012, 16 (6): 4141-4147.

[105] 张纯江，董杰，刘君，等. 蓄电池与超级电容混合储能系统的控制策略 [J]. 电工技术学报，2014，29 (4): 334-340.

[106] 桑丙玉，陶以彬，郑高，等. 超级电容-蓄电池混合储能拓扑结构和控制策略研究 [J]. 电力系统保护与控制，2014，42 (2): 1-6.

[107] YANG Z, ZHANG J, KINTNER-MEYER M C W, et al. Electrochemical energy storage for green grid [J]. Chemical Reviews, 2011, 111 (5): 3577-3613.

[108] AKINYELE D O, RAYUDU R K. Review of energy storage technologies for sustainable power networks [J]. Sustainable Energy Technologies and Assessments, 2014 (8): 74-91.

[109] FLETCHER S I, SILLARS F B, CARTER R C, et al. The effects of temperature on the performance of electrochemical double layer capacitors [J]. Journal of Power Sources, 2010, 195 (21): 7484-7488.

[110] MELLER M, MENZEL J, FIC K, et al. Electrochemical capacitors as attractive power sources [J]. Solid State Ionics, 2014 (265): 61-67.

[111] HADJIPASCHALIS I, POULLIKKAS A, EFTHIMIOU V. Overview of current and future energy storage technologies for electric power applications [J]. Renewable and Sustainable Energy Reviews, 2009, 13 (6-7): 1513-1522.

[112] MUNCHGESANG W, MEISNER P, YUSHIN G. Supercapacitors specialities-Technology review [C]. Freiberg, Germany, 2014: 196-203.

[113] JAYALAKSHMI M, BALASUBRAMANIAN K. Simple capacitors to supercapacitors-an overview [J]. International Journal of Electrochemical Science, 2008 (3): 1196-1217.

[114] MARIE-FRANCOISE J N, GUALOUS H, BERTHON A. Supercapacitor thermal and electrical behaviour modelling using ANN [J]. IEE Proceedings: Electric Power Applications, 2006, 153 (2): 255-262.

[115] 闫晓磊，钟志华，李志强，等. HEV 超级电容自适应模糊神经网络建模研究 [J]. 湖南大学学报（自然科学版），2008，35 (4): 33-36.

[116] FARSI H, GOBAL F. Artificial neural network simulator for supercapacitor performance prediction [J]. Computational Materials Science, 2007, 39 (3): 678-683.

[117] 赵洋，梁海泉，张逸成. 电化学超级电容器建模研究现状与展望 [J]. 电工技术学报，2012，27 (3): 188-195.

[118] TONG H, CHEN D, PENG L. Analysis of support vector machines regression [J]. Foundations of Computational Mathematics, 2009, 9 (2): 243-257.

[119] 杜树新，吴铁军. 用于回归估计的支持向量机方法 [J]. 系统仿真学报，2003，15 (11): 1580-1585.

[120] 李瑾，刘金朋，王建军．采用支持向量机和模拟退火算法的中长期负荷预测方法［J］．中国电机工程学报，2011，31（16）：63-66.
[121] 尉军军，全力，彭桂雪，等．基于最小二乘支持向量机的励磁特性曲线拟合［J］．电力系统保护与控制，2010，38（11）：15-17，24.
[122] 肖谧，宿玉鹏，杜伯学．超级电容器研究进展［J］．电子元件与材料，2019，38（9）：1-12.
[123] 王彦庆．超级电容器在智能电网中的应用［J］．电子元件与材料，2014，33（1）：79-80.
[124] 丁明，林根德，陈自年，等．一种适用于混合储能系统的控制策略［J］．中国电机工程学报，2012，32（7）：1-6，184.
[125] 丁石川．超级电容关键技术及其在电动汽车中的应用研究［D］．南京：东南大学，2018.
[126] 张雷，胡晓松，王震坡．超级电容管理技术及在电动汽车中的应用综述［J］．机械工程学报，2017，53（16）：32-43，69.
[127] 赵亮，刘炜，李群湛．城市轨道交通超级电容储能系统的 EMR 建模与仿真［J］．电源技术，2016，40（1）：124-127，165.
[128] 何黎娜．基于超级电容的地铁再生制动能量回收系统的研究［D］．长沙：湖南大学，2018.
[129] 时洪雷．超级电容器参数老化趋势预测［D］．大连：大连理工大学，2017.
[130] 顾帅，韦莉，张逸成，等．超级电容器老化特征与寿命测试研究展望［J］．中国电机工程学报，2013，33（21）：145-153，204.
[131] 刘中财，严晓，余维，等．锂离子电池健康状态新型测定方法［J］．电源技术，2019，43（1）：74-76，157.
[132] 郭永芳，黄凯，李志刚．基于短时搁置端电压压降的快速锂离子电池健康状态预测［J］．电工技术学报，2019，34（19）：3968-3978.
[133] 魏婧雯．储能锂电池系统状态估计与热故障诊断研究［D］．合肥：中国科学技术大学，2019.
[134] ZHOU Y T，HUANG Y N，PANG J B，et al. Remaining useful life prediction for supercapacitor based on long short-term memory neural network［J］. Journal of Power Sources，2019（440）：1-9.
[135] 朱丽群，张建秋．一种联合锂电池健康和荷电状态的新模型［J］．中国电机工程学报，2018，38（12）：3613-3620，21.
[136] 许雪成，刘恒洲，卢向军，等．超级电容器容量寿命预测模型研究［J］．电源技术，2019，43（2）：270-272，282.
[137] 姚芳，张楠，黄凯．估算锂电池 SOC 的基于 LM 的 BP 神经网络算法［J］．电源技术，2019，43（9）：1453-1457.
[138] 李练兵，祝亚尊，田永嘉，等．基于 Elman 神经网络的锂离子电池 RUL 间接预测研究［J］．电源技术，2019，43（6）：1027-1031.
[139] 史建平，李蓓，刘明芳．基于自适应神经网络的电池寿命退化的预测［J］．电源技术，2018，42（10）：1488-1490.
[140] 商云龙．车用锂离子动力电池状态估计与均衡管理系统优化设计与实现［D］．济南：山东大学，2017.
[141] 王党树，王新霞．基于扩展卡尔曼滤波的锂电池 SOC 估算［J］．电源技术，2019，43

(9): 1458-1460.

[142] 安治国，田茂飞，赵琳，等. 基于自适应无迹卡尔曼滤波的锂电池SOC估计 [J]. 储能科学与技术，2019，8 (5): 856-861.

[143] 周頔，宋显华，卢文斌，等. 基于日常片段充电数据的锂电池健康状态实时评估方法研究 [J]. 中国电机工程学报，2019，39 (1): 105-111，325.

[144] 郭向伟，华显，付子义，等. 模型参数优化的卡尔曼滤波SOC估计 [J]. 电子测量与仪器学报，2018，32 (8): 186-192.

[145] 唐帅帅，高迪驹. 基于自适应卡尔曼滤波的磷酸铁锂电池荷电状态估计研究 [J]. 电子测量技术，2018，41 (14): 1-5.

[146] GERMAN R, SARI A, VENET P, et al. Ageing law for supercapacitors floating ageing [C]. 2014 IEEE 23rd International Symposium on Industrial Electronics (ISIE). IEEE, 2014: 1773-1777.

[147] RIGAMONTI M, BARALDI P, ZIO E, et al. Particle filter-based prognostics for an electrolytic capacitor working in variable operating conditions [J]. IEEE Transactions on Power Electronics, 2015, 31 (2): 1567-1575.

[148] MA Y, CHEN Y, ZHOU X, et al. Remaining useful life prediction of lithium-ion battery based on Gauss-Hermite particle filter [J]. IEEE Transactions on Control Systems Technology, 2018, 27 (4): 1788-1795.

[149] PENG X, ZHANG C, YU Y, et al. Battery remaining useful life prediction algorithm based on support vector regression and unscented particle filter [C]. 2016 IEEE International Conference on Prognostics and Health Management (ICPHM). IEEE, 2016: 1-6.

[150] WU J, WANG Y, ZHANG X, et al. A novel state of health estimation method of Li-ion battery using group method of data handling [J]. Journal of Power Sources, 2016, 327: 457-464.

[151] MA Z, YANG R, WANG Z, et al. A novel data-model fusion state-of-health estimation approach for lithium-ion batteries [J]. Applied Energy, 2019, 237: 836-847.

[152] CADINi F, SBARUFATTI C, CANCELLIERE F, et al. State-of-life prognosis and diagnosis of lithium-ion batteries by data-driven particle filters [J]. Applied Energy, 2019, 235: 661-672.

[153] ANDRE D, APPEL C, SOCZKAGUTH T, et al. Advanced mathematical methods of SOC and SOH estimation for lithium-ion batteries [J]. Journal of Power Sources, 2013, 224: 20-27.

[154] YANG D, WANG Y, PAN R, et al. State-of-health estimation for the lithium-ion battery based on support vector regression [J]. Applied Energy, 2017, 227: 273-283.

[155] ZHANG C, HE Y, YUAN L, et al. Capacity prognostics of lithium-ion batteries using EMD denoising and multiple kernel RVM. IEEE Access, 2017, 5: 12061-12070.

[156] LI H, PAN D, CHEN C L P. Intelligent prognostics for battery health monitoring using the mean entropy and relevance vector machine [J]. IEEE Transactions on Systems, Man, and Cybernetics: Systems, 2014, 44 (7): 851-862.

[157] WU B, HAN S, SHIN K G, et al. Application of artificial neural networks in design of lithium-ion batteries [J]. Journal of Power Sources, 2018, 395: 128-136.

[158] SOUALHI A, MAKDESSI M, GERMAN R, et al. Heath monitoring of capacitors and supercapacitors using the neo-fuzzy neural approach [J]. IEEE Transactions on Industrial Informatics, 2018, 14 (1): 24-34.

[159] CHAOUI H, IBEEKEOCHA C C. State of charge and state of health estimation for lithium batter-

ies using recurrent neural networks [J]. IEEE Transactions on Vehicular Technology, 2017, 66 (10): 8773-8783.

[160] YANG J, PENG Z, WANG H, et al. The remaining useful life estimation of lithium-ion battery based on improved extreme learning machine algorithm [J]. International Journal of Electrochemical Science, 2018, 13: 4991-5004.

[161] YANG J, PENG Z, PEI Z, et al. Remaining useful life assessment of lithium-ion battery based on HKA-Elm algorithm [J]. International Journal of Electrochemical Science, 2018, 13 (10): 9257-9272.

[162] MA R, YANG T, BREAZ E, et al. Data-driven proton exchange membrane fuel cell degradation predication through deep learning method [J]. Applied Energy, 2018, 231: 102-115.

[163] LIU H, CHEN J, HISSEL D, et al. Remaining useful life estimation for proton exchange membrane fuel cells using a hybrid method [J]. Applied Energy, 2019, 237: 910-919.

[164] ZHANG Y, XIONG R, HE H, et al. Long short-term memory recurrent neural network for remaining useful life prediction of lithium-ion batteries [J]. IEEE Transactions on Vehicular Technology, 2018, 67 (7): 5695-5705.

[165] LI X, ZHANG L, WANG Z, et al. Remaining useful life prediction for lithium-ion batteries based on a hybrid model combining the long short-term memory and Elman neural networks [J]. Journal of energy storage, 2019, 21: 510-518.

[166] WANG C, LU N, WANG S, et al. Dynamic long short-term memory neural-network-based indirect remaining-useful-life prognosis for satellite lithium-ion battery [J]. Applied Sciences, 2018, 8 (11): 2078.

[167] CHO K, MERRIENBOER B V, GULCEHRE C, et al. Learning phrase representations using RNN encoder-decoder for statistical machine translation [J]. Computer Science, 2014 (6): 1724-1734.

[168] 李亚峤. 面向传感器活动识别的改进的深度循环网络研究 [D]. 秦皇岛: 燕山大学, 2018.

[169] ZHAO R, KOLLMEYER P J, LORENZ R D, et al. A compact methodology via a recurrent neural network for accurate equivalent circuit type modeling of lithium-ion batteries [J]. IEEE Transactions on Industry Applications, 2019, 55 (2): 1922-1931.

[170] LIU Y F, LI J Q, ZHANG G, et al. State of charge estimation of lithium-ion batteries based on temporal convolutional network and transfer learning [J]. IEEE Access, 2021, 9: 34177-34187.

[171] YOU G, WANG X, FANG C, et al. State of charge estimation of lithium-ion battery based on double deep Q network and extended Kalman filter [C]. International Conference on Green Development and Environmental Science and Technology (ICGDE), 2020.

[172] LIU D, LI L, SONGY, et al. Hybrid state of charge estimation for lithium-ion battery under dynamic operating conditions [J]. International Journal of Electrical Power & Energy Systems, 2019, 110: 48-61.

[173] CHEMALI E, KOLLMEYER P J, PREINDL M, et al. Long short-term memory networks for accurate state-of-charge estimation of li-ion batteries [J]. IEEE Transactions on Industrial Electronics, 2018, 65 (8): 6730-6739.

[174] LIU J, LU Q, CHEN W, et al. Remaining useful life prediction of PEMFC based on long short-term memory recurrent neural networks [J]. International Journal of Hydrogen Energy, 2019, 44 (11): 5470-5480.

[175] IBRAHIM S K, AHMED A M, ZEIDAN M A, et al. Machine learning methods for spacecraft telemetry mining [J]. IEEE Transactions on Aerospace and Electronic Systems, 2019, 55 (4): 1816-1827.

[176] ERGEN T, KOZAT S S. Efficient online learning algorithms based on LSTM neural networks [J]. IEEE Transactions on Neural Networks, 2018, 29 (8): 3772-3783.

[177] 林春. 照相机通信关键技术研究及应用 [D]. 太原: 中北大学, 2019.

[178] 王恩奇. 基于神经网络和活动轮廓的图像分割研究 [D]. 哈尔滨: 哈尔滨工业大学, 2018.

[179] SOBER E. Ockham's razors [M]. Cambridge: Cambridge University Press, 2015.

[180] 薛红新. 基于机器学习方法的分类与预测问题研究 [D]. 太原: 中北大学, 2019.

[181] ELHOSENY M, THARWAT A, FAROUK A, et al. K-coverage model based on genetic algorithm to extend WSN lifetime [J]. IEEE sensors letters, 2017, 1 (4): 1-4.

[182] FABBRI L, WOOD M H. Accident damage analysis module (ADAM): novel european commission tool for consequence assessment—scientific evaluation of performance [J]. Process Safety and Environmental Protection, 2019, 129: 249-263.

[183] GONG D, SUN J, MIAO Z. A set-based genetic algorithm for interval many-objective optimization problems [J]. IEEE Transactions on Evolutionary Computation, 2016, 22 (1): 47-60.

[184] WANG Z, LI J, FAN K, et al. Prediction method for low speed characteristics of compressor based on modified similarity theory with genetic algorithm [J]. IEEE Access, 2018, 6: 36834-36839.

[185] CORUS D, DANG D, EREMEEV A V, et al. Level-based analysis of genetic algorithms and other search processes [J]. IEEE Transactions on Evolutionary Computation, 2018, 22 (5): 707-719.

[186] YANG C. Parallel-series multiobjective genetic algorithm for optimal tests selection with multiple constraints [J]. IEEE Transactions on Instrumentation and Measurement, 2018, 67 (8): 1859-1876.

[187] TINOS R, ZHAO L, CHICANO F, et al. NK hybrid genetic algorithm for clustering [J]. IEEE Transactions on Evolutionary Computation, 2018, 22 (5): 748-761.

[188] 赵春晖, 李雪源, 崔颖. 混合编码方式的图像聚类算法 [J]. 通信学报, 2017, 38 (2): 1-9.

[189] 陈雪珍. 基于双层规划的城市轨道交通接驳公交线路研究 [D]. 南昌: 华东交通大学, 2016.

[190] 孟爱红. ESC 液压执行机构压力精确控制研究 [D]. 北京: 清华大学, 2014.

[191] MAZZOTTI M, MAO Q, BARTOLI I, et al. A multiplicative regularized Gauss-Newton method with trust region sequential quadratic programming for structural model updating [J]. Mechanical Systems and Signal Processing, 2019, 131: 417-433.

[192] MONTOYA O D, GIL-GONZÁLEZ W, GARCES A. Sequential quadratic programming models for solving the OPF problem in DC grids [J]. Electric Power Systems Research, 2019, 169: 18-23.

[193] 靳彬锋. 基于遗传算法的多目标柔性车间调度问题研究 [D]. 银川：宁夏大学，2019.
[194] 谢琪，程耕国，徐旭. 基于神经网络集成学习股票预测模型的研究 [J]. 计算机工程与应用，2019，55 (8)：244-249.
[195] 钱婧婧. 基于机器学习的航空器场面推出时刻决策研究 [D]. 南京：南京航空航天大学，2019.
[196] 廖勇，姚海梅. 一种基于改进粒子群优化 BP 神经网络的盲信道均衡方法：CN107547457A [P]. 2018-01-05.
[197] 闫群民，马瑞卿，马永翔，等. 一种自适应模拟退火粒子群优化算法 [J]. 西安电子科技大学学报，2021，48 (4)：120-127.